Klassifikationsbasierte Planung flexibler, flussorientierter Mixed-Model-Montagestrukturen

Classification-Based Planning of Flexible, Flow-Oriented Mixed-Model Assembly Structures

Von der Fakultät für Maschinenwesen
der Rheinisch-Westfälischen Technischen Hochschule Aachen
zur Erlangung des akademischen Grades eines
Doktors der Ingenieurwissenschaften
genehmigte Dissertation

vorgelegt von

Nils Föhlisch

Berichter/in:

Univ.-Prof. Dr.-Ing. Dipl.-Wirt. Ing. Günther Schuh
Univ.-Prof. Dr.-Ing. Peter Burggräf, MBA

Tag der mündlichen Prüfung: 17. Juli 2024

Diese Dissertation ist auf den Internetseiten der Universitätsbibliothek online verfügbar.

ERGEBNISSE AUS DER PRODUKTIONSTECHNIK

Nils Föhlisch

Klassifikationsbasierte Planung flexibler, flussorientierter Mixed-Model-Montagestrukturen

Herausgeber:
Prof. Dr.-Ing. T. Bergs
Prof. Dr.-Ing. Dipl.-Wirt. Ing. G. Schuh
Prof. Dr.-Ing. C. Brecher
Prof. Dr.-Ing. R. H. Schmitt

Band 22/2024

WZL | RWTH AACHEN UNIVERSITY

Fraunhofer IPT

Bibliografische Information der Deutschen Nationalbibliothek
Die Deutsche Nationalbibliothek verzeichnet diese Publikation in der Deutschen Nationalbibliografie; detaillierte bibliografische Daten sind im Internet über https://portal.dnb.de abrufbar.

Nils Föhlisch:

Klassifikationsbasierte Planung flexibler, flussorientierter Mixed-Model-Montagestrukturen

1. Auflage, 2024

Gedruckt auf holz- und säurefreiem Papier, 100% chlorfrei gebleicht.

Wissenschaftsverlag des Instituts für Industriekommunikation und Fachmedien an der RWTH Aachen
Steinbachstr. 25, 52074 Aachen
Internet: www.apprimus-verlag.de, E-Mail: info@apprimus-verlag.de

Druck: CPI Druckdienstleistungen GmbH
Ferdinand-Jühlke-Straße 7 | 99095 Erfurt

ISBN 978-3-98555-231-3

D 82 (Diss. RWTH Aachen University, 2024)

„To reach a port we must sail, sometimes with the wind, and sometimes against it.
But we must not drift or lie at anchor."

Oliver Wendell Holmes, Sr.

Danksagung

Die vorliegende Dissertation entstand während meiner Tätigkeit als wissenschaftlicher Mitarbeiter am Lehrstuhl für Produktionssystematik des Werkzeugmaschinenlabors WZL der Rheinisch-Westfälischen Technischen Hochschule (RWTH) Aachen.

Mein besonderer Dank gilt meinem Doktorvater Professor Günther Schuh für die Möglichkeit zur Promotion und Professor Peter Burggräf für die Durchsicht dieser Dissertation sowie die Übernahme des Koreferats. Ich danke Professor Uwe Reisgen für die Übernahme des Prüfungsvorsitzes und Professor Carlo Holly für die Übernahme des Prüfungsbeisitzes.

Ebenso danke ich meinen Kolleginnen und Kollegen der Abteilung Fabrikplanung für die vielen unvergesslichen Momente und die freundschaftliche Zusammenarbeit. Den Mitgliedern der Gruppen Montageplanung und Digitale Fabrikplanung danke ich für den herausragenden Working Ethos sowie die äußerst lehrreiche Zeit, die ich als studentische Hilfskraft, wissenschaftlicher Mitarbeiter und zuletzt als Gruppenleiter bei ihnen hatte. Durch sie ist die Freude an der Arbeit nie zu kurz gekommen. Mein besonderer Dank gilt Tobias Adlon für die vorbildliche Führung der Abteilung als Oberingenieur und die kritische Durchsicht dieser Dissertation sowie das konstruktive Feedback. Ferner möchte ich meinen Abschlussarbeiterinnen und Abschlussarbeitern für ihre wertvollen Beiträge zum Gelingen dieser Dissertation danken – insbesondere Verena Meier, Christopher Thomas Kapella und Simon Kurney.

Mein größter Dank gilt meiner Familie. Ich danke meinen Eltern Anne und Rainer Föhlisch sowie meiner Tante Simone Föhlisch und meinem (Paten-)Onkel Dr. Hans-Ullrich Henschel OAM für die grenzenlose Liebe und bedingungslose Unterstützung auf meinem gesamten Lebensweg. Ihr habt meinen Weg nach Aachen ermöglicht, mich als Vorbilder in meinen Entscheidungen bestärkt und mir auch in herausfordernden Stunden Rückhalt geboten. Euch widme ich diese Dissertation in größter Dankbarkeit.

Zuletzt und ganz besonders danke ich meiner Frau Yvonne für Deine Liebe, unermüdliche Geduld und große Unterstützung während der unzähligen Stunden, in denen diese Dissertation entstanden ist, und darüber hinaus. Du hast mir trotz vieler Entbehrungen immer die nötige Kraft sowie den Ausgleich und die Zuversicht zum Abschluss dieser Dissertation gegeben. Dafür danke ich dir von ganzem Herzen und freue mich auf das kommende Kapitel in unserem gemeinsamen Leben.

Aachen, im Juli 2024

Nils Föhlisch

Zusammenfassung

Die zunehmende Produktvarianz infolge wachsender Individualisierung der Kundenwünsche führt in Mixed-Model-Montagen zu Prozesszeitspreizung und Volatilität des Produktmixes. In der Konsequenz geraten konventionelle Linienmontagen an die Grenzen ihrer Wirtschaftlichkeit. Die Auflösung der Verkettung und Taktabhängigkeit von Montagestationen in Matrixmontagen bietet das Potenzial zur gleichzeitigen Verbesserung von Flexibilität und Effizienz bei Erhaltung des Flussprinzips. Matrix- und Linienmontagen bilden die flussorientierten Montagestrukturen, in denen sich Montageobjekte gemäß des Flussprinzips bewegen. Während der Strukturplanung stehen Montageplanende zunehmend vor der Fragestellung, welche Konfiguration flussorientierter Montagestrukturen die Anforderungen ihres Anwendungsfalls erfüllt und wie Flexibilität objektiv als ein Entscheidungskriterium einfließt. Dabei unterstützen Klassifikationen für Montagestrukturen anhand der Differenzierung zentraler Merkmale bei der Schaffung von Transparenz über Konfigurationen im Lösungsraum der Strukturplanung. Aufgrund der hohen Komplexität der Matrixmontagen können bestehende Klassifikationsansätze nicht genutzt werden, da die verwendeten Merkmale und Ausprägungen Konfigurationen nicht trennscharf differenzieren. Des Weiteren eignen sich bestehende Bewertungssystematiken nicht zur datenbasierten Quantifizierung von Flexibilität als Entscheidungsunterstützung in der frühen Phase der Strukturplanung. In der Folge ist die Effizienz und Effektivität der Planung flexibler, flussorientierter Montagestrukturen nicht gewährleistet.

In dieser Arbeit wird zur Adressierung dieser Herausforderungen eine Strukturplanungsmethodik zur effizienten und datenbasierten Bestimmung flexibler, flussorientierter Montagestrukturen mittels einer Klassifikation entwickelt. Ein definiertes, redundanzfreies Set aus Flexibilitätskriterien ermöglicht es, die Flexibilitätsbedarfe eines Anwendungsfalls durch die gezielte Auswertung von Produktionsprogramm- und Prozesszeitdaten quantitativ zu spezifizieren. Eine Level-basierte Klassifikation fasst die Konfigurationen flussorientierter Montagestrukturen zusammen und schlüsselt die Wirkbeziehungen der darin kombinierten Strukturelemente auf. Auf diese Weise entfallen die Aufwände zur Strukturierung des Lösungsraums der Strukturplanung und die Planungskomplexität wird effizient beherrschbar. Weiterhin erfolgt die Priorisierung der Strukturkonfigurationen anhand eines systematischen Abgleichs des ermittelten Flexibilitätsbedarfs und des -angebots von Konfigurationen zur Entscheidungsunterstützung. Dadurch wird sichergestellt, dass die Strukturkonfigurationen eine die Anforderungen erfüllende Flexibilität bieten und die Ergebnisqualität der Strukturplanung gewährleistet ist. Die Operationalisierung in einer Methodik und ihre Integration in ein ganzheitliches Montageplanungsvorgehen macht die gesammelten Erkenntnisse Montageplanenden kompakt zugänglich. Insgesamt befähigt die Methodik zur effizienten und transparenten Bestimmung der Montagestrukturen gemäß den spezifischen Anforderungen eines Anwendungsfalls an Flexibilität.

Summary

Increasing product variance as a result of growing individualization of customer requirements leads to process time spread and volatility of the product mix in mixed-model assembly. As a consequence, conventional line assemblies reach the limits of their economic viability. Dissolving the coupling and cycle dependency of stations in matrix assemblies offers the potential to simultaneously improve flexibility and efficiency while maintaining the flow principle. Matrix and line assemblies form the flow-oriented assembly structures in which assembly objects move according to the flow principle. During structure planning, assembly planners are increasingly faced with the question of which configuration of flow-oriented assembly structures meets the requirements of their use case and how flexibility can be objectively incorporated as a decision criterion. Classifications for assembly structures help to create transparency about configurations in the solution space of structural planning by differentiating central dimensions. Due to the high complexity of matrix assemblies, existing classification approaches cannot be used, as the dimensions and characteristics used do not differentiate configurations clearly. Furthermore, existing evaluation approaches are not suitable for the data-based quantification of flexibility as decision support in the early phase of structural planning. As a result, the efficiency and effectiveness of planning flexible, flow-oriented assembly structures are not ensured.

To address these challenges, this thesis develops a structural planning methodology for the efficient and data-based determination of flexible, flow-oriented assembly structures by means of a classification. A defined, redundance-free set of flexibility criteria allows to quantitatively specify the flexibility requirements of a use case through the targeted assessment of production program and process time data. A level-based classification organizes the configurations of flow-oriented assembly structures and breaks down the interdependencies of the combined structure elements. This eliminates the effort involved in structuring the solution space of structural planning and makes planning complexity efficiently manageable. Furthermore, the structure configurations are prioritized on the basis of a systematic comparison of the required and provided flexibility of configurations for decision support. This ensures that the structure configurations offer sufficient flexibility and structural planning delivers high-quality results. The operationalization in a methodology and its integration into a holistic assembly planning procedure makes the collected insights accessible to assembly planners in a compact form. Overall, the methodology enables the efficient and transparent determination of assembly structures according to the specific flexibility requirements of an use case.

Inhaltsverzeichnis

Abbildungsverzeichnis

Tabellenverzeichnis

Abkürzungsverzeichnis

APG	Arbeitsplatzgestaltung
AVB	Arbeitsvorbereitung
BM	Betriebsmittel
bzw.	beziehungsweise
F&E	Forschung und Entwicklung
FTF	Fahrerloses Transportfahrzeug
FTS	Fahrerloses Transportsystem
ITP	IT-Planung
KAP	Kapazitätsplanung
LAY	Layoutplanung
Mio.	Millionen
MTM	Methods-Time Measurement
PLP	Produktionslogistikplanung
PPS	Produktionsplanung und -steuerung
PR	Produktionsressourcen
PRG	Produktionsprogrammanalyse
PRO	Produktanalyse
PST	Produktionssteuerungsplanung
PZP	Prozessplanung
RWTH	Rheinisch-Westfälische Technische Hochschule
SADT	Structured Analysis and Design Technique
SLR	Strukturierte Literaturrecherche
TEP	Technologiekettenplanung
u.a.	unter anderem
usw.	und so weiter
vgl.	vergleiche
WIP	Work in Progress
WSP	Werksstrukturplanung
WZL	Werkzeugmaschinenlabor

Verzeichnis der Formelzeichen

A	Aufschlagsmatrix der Produktvarianten
$A_{Allgemein,h}$	Abgleichsmatrix der allgemeinen Produktmixflexibilität in Produktmixszenario h
$A_{Expansion}$	Abgleichsvektor der Expansionsflexibilität
$A_{Expansion,e}$	Abgleichsmatrix der Expansionsflexibilität
$A_{Kurzfristig}$	Abgleichsmatrix der kurzfristigen Produktmixflexibilität
$A_{Langfristig}$	Abgleichsmatrix der langfristigen Produktmixflexibilität
$A_{Produkt}$	Abgleichsmatrix der Produktflexibilität
$A_{Volumen}$	Abgleichsmatrix der Volumenflexibilität
a_{ik}	Prozesszeitaufschlag der Variante k in Prozessschritt i
b_d	Kurzfristiger Skalierungsfaktor des Stückzahlszenarios d
c_f	Langfristiger Skalierungsfaktor des Stückzahlszenarios f
c_{fe}	Langfristiger Skalierungsfaktor des Stückzahlszenarios f in Periode e
$E(t)$	Globaler Erwartungswert der Prozesszeit t
$E_{Allgemein}$	Ergebnisvektor der allgemeinen Produktmixflexibilität
$E_{Allgemein,h}$	Ergebnisvektor der allgemeinen Produktmixflexibilität in Produktmixszenario h
$E_h(t_i)$	Erwartungswert der Prozesszeit t in Prozessschritt i in Produktmixszenario h
$E_{Kurzfristig}$	Ergebnisvektor der kurzfristigen Produktmixflexibilität
$E_{Langfristig}$	Ergebnisvektor der langfristigen Produktmixflexibilität
$E_{Neuprodukt}$	Ergebnisvektor der Neuproduktflexibilität
$E_{PME,l}(t)$	Erwartungswert der Prozesszeit t der Produktmixentwicklung l
$E_{PMW,k}(t)$	Erwartungswert der Prozesszeit t des Produktmixwechsels k
$E_{Produkt}$	Ergebnisvektor der Produktflexibilität
$E_{Synchronisation}$	Ergebnisvektor des Synchronisationsprinzips der Zeit
G	Menge der Intervallgrenzen
g_n	Intervallgrenze n
I	Menge der Intervalle des Flexibilitätsangebots
I_z	Intervall z
K_1, K_2	Intervalle der Skalierungsfaktoren für Volumenflexibilität
L_1, L_2	Intervalle der Skalierungsfaktoren für Expansionsflexibilität
M	Menge der Produktmodelle
M'	Um die Neuprodukte erweiterte Menge der Produktmodelle
m	Anzahl der Produktmodelle
m_j	Produktmodell j
m'_j	Produktmodell j einschließlich der Neuprodukte
n_{d1}	Stückzahl des Stückzahlszenarios d in Periode 1
n_{d2}	Stückzahl des Stückzahlszenarios d in Periode 2
P	Produktmixmatrix der Mixszenarien

PME_l	Produktmixentwicklung l
PMW_k	Produktmixwechsel k
$PZS_{h,i}^+$	Obere Prozesszeitspanne des Prozessschritts i in Produktmixszenario h
$PZS_{h,i}^-$	Untere Prozesszeitspanne des Prozessschritts i in Produktmixszenario h
PZS_i^+	Obere Prozesszeitspanne des Prozessschritts i
PZS_i^-	Untere Prozesszeitspanne des Prozessschritts i
$\Delta PZS_{h,i}$	Größte relative Differenz der Prozesszeitspanne im Prozessschritt i in Produktmixszenario h
ΔPZS_i	Größte relative Differenz der Prozesszeitspanne im Prozessschritt i
$\Delta PZS_{k,h,i}$	Größte relative Differenz der Prozesszeitspanne im Prozessschritt i in Produktmixszenario h aus Produktmixwechsel k
$\Delta PZS_{l,h,i}$	Größte relative Differenz der Prozesszeitspanne im Prozessschritt i in Produktmixszenario h aus Produktmixentwicklung l
p_{hk}	Variantenanteil der Produktvariante k in Produktmixszenario h
q_{fe}	Stückzahl des Stückzahlszenarios f in Periode e
$q_{f(e+1)}$	Stückzahl des Stückzahlszenarios f in Folgeperiode von e
R	Prozesszeitmatrix der Produktmodelle
R'	Prozesszeitmatrix der Neuproduktmodelle
R_k	Prozesszeitmatrix der Produktmodelle mit gemäß den Produktvarianten aufgefüllten Spalten
$\bar{r}$	Arithmetisches Mittel der Prozesszeiten r
$\overline{r'}$	Arithmetisches Mittel der angepassten Prozesszeiten r
$\overline{r_i}$	Arithmetisches Mittel der Prozesszeit r in Prozessschritt i
$\overline{r'_i}$	Arithmetisches Mittel der angepassten Prozesszeit r in Prozessschritt i
r_{ij}	Prozesszeit des Modells j in Prozessschritt i
r_{ik}	Prozesszeit des zugrundeliegenden Modells der Variante k in Prozessschritt i
r'_{ij}	Angepasste Prozesszeit des Modells j in Prozessschritt i
S	Menge der Prozessschritte
S'	Um die Neuprodukte erweiterte Menge der Prozessschritte
s	Anzahl der Prozessschritte
s_i	Prozessschritt i
s'_i	Angepasster Prozessschritt i einschließlich der Neuprodukte
$\overline{s_B}$	Anteil der beherrschten Prozessschritte der Betriebsmittel
$\overline{s_P}$	Anteil der beherrschten Prozessschritte des Montagepersonals
T	Prozesszeitmatrix der Produktvarianten
T_e	Periode e
t_{ik}	Prozesszeit der Variante k in Prozessschritt i
Δt_{abs}	Absolute Abweichung der Prozesszeit t
Δt_{rel}	Relative Abweichung der Prozesszeit t
$\Delta t_{rel,krit}$	Kritischer Wert der relativen Abweichung der Prozesszeit t
U	Menge der Produktmixentwicklungen
V	Menge der Produktvarianten v
$Var_h(t_i)$	Varianz der Prozesszeit t in Prozessschritt i in Produktmixszenario h
v_k	Produktvariante k

W	Menge der Produktmixwechsel
$\overline{w_E}$	Arithmetisches Mittel der Wahrheitswerte der Expansionsflexibilität
$w_{E,f}$	Wahrheitswert der Expansionsflexibilität in Stückzahlszenario f
$w_{E,fe}$	Wahrheitswert der Expansionsflexibilität in Stückzahlszenario f in Periode e
$w_{h,iz}$	Wahrheitswert von Prozessschritt i in Intervall z in Produktmixszenario h
w_{iz}	Wahrheitswert von Prozessschritt i in Intervall z
$w_{k,h,iz}$	Wahrheitswert von Prozessschritt i in Intervall z in Produktmixszenario h aus Produktmixwechsel k
$w_{l,h,iz}$	Wahrheitswert von Prozessschritt i in Intervall z in Produktmixszenario h aus Produktmixentwicklung l
$w_{V,d}$	Wahrheitswert der Volumenflexibilität in Stückzahlszenario d
$\overline{w_{V,d}}$	Arithmetisches Mittel der Wahrheitswerte der Volumenflexibilität in Stückzahlszenario d
X	Menge der Produktmixszenarien
x	Gesamtanzahl der Produktmixszenarien
x_h	Produktmixszenario h
Y	Menge der langfristigen Stückzahlszenarien
y_f	Langfristiges Stückzahlszenario f
Z	Menge der kurzfristigen Stückzahlszenarien
z_d	Kurzfristiges Stückzahlszenario d
$\sigma_h(t_i)$	Standardabweichung der Prozesszeit t in Prozessschritt i in Produktmixszenario h
$\sigma_{r,i}$	Standardabweichung der Prozesszeit r in Prozessschritt i
$\sigma_{r',i}$	Standardabweichung der angepassten Prozesszeit r in Prozessschritt i

1 Einleitung

Die wachsende Volatilität und Instabilität der Weltwirtschaft erschwert produzierenden Unternehmen die Prognose zukünftiger Marktentwicklungen und die Planung ihrer Wertschöpfungsketten erheblich.[1] Die kurzzyklischer auftretenden und unvorhersehbaren Black Swan Events, wie etwa die COVID-19-Pandemie und der Ukrainekrieg, haben die Schwachstellen der globalisierten und rationalisierten Produktion verdeutlicht.[2] Des Weiteren erfolgt als Konsequenz des Klimawandels ein Umdenken zu mehr Nachhaltigkeit und damit eine grundlegende Transformation der Gesellschaft und Industrie zur Nutzung von Kreislaufwirtschaften.[3] Die Herausforderungen der variantenreichen Produktion werden in der Folge weiter verschärft und Unternehmen sind auf der Suche nach Lösungsansätzen, welche die Herstellung ihrer Produkte flexibler und gleichzeitig effizienter gestalten.[4] Im Kontext der Endmontage werden daher Matrixmontagestrukturen entwickelt, welche die Restriktionen der strengen Verkettung und Taktbindung der konventionellen Linienmontage zugunsten gesteigerter Flexibilität auflösen.[5] Montageplaner stehen während der Strukturplanung zunehmend vor der Fragestellung, welche Konfiguration einer flussorientierten Linien- oder Matrixmontagestruktur die Anforderungen ihres Anwendungsfalls erfüllen.[6] Das Ziel dieser Arbeit ist daher die Entwicklung einer Strukturplanungsmethodik zur effizienten und datenbasierten Priorisierung flussorientierter Strukturkonfigurationen mittels eines quantitativen Flexibilitätsabgleichs. Im Folgenden werden zunächst die Motivation und Zielsetzung ausführlich erläutert (vgl. Kapitel 1.1). Im Anschluss werden der Aufbau dieser Arbeit (vgl. Kapitel 1.2) sowie der forschungsmethodologische Ansatz gemäß der Forschungskonzeption (vgl. Kapitel 1.3) dargelegt.

1.1 Motivation und Zielsetzung der Arbeit

Der Absatzmarkt produzierender Unternehmen ist durch eine zunehmende Individualisierung und Diversifizierung der Kundenwünsche gekennzeichnet, wodurch die Variantenvielfalt der Produkte steigt und gleichzeitig die Stückzahl je Variante sinkt.[7] Hersteller setzen Mixed-Model-Montagelinien ein, um Investitionen und damit verbundene Risiken zu minimieren.[8] Bei diesem Konzept werden verschiedene Produktvarianten mit ähnlichen Charakteristika in derselben Montagelinie assembliert, ohne dass ein Umrüsten erforderlich ist.[9] Die Austaktung

---

[1] vgl. Schurig et al. (2014) Agile Produktion, S. 956.

[2] vgl. Melnychuk et al. (2022) Evaluation of material shortage effect, S. 966 - 967; Müller (2020) Wer hat Angst vorm grünen Schwan?; Taleb (2007) The black swan, S. 46 - 47.

[3] vgl. Schuh et al. (2023) Grüne Re-Montage Upgrade-Fabrik, S. 337; Burggräf et al. (2021) Adaptive remanufacturing, S. 330; Westkämper (2006) Organisation der Produktion, S. 23.

[4] vgl. ElMaraghy et al. (2016) Smart adaptable assembly systems, S. 4.

[5] vgl. Lettmann et al. (2019) Produktrouten in frei verketteten Montagesystemen, S. 517.

[6] vgl. Schmitt et al. (2021) A priori performance assessment of, S. 1.

[7] vgl. Trattner et al. (2019) Product complexity and operational performance, S. 69; Schuh et al. (2018) Managing customized and profitable product portfolios, S. 203.

[8] vgl. Kampker et al. (2017) Agile Low-Cost Montage, S. 9.

[9] vgl. Gaal et al. (2020) Adaptable cell-oriented assembly, S. 1158.

dieser Systeme ist schwierig, da die Varianten jeweils unterschiedliche Montageumfänge in den Arbeitsplätzen der Linie aufweisen, aber eine systemübergreifend einheitliche Taktzeit eingehalten werden muss.[10] Durch die stetig wachsende Produktindividualisierung nimmt die Differenz zwischen der variantenindividuellen Montage- und der Taktzeit zu, sodass ungenutzte Taktausgleichszeiten steigen oder Überbelastungen durch Taktzeitüberschreitungen auftreten.[11] Trotz großer Aufwände für Maßnahmen zur Reduktion der Taktzeitspreizung oder zur Optimierung der Variantenvielfalt[12] erreichen konventionelle, getaktete Mixed-Model-Montagelinien zunehmend die Grenze der Wirtschaftlichkeit.[13] Unternehmen sind daher auf der Suche nach Montagekonzepten, welche die Fähigkeit besitzen, der steigenden Variantenvielfalt gerecht zu werden und gleichzeitig die Effizienz zu verbessern.[14] In der variantenreichen Produktion zeichnet sich ein Wandel hin zu mehr Flexibilität ab.[15] Dabei beschreibt Flexibilität die Fähigkeit zur proaktiven, reversiblen Anpassung des Systems und der Abläufe an geänderte Rahmenbedingungen binnen kürzester Zeit.[16]

Ein Ansatz zur gleichzeitigen Steigerung der Flexibilität und Effizienz in der variantenreichen Serienmontage ist der Einsatz einer Matrixmontage.[17] Der Lösungsansatz wird unter verschiedenen synonymen Titeln diskutiert, da sich bisher keine Definition durchgesetzt hat.[18] Das Konzept nutzt die Vorteile der Werkstattmontage in Bezug auf die Flexibilität und die der Fließmontage hinsichtlich Effizienz, indem Montagearbeitsplätze entkoppelt und der Taktzwang aufgelöst werden. Die Montageobjekte durchlaufen jeweils einen individuellen Pfad durch die unabhängig voneinander anfahrbaren Arbeitsplätze, ohne an eine Taktzeit gebunden zu sein.[19] Die Reihenfolge der Arbeitsplätze ist nur durch den Montagevorranggraphen des Produktes begrenzt.[20] Sowohl die Matrix- als auch die Linienmontage zählen zu den flussorientierten Montagestrukturen. Diese sind gekennzeichnet durch bewegliche Montageobjekte, die gemäß dem Flussprinzip durch eine Reihe von Montagearbeitsplätzen bis zur Vervollständigung bewegt werden.[21]

Matrixmontagen bringen eine Reihe von Vorteilen und Herausforderungen mit sich. Für ausgewählte Anwendungsfälle zeigen Analysen, dass eine Matrixmontage unter sonst gleichen Bedingungen eine bessere Effizienz als eine Mixed-Model-Montagelinie besitzt und dieser Vorteil bei steigender Variantenvielfalt wächst.[22] Optimale Stückzahlskalierbarkeit wird

---

[10] vgl. Kern et al. (2015) Alternatives to assembly line production, S. 3.

[11] vgl. Mayer et al. (2019) Adaptive production control, S. 1.

[12] vgl. Kern et al. (2015) Alternatives to assembly line production, S. 3.

[13] vgl. Greschke et al. (2014) Matrix structures for high volumes, S. 165.

[14] vgl. Rauch et al. (2019) Axiomatic design guidelines, S. 1.

[15] vgl. Gaal et al. (2020) Adaptable cell-oriented assembly, S. 1158; Hottenrott et al. (2019) Flexible layouts for the mixed-model assembly, S. 943; Kern et al. (2017) Integrated logistics concept, S. 958.

[16] vgl. Wiendahl et al. (2007) Changeable manufacturing, S. 786.

[17] vgl. Burggräf et al. (2020) Capability-based assembly design, S. 1206.

[18] vgl. Barbazza et al. (2017) Agility in assembly systems, S. 412.

[19] vgl. Burggräf et al. (2020) Capability-based assembly design, S. 1206 - 1207.

[20] vgl. Burggräf et al. (2020) Multiagentensysteme in der Agilen Montage, S. 170.

[21] vgl. Bullinger et al. (1993) Planung entkoppelter Montagesysteme, S. 14.

[22] vgl. Hottenrott et al. (2019) Flexible layouts for the mixed-model assembly, S. 974.

durch Hinzufügen oder Entfernen von Montagearbeitsplätzen während des Betriebs der Montage ermöglicht, während Mixed-Model-Montagelinien für Strukturanpassungen zur Durchsatzänderung einen Stillstand benötigen.[23] Matrixmontagen erlauben eine schnelle, situative und kostengünstige Reaktion auf unvorhergesehene Ereignisse und weisen dadurch ein besonders positives Verhalten bei Störungen, wie beispielsweise von Montage- oder Transportressourcen, auf.[24] So können etwa störungsbehaftete oder nicht verfügbare Montagearbeitsplätze durch Anpassung des Pfads eines betroffenen Montageobjekts umsteuert oder bereits proaktiv Veränderungen am Montageablauf oder -system vorgenommen werden.[25] Die Vorteile einer Matrixmontage werden durch einen deutlich höheren Steuerungsbedarf der gesamten Montage und gestiegene Flächenanforderungen erkauft.[26] Es sind nur wenige Matrixmontagen bekannt, die vollumfassend im Serienbetrieb eingesetzt werden, obwohl die Systeme in der Forschung breit diskutiert und seit gewisser Zeit getestet werden.[27] Mögliche Gründe für die langsame Einführung sind die mangelnde Erfahrung der Unternehmen mit dem Einsatz und der Planung der Systeme sowie die hohe Komplexität der Planungsaufgabe.

Die Entwicklung der Matrixmontage als innovatives Konzept für die variantenreiche Serienmontage neben der bekannten Linienmontage stellt Unternehmen in der Montageplanung vor die Frage, welche Konfiguration für ihren Anwendungsfall überlegen ist. Die Mehrheit konventioneller Ansätze zur Montageplanung basiert auf der Abfolge *Formulierung der Planungsaufgabe, Grobplanung, Detailplanung* und *Systemimplementierung*.[28] Bei der Formulierung der Planungsaufgabe wird unter anderem der Bedarf der Montage nach Anpassungsfähigkeit ermittelt, der im nächsten Schritt, der Grobplanung, in die Entwicklung von Montagestrukturen einfließt. In dieser Konzeptphase werden Strukturmerkmale zusammengestellt und daraus verschiedene Strukturkonfigurationen gebildet. Es folgt die Bewertung, Auswahl und schließlich die Feinplanung der überlegenen Konfiguration mit anschließender Implementierung.[29]

Für die Zusammenstellung von Strukturkonfigurationen im Rahmen der Grobplanung greifen Planer oftmals auf Klassifikationen für Montageorganisationsformen bzw. Montagestrukturen zurück, wie beispielsweise die nach EVERSHEIM[30]. Diese Klassifikationen charakterisieren Strukturkonfigurationen anhand der wesentlichen, strukturbestimmenden Merkmale und schaffen auf diese Weise Transparenz während der Grobplanung. Die dazu bisher verwendeten Merkmale sind für die eindeutige Einordnung und Abgrenzung von Strukturkonfigurationen der Matrixmontage gegenüber konventionellen nicht geeignet, da die bekannten Ausprägungen die Merkmale der Matrixmontage nicht trennscharf beschreiben. Dies ist auf die gewachsene Komplexität bei der Strukturplanung einer Matrixmontage zurückzuführen. Bestehende

---

[23] vgl. Hottenrott et al. (2019) Flexible layouts for the mixed-model assembly, S. 946.

[24] vgl. Göppert et al. (2019) Planung und Steuerung von frei verketteten Montagesystemen, S. 620; Foith-Förster et al. (2017) Effiziente Montagesysteme ohne Band und Takt, S. 173.

[25] vgl. Burggräf et al. (2020) Multiagentensysteme in der Agilen Montage, S. 171.

[26] vgl. Burggräf et al. (2020) Modeling and evaluating agile assembly, S. 1074.

[27] vgl. Foith-Förster et al. (2017) Effiziente Montagesysteme ohne Band und Takt, S. 169; Huber (2016) Industrie 4.0 in der Automobilproduktion, S. 261.

[28] vgl. Bäumers (2016) Wirtschaftlicher Detaillierungsgrad der Montageablaufplanung, S. 51.

[29] vgl. Bullinger (1995) Arbeitsgestaltung, S. 87 - 88.

[30] vgl. Eversheim (1989) Organisation in der Produktionstechnik 4.

Ansätze charakterisieren die Strukturkonfigurationen der Matrixmontage anhand von Negativdefinitionen, indem beschrieben wird, dass die Taktung und Verkettung von Montagearbeitsplätzen entfällt. In der Folge herrscht Intransparenz darüber, welche Konzepte an die Stelle dieser beiden entfallenden Elemente treten. Bestehende Klassifikationen können nicht als Ausgangspunkt für die Planung flussorientierter Montagestrukturen genutzt werden, da es an einer gleichzeitigen Charakterisierung von Matrix- und Linienmontagen mittels vergleichbarer Merkmale mangelt. Insgesamt fehlt es Planenden an einer Grundlage zur Bestimmung der Strukturkonfigurationen und Ableitung der strukturkonstituierenden Elemente. Es gilt eine für alle flussorientierten Montagestrukturen anwendbare Klassifikation zu schaffen und diese in einer Strukturplanungsmethodik für die Praxis nutzbar zu machen. Dazu muss die Methodik in ein gesamtheitliches Vorgehen zur Montageplanung integriert werden.

Ziel dieser Arbeit ist daher die Entwicklung einer in ein Montageplanungsvorgehen integrierten Strukturplanung für flexible, flussorientierte Montagestrukturen unter Einbindung einer Klassifikation. Diese Methodik befähigt Planende zur effizienten und transparenten Bestimmung der geeigneten Montagestrukturen gemäß den spezifischen Anforderungen eines Anwendungsfalls an die Flexibilität. Auf diese Weise wird die Qualität des Planungsergebnisses der Strukturplanung sichergestellt.

Der in dieser Arbeit verfolgte Ansatz umfasst dazu vier Lösungsbestandteile. Ein definiertes, redundanzfreies Set aus Flexibilitätskriterien ermöglicht es, die Flexibilitätsbedarfe eines Anwendungsfalls durch die gezielte Auswertung von verfügbaren Planungsdaten quantitativ zu spezifizieren. Des Weiteren fasst eine Klassifikation die Konfigurationen flussorientierter Montagestrukturen zusammen und schlüsselt die Wirkbeziehungen der darin kombinierten Strukturelemente auf. Auf diese Weise entfallen die Aufwände zur Strukturierung des Lösungsraums der Strukturplanung und die Planungskomplexität wird effizient beherrschbar. Weiterhin erfolgt die Priorisierung der Strukturkonfigurationen anhand eines systematischen Abgleichs des ermittelten Flexibilitätsbedarfs und des -angebots von Konfigurationen zur Unterstützung der Entscheidungsfindung. Dadurch wird sichergestellt, dass die Strukturkonfigurationen eine die Anforderungen erfüllende Flexibilität bieten und demnach die Ergebnisqualität der Strukturplanung gewährleistet ist. Abschließend macht die Operationalisierung mittels einer Methodik und ihre Integration in ein ganzheitliches Montageplanungsvorgehen die gesammelten Erkenntnisse der montageplanerischen Praxis zugänglich. Das Ergebnis der Anwendung der Methodik sind die anhand der Flexibilität für den betrachteten Anwendungsfall priorisierten Montagestrukturen. Die Strukturplanungsmethodik auf Grundlage der Klassifikation hilft Unternehmen insgesamt, der wachsenden Herausforderung, die Montage gleichzeitig flexibler und effizienter zu gestalten, gerecht zu werden. Auf Basis der genannten Zielsetzung wird die zentrale Forschungsfrage formuliert:

> Wie erfolgt die effiziente Bestimmung flussorientierter Montagestrukturen anhand von Flexibilität in der Strukturplanung?

1.2 Aufbau der Arbeit

Die Arbeit ist gemäß der „Strategie angewandter Forschung“[31] nach ULRICH aufgebaut (vgl. Abbildung 1-1). Diese stellt, wie auch der explorative Forschungsansatz[32] nach KUBICEK, den Praxisbezug in den Mittelpunkt.[33] Der Anwendungszusammenhang wird besonders hervorgehoben, indem der Forschungsprozess mit der Identifikation eines Praxisproblems beginnt, die Lösung mit der Praxis entwickelt sowie evaluiert wird und das Forschungsvorhaben mit der Implementierung bzw. Beratung der entwickelten Lösung in der Praxis endet.[34]

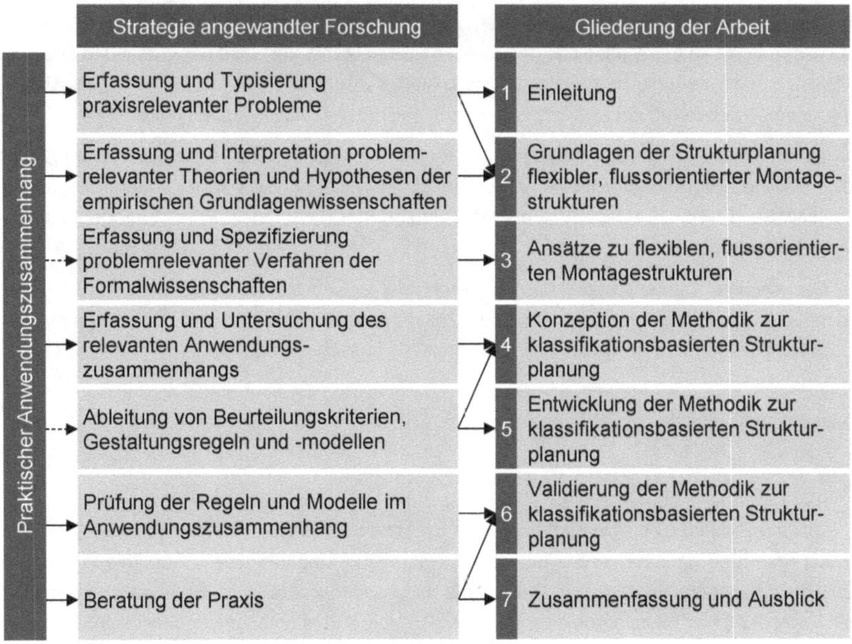

Abbildung 1-1: Aufbau der Arbeit[35]

Das erste Kapitel beinhaltet die Darstellung der Motivation und Zielstellung sowie die Vorstellung der Forschungskonzeption. Im zweiten Kapitel werden die Grundlagen der Strukturplanung flexibler, flussorientierter Montagestrukturen als Anwendungszusammenhang dieser Arbeit sowie der Handlungsbedarf aus Sicht der Praxis dargestellt. Dazu wird zunächst der relevante Objektbereich der Strukturplanung sowie flussorientierter Montagestrukturen definiert und begrifflich abgegrenzt. Anschließend werden in diesem Kontext die Herausforderungen der Praxis identifiziert und anhand eines Fallbeispiels näher beschrieben. Die Ableitung

[31] vgl. Ulrich (1984) Management.

[32] vgl. Kubicek (1977) Heuristische Bezugsrahmen.

[33] vgl. Ulrich (1984) Management, S. 192.

[34] vgl. Ulrich (1984) Management, S. 193.

[35] In Anlehnung an Ulrich (1984) Management, S. 193.

des Handlungsbedarfs aus Sicht der Praxis mittels einer kritischen Reflexion dieser Herausforderungen schließen das Kapitel.

Auf Grundlage der Erkenntnisse aus der Praxis erfolgt im dritten Kapitel die Untersuchung theoretischer Ansätze im Problemkontext. Dazu werden die problemrelevanten Theorien hinsichtlich der Nutzung in der Strukturplanung untersucht und Defizite sowie Anknüpfungspunkte identifiziert. Daraus wird der Handlungsbedarf aus Sicht der Theorie abgeleitet. Dieser bildet den Ausgangspunkt für die Entwicklung der Lösung in den folgenden Kapiteln.

Das vierte Kapitel umfasst die Konzeptionierung der Lösung. Dazu werden zunächst die Anforderungen an das Modell aus der zentralen Zielsetzung, der Sicht der Praxis und aus dem Theoriezusammenhang hergeleitet und präzisiert. Auf dieser Basis wird die Ausgangshypothese der Arbeit formuliert und das Lösungsmodell mit den vier Teilmodellen erarbeitet.

Im fünften Kapitel werden die zuvor konzeptionierten Teilmodelle ausdetailliert und in Form einer Methodik für die klassifikationsbasierte Strukturplanung zur Lösung zusammengeführt. Anschließend wird die Anwendung dieser als integrierter Bestandteil eines Montageplanungsvorgehens dargestellt.

Das sechste Kapitel umfasst die Validierung der entwickelten Lösung. Dazu wird die Methodik zur Strukturplanung im Anwendungszusammenhang appliziert und zusammen mit den Ergebnissen in einem ausgewählten Expertenkreis kritisch reflektiert.

Den Abschluss der Arbeit bilden die Zusammenfassung der zentralen Erkenntnisse und der Ausblick in Kapitel sieben.

1.3 Forschungskonzeption

Um die aufgedeckten Erkenntnisse und Ergebnisse des Forschungsprozesses für Dritte transparent und nachvollziehbar zu machen, muss die fundamentale Erkenntnisperspektive und der forschungsmethodologische Ansatz dargestellt werden.[36] Im Erkenntnisprozess hat die Wahl der Erkenntnisperspektive als auch des Vorgehens entscheidenden Einfluss auf das Ergebnis. Daher ist zunächst eine wissenschaftstheoretische Einordnung erforderlich.

ULRICH UND HILL unterscheiden im Wissenschaftskontext die Formal- und Realwissenschaften (vgl. Abbildung 1-2).[37] Formalwissenschaften befassen sich mit der Konstruktion von Sprachen mittels der Definition von Zeichen und Regeln zur Verwendung ebendieser.[38] Die Realwissenschaften verfolgen das Ziel der „Beschreibung, Erklärung und Gestaltung empirisch (sinnlich) wahrnehmbarer Wirklichkeitsausschnitte“[39] und werden ferner in Grundlagen- und Handlungswissenschaften unterteilt.[40] Die reinen Grundlagenwissenschaften fokussieren die Erklärung von Wirklichkeitsausschnitten mittels Modellen während die angewandten Hand-

[36] vgl. Binder et al. (1996) Technologiepotentiale, S. 3.

[37] vgl. Ulrich et al. (1976) Betriebswirtschaftslehre (Teil I), S. 305.

[38] vgl. Ulrich et al. (1976) Betriebswirtschaftslehre (Teil I), S. 305.

[39] vgl. Ulrich et al. (1976) Betriebswirtschaftslehre (Teil I), S. 305.

[40] vgl. Ulrich et al. (1976) Betriebswirtschaftslehre (Teil I), S. 305.

lungswissenschaften auf die Analyse menschlicher Handlungsalternativen zur Gestaltung sozialer oder technischer Systeme abzielen.[41] Ziel der vorliegenden Arbeit ist es, Gestaltungsempfehlungen für die anwendungsfallspezifische Konfiguration flussorientierter Montagestrukturen im Rahmen der Strukturplanung aufzuzeigen, um die gestiegene Planungskomplexität zu bewältigen sowie den Planungsaufwand zu reduzieren. Folglich wird eine Fragestellung aus dem Praxiskontext durch Analyse von Ziel-Mittel-Beziehungen zur Entwicklung einer Methodik zur Strukturplanung flussorientierter Montagestrukturen beantwortet.[42] Daher ist die Arbeit den angewandten Handlungswissenschaften zuzuordnen.

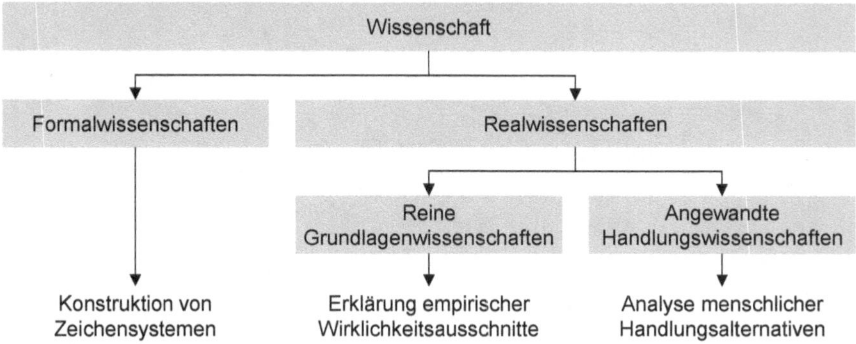

Abbildung 1-2: Wissenschaftssystematik[43]

Neben der wissenschaftstheoretischen Einordnung ist der forschungsmethodologische Ansatz darzulegen. Grundlage ist der explorative Forschungsansatz[44] nach KUBICEK. Dabei gilt es, „die Konstruktion wissenschaftlicher Aussagen als einen von theoretischen Absichten geleiteten und auf systematischem Erfahrungswissen basierenden Lernprozess zu begreifen, der sowohl die Gewinnung von Erfahrungswissen als auch seine kreative Umsetzung in theoretische Aussagen problematisiert".[45] Auf Basis dieses Verständnisses von Forschung als Lernprozess entwickelt TOMCZAK den explorativen Forschungszyklus, welcher den Lernprozess als iterativ und kontinuierlich fortwährend beschreibt.[46] Die Arbeit ist an diesem Forschungszyklus ausgerichtet.

Den Mittelpunkt des Forschungszyklus bildet der heuristische Bezugsrahmen bzw. ein provisorisches Erklärungsmodell, welches das Vorverständnis des Forschenden umfasst (vgl. Abbildung 1-3).[47] Dieses Modell dient der Steuerung des Forschungsprozesses und gibt Orien-

---

[41] vgl. Ulrich et al. (1976) Betriebswirtschaftslehre (Teil I), S. 305.

[42] vgl. Ulrich et al. (1976) Betriebswirtschaftslehre (Teil II), S. 347.

[43] In Anlehnung an Ulrich et al. (1976) Betriebswirtschaftslehre (Teil I), S. 305.

[44] vgl. Kubicek (1977) Heuristische Bezugsrahmen.

[45] vgl. Kubicek (1977) Heuristische Bezugsrahmen, S. 13.

[46] vgl. Tomczak (1992) Forschungsmethoden in der Marketingwissenschaft, S. 83.

[47] vgl. Kubicek (1977) Heuristische Bezugsrahmen, S. 15 - 16; Tomczak (1992) Forschungsmethoden in der Marketingwissenschaft, S. 84.

tierung für die Lösung von Praxisproblemen.[48] Den Ausgangspunkt der Entwicklung des heuristischen Bezugsrahmens bildet eine theoretische Problemstellung, die nicht genügend verstanden wird und durch das Vorverständnis des Forschenden geprägt ist.[49] Bei dem iterativen Durchlaufen des Forschungszyklus wird die theoretische Perspektive mittels der kontinuierlichen Interaktion von Fragen an die Realität, der Sammlung von Daten, der kritischen Reflexion und der theoretischen Verarbeitung immer weiter präzisiert.[50] Auf diese Weise wird der heuristische Bezugsrahmen im Ergebnis mit einer genauen Problemdefinition, ergänzenden Erklärungen und Hinweisen auf mögliche Lösungen ausdetailliert.[51]

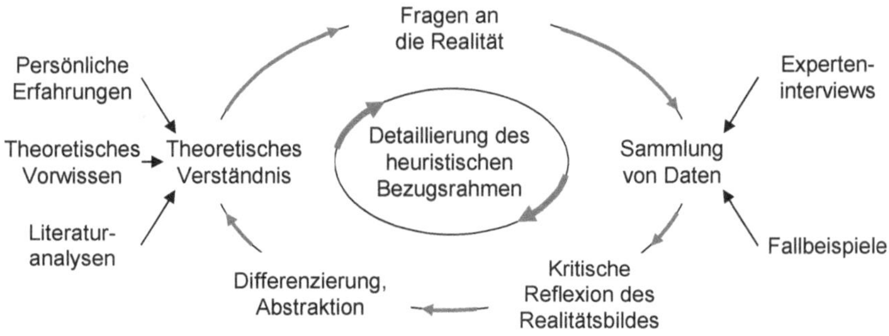

Abbildung 1-3: Explorativer Forschungszyklus[52]

Im explorativen Forschungszyklus hat das Wissen und Vorverständnis des Forschenden eine wichtige Rolle, wobei der Forschende durch gezielten Erfahrungsgewinn den Objektbereich selbst kennenlernen muss.[53] Das Vorverständnis für das Themenfeld basiert auf der mehrjährigen Tätigkeit des Autors als wissenschaftlicher Mitarbeiter in der Abteilung Fabrikplanung am Werkzeugmaschinenlabor WZL der RWTH Aachen. Die Tätigkeit ermöglichte es, in einer Vielzahl von industriellen Beratungsprojekten, Arbeitskreisen und Forschungsprojekten das theoretische Vorverständnis zu entwickeln und im Austausch sowohl mit der Praxis als auch mit Wissenschaftlern anhand praxisrelevanter Problemstellungen kontinuierlich zu reflektieren. Der daraus resultierende heuristische Bezugsrahmen der klassifikationsbasierten Montagestrukturplanung mit den für diese Arbeit zentralen Konzepten ist Anhang 8.1 zu entnehmen. Aus dem iterativen Charakter des explorativen Forschungsprozesses resultiert, dass der Forschungsprozess kein klar definiertes Ende besitzt. Somit ist die vorliegende Arbeit als Dokumentation der Erkenntnisse aus dem Forschungsprozess zum heutigen Stand zu verstehen, der einen hinreichenden Beitrag zur Lösung der in Kapitel 1.1 beschriebenen Problemstellung beisteuert.

---

[48] vgl. Tomczak (1992) Forschungsmethoden in der Marketingwissenschaft, S. 84.

[49] vgl. Tomczak (1992) Forschungsmethoden in der Marketingwissenschaft, S. 84.

[50] vgl. Tomczak (1992) Forschungsmethoden in der Marketingwissenschaft, S. 84.

[51] vgl. Tomczak (1992) Forschungsmethoden in der Marketingwissenschaft, S. 84.

[52] In Anlehnung an Kubicek (1977) Heuristische Bezugsrahmen, S. 14; Tomczak (1992) Forschungsmethoden, S. 84.

[53] vgl. Kubicek (1977) Heuristische Bezugsrahmen, S. 11.

2 Grundlagen der Strukturplanung flexibler, flussorientierter Montagestrukturen

Das Ziel des Kapitels ist die Darstellung der Grundlagen der Strukturplanung von flexiblen, flussorientierten Montagestrukturen. Dazu werden in Kapitel 2.1 zunächst flexible, flussorientierte Montagestrukturen charakterisiert und in Kapitel 2.2 die Strukturplanung ebendieser sowie die in der Praxis auftretenden Herausforderungen betrachtet. Auf dieser Basis wird in Kapitel 2.3 der Handlungsbedarf für die Strukturplanung flexibler, flussorientierter Montagestrukturen aus Sicht der Praxis abgeleitet. Die gesammelten Erkenntnisse fließen in die kontinuierliche Entwicklung des heuristischen Bezugsrahmens ein (vgl. Anhang 8.1).

2.1 Flexible, flussorientierte Montagestrukturen

Zur detaillierten Beschreibung der flexiblen, flussorientierten Montagestrukturen werden in diesem Kapitel die Grundlagen zur Montage vorgestellt, Flexibilität im Montagekontext abgegrenzt und abschließend flexible, flussorientierte Montagestrukturen anhand der zentralen Charakteristika dargestellt.

2.1.1 Begriffliche Grundlagen zur Montage

Die Montage bildet gemeinsam mit der Teilefertigung den Kern der Produktion und ist zentral zwischen der Forschung und Entwicklung (F&E) sowie dem Vertrieb in der Wertschöpfungskette produzierender Unternehmen verortet (vgl. Abbildung 2-1).[54] In der Teilefertigung erfolgt die Herstellung von Bauteilen aus Rohmaterialien und in der Montage der Zusammenbau dieser Einzelteile zu einem Produkt höherer Komplexität zur Erfüllung vorgegebener Funktionen.[55] Im Montageprozess kommen dazu die Teiloperationen Fügen, Handhaben, Kontrollieren, Justieren und Sonderoperationen zum Einsatz.[56]

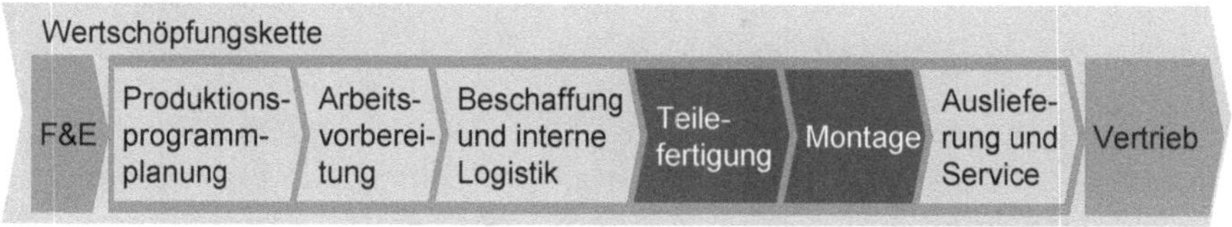

Abbildung 2-1: Einordnung der Montage in die Wertschöpfungskette[57]

---

[54] vgl. Warnecke (1984) Der Produktionsbetrieb, S. 437 - 438.

[55] vgl. Warnecke (1984) Der Produktionsbetrieb, S. 437; Lotter et al. (2012) Montage in der industriellen Produktion, S. 1.

[56] vgl. Lotter et al. (2012) Montage in der industriellen Produktion, S. 2.

[57] In Anlehnung an Petersen (2005) Organisationsformen der Montage, S. 4; Warnecke (1984) Der Produktionsbetrieb, S. 438.

In der Literatur existieren je nach Forschungsfrage unterschiedliche Definitionen und Betrachtungsgrenzen des Produktionssystems. Eine Eingrenzung des Systembegriffs kann mittels einer systemtheoretischen Betrachtung der Hierarchieebenen einer Fabrik[58] vollzogen werden (vgl. Abbildung 2-2). Demnach werden auf höchster Ebene, der Netzwerkebene, alle im Produktionsnetzwerk beteiligten Werke verortet. In der nächst tieferen Ebene wird das einzelne Werk betrachtet, das sich wiederum aus Segmenten zusammensetzt. Ein Segment beschreibt dabei eine Funktionseinheit im Sinne eines Fabrikgebäudes, in dem Produkte vollumfänglich und versandbereit hergestellt werden.[59] Segmente setzen sich aus Systemen zusammen, wobei zwischen Fertigungs- und Montagesystem differenziert wird.[60] Ein System setzt sich aus Zellen zusammen, die eine Gruppierung von Arbeitsplätzen darstellen. An einem Arbeitsplatz finden Prozesse statt, die die unterste Ebene der Hierarchiebetrachtung bilden. Die Verknüpfung der Elemente auf Ebenen und ebenenübergreifend erfolgt über Materialfluss- und Informationssysteme.[61]

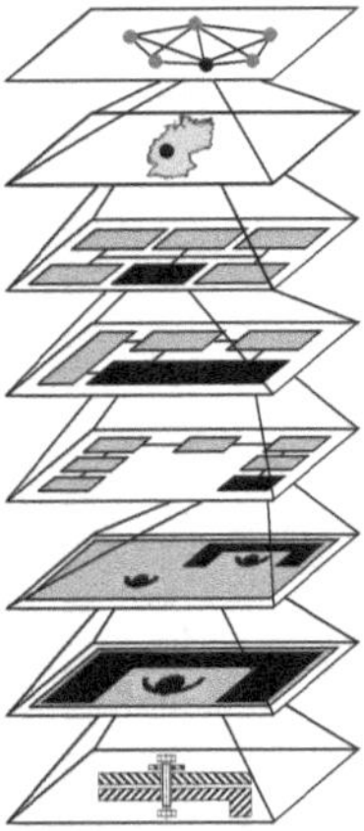

Hierarchieebene	Produktsicht
Netzwerk	Vollständiges Produktportfolio
Werk	
Fabrik	Ein oder mehrere Produkte bis hin zu vollständigem Produktportfolio
Segment	
System	Vollständiges, versandfertiges Produkt
Zelle	Baugruppe
Station	Montageobjekt bzw. Baugruppe
Prozess	Montageobjekt

Abbildung 2-2: Hierarchieebenen der Fabrik[62]

Generell kann jede Hierachieebene für sich als Produktionssystem aufgefasst werden und umfasst dabei alle Elemente der tieferen Ebenen.[63] Als Fertigungs- bzw. Montagesystem im Sinne der vorliegenden Arbeit werden die Systeme verstanden, die in der Hierachiebetrachtung auf Segmentebene sowie darunter zu verorten sind und die definierten Funktionen innerhalb der Wertschöpfungskette (vgl. Abbildung 2-1) erfüllen. Demnach ist das Montagesystem die integrierte, vollständige Anordnung aller Systemelemente und technischen Einrichtungen

[58] vgl. Wiendahl et al. (2007) Changeable manufacturing, S. 785 - 786.

[59] vgl. Wiendahl et al. (2007) Changeable manufacturing, S. 786.

[60] vgl. Wiendahl et al. (2007) Changeable manufacturing, S. 785 - 786.

[61] vgl. Konold et al. (2009) Praxis der Montagetechnik, S. 3.

[62] In Anlehnung an Wiendahl et al. (2007) Changeable Manufacturing, S. 785.

[63] vgl. Gartzen (2012) Diskrete Migration als Anlaufstrategie, S. 12.

von Prozess- bis Segmentebene, die den Montagefortschritt des Produkts bewirken und so zum Zusammenbau im Sinne der Aufgabe der Montage beitragen.[64]

Aufgrund der großen Diversität zu montierender Produkte existieren verschiedene Typen von Montagen, die entsprechend den Eigenschaften des individuellen Anwendungsfalls zum Einsatz kommen können. Ein maßgeblicher Faktor bei der Auswahl des Systemtyps ist das zu produzierende Produktionsprogramm.[65] Die Häufigkeit der Leistungswiederholung charakterisiert anhand der produzierten Jahresstückzahl und der Wiederholhäufigkeit das im Produktionsverlauf herzustellende Programm.[66] Dabei wird in der Fertigung bzw. analog in der Produktion sowie Montage zwischen den Fertigungsarten *Einzel-*, *Kleinserien-*, *Großserien-* und *Massenfertigung* differenziert (vgl. Abbildung 2-3).[67] Diese besitzen fließende Grenzen und daher sind die angegebenen Stückzahlen als Richtwerte anzusehen.

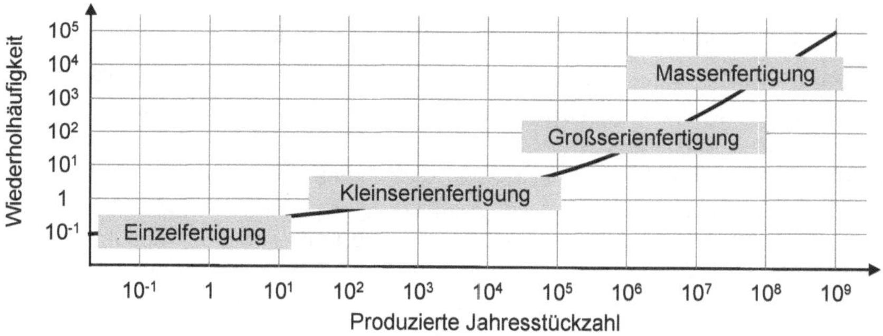

Abbildung 2-3: Einordnung der Fertigungsarten[68]

Die Einzelfertigung ist gekennzeichnet durch eine sehr geringe Stückzahl und in der Regel durch direkten Bezug zu einem Kundenauftrag.[69] Eine Leistungswiederholung gleicher Produkte ist in der Regel nicht vorgesehen, kann aber mit zeitlichen Versatz oder in ähnlicher Produktform vorkommen. Abhängig von der Jahresstückzahl wird ferner zwischen der Kleinserien- sowie der Großserienfertigung unterschieden.[70] Aufgrund fließender Definitionsgrenzen existiert kein trennscharfer Grenzwert zur Unterscheidung, jedoch kann eine Jahresausbringung von 50 Stück als Orientierungswert herangezogen werden.[71] Die zur Produktion eingesetzten Betriebsmittel erlauben die Differenzierung, dass bei Kleinserien eher flexible und bei Großserien auf die Erzeugnisse spezialisierte Betriebsmittel zum Einsatz kommen. Die

---

[64] vgl. Zeile (1995) Montagestrukturplanung für variantenreiche Serienprodukte, S. 20.

[65] vgl. Eversheim (1989) Organisation in der Produktionstechnik 4, S. 163.

[66] vgl. Eversheim (1996) Organisation in der Produktionstechnik 1, S. 103.

[67] vgl. Eversheim (1996) Organisation in der Produktionstechnik 1, S. 103 - 104.

[68] In Anlehnung an Eversheim (1996) Organisation in der Produktionstechnik 1, S. 103.

[69] vgl. Eversheim (1996) Organisation in der Produktionstechnik 1, S. 103.

[70] vgl. Schuh (2007) Produktionsplanung und -steuerung, S. 130.

[71] vgl. Schuh (2007) Produktionsplanung und -steuerung, S. 130.

Massenfertigung besitzt eine sehr hohe bzw. unbegrenzte Auflage und erfolgt ununterbrochen.[72] Mittels umfangreicher Arbeitsteilung und spezialisierten bzw. automatisierten Betriebsmitteln wird auf hohe Effizienz abgezielt.

Die Leistungswiederholung hat neben der Produktgröße, Produktkomplexität und der Schwierigkeit sowie des Umfangs der Montagetätigkeiten wesentlichen Einfluss auf die Gestaltung der Montage.[73] Dabei wird hinsichtlich der kinematischen Struktur zwischen Systemen mit stationären und bewegten Montageobjekten unterschieden.[74] Insbesondere bei hohen Auflagen in der Großserien- und Massenfertigung kommen Montagen mit bewegten Montageobjekten zum Einsatz.[75] Bei diesen Systemen findet das *Flussprinzip* Anwendung, bei dem ein gerichteter Fluss der Montageobjekte zwischen Arbeitsplätzen vorliegt.[76] Diese flussorientierten Montagen (vgl. Kapitel 2.1.3) bilden den Fokus dieser Arbeit.

2.1.2 Abgrenzung von Flexibilität im Kontext der Montage

Insbesondere die Montage als letztes Glied in der unternehmensinternen Wertschöpfungskette muss sich schnell an geänderte Rahmenbedingungen anpassen können.[77] Die Anpassungsfähigkeit stellt zwar kein primäres Unternehmensziel dar, hat jedoch maßgeblichen Einfluss auf die Erfüllung übergeordneter Unternehmensziele wie der Produktivität bzw. Effizienz.[78] Infolge wachsender Volatilität und Unsicherheiten steigt der Bedarf nach Montagen mit verbesserter Anpassungsfähigkeit und in diesem Kontext wird eine Vielfalt von Ansätzen diskutiert.[79] Die dabei verwendeten Begriffe besitzen oftmals keine vereinheitlichte Definition.[80] Dieses Kapitel gibt einen Überblick über die in dieser Arbeit verwendete Terminologie hinsichtlich der zentralen Begriffe *Anpassungsfähigkeit, Flexibilität* und *Wandlungsfähigkeit*.

Zu *Anpassungsfähigkeit* existieren zahlreiche Publikationen, wobei in dieser Arbeit die Definition nach WIENDAHL ET AL. Anwendung findet: *Anpassungsfähigkeit* ist die Eigenschaft, frühzeitig und vorausschauend Anpassungen der Strukturen und Prozesse des Betriebs auf allen Ebenen an Veränderungsanstöße wirtschaftlich durchzuführen.[81] Diese Anpassung wird durch die Befähiger *Universalität, Skalierbarkeit, Modularität, Mobilität* und *Kompatibilität* erzielt.[82] *Anpassungsfähigkeit* ist Oberbegriff für die näher definierten Begriffe *Wandlungsfähigkeit* und *Flexibilität*.[83]

---

[72] vgl. Schuh (2007) Produktionsplanung und -steuerung, S. 130.

[73] vgl. Lotter (1992) Wirtschaftliche Montage, S. 46.

[74] vgl. Bullinger et al. (1993) Planung entkoppelter Montagesysteme, S. 13.

[75] vgl. Eversheim (1989) Organisation in der Produktionstechnik 4, S. 177.

[76] vgl. Bullinger et al. (1993) Planung entkoppelter Montagesysteme, S. 14.

[77] vgl. Fries et al. (2020) Planung zukünftiger Automobilproduktionen, S. 20.

[78] vgl. Roscher (2007) Flexibilitätsstrategien für die Endmontage, S. 26.

[79] vgl. Kampker et al. (2019) Einfluss der Variantenvielfalt, S. 477.

[80] vgl. Spena et al. (2016) Design of flexible and changeable manufacturing, S. 208.

[81] vgl. Wiendahl et al. (2007) Changeable manufacturing, S. 785.

[82] vgl. Wiendahl et al. (2007) Changeable manufacturing, S. 788; Lanza et al. (2018) Wandlungsfähige, menschzentrierte Strukturen in Fabriken, S. 9 - 10.

[83] vgl. Wiendahl et al. (2007) Changeable manufacturing, S. 786.

Wandlungsfähigkeit beschreibt die Fähigkeit eines Systems, sich mittels Änderungen der Konfiguration an geänderte Rahmenbedingungen anzupassen.[84] Diese Änderungen erfolgen außerhalb begrenzter Korridore und erfordern oftmals finanziellen Aufwand.[85] ***Flexibilität*** hingegen beschreibt die Fähigkeit eines Systems, sich ohne Änderung seiner Konfiguration mit relativ geringem Zeit- und Arbeitsaufwand an geänderte Rahmenbedingungen anzupassen.[86] Dabei findet die Anpassung in einem prinzipiell vorgedachten Umfang statt.[87]

Das Verhältnis von Flexibilität und Wandlungsfähigkeit ist in Abbildung 2-4 vereinfachend gegenübergestellt. Bei einem Veränderungsimpuls greift zunächst die Flexibilität innerhalb der begrenzten Korridore. Falls die Anforderung aus dem Veränderungsimpuls die Korridorgrenzen überschreitet, muss die Wandlungsfähigkeit des Systems greifen und den Korridor verschieben bzw. anpassen. Dazu steht im Rahmen der Wandlungsfähigkeit ein gewisser Lösungsraum zur Verfügung.[88]

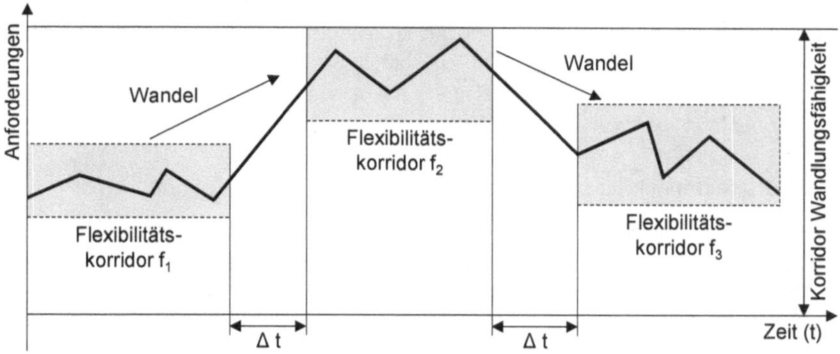

Abbildung 2-4: Gegenüberstellung von Flexibilität und Wandlungsfähigkeit[89]

Neben der dargestellten Definition von Flexibilität existiert eine Vielzahl weiterer Definitionsversuche im Produktionskontext wobei insgesamt Konsens herrscht, dass Flexibilität ein komplexes, mehrdimensionales anstatt singuläres Konstrukt ist.[90] Eine detaillierte Beschreibung und Analyse von Ansätzen zur mehrdimensionalen Abbildung von Flexibilität erfolgt in Kapitel 3.1.1. Die Bedeutung von Flexibilität für ein Produktionssystem ist determiniert durch dessen individuellen *Flexibilitätsbedarf*, der aus Veränderungen im Systemkontext resultiert.[91] Zur Deckung dieses Bedarfs bzw. zur Befähigung der Reaktionsfähigkeit auf Veränderungen

---

[84] vgl. Wiendahl et al. (2007) Changeable manufacturing, S. 786.

[85] vgl. Bauernhansl (2020) Fabrikbetriebslehre 1, S. 24.

[86] vgl. Wiendahl et al. (2007) Changeable manufacturing, S. 786.

[87] vgl. Bauernhansl (2020) Fabrikbetriebslehre 1, S. 24.

[88] vgl. Bauernhansl (2020) Fabrikbetriebslehre 1, S. 24.

[89] In Anlehnung an Bauernhansl (2020) Fabrikbetriebslehre 1, S. 25.

[90] vgl. Seebacher (2013) Beurteilung der Produktionswirtschaftlichen Flexibilität, S. 26; Rogalski (2009) Entwicklung einer Methodik zur Flexibilitätsbewertung, S. 31 - 32; Weckenborg et al. (2023) Flexibility in manufacturing system design, S. 6 - 25.

[91] vgl. Haller (1999) Bewertung der Flexibilität automatisierter Materialflußsysteme, S. 19 - 21.

wird zum Planungszeitpunkt in ein *Flexibilitätsangebot* des Produktionssystems investiert.[92] Der tatsächliche Einsatz des durch das Angebot bereitgestellten Potenzials zur Anpassung entspricht der *Flexibilitätsnutzung*.[93] Die Flexibilitätsplanung hat die Abstimmung von Flexibilitätsbedarf und -angebot und somit die Vorbereitung des Produktionssystems auf mögliche zukünftige Umwelteinflüsse zur Aufgabe. Ziel der *Flexibilitätsstrategie* ist dabei, dass die antizipierte, zukünftige Flexibilitätsnutzung mindestens dem Flexibilitätsbedarf entspricht und das Flexibilitätsangebot des Systems mindestens der antizipierten Flexibilitätsnutzung.[94]

Flexibilität ist mit Kosten verbunden, sodass bei der Festlegung des Flexibilitätsangebots die Aufwendungen einem adäquaten Nutzen gegenübergestellt werden müssen.[95] Einerseits sind für den Aufbau eines großen Flexibilitätsangebots hohe Investitionen erforderlich, die im Fall eines geringen eingetretenen Flexibilitätsbedarfs unnötige Mehrkosten darstellen.[96] Andererseits resultieren aus einem zu geringen Flexibilitätsangebot Kosten durch wiederholte, kurzfristige, ungeplante und unkoordinierte Anpassungen der Systemkonfiguration.[97] Für die wirtschaftliche Produkterstellung gilt es somit das kostenoptimale Maß an Flexibilität zu finden, bei dem Flexibilitätsbedarf, -nutzung und -angebot für alle Zeitpunkt möglichst nah beieinanderliegen. Die Auslegung des Flexibilitätsgrads hat damit großen Einfluss auf die Wirtschaftlichkeit einer Montage.[98]

2.1.3 Charakteristika flexibler, flussorientierter Montagestrukturen

Flussorientierte Montagestrukturen zeichnen sich durch mobile Montageobjekte aus, die sich gemäß dem Flussprinzip zur Vervollständigung des Produkts durch eine Reihe von Montagearbeitsplätzen bewegen (vgl. Kapitel 2.1.1).[99] Sowohl die Linien- als auch die Matrixmontage zählen zu den flussorientierten Montagestrukturen und werden im Folgenden anhand ihrer zentralen Eigenschaften charakterisiert. Auf diese Weise wird der Ordnungsrahmen flussorientierter Montagestrukturen gebildet.

Die Linienmontage wurde ursprünglich zur Herstellung nur eines Produkts bzw. Modells eingeführt.[100] Das prominenteste Beispiel einer solchen Single-Model Montagelinie ist die Ford Model T-Linie mit einer Jahresausbringung von 1,8 Mio. Fahrzeugen im Jahr 1923.[101] Die weitreichende Differenzierung der Produkte und Produktvarianten als Antwort auf gewandelte Kundenanforderungen macht es aufgrund der stark gesunkenen Variantenstückzahl unwirtschaftlich je Produktvariante eine Single-Model-Montagelinie zu betreiben.[102] In der Folge wurden

---

[92] vgl. Küber (2017) Planung modularer, produktflexibler Montagekonfigurationen, S. 24 - 25; Roscher (2007) Flexibilitätsstrategien für die Endmontage, S. 25.

[93] vgl. Westkämper et al. (2000) Ansätze zur Wandlungsfähigkeit von Produktionsunternehmen, S. 23 - 24.

[94] vgl. Roscher (2007) Flexibilitätsstrategien für die Endmontage, S. 31.

[95] vgl. Fisel et al. (2016) Wandlungsfähigkeit in der Endmontage, S. 243.

[96] vgl. Terkaj et al. (2009) A review on manufacturing flexibility, S. 46.

[97] vgl. Rogalski et al. (2009) Flexibilitätsbewertung von Produktionssystemen, S. 64.

[98] vgl. Lanza et al. (2009) Bewertung von Stückzahl- und Variantenflexibilität, S. 1039.

[99] vgl. Föhlisch et al. (2023) Planning of flow-based mixed-model assembly, S. 545.

[100] vgl. Frei et al. (2011) Self-organizing assembly systems, S. 885.

[101] vgl. Zündorf (2008) Das Weltsystem des Erdöls, S. 90.

[102] vgl. Schuh et al. (2008) Anlaufmanagement, S. 1; Kern et al. (2015) Alternatives to assembly line production, S. 3.

Multi-Model- und Mixed-Model-Montagelinien entwickelt, die mehrere Modelle in einer Linie vereinen.[103] In Bezug auf die Variantenvielfalt der zu montierenden Produktmodelle werden drei Typen von Montagelinien unterschieden (vgl. Abbildung 2-5).[104] Mixed-Model-Montagelinien zeichnen sich dadurch aus, dass für die Montage verschiedener Varianten keine zeitaufwändigen Umrüstvorgänge, wie etwa bei der Multi-Model-Montagelinie, erforderlich sind.[105] Die variantenreiche Montage in der Serien- und Massenproduktion erfolgt überwiegend in Mixed-Model-Montagen, die den Fokus dieser Arbeit bilden.

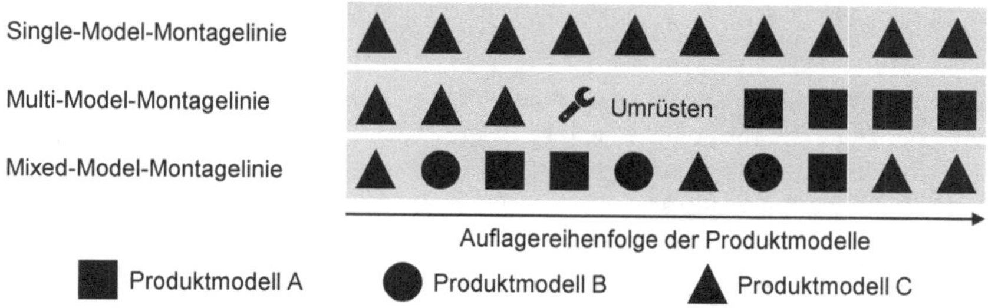

Abbildung 2-5: Typen von Montagelinien[106]

In diesen getakteten Linien synchronisiert der Takt die Arbeitsplätze der Montagelinie und stellt die maximal zur Verfügung stehende Montagezeit für die Ausführung der einem Arbeitsplatz zugeordneten Tätigkeiten dar.[107] Die zu montierenden Produkte und Produktvarianten erfordern oft unterschiedliche Montagetätigkeiten und damit variierende Montagezeiten an den Arbeitsplätzen, wodurch eine optimale Abstimmung der Takt- und Montagezeit unmöglich wird.[108] Taktzeitüberschreitungen bedeuten eine Überlastung des Montagepersonals und können zu einer Systemstörung in Form eines Linienstillstands führen.[109] Die Differenz zwischen der Montageprozess- und Taktzeit entspricht ungenutzter Kapazität und damit einem Effizienzverlust.[110] Um eine Montagelinie dennoch wirtschaftlich zu betreiben, werden aufwändige Optimierungsmaßnahmen zur Nivellierung und Reihenfolgeplanung betrieben.[111] Innerhalb des Produktionsprogramms glättet die Nivellierung den für die Produktvarianten erforderlichen Kapazitätsbedarf und die Reihenfolgeplanung optimiert die Sequenz der Varianten unter Berücksichtigung der Prozesszeitschwankungen entlang der Montagelinie.[112] Die Maßnahmen verursachen großen Aufwand und sind nicht an der Wertschöpfung der Montage beteiligt.[113] Mit der

---

[103] vgl. Lafou et al. (2015) Manufacturing system configuration: Flexibility analysis, S. 96.

[104] vgl. Boysen (2005) Variantenfließfertigung, S. 11.

[105] vgl. Boysen (2005) Variantenfließfertigung, S. 11.

[106] In Anlehnung an Boysen (2005) Variantenfließfertigung, S. 11.

[107] vgl. Chao et al. (2016) Improve assembly line balancing, S. 100 - 101.

[108] vgl. Kern et al. (2016) Planning of workstations, S. 328.

[109] vgl. Keckl et al. (2016) Handling production time variety, S. 202.

[110] vgl. Hofmann (2016) Automobilproduktion ohne Band und Takt, S. 1.

[111] vgl. Foith-Förster et al. (2017) Effiziente Montagesysteme ohne Band und Takt, S. 169; Kern et al. (2017) Integrated logistics concept, S. 958.

[112] vgl. Kern et al. (2017) Integrated logistics concept, S. 958.

[113] vgl. Kern et al. (2015) Alternatives to assembly line production, S. 4.

fortschreitenden Produktdifferenzierung und der dadurch anwachsenden Spreizung der Montageprozesszeiten wird die Optimierung des Betriebs eines getakteten Montagesystems weiter erschwert.[114] Hersteller haben verstanden, dass die Effizienz von Montagelinien mit steigender Variantenvielfalt sinkt.[115] Weitere Entwicklungen wie schwankende Stückzahlen, immer häufigere Produktwechsel und technologische Produktveränderungen setzen die Montagesysteme zusätzlich unter Druck.[116] Montagelinien werden zunehmend an die Grenzen der Wirtschaftlichkeit gedrängt und es zeichnet sich der Bedarf nach Konzepten ab, die sich schnell an geänderte Produktionssituationen anpassen und gleichzeitig effizient betrieben werden.[117]

Die Matrixmontage ist ein Ansatz zur gleichzeitigen Verbesserung der Flexibilität und Effizienz in der variantenreichen Serienmontage durch die Entkopplung der Montagearbeitsplätze sowie Auflösung der Taktzeitabhängigkeit.[118] Der Ansatz wird unter synonymen Termini diskutiert, da sich bisher keine einheitliche Definition durchgesetzt hat.[119] Durch das Auflösen der Restriktionen werden zusätzliche Freiheitsgrade zur Flexibilisierung des Montagesystems ausgeschöpft, wodurch gleichzeitig ein größeres Effizienzpotential ausgenutzt werden kann.[120] Die Reduktion der Abhängigkeiten zwischen den Systemelementen erlaubt eine umfassende Ausschöpfung der zentralen Befähiger der Anpassungsfähigkeit in Form der Universalität, Skalierbarkeit, Modularität, Mobilität und Kompatibilität (vgl. Kapitel 2.1.2).[121] Im Folgenden werden die auf diesen Befähigern beruhenden zentralen Charakteristika der Matrixmontage erläutert.

In einer Matrixmontage besitzt ein Montagearbeitsplatz nicht nur einen starr verketteten Nachfolger, sondern das Montageobjekt kann aus seinem aktuellen Arbeitsplatz frei jeden beliebigen anderen im System anfahren.[122] Systemseitig resultiert eine umfassende Routenflexibilität und eine Arbeitsplatzanordnung in Form eines Rasters bietet sich an.[123] Die Bewegung der Montageobjekte erfolgt mittels eines flexiblen Transportsystems wie beispielsweise einem fahrerlosen Transportsystem (FTS).[124] Das Aus- und Einschleusen von Montageobjekten ist an jedem Arbeitsplatz möglich, wodurch eine schnelle Reaktionsfähigkeit bei Auftreten von Störungen resultiert.[125] Im Gegensatz zur konventionellen Montagelinie haben Störungen an

---

[114] vgl. Minguillon et al. (2020) Robust predictive–reactive scheduling, S. 401.

[115] vgl. Hottenrott et al. (2019) Flexible layouts for the mixed-model assembly, S. 943 - 944.

[116] vgl. Greschke et al. (2014) Matrix structures for high volumes, S. 161; Petersen (2005) Organisationsformen der Montage, S. 4.

[117] vgl. Burggräf et al. (2020) Multiagentensysteme in der Agilen Montage, S. 170; Hofmann (2016) Automobilproduktion ohne Band und Takt, S. 1; ElMaraghy et al. (2021) Evolution and future of manufacturing systems, S. 649 - 650.

[118] vgl. Komesker et al. (2022) Multi-agent system for resilient production, S. 991.

[119] vgl. Stricker et al. (2021) Self-adjusting multi-objective scheduling, S. 381.

[120] vgl. Gaal et al. (2020) Adaptable cell-oriented assembly, S. 1158.

[121] vgl. Fries et al. (2020) Planung zukünftiger Automobilproduktionen, S. 22.

[122] vgl. Burggräf et al. (2020) Capability-based assembly design, S. 1206.

[123] vgl. Hüttemann (2021) Analysis of line-less mobile assembly systems, S. 21.

[124] vgl. Greschke (2015) Matrix-Produktion als taktunabhängige Fließfertigung.

[125] vgl. Kern et al. (2015) Alternatives to assembly line production, S. 6.

einem Arbeitsplatz in einer Matrixmontage nicht den Ausfall des Gesamtsystems zur Folge, da der betroffene umfahren werden kann.[126]

Aufgrund der Taktunabhängigkeit von Matrixmontagen können die Montagearbeitsplätze jeweils auftragsindividuelle Prozesszeiten aufweisen ohne eine für das System einheitliche Taktzeit einhalten zu müssen.[127] Es treten somit keine prinzipbedingten Wartezeiten in Form von Taktausgleichszeiten auf, wodurch eine höhere Effizienz im Vergleich zu konventionellen Montagelinien erzielt werden kann.[128] Ferner können Montageprozesse etwa beim Anlernen von neuem Montagepersonal oder bei Personal mit gewandelter Produktivität eine personenindividuelle Zeit in Anspruch nehmen, wodurch Arbeitsbedingungen und Zufriedenheit verbessert werden.[129] Zur Sicherstellung einer hohen Auslastung und einer gewissen Unabhängigkeit vom Transportsystem können Eingangs- und Ausgangspuffer an den Montagearbeitsplätzen Verwendung finden.[130]

Die Auflösung der Verkettung und des Taktzwangs ermöglicht für jedes Montageobjekt auftragsindividuelle Routen durch die Matrixmontage.[131] So müssen im Laufe des Montageprozesses nur die Arbeitsplätze durchlaufen werden, die für die Produktvariante erforderlich sind. Außerdem kann die Reihenfolge der erforderlichen Montageoperationen bzw. die Abfolge der Montagearbeitsplätze für jeden Auftrag individuell gestaltet werden.[132] Dies ermöglicht eine zielgrößenorientierte Optimierung der Auftragsrouten im System, beispielsweise zur Reduktion der Durchlaufzeit mittels Auftragspriorisierung oder zur Maximierung der Effizienz mittels bedarfsorientiertem Kapazitätsbalancings.[133] Limitierender Faktor bei der Gestaltung der Auftragsrouten ist der Vorrangfolgegraph, der alle produktseitig technisch möglichen Abfolgen von Montageoperationen bzw. -arbeitsplätzen beschreibt.[134] Ein Arbeitsplatz in einer Matrixmontage ist charakterisiert durch seine Fähigkeiten, die die Ausführung von bestimmten Montageoperationen erlauben. Die Arbeitsplätze müssen mindestens zu einem Anteil mehrere Fähigkeiten besitzen und im System müssen Fähigkeiten mindestens anteilig redundant vorhanden sein, um das System für individuelle Auftragsrouten zu befähigen.[135] Dabei hat die Verteilung der Fähigkeiten auf die Arbeitsplätze maßgeblichen Einfluss auf die Leistungsfähigkeit des Systems. Die Auftragssteuerung des Montagesystems kennt die Fähigkeiten jedes Arbeitsplatzes und nutzt diese neben dem aktuellen Arbeitsplatzstatus für die Bestimmung der Auftragsrouten.[136] Durch die Überwachung des Status bzw. des Montagefortschritts der Arbeitsplätze kann das System kurzfristig und flexibel auf Störungen, wie etwa Nacharbeit infolge von

[126] vgl. Burggräf et al. (2020) Multiagentensysteme in der Agilen Montage, S. 171.

[127] vgl. Hofmann (2021) Vorausschauende und reaktive Mehrzieloptimierung, S. 7 - 8.

[128] vgl. Fries et al. (2020) Planung zukünftiger Automobilproduktionen, S. 21.

[129] vgl. Greschke et al. (2014) Matrix structures for high volumes, S. 164.

[130] vgl. Hüttemann (2021) Analysis of line-less mobile assembly systems, S. 22.

[131] vgl. Burggräf et al. (2020) Capability-based assembly design, S. 1206.

[132] vgl. Schukat et al. (2022) Order release in matrix-structured assembly, S. 652 - 653.

[133] vgl. Göppert et al. (2019) Planung und Steuerung von frei verketteten Montagesystemen, S. 618; Hüttemann (2021) Analysis of line-less mobile assembly systems, S. 22.

[134] vgl. Müller et al. (2020) Matrix structured assembly systems, S. 1359.

[135] vgl. Hüttemann (2021) Analysis of line-less mobile assembly systems, S. 22.

[136] vgl. Hüttemann (2021) Analysis of line-less mobile assembly systems, S. 22.

Qualitätsproblemen, reagieren.[137] Die Vorteile bezüglich der Routenflexibilität werden durch einen deutlich höheren Steuerungsbedarf der gesamten Montage erkauft.[138]

In Bezug auf die Anpassungsfähigkeit von Matrixmontagen ist insbesondere die wesentlich einfachere Rekonfigurierbarkeit im Vergleich zu Mixed-Model-Montagelinien zu nennen.[139] Es kann vollständig auf eine ausgeprägte Reihenfolgeplanung (vgl. Kapitel 2.1.1), wie eine Perlenkette, verzichtet werden[140] und die hohe Reaktionsfähigkeit erlaubt Änderungen des Variantenmixes ohne Anpassungsaufwand.[141] Skalierbarkeit und langfristige Anpassungsfähigkeit bei umfassenden Veränderungen wird durch das flexible Anpassen der Qualifikationen und Hinzufügen bzw. Entfernen von Arbeitsplätzen ohne Betriebsunterbrechung des Systems erzielt.[142] Aufgrund der modularen Struktur einer Matrixmontage ist es möglich, besonders variantenreiche Abschnitte der Montage als Matrixsegment und variantenarme als Liniensegment auszuführen (vgl. Abbildung 2-6) und so die Vorteile beider flussorientierten Strukturtypen auszuschöpfen.[143]

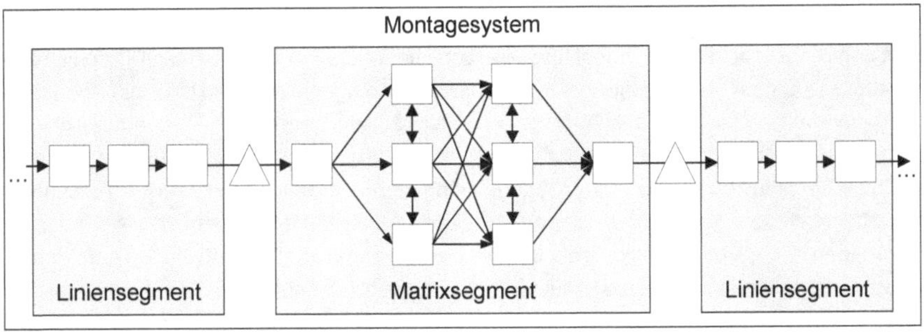

Abbildung 2-6: Integration eines Matrixmontagesegments in eine Montagelinie[144]

Auf Basis der dargestellten Grundlagen der Mixed-Model-Serienmontage, der Definition von flussorientierten Montagestrukturen sowie Flexibilität im Montagekontext wird das Begriffsverständnis der flexiblen, flussorientierten Montagestrukturen im Kontext dieser Arbeit definiert:

Flexible, flussorientierte Montagestrukturen bezwecken die effiziente Serienmontage variantenreicher Produkte mittels proaktiver, reversibler Anpassung des Flusses der Montageobjekte an geänderte Rahmenbedingungen in kürzester Zeit und ohne Umrüstvorgänge.

---

[137] vgl. Göppert et al. (2020) Automated scenario analysis, S. 1095; Kern et al. (2015) Alternatives to assembly line production, S. 6; Tönnes et al. (2016) Analytical approach for the examination, S. 492.

[138] vgl. Rachner et al. (2023) Potential analysis of line-less assembly systems, S. 47 - 49; May et al. (2021) Decentralized multi-agent production control, S. 3.

[139] vgl. Mathews et al. (2023) Applications of a modular software architecture, S. 1 - 2.

[140] vgl. Foith-Förster et al. (2017) Effiziente Montagesysteme ohne Band und Takt, S. 173.

[141] vgl. Kern et al. (2015) Alternatives to assembly line production, S. 6.

[142] vgl. Kern et al. (2015) Alternatives to assembly line production, S. 6; Rachner et al. (2023) Agile, frei verkettete Montage, S. 165.

[143] vgl. Hottenrott et al. (2019) Flexible layouts for the mixed-model assembly, S. 944.

[144] In Anlehnung an Hottenrott et al. (2012) Flexible layouts for the mixed-model assembly, S. 945.

2.2 Strukturplanung flexibler, flussorientierter Montagestrukturen

Eine Montage muss auf die spezifischen Anforderungen eines Anwendungsfalls hinsichtlich Flexibilität und Effizienz abgestimmt sein, um in Gegenwart ständiger Veränderung wettbewerbsfähig zu produzieren.[145] Dazu bedarf es einer Montageplanung, die bereits in frühen Planungsphasen anforderungsgeleitet Lösungskonzepte erzeugt. In diesem Kapitel wird die Strukturplanung flussorientierter Montagestrukturen erläutert, indem in Kapitel 2.2.1 zunächst die Montageplanung in ihre Teilprozesse aufgeschlüsselt wird. Die Hauptaufgaben der Strukturplanung werden in Kapitel 2.2.2 beleuchtet. Die sich für die Strukturplanung flussorientierter Montagestrukturen ergebenden Herausforderungen werden in Kapitel 2.2.3 betrachtet.

2.2.1 Grundlagen der Montageplanung

Die Montageplanung ist der Arbeitsvorbereitung zugeordnet (vgl. Abbildung 2-7) und damit zwischen der Produktentwicklung durch die Konstruktion und der Produktrealisierung durch die Fertigung sowie Montage in der Wertschöpfungskette verortet.[146] Die Arbeitsvorbereitung ist untergliedert in die Arbeitsplanung, die alle Planungsmaßnahmen zur fertigungsgerechten Herstellung eines Erzeugnisses umfasst, und die Arbeitssteuerung, die für die Auftragsabwicklung entsprechend der Planung verantwortlich ist.[147] Aufgrund der unterschiedlichen Charakteristika der Montage und der Fertigung ist eine Trennung der Montage- und Fertigungsplanung innerhalb der Arbeitsplanung sinnvoll.[148] Die Aufgabe der Montageplanung ist die Gestaltung der Prozesse, der Organisation, des Materialflusses und der Betriebsmittel im Montagesystem nach mengenabhängigen, variantenabhängigen, fügetechnischen, organisatorischen und ergonomischen Kriterien.[149] Die Montagesteuerung wickelt die Aufträge entsprechend der Planung ab und reagiert auf kurzfristig auftretende Störungen im Montagesystem.

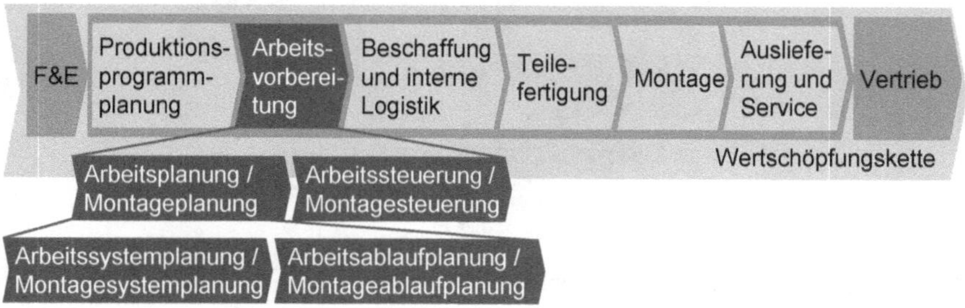

Abbildung 2-7: Einordnung der Montageplanung in die Unternehmensorganisation[150]

[145] vgl. Harari et al. (2018) Components of the design process, S. 549.

[146] vgl. Eversheim (1996) Organisation in der Produktionstechnik 1, S. 71.

[147] vgl. Eversheim (2002) Organisation in der Produktionstechnik 3, S. 2.

[148] vgl. Grundig (2021) Fabrikplanung, S. 137.

[149] vgl. Slama (2004) Effizienzsteigerung in der Montage, S. 19.

[150] In Anlehnung an Eversheim (2002) Produktionstechnik 3, S. 2; Petersen (2005) Organisationsformen der Montage, S. 4; Warnecke (1984) Der Produktionsbetrieb, S. 438.

Die Montageplanung wird weiter unterteilt in die Montagesystemplanung, die die zweckentsprechende Auslegung des Montagesystems zum Ziel hat, und die Montageablaufplanung, die den optimalen Montageablauf festlegt.[151] Die Montagesystemplanung umfasst die Teilaufgaben der Entwicklung einer passenden Montagesystemstruktur, der Bestimmung der Montageorganisationsform und der Planung der Betriebsmittel. Aufgabe der Montageablaufplanung ist die Entwicklung einer geeigneten Abfolge der einzelnen Montagevorgänge für den zielgrößengerechten Zusammenbau der Erzeugnisse. Beide Teilbereiche der Montageplanung stehen dabei in Wechselwirkung.

Es existieren zahlreiche Vorgehen für die Montageplanung, die sich vor allem hinsichtlich der Ausrichtung auf bestimmte Anwendungsgebiete, dem Detaillierungsgrad und der Reihenfolge der Teilschritte unterscheiden.[152] Bei näherer Betrachtung der wesentlichen Phasen dieser Vorgehen können große Übereinstimmungen identifiziert werden, die in vielen Fällen auf die Anlehnung an die 6-Stufen-Methode nach REFA zurückzuführen sind.[153] Die Vorgehen besitzen die drei Hauptplanungsphasen *Erfassung und Analyse der Planungsaufgabe, Grobplanung* und *Feinplanung* (vgl. Abbildung 2-8).[154] Danach erfolgt die *Systemrealisierung*. In der ersten Phase wird die Planungsaufgabe einschließlich der Randbedingungen erfasst und strukturiert. In der sich anschließenden Grobplanung werden alternative Montageabläufe und -systeme konzeptioniert und bezüglich der zuvor definierten Planungsprämissen analysiert, bewertet und verglichen.[155] Die Feinplanung umfasst die Festlegung der Montageinhalte und die Konkretisierung des Montagesystems.[156] Planungsiterationen zwischen den Teilaufgaben und Phasen dienen der Optimierung des Montagesystems.

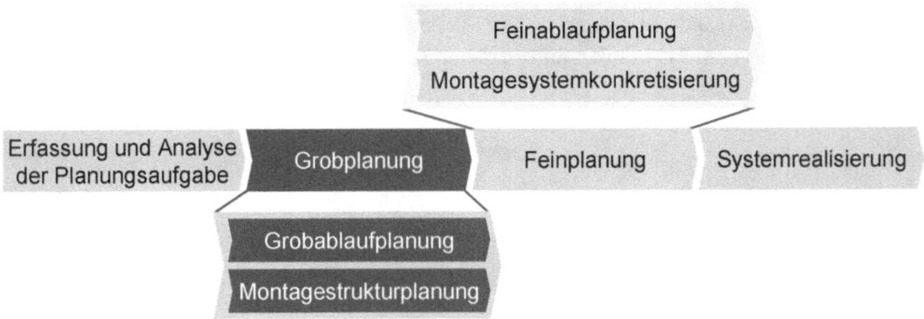

Abbildung 2-8: Phasen der Montageplanung[157]

[151] vgl. Miese (1976) Systematische Montageplanung, S. 38 - 39.
[152] vgl. Zeile (1995) Montagestrukturplanung für variantenreiche Serienprodukte, S. 20.
[153] vgl. Bäumers (2016) Wirtschaftlicher Detaillierungsgrad der Montageablaufplanung, S. 50.
[154] vgl. Slama (2004) Effizienzsteigerung in der Montage, S. 20.
[155] vgl. Slama (2004) Effizienzsteigerung in der Montage, S. 20.
[156] vgl. Slama (2004) Effizienzsteigerung in der Montage, S. 20.
[157] vgl. Slama (2004), Effizienzsteigerung in der Montage, S. 20.

Ein Planungsvorgehen, das dem beschriebenen Schema entspricht, ist das Vorgehen nach BULLINGER (vgl. Abbildung 2-9), welches im Folgenden beispielhaft dargestellt wird. Es gliedert sich in die Teilschritte *Formulierung der Planungsaufgabe*, *Planung des Montagesystems*, *Planung der Arbeitsplätze* sowie *Einführung und Systembetrieb*.[158] Die verbreiteten Planungsvorgehen nach EVERSHEIM, HOESCHEN, KONOLD UND REGER, LOTTER, MIESE und WARNECKE[159] weichen nur kaum von diesem Schema ab[160] und daher wird hier nicht weiter auf diese eingegangen.

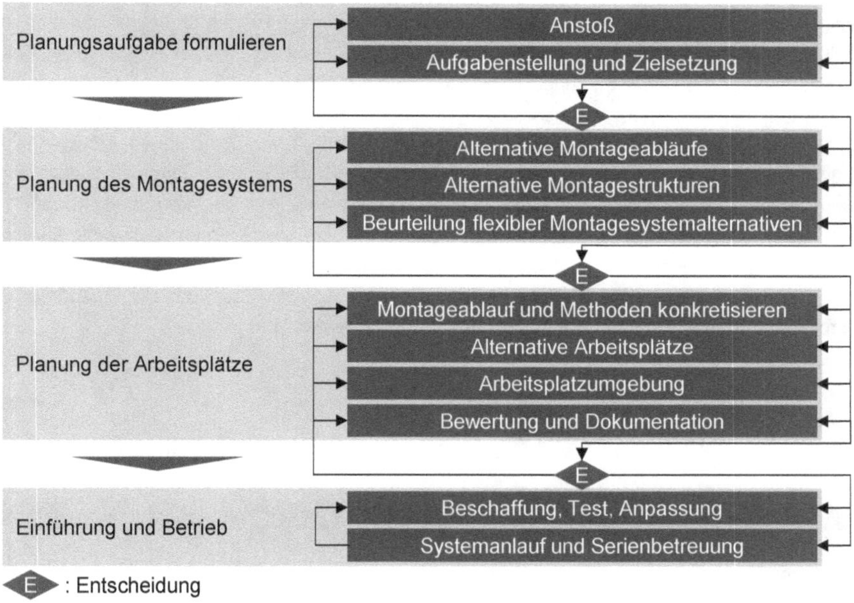

Abbildung 2-9: Montageplanung nach BULLINGER[161]

Die Montageplanung ist ein Teilbereich der Fabrikplanung und kann daher als ein Subsystem innerhalb von Fabrikplanungsvorgehen betrachtet werden.[162] Eine Planungsvorgehen, das die informatorischen Abhängigkeiten zwischen den Planungsaufgaben der Fabrikplanung bzw. Montageplanung detailliert und eindeutig mittels einer projektneutralen Modullandkarte

---

[158] vgl. Bullinger (1995) Arbeitsgestaltung, S. 87 - 89.

[159] vgl. Eversheim (2002) Organisation in der Produktionstechnik 3; Hoeschen (1978) Planung von Montagesystemen; Konold et al. (2009) Praxis der Montagetechnik; Lotter et al. (2012) Montage in der industriellen Produktion; Lotter (1992) Wirtschaftliche Montage; Miese (1976) Systematische Montageplanung; Warnecke (1995) Der Produktionsbetrieb 2.

[160] vgl. Bäumers (2016) Wirtschaftlicher Detaillierungsgrad der Montageablaufplanung, S. 50 - 51.

[161] In Anlehnung an Bullinger (1995) Arbeitsgestaltung, S. 87 - 88.

[162] vgl. Fölling et al. (2022) Mastering complexity through hybrid assembly planning, S. 160.

beschreibt, ist das Aachener Fabrikplanungsvorgehen.[163] Dieses wurde durch NÖCKER[164] innerhalb der sogenannten zustandbasierten Fabrikplanung entwickelt und in zahlreichen Forschungsarbeiten am Werkzeugmaschinenlabor WZL der RWTH Aachen, wie unter anderem denen von MECKELNBORG[165] und FÖLLING[166], konkretisiert. Die dem Aachener Fabrikplanungsvorgehen zugrundeliegende Modullandkarte wird in dieser Arbeit als Rahmenwerk für die strukturierte Betrachtung der Montageplanung herangezogen.

Die Modullandkarte setzt sich aus Planungsmodulen zusammen, die Planungsaufgaben in jeweils abgeschlossene und logisch abgegrenzte Einheiten bzw. Module mit definierten Schnittstellen zueinander kapseln.[167] Abbildung 2-10 zeigt den generischen Aufbau eines Planungsmoduls. Die Wirkbeziehungen zwischen Modulen sind durch Ein- und Ausgangsinformationen der Planung beschrieben, wobei zwischen internen und externen differenziert wird. Eine interne Planungsinformation ist die Ausgangsinformation von genau einem Modul innerhalb des Vorgehens und entweder ein finales Planungsergebnis oder Eingangsinformation anderer Module.[168] Externe Planungsinformationen werden außerhalb des Vorgehens generiert. Ein Modul setzt sich aus einer logischen Abfolge von Planungsinkrementen zusammen, die die kleinsten Einheiten des Planungsprojekts in Form von klar abgegrenzte Planungsaufgaben beschreiben.[169] Inkremente verarbeiten Eingangsinformationen eines Moduls zu Ausgangsinformationen und können zyklisch bzw. iterativ durchlaufen werden.[170]

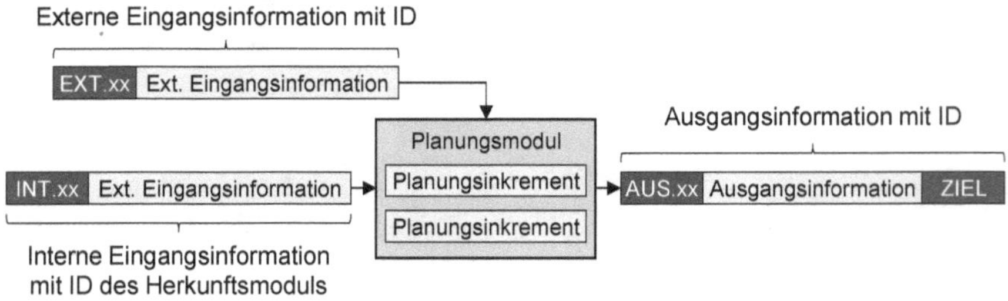

Abbildung 2-10: Generischer Aufbau eines Moduls[171]

[163] vgl. Burggräf et al. (2021) Die Modullandkarte des Aachener Fabrikplanungsvorgehens, S. 866.

[164] vgl. Nöcker (2012) Zustandsbasierte Fabrikplanung.

[165] vgl. Meckelnborg (2015) Integrative Fabrikplanung.

[166] vgl. Fölling (2022) Hybride Montageplanung.

[167] vgl. Nöcker (2012) Zustandsbasierte Fabrikplanung, S. 144 - 163; Kampker et al. (2012) Integrative factory design, S. 11.

[168] vgl. Burggräf et al. (2021) Die Modullandkarte des Aachener Fabrikplanungsvorgehens, S. 868.

[169] vgl. Burggräf et al. (2020) Hybrid approach to agile assembly, S. 1170.

[170] vgl. Burggräf et al. (2021) Die Modullandkarte des Aachener Fabrikplanungsvorgehens, S. 867 - 868.

[171] In Anlehnung an Burggräf et al. (2021) Die Modullandkarte des Aachener Fabrikplanungsvorgehens, S. 876; Fölling (2022) Hybride Montageplanung, S. 17.

Die Modullandkarte umfasst insgesamt 33 Module in den drei Makrobereichen *Produktionssystemplanung, Industriebau* und *übergeordnete Planungsmodule* (vgl. Abbildung 2-11).[172] Die in diesem Kapitel dargestellten Aufgaben der Montageplanung sind im Kern durch die 14 Module der Produktionssystemplanung abgedeckt,[173] weshalb diese im Folgenden fokussiert betrachtet werden. Die für die Montageplanung relevanten Module sind die *Produktanalyse (PRO), Produktionsprogrammanalyse (PRG), Prozessplanung (PZP), Technologieplanung (TEP), Arbeitsvorbereitung (AVB), Produktionsstrukturplanung (PSP), Produktionssteuerungsplanung (PST), Produktionslogistikplanung (PLP), Kapazitätsplanung (KAP), Personal- und Organisationsplanung (POP), Produktionsmittelplanung (PMP), IT-Planung (ITP), Layoutplanung (LAY)* und *Arbeitsplatzgestaltung (APG)*.

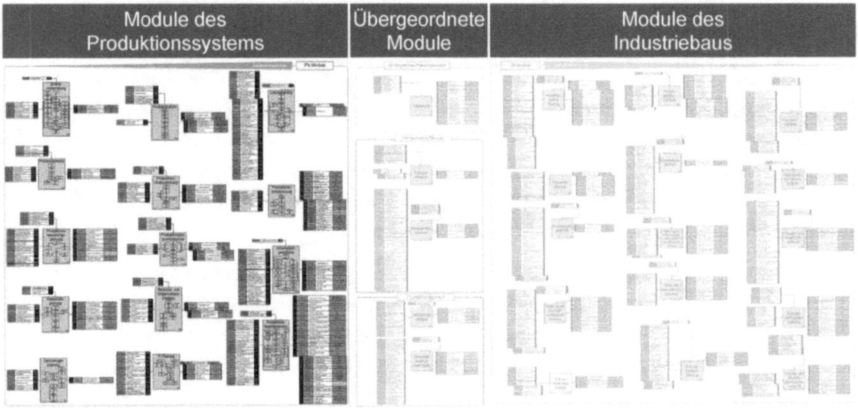

Abbildung 2-11: Makrostruktur der Modullandkarte[174]

Der modulare Aufbau erlaubt die individuelle Konfiguration der Module zu einem an das Planungsprojekt angepassten individuellen Arbeitsplan durch die Auswahl der relevanten Module.[175] Die aus den klassischen Montageplanungsvorgehen bekannten zentralen Phasen der Grob- und Feinplanung sind im Aachener Fabrikplanungsvorgehen in Form von detaillierenden Iterationen in Modulen enthalten.[176]

2.2.2 Hauptaufgaben der Strukturplanung

In diesem Kapitel werden zunächst die Hauptaufgaben der Strukturplanung im Allgemeinen beleuchtet, um anschließend deren Verortung im Planungsprozess anhand der Modullandkarte zu erläutern.

---

172 vgl. Burggräf et al. (2021) Die Modullandkarte des Aachener Fabrikplanungsvorgehens, S. 867.

173 vgl. Fölling (2022) Hybride Montageplanung, S. 18.

174 In Anlehnung an Fölling (2022) Hybride Montageplanung, S. 19.

175 vgl. Schuh et al. (2011) Condition based factory planning, S. 91; Schuh et al. (2009) Frei konfigurierbare Planungsprozesse, S. 193 - 194.

176 vgl. Bertling (2021) Agile Fabrikplanung durch das Minimum Viable Production System, S. 19; Krunke (2017) Reifegradmanagement in der Fabrikplanung, S. 94 - 95.

Die Grobplanungsphase hat die Konzeptionierung des Montagesystems zum Ziel und unterteilt sich in die Grobablaufplanung und die Montagestrukturplanung (vgl. Abbildung 2-8). Die Grobplanung des Montageablaufs umfasst die Zusammenstellung der Montageablaufstruktur, die die logische Abfolge der zur Erfüllung der Montageaufgabe erforderlichen Teilvorgänge beschreibt.[177] Dazu wird der Vorranggraph erzeugt, der die Montagereihenfolge der Produktkomponenten unter Beachtung der technischen Reihenfolgerestriktionen beinhaltet.[178] In diesem Graph können verschiedene Pfade beschritten werden, die alternative Zusammenbaureihenfolgen in Form von Montageabläufen darstellen. Diese können mittels Wertströmen dargestellt werden und sind Planungsgrundlage der anschließenden Montagestrukturplanung. Weitere Inputs sind die Prozesszeiten der Varianten sowie das Produktionsprogramm, das den zu montierenden Produkt- bzw. Variantenmix einschließlich der geplanten Stückzahlen abbildet.[179]

Die Strukturplanung hat die Entwicklung der Montagestruktur zum Ziel, welche den inneren Aufbau sowie das organisatorische Regelsystem einer Montage definiert.[180] Diese umfasst einerseits eine Aufbaustruktur, die die Zuordnung von Montagearbeitsplätzen sowie die Zusammenfassung dieser zu Teilsystemen bzw. zu einem Gesamtsystem beschreibt.[181] Andererseits ist eine Verkettungsstruktur enthalten, die die materialflusstechnischen Verknüpfungen der Arbeitsplätze und Subsysteme widerspiegelt.[182]

Die Montagestrukturplanung hat die drei Hauptaufgaben der *Montagesegmentierung*, der *Bestimmung der Montageorganisationsform je Segment* sowie der *Konzeptbewertung und -auswahl*.[183] Die Segmentierung umfasst die Bildung von Struktureinheiten mittels der Analyse und Aufbereitung des zu montierenden Produktionsprogramms, wobei unterschiedliche Teilungsprinzipien Anwendung finden können.[184] Es wird differenziert zwischen horizontaler und vertikaler Kapazitätsteilung (vgl. Abbildung 2-12).[185] Die produktorientierte Aufteilung des Systems nach Produkten bzw. Varianten entspricht einer horizontalen Teilung und die produktstrukturorientierte Gliederung in Produktionsstufen einer vertikalen.[186] In der Praxis kommen oftmals Kombinationen der Teilungsformen zum Einsatz. Außerdem können alternative Strukturkonzepte mit unterschiedlicher Erfüllung der Teilziele entwickelt und untersucht werden.[187]

---

[177] vgl. Zeile (1995) Montagestrukturplanung für variantenreiche Serienprodukte, S. 20.

[178] vgl. Kern et al. (2017) Types and usage of assembly priority charts, S. 412.

[179] vgl. Meckelnborg (2015) Integrative Fabrikplanung, S. 232.

[180] vgl. Eversheim (1989) Organisation in der Produktionstechnik 4, S. 29.

[181] vgl. Zeile (1995) Montagestrukturplanung für variantenreiche Serienprodukte, S. 20.

[182] vgl. Zeile (1995) Montagestrukturplanung für variantenreiche Serienprodukte, S. 20.

[183] vgl. Eversheim (1989) Organisation in der Produktionstechnik 4, S. 167 - 175; Grundig (2021) Fabrikplanung, S. 140 - 143.

[184] vgl. Gans (2008) Planung der Struktur von Fließproduktionssystemen, S. 14.

[185] vgl. Gans (2008) Planung der Struktur von Fließproduktionssystemen, S. 18 - 19.

[186] vgl. Eversheim (1989) Organisation in der Produktionstechnik 4, S. 29 - 32; Gans (2008) Planung der Struktur von Fließproduktionssystemen, S. 18 - 19.

[187] vgl. Gans (2008) Planung der Struktur von Fließproduktionssystemen, S. 14.

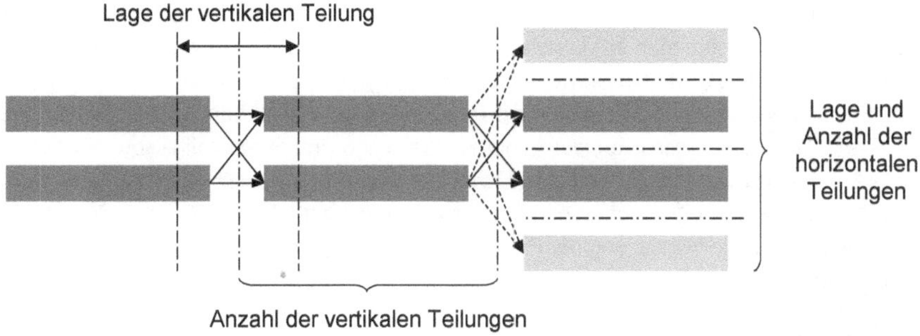

Abbildung 2-12: Vertikale und horizontale Kapazitätsteilung[188]

Im Anschluss an die Segmentierung wird eine Montageorganisationsform je Segment anhand der vielfältigen Anforderungen des Produkts, des Produktionsprogramms und des Montageprozesses bestimmt.[189] EVERSHEIM differenziert auf Grundlage der Unterscheidung der Kinematik von Montageobjekt und -arbeitsplatz fünf grundlegende Organisationenformen, die zur Auswahl stehen und in Kapitel 3.3.2 einschließlich Weiterentwicklungen ausführlich dargestellt sind.[190] Dabei können innerhalb einer Montageorganisationsform feingliedrige Ausgestaltungen in Form von alternativen Montagestrukturkonfigurationen unterschieden werden. Die Segmente sowie die ausgewählten Organisationsformen bzw. Montagestrukturkonfigurationen bilden die Aufbau- und Verkettungsstruktur. Auch bei der Bestimmung der Montageorganisationsformen können alternative Strukturkonzepte entwickelt werden.

Die letzte Hauptaufgabe umfasst die vergleichende Bewertung der entwickelten Strukturkonzepte hinsichtlich der Zielerreichung und die Auswahl des vorteilhaften Konzepts.[191] Dieses wird zur Konkretisierung in die nächste Planungsphase der Feinplanung übergeben.

Die genannten Hauptaufgaben der Montagestrukturplanunung sind in der Modullandkarte im Modul *Produktionsstrukturplanung* konzentriert. Abbildung 2-13 zeigt für die Produktionsstrukturplanung zunächst die relevanten Planungsinformationen in der Makroperspektive. Die Produktionsstrukturplanung nutzt das im Modul Produktanalyse erzeugte Produktprogramm, das Informationen über die zu erzeugenden Produkten mit ihren Charakteristika wie Merkmals- und Variantenbäumen umfasst.[192] Das Modul Produktionsprogrammanalyse liefert Stückzahlszenarien, die die Entwicklung der Stückzahlen der einzelnen Produkte beschreiben.[193] Die externen Planungsinformationen aus den historischen Kundenaufträgen sowie der Nach-

---

[188] In Anlehnung an Gans (2008) Planung der Struktur von Fließproduktionssystemen, S. 19.

[189] vgl. Eversheim (1989) Organisation in der Produktionstechnik 4, S. 175 - 183.

[190] vgl. Eversheim (1989) Organisation in der Produktionstechnik 4, S. 176.

[191] vgl. Kluge (2011) Fähigkeitsbasierte Planung modularer Montagesysteme, S. 27.

[192] vgl. Nöcker (2012) Zustandsbasierte Fabrikplanung, S. 145 - 146.

[193] vgl. Meckelnborg (2015) Integrative Fabrikplanung, S. 136 - 137; Nöcker (2012) Zustandsbasierte Fabrikplanung, S. 146.

frage- und Absatzprognose dienen dazu, das Abrufverhalten und die damit verbundenen kurzfristigen Stückzahländerungen zu verstehen.[194] In der Prozessplanung werden der Wertstrom und daraus die Ressourcenlisten sowohl der Produktionsmittel als auch des Personals abgeleitet.[195] Dabei beinhaltet der Wertstrom die Prozessabfolge und -zeiten zur Herstellung der Produkte.[196] Die Ressourcenlisten fassen die erforderlichen Produktionsmittel sowie das Personal nach Typen zusammen ohne deren Quantität und Fähigkeitsprofil zu spezifizieren (vgl. Kapazitätsplanung sowie Personal- und Organisationsplanung).[197] Das Modul Technologieplanung legt die für die Herstellung der Produkte einzusetzenden Technologien fest.[198]

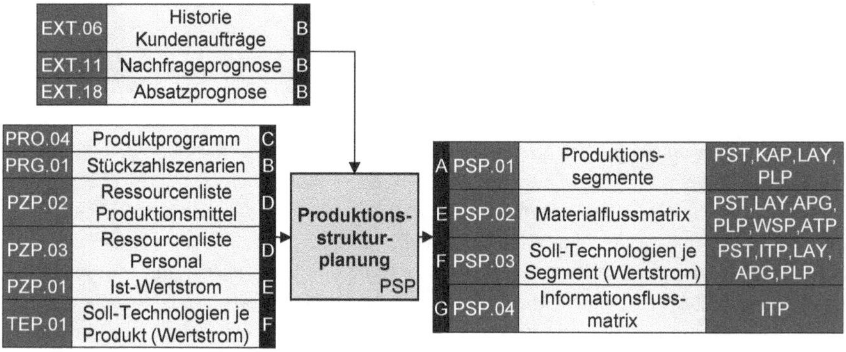

Abbildung 2-13: Planungsmodul Produktionsstrukturplanung[199]

Die dargestellten Eingangsinformationen werden in den Planungsinkrementen zu Ausgangsinformationen überführt. Die Inkremente des Moduls Produktionsstrukturplanung sind in Abbildung 2-14 in der Mikroperspektive dargestellt. Im ersten Planungsinkrement werden mittels Kapazitätsteilung (vgl. Abbildung 2-12) im Wertstrom Segmente gebildet.[200] Für diese werden im nächsten Inkrement auf Basis der Stückzahlszenarien und externen Planungsinformationen zum Abrufverhalten die Organisationsformen bzw. Montagestrukturkonfigurationen festgelegt.[201] Im Rahmen der Segmentierung und der anschließenden Bestimmung der Struktur je Segment können konkurrierende Montagestrukturkonfigurationen für den betrachteten Planungsfall erarbeitet werden, aus denen mittels einer Bewertung die vorteilhafte Alternative ausgewählt wird.[202] Im Anschluss werden die im Produktprogramm aufgeführten Produkte[203]

[194] vgl. Nöcker (2012) Zustandsbasierte Fabrikplanung, S. 147 - 148; Fölling (2022) Hybride Montageplanung, S. 266.

[195] vgl. Fölling (2022) Hybride Montageplanung, S. 268.

[196] vgl. Erlach (2020) Wertstromdesign, S. 9 - 10.

[197] vgl. Meckelnborg (2015) Integrative Fabrikplanung, S. 231.

[198] vgl. Meckelnborg (2015) Integrative Fabrikplanung, S. 232.

[199] In Anlehnung an Fölling (2022) Hybride Montageplanung, S. 266.

[200] vgl. Meckelnborg (2015) Integrative Fabrikplanung, S. 111 - 112; Burggräf et al. (2021) Fabrikplanung, S. 144 - 150.

[201] vgl. Nöcker (2012) Zustandsbasierte Fabrikplanung, S. 147 - 148; Grundig (2021) Fabrikplanung, S. 137 - 140.

[202] vgl. Burggräf et al. (2021) Fabrikplanung, S. 156 - 161.

[203] vgl. Fölling (2022) Hybride Montageplanung, S. 266 - 267.

und die zur Herstellung erforderlichen Ressourcen[204] den Segmenten zugeordnet. Iterationen in Bezug auf die Organisationsformwahl sowie der Produkt- und Ressourcenzuordnung sind innerhalb des Moduls möglich. Im Anschluss werden die Material- als auch die Informationsflussmatrix erstellt.[205] Im letzten Planungsinkrement werden die Soll-Technologien je Produkt den Segmenten zugeordnet und so die Technologieketten definiert.[206]

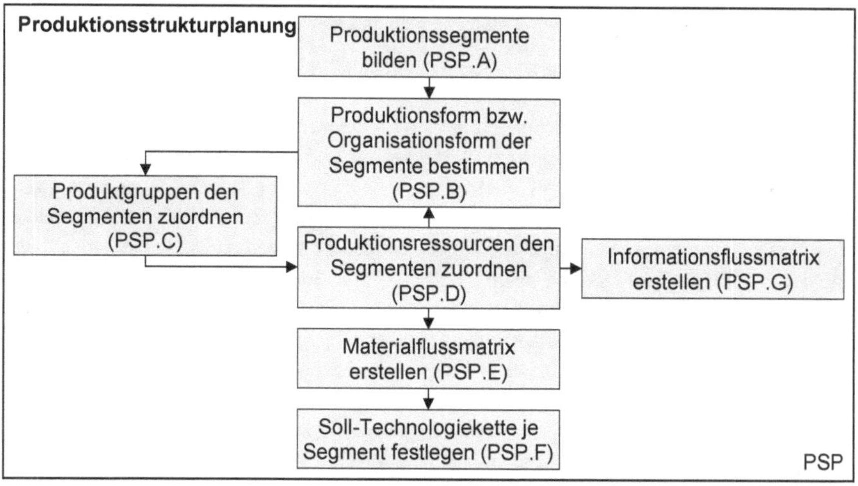

Abbildung 2-14: Planungsinkremente des Moduls Produktionsstrukturplanung[207]

Zentrale Ausgangsinformation des Moduls Produktionsstrukturplanung ist die Produktions- bzw. Montagestruktur, in der die Produktionssegmente einschließlich der zugeordneten Strukturkonfiguration enthalten sind (vgl. Abbildung 2-13). Die Materialflussmatrix bildet die innerbetrieblichen Materialbewegungen zwischen Segmenten ab.[208] Die Informationsflussmatrix definiert Informationsempfänger, -sender sowie die -kommunikation und bildet den Ausgangspunkt der IT-Planung.[209] Sowohl die Produktionssegmente als auch die Materialflussmatrix sind Grundlage für die weitere Konkretisierung des Montagesystems in den Modulen Kapazitäts-, Produktionssteuerungs-, Produktionslogistik- und schließlich Layoutplanung.[210] Gemäß der Sequenz der Planungsmodule in der Modullandkarte folgt die Kapazitätsplanung einschließlich der Effizienzbetrachtung erst nach Festlegung der Montagestruktur.

---

[204] vgl. Meckelnborg (2015) Integrative Fabrikplanung, S. 111 - 112.

[205] vgl. Fölling (2022) Hybride Montageplanung, S. 266 - 267; Grundig (2021) Fabrikplanung, S. 111 - 113.

[206] vgl. Fölling (2022) Hybride Montageplanung, S. 266 - 267.

[207] In Anlehnung an Fölling (2022) Hybride Montageplanung, S. 266.

[208] vgl. Meckelnborg (2015) Integrative Fabrikplanung, S. 136.

[209] vgl. Fölling (2022) Hybride Montageplanung, S. 266; Nöcker (2012) Zustandsbasierte Fabrikplanung, S. 154.

[210] vgl. Fölling (2022) Hybride Montageplanung, S. 266.

2.2.3 Herausforderungen der Strukturplanung flexibler, flussorientierter Montagestrukturen

Auf Basis der dargestellten Charakteristika flussorientierter Montagestrukturen werden im Folgenden die Herausforderungen ihrer Strukturplanung abgeleitet. Diese werden durch gesammelte Erfahrungen aus Planungsprojekten des Autors ergänzt und sind durch die Ergebnisse der durchgeführten empirisch-induktiven Primärstudie untermauert (vgl. Anhang 8.2).

Bei der Strukturplanung flussorientierter Montagestrukturen müssen gleichzeitig Konfigurationen sowohl der Linien- als auch der Matrixmontage betrachtet werden, wobei insbesondere zweitere aufgrund ihrer besonderen Charakteristika zusätzliche Anforderungen an den Planungsablauf stellen. Matrixmontagen unterscheiden sich von konventionellen Typen insbesondere durch die enge Verknüpfung von Montagestruktur und Produktionsplanung und -steuerung (PPS).[211] Zur Erklärung der daraus resultierenden Herausforderungen für die Strukturplanung flussorientierter Montagestrukturen wird zunächst das Verhältnis der Montagestruktur und der PPS anhand der hierarchischen Einordnung von Gestaltungsmaßnahmen in der Produktion verdeutlicht (vgl. Abbildung 2-15). Diese Maßnahmen lassen sich einer bzw. mehreren der Ebenen *Produktplanung, Produktionssystemplanung, Produktionsplanung* und *Produktionssteuerung* zuordnen.[212] Die Bezeichnungen werden allgemein im Produktionskontext verwendet, diese gelten jedoch analog für die Montage wie die Fertigung im Speziellen. Hinsichtlich der dargestellten kausalen Hierarchie ist zu beachten, dass eine Ebene jeweils die Randbedingungen für Maßnahmen auf den nächst höheren Ebenen determiniert.

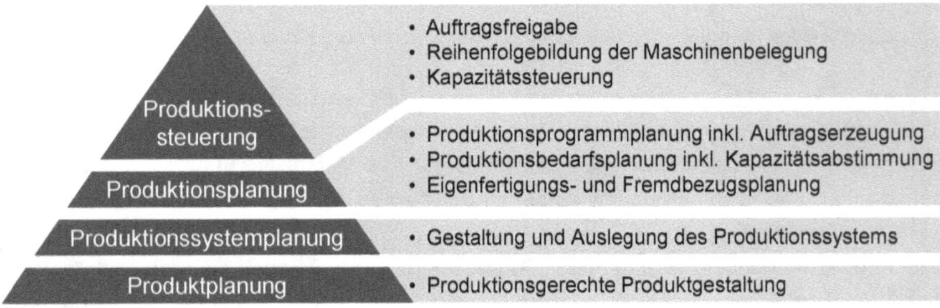

Abbildung 2-15: Hierarchische Einordnung von Maßnahmen zur Produktionsgestaltung[213]

Die Produktplanung auf unterster Ebene umfasst Maßnahmen zur produktionsgerechten Produktgestaltung, wie etwa die Einführung von Baukastensystemen.[214] Innerhalb der Produktionssystemplanung erfolgt die Gestaltung und Auslegung des Systems für die Herstellung der Produkte und dies umfasst unter anderem die Strukturplanung (vgl. Kapitel 2.2.2).[215] Produktionsplanung und -steuerung werden oftmals integriert betrachtet, da Maßnahmen meist beide

[211] vgl. Fries et al. (2020) Planung zukünftiger Automobilproduktionen, S. 23.

[212] vgl. Greschke (2015) Matrix-Produktion als taktunabhängige Fließfertigung, S. 59.

[213] In Anlehnung an Greschke (2015) Matrix-Produktion als taktunabhängige Fließfertigung, S. 84; Lödding (2016) Verfahren der Fertigungssteuerung, S. 6 - 8.

[214] vgl. Greschke (2015) Matrix-Produktion als taktunabhängige Fließfertigung, S. 60.

[215] vgl. Greschke (2015) Matrix-Produktion als taktunabhängige Fließfertigung, S. 61.

Bereiche betreffen und die Grenze zwischen den Bereichen fließend ist. Die Produktionsplanung umfasst die Produktionsprogramm-, Produktionsbedarfs- sowie die Eigenfertigungs- und Fremdbezugsplanung.[216] Fokus der Produktionssteuerung liegt auf der Auftragsfreigabe, der Reihenfolgebildung der Ressourcenbelegung und der Kapazitätssteuerung.[217]

Optimierungsmaßnahmen, die auf die Produktionssteuerung auf höchster Ebene abzielen, sind an die bestehende Produktionsplanung gebunden. Eine integrierte PPS muss sich an dem vorgegebenen Produkt und Produktionssystem gemäß der Hierarchie ausrichten, wodurch nur ein begrenzter Einfluss auf die Gestaltung der Produktion genommen werden kann.[218] Die Verbesserungspotentiale durch Maßnahmen der PPS gelten heute für Linienmontagen als weitestgehend ausgeschöpft.[219]

Ansätze der Produktplanung ohne Einfluss auf durch die Endkunden wahrnehmbare Produkteigenschaften, wie etwa Baukasten- und Plattformstrategien, entfalten in der Prozesstechnik und Logistik Wirkung, in Bezug auf Taktzeitspreizungen jedoch nicht wesentlich.[220] Eine für die Kundschaft wahrnehmbare Produktbeeinflussung im Rahmen der Produktplanung ist aufgrund des Vorrangs der kundenspezifischen Anforderungen prinzipiell als schwierig zu betrachten.[221] Des Weiteren sind isolierte Einsätze von Maßnahmen auf nur einer Ebene nicht zielführend, sondern ganzheitliche Ansätze stellen sich am effektivsten dar. Insgesamt muss für flussorientierte Montagestrukturen eine integrierte Betrachtung der Produktionssystemplanung, Produktionsplanung und Produktionssteuerung erfolgen.[222]

Maßnahmen auf Ebene der Produktionssystemplanung, wie etwa die Einführung einer Matrixmontage im Zuge der Produktionsstrukturplanung, gelten als vielversprechend insbesondere im Hinblick auf die Verbesserung der Produktionseffizienz und -flexibilität.[223] Diese implizieren gemäß der gezeigten Hierarchie eine auf das System abgestimmte PPS. Dabei existiert die Herausforderung, dass in der Produktionsstrukturplanung die Montagestruktur und damit die Restriktionen für die PPS festgelegt werden, die PPS jedoch erst zu einem späteren Zeitpunkt in der detaillierenden Produktionssteuerungsplanung betrachtet wird. Es erfolgt entgegen der Anforderung für Matrixmontagen keine integrierte, sondern eine sequenzielle Betrachtung von Montagestruktur und Synchronisationsprinzip. Die beschriebenen Vorgehen können nicht eingesetzt werden, da diese entlang des Produktaufbaus bzw. stückzahl- und taktgetrieben ablaufen und Matrixmontagekonfigurationen daher nicht gerecht werden.[224]

Neben der starken Integration der ersten drei Hierarchieebenen ist die Vielzahl möglicher Zusammenbaureihenfolgen, die sich in unterschiedlichen Auftragsrouten widerspiegeln, charakteristisch für eine Matrixmontage. Dieses wird nicht nur für einen oder wenige Montageabläufe ausgelegt, sondern kann auf ein breites Spektrum ohne Betrachtung einzelner Abläufe

[216] vgl. Lödding (2016) Verfahren der Fertigungssteuerung, S. 106.
[217] vgl. Lödding (2016) Verfahren der Fertigungssteuerung, S. 8.
[218] vgl. Greschke (2015) Matrix-Produktion als taktunabhängige Fließfertigung, S. 84.
[219] vgl. Greschke (2015) Matrix-Produktion als taktunabhängige Fließfertigung, S. 85.
[220] vgl. Greschke (2015) Matrix-Produktion als taktunabhängige Fließfertigung, S. 61.
[221] vgl. Greschke (2015) Matrix-Produktion als taktunabhängige Fließfertigung, S. 85.
[222] vgl. Greschke (2015) Matrix-Produktion als taktunabhängige Fließfertigung, S. 85.
[223] vgl. Greschke (2015) Matrix-Produktion als taktunabhängige Fließfertigung, S. 84.
[224] vgl. Fries et al. (2020) Planung zukünftiger Automobilproduktionen, S. 27 - 28.

ausgerichtet sein. Die Berücksichtigung aller möglichen Abläufe eines Vorranggraphens ist dabei wesentlich komplexer als die Beschränkung auf nur einen zu realisierenden Ablauf, wie etwa bei der Planung eines konventionellen Systems. Zur Befähigung auftragsindividueller Routen in einer Matrixmontage müssen Montagearbeitsplätze mehrere Fähigkeiten besitzen und eine gewisse Redundanz dieser gegeben sein (vgl. Kapitel 2.1.3). Die Gruppierung von Montagevorgängen zu Arbeitsplatzumfängen bzw. die Bestimmung der Fähigkeitsverteilung auf Arbeitsplätze erfolgt bei der Planung eines konventionellen Systems in der Phase der Montageablaufplanung bzw. in der Arbeitsvorbereitung und Prozessplanung mit dem Wertstrom als Ergebnis.[225] Die Verteilung der Fähigkeiten auf Arbeitsplätze legt wie die Montagestruktur Restriktionen für die PPS fest und hat damit großen Einfluss auf die Systemleistung während des Betriebs (vgl. Abbildung 2-15). Es besteht somit eine weitere Herausforderung darin, während der Strukturplanung einer Matrixmontage respektive flussorientierten Systems eine Vielzahl potentieller Zusammenbaureihenfolgen sowie ihre Auswirkungen auf die PPS zu berücksichtigen.

Die Herausforderungen aus den Charakteristika der flussorientierten Montagestrukturen können durch weitere aus dem Anwendungskontext der Systemplanung ergänzt werden. Diese resultieren aus in Industrieprojekten gesammelten Erfahrungen des Autors, die im Folgenden anhand eines ausgewählten realen Projekts aus dem Jahr 2020 verdeutlicht werden. Ein Hersteller von Großaggregaten beabsichtigte seine getaktete Montagelinie in einen neuen Standort umzuziehen und grundlegend zu modernisieren mit der Zielsetzung, die Flexibilität und Effizienz gegenüber dem Status Quo zu verbessern. Die Potentiale der Austaktung waren im Status Quo des Montagesystems ausgereizt. Die Herausforderung bestand in einer großen Variantenvielfalt mit teils hohen Taktausgleichzeiten, einem stark saisonal geprägten Auftragsvolumen und einer geforderten Jahresausbringungsmenge von 2.000 Stück. In Bezug auf den Produktmix der beiden Kernvarianten war ein kurzfristiger Wechsel von 80/20 % auf 20/80 % als Anforderung definiert. Der Auftraggeber forderte die explizite Berücksichtigung und Bewertung neuartiger, hochflexibler Montagestrukturen im Planungsprozess. Das interdisziplinäre zehnköpfige Planungsteam setzte sich aus acht unternehmensinternen Experten der Fabrikplanung, der Logistik bzw. Materialandienung, der Qualitätssicherung, der Personaleinsatzplanung sowie einem Betriebsmittelverantwortlichen zusammen. Zusätzlich waren zwei externe Montageplaner, zu denen der Autor zählt, Teil des Teams.

Das Planungsprojekt wurde in Anlehnung an die Modullandkarte des Aachener Fabrikplanungsvorgehens strukturiert und folgte somit den typischen Phasen von Montageplanungsvorgehen (vgl. Abbildung 2-8). Zunächst wurden die Planungsprämissen und Ziele aufgenommen. Der Status Quo und die Planungsgrundlagen wurden mittels einer Produkt-, Produktionsprogramm- sowie und Prozessanalyse abgebildet. Auf dieser Basis erfolgte im Rahmen der Produktionsstrukturplanung die Generierung der Montagestrukturen. Dazu wurde zunächst ein morphologischer Kasten zur Abbildung der Strukturkonfigurationen durch die Montageplaner recherchiert. In einem gemeinsamen Workshop mit allen Teammitgliedern wurden

[225] vgl. Meckelnborg (2015) Integrative Fabrikplanung, S. 231; Fölling (2022) Hybride Montageplanung, S. 237 - 238.

darin fünf näher zu betrachtende Montagestrukturen mit variierendem Fokus definiert. Die erarbeiteten Alternativen waren:

- eine getaktete Montagelinie mit variantenabhängiger Aufteilung in Y-Layout,
- eine taktorientierte Montagelinie nach dem One-Piece-Flow-Prinzip,
- eine Kombination aus getakteter Montagelinie und einer flexiblen Gruppenmontage ab dem Variantenentstehungspunkt,
- eine getaktete Montagelinie ähnlich der bestehenden und
- eine Matrixmontage.

Die Montagestrukturen wurden in Form von Wertströmen aufbereitet und hinsichtlich ihrer Vor- und Nachteile vor dem Hintergrund der Planungsprämissen im Team diskutiert. Dabei zeigte sich, dass die Planungsprämissen hinsichtlich der Stückzahl- und Produktmixveränderung zur Bewertung der bereitgestellten Flexibilität einer Alternative nicht ausreichend spezifiziert waren. Die singulären statischen Vorgaben konnten insbesondere die saisonale Stückzahlschwankung, das langfristige Wachstum und kurzfristig auftretende Produktmixvolatilitäten nicht detailliert quantifizieren. Die Prämissen wurden nachträglich um eine Skalierbarkeit der Jahresausbringung zwischen 1.000 und 2.000 Stück erweitert und die bekannte Produktmixänderung der Kernvarianten binnen Wochenfrist festgelegt. Auf die Konzeptdiskussion folgte eine kriterienbasierte Vorbewertung zur Auswahl der drei Strukturen, welche im weiteren Planungsprozess näher zu betrachten waren. Dabei wurden die drei erstgenannten Konzepte weiterverfolgt. Diese wurden in einer statischen Kalkulation hinsichtlich der zu erwartenden Werkerproduktivität analysiert und die Diskussion der Vor- und Nachteile wurde über die Planungsprämissen hinaus vertieft. Die erstgenannte Montagestruktur wurde präferiert und ging damit als Planungsergebnis hervor.

In Bezug auf die Strukturplanung flussorientierter Montagestrukturen kann das folgende Fazit aus dem dargestellten Projekt gezogen werden. Der Ausgangspunkt des Planungsprojekts spiegelt die Situation vieler Industrieunternehmen wider, die sich angesichts steigender Flexibilitäts- und Effizienzanforderungen mit der Frage konfrontiert sehen, welche Konfiguration einer Linien- oder Matrixmontage für ihren Anwendungsfall geeignet ist. Das Projekt zeigt, dass die objektive Beantwortung dieser Frage im Hinblick auf Effizienz aufgrund der hohen Komplexität in flussorientierten Montagestrukturen vergleichende Kapazitätssimulationen anstelle von statischen Kalkulationen erfordert. Die Modellierung und Simulation von Montagestrukturen zur Bestimmung der Effizienzkennzahlen erfolgt in der Kapazitätsplanung und ist mit kommerziell verfügbaren Softwareprogrammen mit gewissem Aufwand möglich.[226] Ausgangspunkt dazu ist die Entwicklung von zu untersuchenden Konzepten in der Montagestrukturplanung. Der Planungsansatz erfordert eine Trennung der die Montagestrukturen generierenden Phase und der sich anschließenden Strukturbewertung. Diese kann auf Grundlage einer detaillierenden Kapazitätsplanung und mit dem Einsatz angemessener Methoden für die Effizienzbewertung, wie etwa Simulation, erfolgen.

Das Projekt zeigt ferner, dass die Konzeptionierung der Montagestruktur ohne eine bereitstehende Grundlage in Form einer Strukturierung des Lösungsraums äußerst komplex, aufwandsbehaftet und zeitintensiv ist. In Anbetracht der anspruchsvollen Termin-, Effektivitäts-

---

[226] vgl. Mayer et al. (2020) Ablaufsimulation in der Automobilindustrie, S. 3 - 5.

und Effizienzziele eines Fabrikplanungsprojekts[227] stehen nicht die Ressourcen zur Verfügung, eine vollumfassende Aufbereitung des Lösungsraums flussorientierter Montagestrukturen durchzuführen. Für die Entwicklung des morphologischen Kastens stand nur wenig Zeit zur Verfügung und dieser konnte daher nicht alle den Takt und die Verkettung ersetzenden Elemente aufschlüsseln. Daher waren die hochflexiblen Konzepte und ihre Robustheit im Montagebetrieb für die beteiligten Planer nur schwer einschätzbar. Neben hohen erwarteten Anschaffungs- sowie Logistikkosten, Flächenknappheit und limitiertem WIP trug die Intransparenz der flexiblen Montagestrukturen insgesamt zu einer Entscheidung zugunsten der konventionellen Strukturen bei, obwohl diese nur geringe Potentiale mit Blick auf die Projektziele versprachen. Im Praxiskontext kann somit die Herausforderung identifiziert werden, dass die Strukturplanung flussorientierter Montagestrukturen komplex ist, da die Konfigurationen im Lösungsraum unstrukturiert und die Wirkbeziehungen zwischen diesen intransparent sind.

Des Weiteren war die systematische Bewertung von Anpassungsfähigkeit bzw. Flexibilität im Planungsprozess erschwert, da die Flexibilitätsbedarfe nicht ausreichend quantifiziert und auf dieser Grundlage die gebildeten Montagestrukturen hinsichtlich der Anforderungserfüllung bewertet werden konnten. Aus der Vielzahl existierender Bewertungskriterien und vielfältigen Definitionen in der Literatur (vgl. Arbeiten von VAN DE GINSTE ET AL.[228]) konnten die für den praktischen Anwendungsfall relevanten Kriterien identifiziert, aber nicht anhand von im Praxiskontext eines Planungsprojekts verfügbaren Daten quantifiziert werden. Dieser Mangel spiegelte sich in einer erschwerten und unvollständigen Definition der Planungsprämissen bzw. Flexibilitätsbedarfe wider. Es lässt sich die Herausforderung festhalten, dass die Formulierung von Anforderungen an die Flexibilität einer Montagestruktur im Praxiskontext erschwert ist, da es quantitativen Spezifizierungsmechanismen mangels erforderlicher Daten an der praktischen Einsetzbarkeit fehlt.

Die Herausforderung bei der Definition der Anforderungen an eine Montagestruktur pflanzte sich bis zur Auswahl der Montagestrukturkonfiguration fort. Ein objektiver Abgleich der durch die Prämissen geforderten mit der tatsächlich bereitgestellten Flexibilität einer Montagestruktur war mangels einer Quantifizierung nicht möglich. Ferner konnten die Flexibilitätskriterien nicht gewichtet werden und somit blieb unklar, welche in der Strukturplanung für die Auswahl der Montagestruktur handlungsweisend sind. Effizienz wurde in Form einer singulären Kennzahl berücksichtigt und für die Entscheidung herangezogen, Flexibilität war hingegen nur ein qualitativ abgeschätzter Faktor. Es blieb offen, welcher Flexibilitätsgrad für den Anwendungsfall erforderlich war und welche Flexibilität die alternativen Montagestrukturkonfigurationen boten. Die bestehende getaktete Montagelinie wurde als Orientierung für die Entscheidungsfindung herangezogen. Diese erfüllte zu dem Zeitpunkt jedoch die Anforderungen hinsichtlich Effizienz und Flexibilität nicht mehr. Insgesamt war die Vorbewertung über die weiterzuverfolgenden Montagestrukturen verzerrt, da Flexibilität gegenüber den Kennzahlen der Effizienzbewertung nicht quantitativ gewichtet und bewertet werden konnte. Im Praxiskontext kann somit eine weitere Herausforderung beschrieben werden, dass neben dem Mangel an einer

[227] vgl. Kampker et al. (2014) Das Aachener Fabrikplanungsvorgehen, S. 192; Burggräf (2012) Wertorientierte Fabrikplanung, S. 139.

[228] vgl. van de Ginste et al. (2019) Defining flexibility of assembly workstations.

quantitativen Spezifizierung der Flexibilität auch die Bewertung von Konfigurationen im Rahmen der Strukturauswahl verbesserungswürdig ist.[229]

Auf Basis der bisher generierten Erkenntnisse zu den Herausforderungen aus den Planungsmethodiken sowie dem Praxiskontext werden in Kapitel 2.3 die Defizite der Strukturplanung flussorientierter Montagestrukturen erörtert, um auf dieser Grundlage Handlungsbedarfe aus Sicht der Praxis abzuleiten.

2.3 Handlungsbedarf für die Strukturplanung flexibler, flussorientierter Montagestrukturen aus Sicht der Praxis

Die Herausforderungen der Strukturplanung flexibler, flussorientierter Montagestrukturen wurden im vorigen Kapitel erläutert und die Auswirkungen anhand eines realen Industrieprojekts verdeutlicht. Auf dieser Basis werden im Folgenden die bestehenden Handlungsbedarfe zur erfolgreichen Strukturplanung flussorientierter Montagestrukturen zusammengefasst und die zentralen Anforderungen an die Lösung abgeleitet. Die Handlungsbedarfe aus Sicht der Praxis und der skizzierte Lösungsansatz gehen im Wesentlichen aus den Ergebnissen der durchgeführten empirisch-induktiven Primärstudie hervor (vgl. Anhang 8.2). Diese dient der Untersuchung der montageplanerischen Herausforderungen im Problemkontext sowie der Identifikation der Lösungsbestandteile und bestärkt so den von ULRICH geforderten Praxisbezug von Problemstellung und Lösungsansatz.[230]

Die Ergebnisse der empirischen Analyse zeigen, dass die zentrale Herausforderung der Strukturplanung flussorientierter Montagestrukturen in der gewachsenen Planungskomplexität sowie der Intransparenz der Strukturkonfigurationen besteht. Ferner untermauern die Studienergebnisse, dass aufgrund der Komplexität der Montagestrukturen und mangels einer geeigneten Planungsmethodik Konzeptentscheidungen getroffen werden, die die Flexibilitätsbedarfe eines Anwendungsfalls nicht erfüllen. Insgesamt ist die Effektivität und Effizienz der Strukturplanung nicht gewährleistet (vgl. Kapitel 2.2.3). Gemäß der Zielsetzung dieser Arbeit muss somit eine Lösung entwickelt werden, die die Planung einer auf den Flexibilitätsbedarf eines Anwendungsfalls abgestimmten Montagestruktur ermöglicht.

Die Herausforderungen bestehen gemäß Kapitel 2.2.3 darin, dass während der Strukturplanung eine Vielzahl an Strukturbestandteilen betrachtet werden muss und die Planungskomplexität gegenüber konventionellen Montagestrukturen gewachsen ist. Es wurde verdeutlicht, dass die Erfüllung der Anforderungen eines Anwendungsfalls gefährdet ist, wenn ein methodisches Vorgehen die Herausforderungen nicht adäquat adressiert. Insgesamt existiert das zentrale Praxisdefizit, dass bestehende Planungsvorgehen nicht für die anforderungsgeleitete, effiziente Strukturplanung flussorientierter Montagestrukturen geeignet sind. Die Folge sind nicht oder nicht gänzlich erfüllte Anforderungen und die Verschwendung von Planungsressourcen. Dieses Praxisdefizit und der industrielle Bedarf nach einer Lösung werden durch die

---

[229] vgl. Harari et al. (2020) Design process of flexible assembly systems, S. 1044; Kluge (2011) Fähigkeitsbasierte Planung modularer Montagesysteme, S. 27.

[230] vgl. Ulrich (1984) Management, S. 192.

Ergebnisse der empirischen Studie (vgl. Anhang 8.2) sowie den Projekterfahrungen des Autors in der Montageplanung unterstrichen.

Die Strukturplanung ist erfolgreich, wenn aus der Anwendung der Planungsmethodik eine Montagestruktur resultiert, die unter Berücksichtigung der zur Verfügung stehenden Daten mit effizientem Ressourceneinsatz die Anforderungen bestmöglich erfüllt. Grundlegende Voraussetzung dafür ist eine Methodik, die alle relevanten Planungsschritte integriert, den Lösungsraum der Planung strukturiert und konkurrierende Montagestrukturkonfigurationen anhand des Flexibilitätsbedarfs effizient priorisiert. Aus dieser Forderung lassen sich vier praxisbezogene Handlungsbedarfe ableiten, die in dieser Arbeit zu adressieren sind.

1. Zur anforderungsgeleiteten Strukturplanung bedarf es der quantitativen Spezifizierung der Flexibilitätsbedarfe eines Anwendungsfalls. Dazu müssen die für die Strukturplanung handlungsweisenden Flexibilitätskriterien identifiziert und Bedarfe mittels einer gezielten Auswertung verfügbarer Planungsdaten spezifizierbar gemacht werden.
2. Zur effizienten Planung flussorientierter Montagestrukturen besteht Handlungsbedarf hinsichtlich der Strukturierung des Lösungsraums. Dazu müssen die in der Strukturplanung relevanten Strukturbestandteile identifiziert, je Bestandteil die Konfigurationsoptionen aufgezeigt und ihre Kombinatorik aufgeschlüsselt werden.
3. Zur datenbasierten Bestimmung der flussorientierten Montagestrukturen bedarf es einer Priorisierung der Konfigurationen anhand des Abgleichs von Flexibilitätsbedarf und -angebot. Dazu müssen die Wirkbeziehungen zwischen Flexibilitätsbedarfen eines Anwendungsfalls und den Flexibilitätsangeboten der Montagestrukturkonfigurationen in einem systematischen Abgleich zur Priorisierung formalisiert werden.
4. Zur Berücksichtigung aller relevanten Planungsinformationen in der Strukturplanung ist eine integrierte Betrachtung der Montagestruktur, des -prozesses und der PPS erforderlich. Dazu müssen die relevanten Planungsinkremente mit ihren Informationsaustauschen in einer Methodik verknüpft und in ein ganzheitliches Montageplanungsvorgehen integriert werden.

Auf Grundlage der identifizierten Handlungsbedarfe aus Sicht der Praxis werden zur Spezifizierung der Zielsetzung dieser Arbeit die folgenden Anforderungen an die zu entwickelnde Planungsmethodik definiert.

1. **Anforderungsgeleitete Strukturplanung:** Die Planungsmethodik muss eine anforderungsgeleitete Strukturplanung durch eine anwenderunabhängige Definition und quantitative Spezifizierung der Flexibilitätsbedarfe bewirken.
2. **Effiziente Strukturplanung:** Die Planungsmethodik muss eine effiziente Strukturplanung durch die Strukturierung der Konfigurationen im Lösungsraum und die Fokussierung auf das Planungsziel sicherstellen.
3. **Datenbasierte Strukturplanung:** Die Planungsmethodik muss eine datenbasierte Strukturplanung durch die gezielte, auf Planungsdaten beruhende Entscheidungsunterstützung zur Bestimmung der Montagestrukturen bewirken.
4. **Integrierte Strukturplanung:** Die Planungsmethodik muss eine integrierte Strukturplanung durch die gleichzeitige Betrachtung der Montagestruktur, des -prozesses und der PPS gewährleisten.

Die identifizierten Handlungsbedarfe aus Sicht der Praxis gehen aus einer begrenzten Stichprobe hervor. Im folgenden Kapitel werden problemrelevante Theorien untersucht, um die Handlungsbedarfe aus Sicht der Praxis mit der Theoriesicht abzugleichen. Die definierten Anforderungen dienen im Verlauf dieser Arbeit der Bewertung der Eignung der Ansätze zur Strukturplanung flussorientierter Montagestrukturen. Die Untersuchung fokussiert Gestaltungsansätze flussorientierter Montagestrukturen zur Identifikation von alternativen Konfigurationen, Strukturierungsansätze für Montagestrukturen in Form von Klassifikationen und Bewertungsansätze für Flexibilität in der Montage.

3 Ansätze zu flexiblen, flussorientierten Montagestrukturen

Im vorigen Kapitel wurde der Betrachtungsbereich auf die Strukturplanung flexibler, flussorientierter Montagestrukturen fokussiert und die existierenden Herausforderungen dargestellt. Aus dem Praxisdefizit wurden die zentralen Handlungsbedarfe abgeleitet und die Anforderungen an die zu entwickelnde Lösung in Form einer Methodik definiert. In diesem Kapitel erfolgt die Untersuchung problemrelevanter Theorien vor dem Hintergrund dieser Anforderungen. Die Identifikation relevanter Theorien erfolgt mittels einer strukturierten Literaturrecherche, deren Methodik und Ergebnisse Anhang 8.3 zu entnehmen sind. In Kapitel 3.1 werden zunächst Ansätze zur Bewertung der Flexibilität von Montagestrukturen vorgestellt und untersucht. Kapitel 3.2 dient der Analyse von Gestaltungsansätzen zu flexiblen, flussorientierten Montagestrukturen. In Kapitel 3.3 werden Ansätze bzw. domänenübergreifende Konzepte zur Strukturierung des Lösungsraums für die Montagestrukturplanung evaluiert. Auf Basis der Untersuchungsergebnisse wird in Kapitel 3.4 Fazit für die Strukturplanung flexibler, flussorientierter Montagestrukturen gezogen und der Handlungsbedarf aus Sicht der Theorie betrachtet. Die gesammelten Erkenntnisse fließen in die kontinuierliche Entwicklung des heuristischen Bezugsrahmens ein (vgl. Anhang 8.1).

3.1 Ansätze zur Flexibilitätsbewertung von Montagestrukturen

In diesem Kapitel werden Bewertungsansätze für die Flexibilität von Montagestrukturen ausführlich vorgestellt und anhand der in Kapitel 2.3 abgeleiteten Anforderungen hinsichtlich der Nutzbarkeit innerhalb der Strukturplanung von flexiblen, flussorientierten Montagestrukturen analysiert.

3.1.1 Ansätze zur Flexibilitätsbewertung in der Montage

In Kapitel 2.1.2 wurde Flexibilität im Kontext der Produktion bzw. Montage definiert und die Bedeutung der Abstimmung des Flexibilitätsangebots auf den Flexibilitätsbedarf dargestellt. Der methodische Abgleich von Flexibilitätsbedarf und -angebot dient der Bestimmung der Montagestrukturkonfiguration je Montagesegment in der Strukturplanung. Kapitel 3.1.1 dient der Analyse von zentralen Ansätzen zur Beschreibung des Flexibilitätsbedarfs bzw. der Anforderungen eines Planungsfalls mittels multidimensionaler Flexibilitätskriteriensets sowie Ansätzen zur Bewertung des Flexibilitätsangebots flussorientierter Montagestrukturen. Grundlage dafür bilden die in Kapitel 2.3 definierten Anforderungen der Strukturplanung flussorientierter Montagestrukturen.

Zur Spezifizierung der Flexibilitätsbedarfe eines Anwendungsfalls ist aufgrund der Mehrdimensionalität ein redundanzfreies Set aus Bewertungskriterien erforderlich.[231] BROWNE ET AL. formulierten zur Strukturierung der Flexibilität ein Set aus acht Flexibilitätskriterien auf drei Hierarchieebenen.[232] Demnach wird durch hohe *Anlagenflexibilität* die *Produkt-, Prozess-* und *Bearbeitungsflexibilität* erzielt und hohe *Routingflexibilität* bewirkt *Volumen-* und *Expansionsflexibilität.*[233] Die *Produktionsflexibilität* wird durch die *Produkt-, Prozess-, Bearbeitungs-, Volumen-* und *Expansionsflexibilität* determiniert.

SETHI UND SETHI führten eine umfassende Literaturanalyse zu Flexibilität in Produktionssystemen durch und erweiterten das Modell von BROWNE ET AL. um die drei Flexibilitätskriterien *Materialhandhabungs-, Programm-* und *Marktflexibilität* in einer dreistufigen Systematisierung.[234] Laut einer Zitationsanalyse von SEEBACHER ist das Modell von SETHI UND SETHI die bedeutendste Arbeit der Flexibilitätsforschung und Ausgangspunkt einer Vielzahl von Erweiterungen.[235] Das Modell umfasst die drei sich aufeinander auswirkenden Hierarchieebenen der *Komponenten- oder Basisflexibilitäten*, der *Systemflexibilitäten* und der *aggregierten Flexibilitäten* (vgl. Abbildung 3-1). Dabei spiegeln die aggregierten Flexibilitäten strategische Zielvorgaben wider, die durch das Produktionssystem zu erfüllen sind.[236] Die Charakteristika werden durch die Systemflexibilitäten dargestellt, die wiederum Ergebnis der Basisflexibilitäten sind. Die nächsthöhere Hierarchieebene fungiert folglich als Anforderungsgeber für die untergeordnete bzw. die untergeordnete Ebene determiniert die Flexibilität der nächsthöheren.[237]

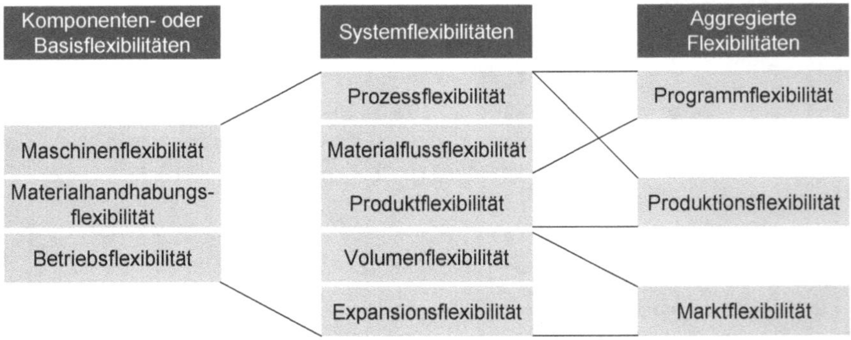

Abbildung 3-1: Flexibilitätskriterien und Hierarchieebenen nach SETHI UND SETHI[238]

[231] vgl. Harari (2015) Design process of flexible assembly systems, S. 86; van de Ginste et al. (2019) Defining flexibility of assembly workstations, S. 976.

[232] vgl. Browne et al. (1984) Classification of flexible manufacturing systems.

[233] vgl. Browne et al. (1984) Classification of flexible manufacturing systems, S. 115.

[234] vgl. van de Ginste et al. (2019) Defining flexibility of assembly workstations, S. 976.

[235] vgl. Seebacher (2013) Beurteilung der Produktionswirtschaftlichen Flexibilität, S. 61.

[236] vgl. Sethi et al. (1990) Flexibility in manufacturing, S. 313.

[237] vgl. Sethi et al. (1990) Flexibility in manufacturing, S. 313.

[238] In Anlehnung an Sethi et al. (1990) Flexibility in manufacturing, S. 297.

SETHI UND SETHI liefern auf Basis der Erkenntnisse ihrer Literatursynthese die im Folgenden dargestellten Definitionen[239] für die Flexibilitätskriterien aus Abbildung 3-1:

- **Maschinenflexibilität** (engl. machine flexibility) beschreibt die Fähigkeit einer Maschine, verschiedene Operationen ohne Aufwände für Rüstwechsel vorzunehmen.
- **Materialhandhabungsflexibilität** (engl. material handlings flexibility) beschreibt die Fähigkeit eines Materialhandhabungssystems, unterschiedliche Produktkomponenten effizient durch das Produktionssystem zu bewegen.
- **Betriebsflexibilität** (engl. operation flexibility) beschreibt die Fähigkeit einer Produktkomponente, auf verschiedene Weisen produziert zu werden.
- **Prozessflexibilität** (engl. process flexibility) beschreibt die Fähigkeit eines Produktionssystems, verschiedene Produkttypen ohne umfangreiche Umrüstungen zu produzieren.
- **Materialflussflexibilität** (engl. routing flexibility) beschreibt die Fähigkeit eines Produktionssystems, eine Produktkomponente entlang alternativer Pfade durch das System zu produzieren.
- **Produktflexibilität** (engl. product flexibility) beschreibt die Fähigkeit eines Produktionssystems, neue Produktkomponenten aufzunehmen bzw. bestehende zu ersetzen.
- **Volumenflexibilität** (engl. volume flexibility) beschreibt die Fähigkeit eines Produktionssystems, wirtschaftlich bei verschiedenen Outputmengen betrieben zu werden.
- **Expansionsflexibilität** (engl. expansion flexibility) beschreibt die Fähigkeit eines Produktionssystems, die Kapazität und die Fähigkeiten bei Bedarf zu erweitern.
- **Programmflexibilität** (engl. program flexibility) beschreibt die Fähigkeit eines Produktionssystems, über einen ausreichend langen Zeitraum praktisch unbeaufsichtigt betrieben zu werden.
- **Produktionsflexibilität** (engl. production flexibility) beschreibt die Fähigkeit eines Produktionssystems, ein Spektrum an Typen von Produktkomponenten ohne zusätzliches Equipment produzieren zu können.
- **Marktflexibilität** (engl. market flexibility) beschreibt die Fähigkeit eines Produktionssystems, mit der es an ein sich veränderndes Marktumfeld angepasst werden kann.

SETHI UND SETHI strukturieren eine Auswahl der in der Literatur am meisten verwendeten Flexibilitätskriterien im Kontext der Produktion und schaffen damit ein Rahmenwerk für weitere Entwicklungen von Kriteriensets und Hierarchiemodellen für diverse Anwendungen. Aufgrund der Allgemeinheit der getroffenen Kriteriendefinitionen und Bemessungsvorschriften kann das Set nicht ohne Weiteres für die spezifischen Zwecke der Strukturplanung eingesetzt werden.

KOSTE UND MALHOTRA führen eine umfassende Literaturanalyse durch mit dem Ziel, die Wirkbeziehungen zwischen den wichtigsten Kritieren zur Beschreibung der Flexibilität von Produktionssystemen aufzudecken und die Grundlage für deren Messung zu legen.[240] Dazu er-

---

[239] vgl. Sethi et al. (1990) Flexibility in manufacturing, S. 298 - 313.

[240] vgl. Koste et al. (1999) Analyzing the dimensions of manufacturing flexibility, S. 75.

weitern die Autoren die Betrachtung je Flexibilitätskriterium um vier untergeordnete Teilaspekte und ordnen die in den erfassten Quellen enthaltenen Kriteriendefinitionen eindeutig nach Bedeutungen sowie Aspekten.[241] Dabei sind die Teilaspekte wie folgt definiert[242]:

- **Spannbreite–Anzahl** (engl. range–number): Anzahl an Alternativen (Operationen, Produkte usw.)
- **Spannbreite–Heterogenität** (engl. range–heterogenity): Heterogenität der Alternativen (Abweichungen zwischen Operationen, Produkte usw.)
- **Mobilität** (engl. mobility): Nachteil des Wechsels zwischen Alternativen (Zeit, Kosten und Aufwand des Wechsels)
- **Einheitlichkeit** (engl. uniformity): Ähnlichkeit des Leistungsergebnisses (Qualität, Kosten, Zeit usw.)

Auf dieser Grundlage werden für die zehn meistgenannten Flexibilitätskriterien für Produktionssysteme eindeutige Definitionen jeweils unter Integration der vier Teilaspekte formuliert.[243] Dabei entsprechen die getroffenen Definitionen für die *Maschinen-, Materialhandhabungs-, Materialfluss-, Betriebs-, Expansions-* sowie *Volumenflexibilität* im Wesentlichen den zuvor dargestellten nach SETHI UND SETHI konkretisiert durch die vier Teilaspekte. Zusätzlich zur *Maschinenflexibilität* wird *Werkerflexibilität* (engl. labor flexibility) eingeführt, die analog zu den Maschinen die Flexibilität der menschlichen Werker beschreibt. Weitere Unterschiede bzw. Ergänzungen bestehen insbesondere in der detaillierteren Abbildung von Veränderungen des Produktionsprogramms[244]:

- **Mixflexibilität** (engl. mix flexibility): Die Anzahl und Vielfalt (Heterogenität) der Produkte, die ohne hohe Wechselnachteile oder große Veränderungen bei den Leistungsergebnissen hergestellt werden können.
- **Neuproduktflexibilität** (engl. new product flexibility): Die Anzahl und Vielfalt (Heterogenität) der Neuprodukte, die ohne hohe Wechselnachteile oder große Veränderungen bei den Leistungsergebnissen in die Produktion eingeführt werden können.
- **Modifikationsflexibilität** (engl. modification flexibility): Die Anzahl und Vielfalt (Heterogenität) der Produktänderungen, die ohne hohe Wechselnachteile oder große Veränderungen bei den Leistungsergebnissen durchgeführt werden können.

Zur Aufschlüsselung der Wirkbeziehungen zwischen den identifizierten Flexibilitätskriterien analysieren KOSTE UND MALHOTRA die Quellen hinsichtlich der darin diskutierten Beziehungen und zählen dazu paarweise die Kriterienverweise aus. Daraus wird ersichtlich, dass die Expansions-, Volumen-, Mix-, Neuprodukt- und Modifikationsflexibilität in kein anderes Flexibilitätskriterium eine Eingangsbeziehung und keine Verknüpfungen zwischeneinander besitzen.[245] Sie befinden sich somit auf einer höheren und gemeinsamen Hierarchieebene. Des

[241] vgl. Koste et al. (2004) Measuring dimensions of manufacturing flexibility, S. 172.
[242] vgl. Koste et al. (1999) Analyzing the dimensions of manufacturing flexibility, S. 79.
[243] vgl. Koste et al. (1999) Analyzing the dimensions of manufacturing flexibility, S. 80 - 85.
[244] vgl. Koste et al. (1999) Analyzing the dimensions of manufacturing flexibility, S. 81.
[245] vgl. Koste et al. (1999) Analyzing the dimensions of manufacturing flexibility, S. 88.

Weiteren verlaufen keine Eingangsbeziehungen in die Maschinen-, Arbeits- und Materialhandhabungsflexibilität und es existieren keine Beziehungen zwischen den Kriterien.[246] Diese befinden sich folglich gemeinsam auf der niedrigsten Ebene bzw. sind die Bausteine für höher gestellte Kriterien. Insgesamt resultiert die in Abbildung 3-2 dargestellte Hierarchie der untersuchten Flexibilitätskriterien, wobei die Ebenen Parallelen zu denen von Fabriken aufweisen (vgl. Abbildung 2-2).

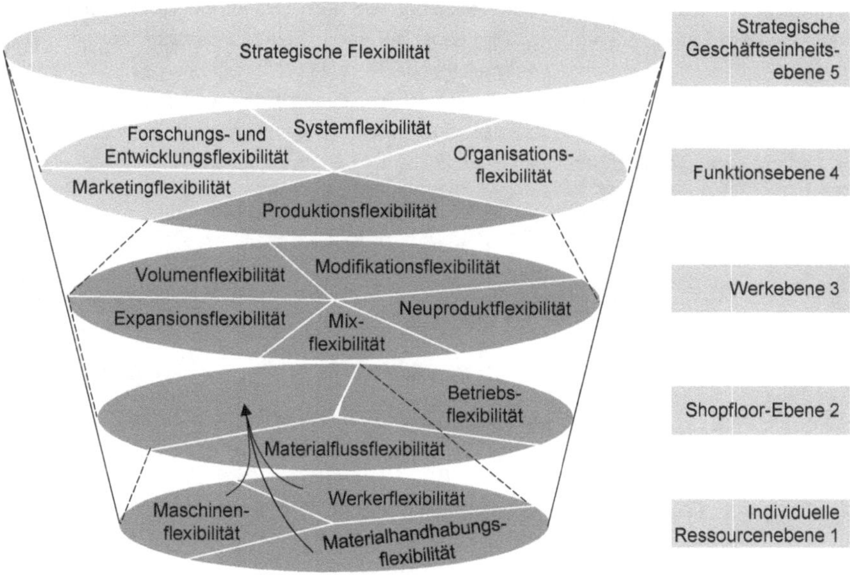

Abbildung 3-2: Flexibilitätskriterien und Hierarchieebenen nach KOSTE UND MALHOTRA[247]

Der Ansatz von KOSTE UND MALHOTRA unterstreicht neben dem Ansatz von SETHI UND SETHI die Vielfältigkeit an existierenden, voneinander abweichenden Definitionen für Flexibilitätskriterien. Die entwickelte Hierarchie auf Grundlage der Fabrikebenen sowie der dahinterstehenden Vererbungslogik verdeutlicht, dass es Flexibilitätskriterien geben muss, die primär für die Strukturplanung relevant sind und andere Kriterien, die für diese zweitrangig sind. Des Weiteren geht aus den identifizierten Teilaspekten, wie etwa Spannbreite–Anzahl oder Spannbreite–Heterogenität, hervor, dass ein Flexibilitätskriterium ebenfalls kein singuläres Konstrukt ist. Vielmehr müssen je Kriterium mehrere beschreibende Dimensionen betrachtet werden, die entgegen der Definition von KOSTE UND MALHOTRA nicht zwingend einen Wechsel zwischen diskreten Alternativen beschreiben müssen. Insgesamt bleibt offen, welche Flexibilitätskriterien bzw. Hierarchieebenen handlungsweisend für die Strukturplanung sind.

[246] vgl. Koste et al. (1999) Analyzing the dimensions of manufacturing flexibility, S. 88.

[247] In Anlehnung an Koste et al. (1999) Analyzing the dimensions of manufacturing flexibility, S. 88.

Aus den gezeigten Hierarchien für Flexibilitätskriterien geht hervor, dass manche Kriterien eher operativer, taktischer bzw. strategischer Natur sind.[248] Vor diesem Hintergrund untersuchen VAN DE GINSTE ET AL. als Grundlage für die hinsichtlich Flexibilität abgestimmte Auslegung von Montagearbeitsplätzen die Kriterien hinsichtlich ihrer Hierarchieebene und ihres Zeithorizonts der Anwendung.[249] Dabei wird deutlich, dass die in der Hierarchie von KOSTE UND MALHOTRA eingeordneten Kriterien teils auf mehreren Ebenen appliziert werden können. So kann etwa die Volumenflexibilität auf Werkebene wie auch für individuelle Ressourcen bestimmt werden.[250] Die Autoren entwickeln daher auf Basis einer Zitationsanalyse die in Abbildung 3-3 dargestellte Einordnung der meistgenannten Flexibilitätskriterien gemäß dem zeitlichen Horizont sowie der Anwendungsebene im Unternehmen. Dabei wird ersichtlich, dass die operativen Kriterien ihre Wirkung kurzfristig auf niedriger Anwendungsebene entfalten und taktische bzw. strategische eher mittel- bis langfristig auf höheren Ebenen.

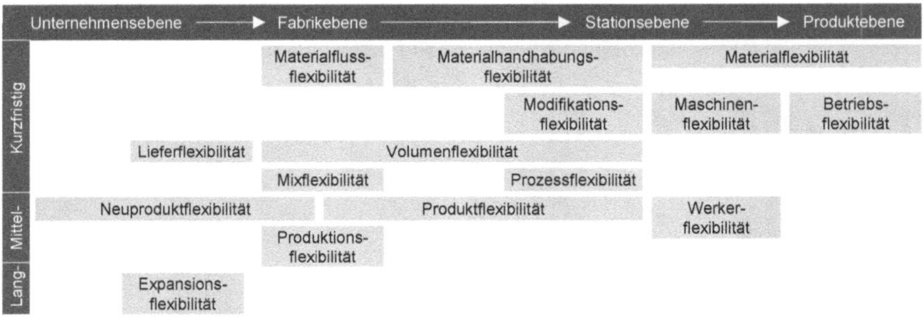

Abbildung 3-3: Hierarchie der Flexibilitätskriterien nach VAN DE GINSTE ET AL.[251]

Die während der Strukturplanung getroffenen Entscheidungen in Bezug auf die Flexibilitätsgrade sind nicht oder nur schwer revidierbar und insbesondere strategischer bzw. langfristiger Natur.[252] Die von VAN DE GINSTE ET AL. vorgestellte Hierarchie gibt Anhaltspunkte darüber, welche Kriterien bzw. Hierarchieebenen für die Produktion strategisch besonders relevant sind. Insbesondere die Fabrikebene sowie die Angrenzenden stehen im Fokus der Strukturplanung.

Aus dem hierarchischen Aufbau von Fabriken bzw. Produktionssystemen (vgl. Abbildung 2-2) und der eingegrenzten Anwendbarkeit von Flexibilitätskriterien bietet sich eine hierarchische, fokussierte Bewertung der Flexibilität an.[253] Für die Strukturplanung wird somit eine Bewertungsmethodik für Flexibilität auf System- bzw. Strukturebene benötigt, die im Kern auf die zugeordneten Kriterien zurückgreift und anhand dieser die Strukturalternativen bewertet. Dazu werden im Folgenden ausgewählte Methodiken zur Flexibilitätsbewertung auf der fokussierten

[248] vgl. Harari (2015) Design process of flexible assembly systems, S. 9.

[249] vgl. van de Ginste et al. (2019) Defining flexibility of assembly workstations.

[250] vgl. van de Ginste et al. (2019) Defining flexibility of assembly workstations, S. 976.

[251] In Anlehnung an van de Ginste et al. (2019) Defining Flexibility of Assembly Workstations, S. 978.

[252] vgl. Gans (2008) Planung der Struktur von Fließproduktionssystemen, S. 132.

[253] vgl. Rogalski (2009) Entwicklung einer Methodik zur Flexibilitätsbewertung, S. 39.

Ebene analysiert. Für eine umfassende, ebenenübergreifende Betrachtung der Methodiken zur Flexibilitätsbewertung in der Produktion wird auf die Analyse von SEEBACHER[254] verwiesen.

SCHUH ET AL. entwickeln ein Kennzahlensystem zur Bewertung der Flexibilität hinsichtlich Stückzahl-, Variantenmix- und Produktänderungen in Produktionssystemen ausgehend vom einzelnen Arbeitsplatz bis hin zur Ebene des Produktionsnetzwerks.[255] Grundlage der Bewertung ist die hierarchische Modellierung des betrachteten Produktionssystems mittels der durch das Kennzahlensystem bereitgestellten Klassen für Arbeitsplätze, Linien, Segmente, Fabriken und Produktionsnetzwerke.[256] Diese beinhalten die zur Beschreibung erforderlichen Attribute, wie beispielsweise die Art und Anzahl der Produkte oder Prozessdaten, sowie die Funktionen zur Flexibilitätsberechnung auf der jeweiligen Betrachtungsebene.[257] Darüber hinaus können weitere Unterklassen, wie beispielsweise Teillinien, gebildet werden, falls die genannten Hauptklassen für die Modellierung nicht ausreichen bzw. die enthaltenen Funktionen nicht anwendbar sind. Die Anforderungen an das Produktionssystem werden mittels benutzerdefinierter Referenzszenarien für Variantenstückzahlen, Sequenzen und Anpassungsbudgets sowie ihrer Eintrittswahrscheinlichkeiten beschrieben.[258] Des Weiteren werden Anpassungsstrategien für die einzelnen Szenarien bestimmt. Auf dieser Basis erfolgt die Berechnung der Stückzahl-, Varianten- und Produktänderungsflexibilität anhand der Funktionen je Arbeitsplatz und darauf aufbauend für die höheren Ebenen der Linien, Segmente, Fabriken und Netzwerke. Mittels der resultierenden quantitativen Kennzahlen können verschiedene Systeme einschließlich ihrer Subsysteme vergleichend gegenübergestellt werden.

Für die Nutzung des vorgestellten Kennzahlensystems muss die Montagestruktur für die Modellierung mittels der Klassen bereits bis auf Arbeitsplatzebene detailliert konzeptioniert sein. Somit kann der Ansatz erst nach der konzeptgenerierenden Phase der Strukturplanung genutzt werden und es resultieren erhebliche Mehraufwände für die Modellierung aller relevanten Strukturalternativen. Des Weiteren können nur verkettete Montagestrukturen in Form parallel oder in Reihe geschalteter Arbeitsplätze, Segmente usw. modelliert werden und somit ist die Betrachtung von Matrixkonfigurationen ausgeschlossen. Für die Berechnung der Kennzahlen müssen umfangreiche Referenzszenarien für repräsentative Produktionssequenzen und Marktentwicklungen bestimmt werden. Insbesondere Produktionssequenzen, die Ergebnis der PPS sind, liegen in frühen Planungsphasen nicht vor.

ROGALSKI entwickelt einen Ansatz zur Bewertung der Mengen-, Produktmix- und Erweiterungsflexibilität auf verschiedenen Betrachtungsebenen, wie etwa Arbeitsplatz- oder Linienebene.[259] Dabei beschreibt die Mengenflexibilität die Fähigkeit zur kurzfristigen, wirtschaftlichen Kapazitätsanpassung bei gleichbleibender Systemkonfiguration. Diese ist bestimmt durch die Grenzen, innerhalb derer eine rentable Produktion möglich ist. Die relevanten Gren-

[254] vgl. Seebacher (2013) Beurteilung der Produktionswirtschaftlichen Flexibilität, S. 87 - 110.
[255] vgl. Schuh et al. (2004) Bewertung der Flexibilität von Produktionssystemen.
[256] vgl. Schuh et al. (2004) Bewertung der Flexibilität von Produktionssystemen, S. 300.
[257] vgl. Schuh et al. (2004) Bewertung der Flexibilität von Produktionssystemen, S. 300.
[258] vgl. Schuh et al. (2004) Bewertung der Flexibilität von Produktionssystemen, S. 301 - 302.
[259] vgl. Rogalski (2009) Entwicklung einer Methodik zur Flexibilitätsbewertung.

zen werden durch den Break-even-Punkt und die maximale Kapazität der betrachteten Systemkonfiguration dargestellt.[260] Der von diesen beiden Variablen aufgespannte Bereich bildet den Flexibilitätskorridor. Die Produktmixflexibilität beschreibt den Umfang zur Anpassung des Produktionsprogramms und errechnet sich aus dem Gewinnmaximum auf Basis des optimalen Produktionsprogramms und seiner durchschnittlichen, produktspezifischen Abweichung.[261] Die Erweiterungsflexibilität beschreibt die Fähigkeit zur Kapazitätsanpassung mittels einer Änderung der Systemkonfiguration. Zur Ermittlung der Erweiterungsflexibilität werden die Break-even-Punkte der verschiedenen Erweiterungsalternativen und eine definierte Zielkapazität herangezogen.[262] Aus den Differenzen zwischen der Zielkapazität und den jeweiligen Break-Even-Punkten ergeben sich die Flexibilitätskorridore der Ausbauvarianten. Das Ausmaß der Erweiterungsflexibilität korreliert mit der Größe des Korridors. Die Berechnung der drei Flexibilitätskriterien basiert einerseits auf einem Produktionssystemmodell, das die Bewertungsmethodik mit dem zu untersuchenden, realen Produktionssystem verknüpft und andererseits auf einem kostenrechnerischen Bezugsrahmen, der die Kostenstruktur des Systems modelliert.[263]

Der Bewertungsansatz nach ROGALSKI erfordert die detaillierte Ausgestaltung des betrachteten Montagesystems, da für die Betrachtung der Break-even-Punkte sowie der engpassabhängigen Maximalkapazität umfassende Daten zu Kostenstrukturen und Kapazitäten benötigt werden. Diese Daten sind erst am Ende des Planungsprozesses einer Montage verfügbar, sodass die Methodik nicht während der Strukturplanung genutzt werden kann.

3.1.2 Zusammenfassende Bewertung der Flexibilitätsbewertung von Montagestrukturen

In Kapitel 3.1.1 wurden Ansätze zur Flexibilitätsbewertung von Montagestrukturen dargestellt und untersucht. Dieses Kapitel dient der zusammenfassenden Bewertung der Ansätze hinsichtlich ihrer Eignung für die Strukturplanung flussorientierter Montagestrukturen anhand der in Kapitel 2.3 abgeleiteten Anforderungen.

Die Analyse der Bewertungsansätze hat gezeigt, dass eine große Fülle an Definitions- und Bewertungsansätzen für Flexibilität im Produktionskontext existiert. Diese unterliegen jedoch oftmals zweckgebunden, speziellen Anwendungsbereichen[264] und werden den Anforderungen der Strukturplanung nicht gerecht. Es herrscht Konsens, dass Flexibilität mehrdimensional mittels granularer Kriterien zu beschreiben ist, doch Bemessungs- bzw. Quantifizierungsmethoden nicht abschließend bestimmt sind.[265] Während der Entwicklung einer Montagestruktur sind der Systemaufbau, Kapazitäten und die Infrastruktur noch unbekannt, sodass keine entsprechenden Daten vorliegen. Viele Ansätze greifen zur Bestimmung der Flexibilität jedoch auf Kostenstrukturen zurück und lassen daher mangels vollständiger Datenverfügbarkeit kaum

[260] vgl. Rogalski (2009) Entwicklung einer Methodik zur Flexibilitätsbewertung, S. 62 - 63.

[261] vgl. Rogalski (2009) Entwicklung einer Methodik zur Flexibilitätsbewertung, S. 63 - 65.

[262] vgl. Rogalski (2009) Entwicklung einer Methodik zur Flexibilitätsbewertung, S. 65 - 68.

[263] vgl. Rogalski (2009) Entwicklung einer Methodik zur Flexibilitätsbewertung, S. 179.

[264] vgl. Luft et al. (2014) Flexibility based assessment of production, S. 83.

[265] vgl. van de Ginste et al. (2019) Defining flexibility of assembly workstations, S. 974.

eine zweckmäßige Bewertung unter Praxisbedingungen zu.[266] Außerdem erfordern einige Ansätze zur Flexibilitätsbewertung die Modellierung der betrachteten Montagestruktur einschließlich der Verkettung sowie vorgesehener Kapazitäten und sind daher während der Strukturplanung nicht einsetzbar. Insbesondere können konventionelle Modellierungsansätze auf Grundlage serieller sowie paralleler Systemteilungen die flexible Verkettung einer Matrixmontage nicht abbilden.

Auf Basis der Analyse der in Kapitel 3.1.1 vorgestellten Bewertungsansätze erfolgt im Folgenden die Evaluation dieser mittels der in Kapitel 2.3 definierten Anforderungen. Im Hinblick auf die anforderungsgeleitete Strukturplanung stellen die Ansätze keine Kriterien bereit, die die quantitative Spezifizierung der Flexibilitätsbedarfe ermöglichen. Es bleibt offen, welche Hierarchieebene bzw. zugeordneten Kriterien der bestehenden Flexibilitätssystematiken zur Bestimmung der Strukturalternativen fokussiert zu betrachten sind. Es zeichnet sich ab, dass Volumen- und Produktmixflexibilität einen Kernbestandteil der Kriterien zur Spezifizierung für die Strukturauswahl bilden.

Mangels eines abgestimmten Kriteriensets zur Spezifizierung der Flexibilitätsbedarfe ist die datenbasierte Strukturplanung erschwert. Viele bestehende Ansätze zur quantitativen Bewertung der Flexibilität greifen auf monetäre Hilfsgrößen aus der Kostenrechnung zurück und setzen die Verfügbarkeit dieser Daten in der Praxis als gegeben voraus. Insbesondere in der frühen Planungsphase der Strukturplanung ist die technische Ausstattung und Infrastruktur des Montagesystems nicht bekannt, wodurch weder Kosten noch Kapazitäten als Eingangsdaten vorliegen. Ferner können nicht alle Flexibilitätskriterien mittels Kosten bewertet werden und es besteht die Gefahr, dass der Wert einer Investition in das Flexibilitätsangebot unterschätzt wird.[267] Insgesamt ist die datenbasierte Bewertung der Flexibilität von Montagestrukturen zur Priorisierung von Strukturkonfigurationen bisher nicht möglich.

Bestehende Bewertungsmethodiken für Flexibilität orientieren sich nicht an Planungsphasen bzw. den jeweils verfügbaren Planungsdaten und können daher nicht für eine integrierte Strukturplanung genutzt werden. Außerdem erfordert die Anwendung einer Bewertungsmethodik oftmals das Generieren von zusätzlichen Planungsdaten, die im weiteren Planungsverlauf nicht weiterverwendet werden, wodurch insgesamt die Effizienz der Strukturplanung leidet.

Die in Kapitel 3.1 identifizierten Ansätze zur Bewertung der Flexibilität von Montagestrukturen werden in Kapitel 5.3.2 zur Entwicklung einer Bewertungsmethodik zur Entscheidungsunterstützung in der Strukturplanung flussorientierter Montagestrukturen genutzt.

3.2 Gestaltungsansätze flexibler, flussorientierter Montagestrukturen

In diesem Kapitel werden problemrelevante Gestaltungsansätze zu flexiblen, flussorientierten Montagestrukturen dargestellt und anhand der in Kapitel 2.3 abgeleiteten Anforderungen hinsichtlich der Eignung für die Montagestrukturplanung analysiert. Konventionelle, getaktete Mixed-Model-Montagelinien bilden dabei den Ausgangspunkt der Betrachtung von Ansätzen

---

[266] vgl. Seebacher (2013) Beurteilung der Produktionswirtschaftlichen Flexibilität, S. 193.

[267] vgl. Terkaj et al. (2009) A review on manufacturing flexibility, S. 46.

zur Steigerung der Effizienz und Flexibilität. Die Untersuchung unterteilt sich einerseits in die Betrachtung von Ansätzen, die auf der Ebene der PPS Anwendung finden (Kapitel 3.2.1). Produktionsplanung und Produktionssteuerung werden in diesem Kapitel zusammengefasst analysiert, da Ansätze stets beide Teilaspekte tangieren.[268] Andererseits werden in diesem Kapitel Ansätze betrachtet, die auf der Ebene des Produktionssystems appliziert werden (Kapitel 3.2.2). Wie anhand von Abbildung 2-15 erklärt, resultieren aus diesen Ansätzen ebenfalls Konsequenzen für die darüberliegenden Ebenen, das heißt für die PPS. Abschließend erfolgt in Kapitel 3.2.3 eine zusammenfassende Würdigung der analysierten Ansätze.

3.2.1 Ansätze auf Ebene der Produktionsplanung und -steuerung

Dieses Kapitel dient der Darstellung von Gestaltungsansätzen auf der Ebene der Produktionsplanung und -steuerung sowie der Analyse dieser hinsichtlich des Potenzials zur Effizienz- und Flexibilitätsverbesserung. Die gezeigte Auswahl bildet eine Übersicht der wichtigsten Ansätze.

Boysen entwickelt ein hierarchisches Verfahren für die Produktionsplanung einer Variantenfließmontage mit dem Ziel, die aus den variantenabhängigen Montageoperationen resultierenden Prozesszeiten gleichmäßig auf Montagearbeitsplätze zu verteilen und so eine nivellierte Auslastung zu erreichen.[269] Dazu erfolgt in der ersten Planungsphase die Fließbandabstimmung, bei der die Montageoperationen den Arbeitsplätzen zunächst in einer Einproduktbetrachtung und dann in einer Mehrproduktbetrachtung zugeordnet werden.[270] Dabei wird ebenfalls die Taktzeit sowie die Arbeitsplatzanzahl festgelegt. Die zweite Planungsphase umfasst die operative Produktionsprogrammplanung, in der den vorliegenden Kundenaufträgen ein vorläufiger Produktionstermin erteilt und das Schichtprogramm definiert wird.[271] In der letzten Phase, der Reihenfolgeplanung, wird jeder Variante aus dem Schichtprogramm ein konkreter Montagetakt zugeteilt.[272]

Das Verfahren optimiert innerhalb der Randbedingungen einer getakteten Mixed-Model-Montagelinie die Effizienz auf Kosten der Flexibilität, da zahlreiche Einschränkungen, wie etwa ein konstanter Variantenmix und eine geglättete Reihenfolgeplanung, inkauf genommen werden müssen. Insgesamt werden die Defizite einer Mixed-Model-Montagelinie nicht überwunden und die Effizienz nur sehr begrenzt verbessert.[273]

---

[268] vgl. Greschke (2015) Matrix-Produktion als taktunabhängige Fließfertigung, S. 83.

[269] vgl. Boysen (2005) Variantenfließfertigung, S. 255 - 256.

[270] vgl. Boysen (2005) Variantenfließfertigung, S. 255.

[271] vgl. Boysen (2005) Variantenfließfertigung, S. 2.

[272] vgl. Boysen (2005) Variantenfließfertigung, S. 2.

[273] vgl. Greschke (2015) Matrix-Produktion als taktunabhängige Fließfertigung, S. 74 - 75.

KOETHER entwickelt ein Modell zur Ermittlung von Variantenmixverlusten in Fließmontagen, mit dessen Hilfe die wesentlichen Einflussgrößen auf die Verluste identifiziert und folgende Lösungsprinzipien zur Steigerung der Auslastung abgeleitet werden[274]:

- Optimierung der Variantenfolge
- Verringerung der Streuung der Vorgabezeiten an Montagearbeitsplätzen
- Vergrößerung der Montagearbeitsplätze
- Aufteilung des Gesamtsystems in entkoppelte Subsysteme

Für die Reihenfolgeoptimierung ist ein Puffer mit wahlfreiem Zugriff auf die zu montierenden Varianten und ein Optimierungsalgorithmus erforderlich.[275] Zur Realisierung der anderen drei Prinzipien kommen Maßnahmen zum Einsatz, die der Konstruktion, Arbeitssystemgestaltung und Leistungsabstimmung zugeordnet werden. Die Anpassung der Konstruktion als Maßnahme der Produktplanung wird in dieser Arbeit nicht fokussiert (vgl. Kapitel 2.2.3). Die Arbeitssystemgestaltung kann die Auswirkungen von Streuungen der Vorgabezeit reduzieren, indem folgende Maßnahmen Anwendung finden[276]:

- Parallele Arbeitssysteme mit eingeschränkter Vielfalt für gängige Varianten
- Hochflexible Arbeitssysteme für wenig nachgefragte Varianten
- Weitgehende Verwirklichung einer Baugruppen-Vormontage
- Zeitliche Entkopplung der Vormontage vom Endmontagetakt
- Räumliche Zuordnung der Vormontage zur Endmontage

Die zeitliche Entkopplung und räumliche Zuordnung kann dazu genutzt werden, um Montagepersonal kurzfristig als Zusatzkapazität zwischen der Vor- und Endmontage zu verschieben. Die Leistungsabstimmung zur Verringerung der Streuung erfolgt durch[277]:

- Zuordnung kleiner Vormontageinhalte zu Arbeitsplätzen der Endmontage und Ausführung dieser in Leerzeiten
- Zuordnung von variantenunabhängigen Arbeitsinhalten zu Standardarbeitsplätzen
- Zuordnung von variantenabhängigen Arbeitsinhalten mit streuenden Vorgabezeiten zu flexiblen Variantenarbeitsplätzen

Die Vergrößerung der Montagearbeitsplätze erlaubt einen flexibleren Einsatz des Montagepersonals und wird durch folgende Maßnahmen erreicht[278]:

- Verlängerung des Fließbands zur Verlängerung des Arbeitsplatzbereichs
- Anpassung der Arbeitsplatzausrüstung zur Einführung bzw. Verlängerung der Überlappungsbereiche
- Einführung bzw. Vergrößerung von Arbeitsplatzpuffern

Die von KOETHER definierten Maßnahmen sind beschränkt auf die Optimierung einer Mixed-Model-Montagelinie mit Produkten, die eine hohe Ähnlichkeit und begrenzte Variantenvielfalt besitzen. Die Separation der variantenabhängigen Montageumfänge aus der Montagelinie in

---

274 vgl. Koether (1986) Verringerung von Modell-Mix-Verlusten in Fließmontagen, S. 83 - 84.

275 vgl. Koether (1986) Verringerung von Modell-Mix-Verlusten in Fließmontagen, S. 85 - 86.

276 vgl. Koether (1986) Verringerung von Modell-Mix-Verlusten in Fließmontagen, S. 109 - 110.

277 vgl. Koether (1986) Verringerung von Modell-Mix-Verlusten in Fließmontagen, S. 110 - 112.

278 vgl. Koether (1986) Verringerung von Modell-Mix-Verlusten in Fließmontagen, S. 113.

ein entkoppeltes, flexibles Teilsystem hat großen Einfluss auf die Effizienz der Hauptlinie, steigert jedoch auch den Abstimmungsbedarf und damit die Komplexität. Insgesamt werden Variantenmixverluste nur in begrenztem Maß reduziert.

GANS entwickelt eine Methodik zur Planung der Kapazitätsteilung bzw. Segmentierung eines getakteten Montageliniensystems für die Phase der Produktionssystemplanung mit dem Ziel, Taktverluste infolge eines variantenreichen Produktionsprogamms zu minimieren.[279] Betrachtet wird einerseits die horizontale Kapazitätsteilung, die die zu montierenden Varianten so auf parallele Montagelinien aufteilt, dass die Spannbreite der Bearbeitungszeiten je Linie reduziert und somit die Auslastung optimiert wird.[280] Andererseits wird die vertikale Teilung untersucht, bei der eine Linie in Produktionsstufen unterschiedlicher Bearbeitungszeitspreizungen segmentiert und diese mittels Puffern voneinander entkoppelt werden.[281] Die kostenoptimale Teilungskonfiguration und Variantenaufteilung wird für geschlossene bzw. offene Arbeitsplatzgrenzen bestimmt. Im offenen Fall kann das Montagepersonal über die Arbeitsplatzgrenzen bzw. die Taktzeit hinaus eine Montageoperation durchführen, muss diese Überschreitung jedoch innerhalb der Folgetakte aufholen. Dazu ist eine Sequenzierung der Varianten in jedem Liniensegment aus dem Entkopplungspuffer heraus erforderlich.[282]

Die Variantenteilung in einem Montagesystem kann bei wenigen, klar abgrenzbaren Variantengruppen mit grundsätzlich verschiedenen Montageumfängen vorteilhaft sein. Beispielhaft ist die Separation von Exoten- und Rennervarianten in zwei jeweils optimierte Montagesysteme. Vielfältige Teilungen eines Systems sind angesichts der Zielsetzung einer effizienten Auslastung aller Segmente bei fluktuierenden Stückzahlen je Variantengruppe und zusätzlichen Investitionen für parallelen Montagelinien kritisch. Auch bei einer effizienten Kapazitätsteilung werden Taktverluste nicht vermieden und die Flexibilität ist durch den statischen Charakter der Teilung und der daraus resultierenden Restriktionen eingeschränkt.

MATSUURA ET AL. untersuchen die Integration einer Bypass-Nebenlinie als paralleles Segment neben einer Hauptmontagelinie zur Reduktion der Auswirkungen stark unterschiedlicher Montageumfänge von Produktvarianten.[283] Der Betrachtungsfokus liegt auf den Voraussetzungen für die Nutzung eines Bypasses und der Aufteilung der Operationen auf die beiden Teillinien. Die untersuchte Montagestruktur setzt sich zusammen aus einem Liniensegment, auf das ein weiteres aus einer separaten Haupt- und einer Nebenlinie bestehendes folgt.[284] Anschließend werden die Teillinien wieder in eine singuläre Linie zusammengeführt. Die Variantenteilung erlaubt eine variantenindividuelle Austaktung der Teillinien, wobei diese aufgrund der verschiedenen Stückzahlen zwangsläufig unterschiedliche Taktzeiten aufweisen müssen.[285] Außerdem sind Puffer an den Verzweigungs- und Zusammenführungspunkten zur Sequenzierung vor und hinter dem Bypass-Segment erforderlich.

[279] vgl. Gans (2008) Planung der Struktur von Fließproduktionssystemen, S. 2 - 3.
[280] vgl. Gans (2008) Planung der Struktur von Fließproduktionssystemen, S. 63.
[281] vgl. Gans (2008) Planung der Struktur von Fließproduktionssystemen, S. 19.
[282] vgl. Gans (2008) Planung der Struktur von Fließproduktionssystemen, S. 9 - 10.
[283] vgl. Matsuura et al. (2017) Making a mixed-model line more efficient and flexible, S. 1.
[284] vgl. Matsuura et al. (2017) Making a mixed-model line more efficient and flexible, S. 3.
[285] vgl. Matsuura et al. (2017) Making a mixed-model line more efficient and flexible, S. 19.

Die Integration eines Bypasses kann zur Separation von Varianten mit stark abweichenden Umfängen vom Hauptfluss einer Mixed-Model-Montagelinie zum Einsatz kommen. Ein Bypass ist ein statischer Ansatz, der die Flexibilität der Montagelinie aufgrund der Produktmixabhängigkeit und der resultierenden Koordinationsaufwände am Verzweigungs- und Zusammenführungspunkt einschränkt.

WILBERT UND EICKEMEYER untersuchen mittels eines Simulationsmodells die Leistungsfähigkeit einer Montagelinie in der Automobilindustrie und entwickeln auf Basis der Erkenntnisse eine Methode zur Produktivitätssteigerung durch Nutzung von Montagezeitreserven.[286] Der mittels Simulation bestimmte Systemoutput ist geringer als der tatsächlich Erzielte, da die Werker Taktausgleichszeiten flexibel für Vor- und Nacharbeiten in den Vorgänger- bzw. Nachfolgerarbeitsplätzen nutzen. Die Autoren systematisieren dieses beobachtete Werkerverhalten, indem bereits während der Fließbandabstimmung zwischen den Montagearbeitsplätzen Bauraumpuffer integriert werden, die sicherstellen, dass sich Werker beim Vor- bzw. Nacharbeiten nicht gegenseitig behindern.[287] Das Montagepersonal ist dabei so zu qualifizieren, dass es flexibel zwischen Bauräumen in ihrem und dem Vorgänger- bzw. Nachfolgertakt wechseln kann. Baurampositionen mit überdurchschnittlichem Vor- bzw. Nacharbeitsbedarf aufgrund umfangreicher Montageoperationen wird dem Personal mittels „Work by Light" visualisiert.[288] Eine Simulation der Methode konnte zeigen, dass die Produktivität unter gleichen Gegebenheiten über 10 % höher als bei einer Linie mit starr im Takt verbleibenden Werkern ausfällt.[289]

Der Ansatz verdeutlicht die Wichtigkeit von aufeinander abgestimmten Bauräumen für den Fall, dass Werker beweglich in Montagesystemen eingesetzt werden. Die Planungsaufwände für diese Effizienzverbesserung wachsen mit der Heterogenität der Montageumfänge und können die Nachteile der linearen Verkettung nicht auflösen. Die Maßnahme ist auf eingeschränkte Variantenvielfalt und Produktmixe begrenzt.

HUCHZERMEIER ET AL. entwickeln das VarioTakt-Konzept für den Landmaschinenhersteller Fendt, der seine acht Traktorenmodelle in nur einer getakteten Montagelinie montiert. Ziel des Konzepts ist es, die steigende Taktzeitspreizung infolge eines stetig wachsenden Produktportfolios, insbesondere in Richtung der Großmaschinen, in einer hauptsächlich manuellen Montage zu bewältigen.[290] Dazu wird die modellübergreifende, einheitliche Taktzeit durch eine modellindividuelle, auf die spezifischen Arbeitsinhalte abgestimmte Taktzeit ersetzt (vgl. Abbildung 3-4).[291] Dies wird durch den Einsatz von FTF ermöglicht, die mit identischer Geschwindigkeit aber variablem Abstand, dem sogenannten Variable Rate Launching, die Montagelinie durchfahren.[292] Die Ausstattungskonfiguration der Varianten innerhalb eines Modells wird mittels der Weighted Average Takt Time als Grundlage zur Bestimmung der modellindividuellen

---

[286] vgl. Wilbert et al. (2019) Produktivitätserhöhung in der Automobilfertigung, S. 740 - 742.

[287] vgl. Wilbert et al. (2019) Produktivitätserhöhung in der Automobilfertigung, S. 742.

[288] vgl. Wilbert et al. (2019) Produktivitätserhöhung in der Automobilfertigung, S. 742.

[289] vgl. Wilbert et al. (2019) Produktivitätserhöhung in der Automobilfertigung, S. 743.

[290] vgl. Huchzermeier et al. (2020) Revolutionizing mixed-model assembly line, S. 144.

[291] vgl. Huchzermeier et al. (2020) Revolutionizing mixed-model assembly line, S. 146.

[292] vgl. Huchzermeier et al. (2020) Revolutionizing mixed-model assembly line, S. 144 - 146.

Taktzeit berücksichtigt.[293] Mithilfe des VarioTakt-Konzepts konnte die Produktivität durch Reduktion von Leerlaufzeiten und Taktüberschreitungen um mehr als 10 % gegenüber einer einheitlichen Taktung gesteigert werden.[294]

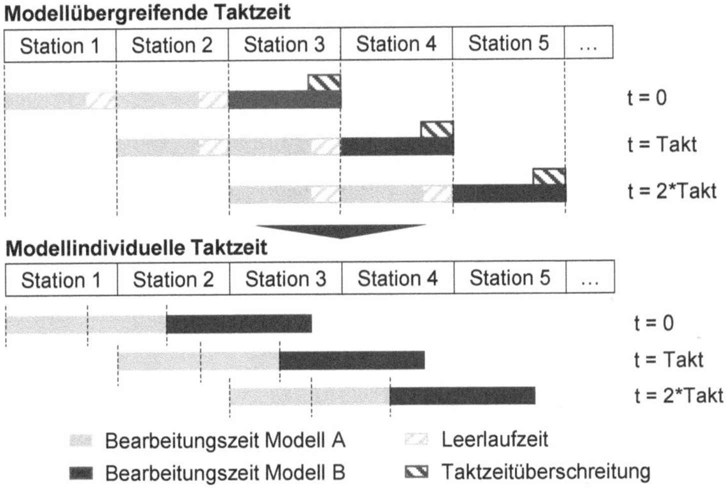

Abbildung 3-4: Gegenüberstellung modellübergreifender und -individueller Taktzeit[295]

Die Nutzung einer modellindividuellen Taktzeit reduziert die modellbedingten Taktausgleichszeiten, berücksichtigt jedoch nicht die produktindividuellen, aus der Ausstattungskonfiguration resultierenden Montageumfänge. Aufgrund der für alle Arbeitsplätze identischen Taktzeit eines Modells wird die Herausforderung der Fließbandabstimmung und daraus hervorgehenden Taktverluste nicht beseitigt. Außerdem wächst der durch einen Werker zurückzulegende Weg zwischen dem Montageobjekt und dem Materialbereitstellungsort mit der Arbeitsplatzanzahl und der Heterogenität der modellindividuellen Taktzeiten.

REINHART UND PRÖPSTER entwickeln eine dynamische Austaktung für die variantenreiche Endmontage am Beispiel des Nutzfahrzeugbaus. Ziel ist es, schnell und unter geringem Aufwand auf Veränderungen der Kundennachfrage in Form von Stückzahl- und Produktmixschwankung reagieren zu können.[296] Kern des Ansatzes bildet eine Methodik zur szenariobasierten Austaktung unter Nutzung eines flexiblen Mitarbeitereinsatzes, der wandlungsfähigen Gestaltung der Montagelinie und eines Monitoringprozesses zur Identifikation von Anpassungsbedarf.[297]

---

[293] vgl. Huchzermeier et al. (2020) Revolutionizing mixed-model assembly line, S. 147.

[294] vgl. Huchzermeier et al. (2020) Revolutionizing mixed-model assembly line, S. 142.

[295] In Anlehnung an Huchzermeier et al. (2020) Revolutionizing Mixed-Model Assembly Line, S. 145 - 147.

[296] vgl. Reinhart et al. (2012) Handlungsfelder der dynamischen Austaktung, S. 405.

[297] vgl. Reinhart et al. (2012) Handlungsfelder der dynamischen Austaktung, S. 405.

Die Austaktung der Montagelinie erfolgt unter Trennung der variantenabhängigen und -unabhängigen Montageoperationen, sodass bei einer Produktmixänderung nur der Mitarbeitereinsatz an den variantenabhängigen Arbeitsplätzen angepasst werden muss.[298] Bei kleinen Stückzahlschwankungen wird der Einsatz für alle Arbeitsplätze angepasst. Dies ist möglich mittels Driften, Springereinsatz und erweiterter Gruppenarbeit.[299] Driften bezeichnet das Öffnen der Arbeitsplatzgrenzen für Vor- und Nacharbeiten über die Taktzeit hinaus. Springer sind Montagemitarbeiter, die Belastungsspitzen über mehrere Arbeitsplätze hinweg übernehmen. Erweiterte Gruppenarbeit umfasst das organisatorische Zusammenfassen mehrerer Arbeitsplätze unter ausgeprägter Teamarbeit. Bei großen Stückzahlschwankungen, die nicht durch die nivellierte Produktionsprogrammplanung und flexiblen Mitarbeitereinsatz bewältigt werden können, wird die Austaktung durch Auswahl eines alternativen, vordefinierten Taktszenarios angepasst.[300] Außerdem werden Konzepte zur Gestaltung wandlungsfähig austaktbarer Montagelinien mit dem Ziel entwickelt, die durch die Produktionsstruktur resultierenden Restriktionen der Austaktung zu reduzieren. Auf dieser Basis wird ein kennzahlenbasiertes Monitoringsystem erarbeitet, das den Bedarf zur Austaktung und zum Aktivieren der Maßnahmen bzgl. des Mitarbeitereinsatzes identifiziert.[301]

Reinhart und Pröpster unterstreichen mit ihrem Ansatz die Bedeutung der Anpassungsfähigkeit in Bezug auf Stückzahlskalierung und Produktmixveränderung. Die Flexibilisierung des Mitarbeitereinsatzes mittels verschiedener organisatorischer Maßnahmen bildet den Kern der Systemanpassung zur Aufrechterhaltung der Effizienz bei sich ändernden Rahmenbedingungen. Die Nutzung von Anpassungsszenarien erlaubt ausschließlich eine stufenweise Einstellung des Montagesystems an sich stetig ändernde Bedingungen und liefert daher nur in engen Betriebsfenstern Effizienz. Ferner ist die Trennung von variantenabhängigen und -unabhängigen Montageumfängen aufgrund der Interdependenzen im Vorranggraph eines Produkts nicht beliebig möglich bzw. technisch sinnvoll.

Pan untersucht mittels Simulation die Effizienz von Typen eines Zellproduktionssystems unter Variation der Anzahl verketteter Arbeitsplätze sowie Mitarbeitenden im System.[302] Ein Zellproduktionssystem setzt sich aus in einer Linie verketteten Zellen zusammen, die jeweils aus mehreren Arbeitsplätzen bestehen und einen bestimmten Teilschritt des Montageprozesses durchführen. Ein Werker ist für die Bedienung einer Zelle bestehend aus mehreren Arbeitsplätzen oder für mehrere Zellen gleichzeitig verantwortlich. Oftmals sind die Arbeitsplätze in Form einer U-Linie angeordnet und verschiedene Systemtypen werden unterschieden. Der Typ *Sub Cell* beschreibt eine Zellproduktion, bei der jede Zelle von einem Werker bedient wird und Puffer zur Entkopplung genutzt werden (vgl. Abbildung 3-5 oben links).[303] Bei der *Shared Cell* sind Werker für ihre Zelle und zusätzlich für den letzten Arbeitsplatz der Vorgänger- sowie die erste der Nachfolgerzelle zuständig (vgl. Abbildung 3-5 oben rechts).[304] In Abhängigkeit

[298] vgl. Reinhart et al. (2012) Handlungsfelder der dynamischen Austaktung, S. 406.
[299] vgl. Reinhart et al. (2012) Handlungsfelder der dynamischen Austaktung, S. 406.
[300] vgl. Reinhart et al. (2012) Handlungsfelder der dynamischen Austaktung, S. 406.
[301] vgl. Reinhart et al. (2012) Handlungsfelder der dynamischen Austaktung, S. 407.
[302] vgl. Pan (2014) Quantitative analysis of cellular manufacturing, S. 1385.
[303] vgl. Pan (2014) Quantitative analysis of cellular manufacturing, S. 1387.
[304] vgl. Pan (2014) Quantitative analysis of cellular manufacturing, S. 1388.

der jeweiligen Auslastung übernimmt einer der beiden Werker die Bearbeitung an geteilten Arbeitsplätzen. Ein weiterer Typ ist der ***Rabbit Chase***, bei dem ein Werker mit dem Montageobjekt alle Arbeitsplätze entlang der Linie durchläuft und das gesamte Produkt ohne Arbeitsteilung assembliert (vgl. Abbildung 3-5 unten links).[305] Hierbei wird vollständig auf Puffer und zusätzlichen Work in Process (WIP) verzichtet. Falls sich an der Arbeitsplatzanzahl gemessen viele Werker in einer Linie befinden oder diese stark unterschiedliche Montagegeschwindigkeiten besitzen, können Staus auftreten. Bei dem auf der Rabbit Chase basierenden Typ *Toyota Sewing System* werden Staus vermieden, indem ein Werker das Montageobjekt beim Zusammentreffen mit einem nachfolgenden an diesen übergibt und sich entlang der Linie in Richtung Ausgangsarbeitsplatz zurückbewegt (vgl. Abbildung 3-5 unten rechts).[306]

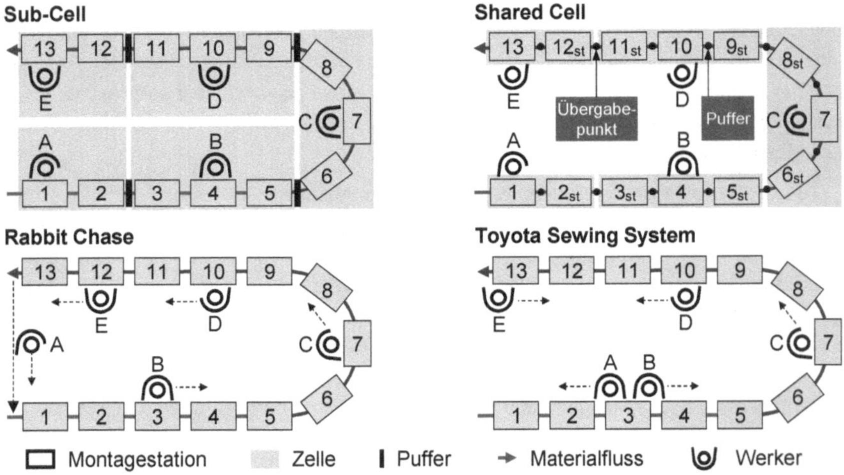

Abbildung 3-5: Typen von Zellproduktionssystemen[307]

Die dargestellten Zellproduktionstypen erlauben eine hohe Effizienz, da die Werker über mehrere Arbeitsplätze hinweg taktfrei montieren und die Abläufe in den Zellen optimieren. Der WIP im System entkoppelt die Arbeitsplätze bzw. Zellen und begünstigt zusammen mit der zellenübergreifenden Gruppenarbeit einen effizienten Betrieb. Bei der Definition der Zellen bzw. der Arbeitsplatzzuordnung muss insbesondere die Werkerqualifikation berücksichtigt werden, sodass die Komplexität der Montageaufgaben nicht überfordernd ist. Im Hinblick auf eine hohe Variantenvielfalt mit heterogenen Montageumfängen muss die Staugefahr und daraus resultierender Stillstand der Nachfolgearbeitsplätze in der Montagelinie beachtet werden.

BULLINGER beschreibt Gestaltungsansätze zur Schaffung einer entkoppelten Montage und nennt Springereinsatz als eine organisatorische Maßnahme.[308] Ein Springer ist einer Gruppe von Montagearbeitsplätzen zugeordnet und besitzt umfassende Qualifikationen, sodass dieser

---

305 vgl. Pan (2014) Quantitative analysis of cellular manufacturing, S. 1389.

306 vgl. Pan (2014) Quantitative analysis of cellular manufacturing, S. 1389 - 1390.

307 In Anlehnung an Pan (2014) Quantitative Analysis of Cellular Manufacturing, S. 1388 - 1390.

308 vgl. Bullinger et al. (1993) Planung entkoppelter Montagesysteme, S. 60.

kurzfristig an einem Arbeitsplatz für einen Werker einspringen bzw. bei der Montage unterstützen kann.[309] Durch den Einsatz von Springern können so sporadisch auftretende, die Taktzeit überschreitende Montageumfänge abgefangen oder Störungen an einem Arbeitsplatz behoben werden. Dadurch muss der Montageumfang jeder Variante und Ausstattungskombination nicht streng die Taktzeit zu jedem Zeitpunkt einhalten.

Springer können im Betrieb nur solche Umfänge abfangen, die die Taktzeit überschreiten würden und haben somit keinen Einfluss auf Taktausgleichzeiten. Aufgrund der umfassenden Qualifikation sind Springer mit hohen Lohnkosten verbunden. Die Springerplanung und -steuerung ist schwierig, da die Person immer nur an einem Arbeitsplatz gleichzeitig einspringen kann. Ferner verbessert der Springereinsatz nicht die Flexibilität einer Montagelinie.

3.2.2 Ansätze auf Ebene des Produktionssystems

In diesem Kapitel wird eine Auswahl von Gestaltungsansätzen auf Ebene des Produktionssystems dargestellt und hinsichtlich der Eignung für die Strukturplanung flussorientierter Montagestrukturen analysiert. Die Auswahl bildet das breite Spektrum an Ansätzen und verwendeten Konzepttiteln ab.

Das Forschungsprojekt *freeMoVe – Wandlungsfähige Montage in frei vernetzten Montagesystemen* hat zum Ziel, eine neue Organisationsform für die Montage zu entwickeln, die eine flexiblere und effizientere Gestaltung von Produktionsabläufen bei variantenspezifischen Montageprozessen, hoher Variantenvielfalt oder hoher Taktzeitspreizung erlaubt.[310] Der Schwerpunkt des Projekts liegt dabei neben der Entwicklung einer Steuerungssystemarchitektur für die Maschinenplanung mit Plug-and-Produce-Funktionen auf dem Entwurf der Materialversorgung und des Layouts.[311] Das als *frei verkettete Montage* bezeichnete Matrixmontagekonzept sieht die zeitliche und örtliche Entkopplung der Montageprozesse vor, wodurch individuelle und flexible Montageabfolgen und zielgrößenorientierte Routen für jeden Auftrag ermöglicht werden.[312] Diese Auftragsrouten werden im Rahmen der Produktionsplanung statisch-prädiktiv berechnet und während des Betriebs mittels der Produktionssteuerung dynamisch-reaktiv umgesetzt.[313] Um die Anzahl potentieller Auftragsrouten zu steigern und bei geringem Rekonfigurationsaufwand ein großes Spektrum an Produkten montieren zu können, wird die Montagetechnik unter Nutzung von mobilen Robotern und flexibler Zuführtechnik möglichst universell gestaltet.[314] Eine praxisnahe Konzeptvalidierung konnte für zwei Anwendungsfälle Effizienzgewinne nachweisen.[315]

---

[309] vgl. Bullinger et al. (1993) Planung entkoppelter Montagesysteme, S. 60.
[310] vgl. Göppert et al. (2019) Planung und Steuerung von frei verketteten Montagesystemen, S. 618.
[311] vgl. Göppert et al. (2018) Frei verkettete Montagesysteme, S. 152.
[312] vgl. Göppert et al. (2019) Planung und Steuerung von frei verketteten Montagesystemen, S. 618.
[313] vgl. Göppert et al. (2019) Planung und Steuerung von frei verketteten Montagesystemen, S. 618.
[314] vgl. Hüttemann et al. (2019) Organisationsform der frei verketteten Montage, S. 27.
[315] vgl. Hüttemann et al. (2019) Organisationsform der frei verketteten Montage, S. 28 - 29.

Das Forschungsprojekt fokussiert die Entwicklung und Ausgestaltung des beschriebenen Matrixmontagekonzepts, gibt dabei jedoch keine Hinweise zum Ablauf des Planungsprozesses aus Anwenderperspektive. Es bleibt unklar, wie Planende das Konzept auf einen Anwendungsfall mit individuellen Flexibilitätsbedarfen adaptieren können.

Das Forschungsprojekt *LoCoMo – Agile Low-Cost Montage* fokussiert die Entwicklung eines Montagekonzepts für eine hochflexible, investitionsarme und dezentrale Montage von Elektrofahrzeugen bei hoher Variantenvielfalt.[316] Dazu werden die Montagearbeitsplätze gegenüber einer Montagelinie physisch entkoppelt und digital vernetzt. Die Chassis der zu montierenden Elektrofahrzeuge werden in einer frühen Phase des Montageprozesses mittels des fahrzeugeigenen Antriebs und vorhandener Sensorik für autonomes Fahren in der Montage befähigt.[317] Die selbstfahrenden Chassis der Elektrofahrzeuge übernehmen somit die Transportfunktion der Fahrzeuge, wodurch das Montagesystem nicht mehr durch die Leistungsfähigkeit der Fördertechnik limitiert wird. Die Chassis bewegen sich entlang einer flexiblen Operationsabfolge auf individuellen Pfaden durch das Montagesystem.[318] Die Ausführung erfolgt ohne vorgegebene Taktzeit und Montagearbeitsplätze können Operationen redundant ausführen.[319]

Die im Forschungsprojekt genutzte Montagestruktur entspricht einer Konfiguration von Matrixmontage, die speziell auf den Anwendungsfall der Endmontage von Elektrofahrzeugen ausgerichtet ist. Es geht nicht hervor, wie die Strukturelemente zur erforderlichen Flexibilität beitragen und wie diese ausgewählt wurden. Das Projekt zeigt eine mögliche Struktur, gibt jedoch keine Anhaltspunkte zu Anpassungsmöglichkeiten für Einsätze außerhalb automobiler Anwendungen.

Im Forschungsprojekt *AIMFREE – Agile Montage von Elektrofahrzeugen durch freie Verkettung* wird eine als *frei verkettet* bezeichnete Montageumgebung durch Auflösung der in konventionellen Montagelinien etablierten starren Verkettung der Montagearbeitsplätze entwickelt. Ziel ist es, die Flexibilität des Montagesystems bei gleicher Effizienz und Wirtschaftlichkeit zu steigern. Das Konzept des Matrixmontagesystems sieht vor, dass Montagearbeitsplätze innerhalb eines Segments mit hohen Flexibilitätsbedarfen in Form eines Rasters angeordnet und entkoppelt sind.[320] Das System ist taktunabhängig und die individuellen Auftragsrouten werden nicht proaktiv geplant, sondern echtzeitnah in Abhängigkeit des Systemzustands, wie beispielsweise der Ressourcenverfügbarkeit oder Transportzeiten, durch Multiagentensysteme gesteuert.[321] Diese reagieren auf kurzfristig auftretende Montagefortschritte und Änderungen des Systemzustands.

Der Lösungsansatz des Forschungsprojekts unterstreicht, dass Montagesysteme mit stellenweise verschiedenen Flexibilitätsbedarfen in Segmente unterteilt werden sollten und je Segment sowie herrschender Bedarfe unterschiedliche Montagestrukturen in einem System

[316] vgl. Burggräf et al. (2020) Modeling and evaluating agile assembly, S. 1073.

[317] vgl. Burggräf et al. (2020) Capability-based assembly design, S. 1207.

[318] vgl. Burggräf et al. (2020) Planing and control of an agile assembly, S. 2.

[319] vgl. Burggräf et al. (2020) Multiagentensysteme in der Agilen Montage, S. 170.

[320] vgl. Göppert et al. (2021) Agile hybrid assembly systems, S. 4.

[321] vgl. Göppert et al. (2021) Agile hybrid assembly systems, S. 5.

existieren können. Die im Projekt beschriebene Konfiguration einer Matrixmontage ist insbesondere für Segmente mit hohen Flexibilitätsbedarfen geeignet. Diese Konfiguration nutzt keine Vorabplanung, sodass ausschließlich mittels Reaktion gesteuert wird. Aufgrund der erforderlichen Reaktionszeit muss mehr WIP vorgehalten werden, um einen effizienten Systembetrieb zu gewährleisten.

Auf dem Forschungscampus *ARENA2036 – Active Research Environment for the Next Generation of Automobiles*[322] werden hochflexible Montagesysteme in den Teilprojekten *ForschFab – Forschungsfabrik: Produktion der Zukunft* und *Fluide Produktion* untersucht.[323] Beide Projekte werden im Folgenden beleuchtet.

Das Teilprojekt *Forschungsfabrik* der *ARENA2036* fokussiert die Entwicklung neuer Produktionskonzepte ohne Fließband und Takt mit dem Ziel, die Wandlungsfähigkeit zu verbessern.[324] Dazu erfolgt die Modularisierung des Produktionsprozesses mittels frei anfahrbarer, cyber-physischer Prozessmodule, zwischen denen lediglich im Bedarfsfall eine Beziehung durch den Transport des Montageobjekts entsteht.[325] Die Autoren entwickeln drei Modulstrukturen, die sich hinsichtlich ihres Funktionsumfangs unterscheiden und jeweils aus charakteristischen Prozessmodulen eines Typs zusammensetzen. Es wird je eine Struktur bestehend aus Universalboxen, Technologieboxen und Ein-Prozessboxen dargestellt.[326] Während Universalboxen sämtliche zur Montage eines Produkts notwendigen Funktionen umfassen, sind Technologieboxen auf eine bestimmte Technologie, beispielsweise auf die Schraub-Technologie, begrenzt. Ein-Prozessboxen sind hingegen lediglich für einen Montagevorgang ausgelegt. Die Simulation der Modulstrukturen mithilfe definierter Produktionsszenarien und einer Montagelinie als Referenz zeigt für die Universalboxstruktur die größten Potenziale in Bezug auf die festgelegten Effizienzkennzahlen auf.[327] Des Weiteren werden im Projekt für die Automobilendmontage prototypische fahrerlose Transportfahrzeuge für den Transport von Karosserien sowie neue Materialbereitstellungskonzepte entwickelt.[328]

Die Betrachtung der Fähigkeitszuordnung der Arbeitsplätze ist ein Teilaspekt der Systemkonkretisierung einer Matrixmontage, der sich im Rahmen der Kapazitätsplanung an die Strukturplanung anschließt. Es ist schwierig, aus den Simulationsergebnissen allgemein geltende Schlussfolgerungen für den Anwendungskontext zu ziehen, da wesentliche Aspekte nicht betrachtet werden. So erscheint beispielsweise die Nutzung der Universalboxstruktur aufgrund der für die Prozessausführung erforderlichen technischen Befähigung der Arbeitsplätze wenig realitätsnah.

Im Teilprojekt *Fluide Produktion* der *ARENA2036* wird ein menschzentriertes, cyber-physisches Produktionskonzept für die Automobilmontage erarbeitet, welches minimale Festlegun-

[322] vgl. Bauernhansl (2015) Automotive industry without conveyer belt, S. 1145 - 1154.

[323] vgl. Hoßfeld et al. (2020) Der Forschungscampus ARENA2036, S. 2 - 3.

[324] vgl. Foith-Förster et al. (2016) Changeable assembly systems, S. 230.

[325] vgl. Foith-Förster et al. (2017) Effiziente Montagesysteme ohne Band und Takt, S. 169.

[326] vgl. Foith-Förster et al. (2017) Effiziente Montagesysteme ohne Band und Takt, S. 170.

[327] vgl. Foith-Förster et al. (2017) Effiziente Montagesysteme ohne Band und Takt, S. 173.

[328] vgl. Hofmann (2016) Automobilproduktion ohne Band und Takt, S. 1.

gen aufweist und dadurch flexible Entscheidungen bis kurz vor der Wertschöpfung ermöglicht.[329] Ausgehend von einer getakteten Variantenfließmontage wird ein Matrixproduktionskonzept ohne Fließband und Takt entwickelt, welches neben der Verbesserung der Flexibilität das Potential bietet, taktspreizungsbedingte Effizienzverluste in der Montage zu eliminieren. Für dieses als *Fluide Montage* bezeichnete Konzept existieren drei differenzierte Ausprägungen, die im Folgenden erläutert werden[330]:

- Fluide Montage ohne Band und Takt
- Fluide Montage mit ortsveränderlichen Arbeitsplätzen
- Fluide Montage mit kompetenzveränderlichen Arbeitsplätzen

In der Fluiden Montage ohne Band und Takt (vgl. Abbildung 3-6) sind Arbeitsplätze lose gekoppelt und Kompetenzen existieren mehrfach. Aufträge durchlaufen individuelle Pfade durch die Arbeitsplätze und Rückflüsse sind erlaubt, diese sind jedoch im Sinne einer flussorientierten Materialbewegung auf ein Minimum reduziert.[331]

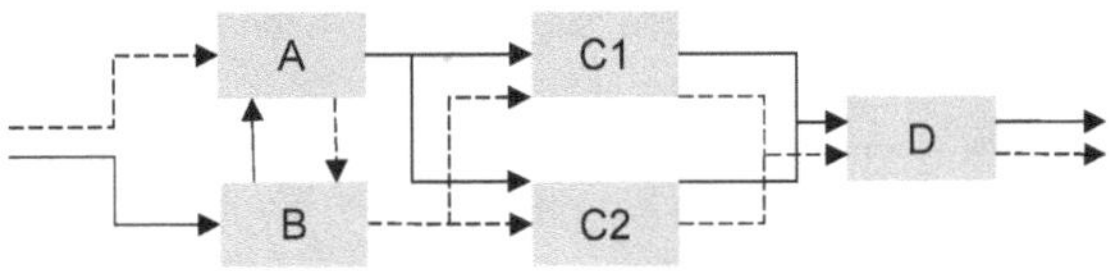

Legende:

→ Materialfluss Variante 1 n Arbeitsplatz n

⇢ Materialfluss Variante 2 ⬚ Orts- und/oder kompetenzveränderliche Arbeitsplätze

Abbildung 3-6: Fluide Montage ohne Band und Takt[332]

Die Fluide Montage mit ortsveränderlichen Arbeitsplätzen (vgl. Abbildung 3-7) erweitert das Konzept um standortveränderliches Montagepersonal sowie Betriebsmittel.[333] Dies ermöglicht eine Layoutanpassung im laufenden Betrieb und eröffnet zusätzliche Freiheitsgrade.

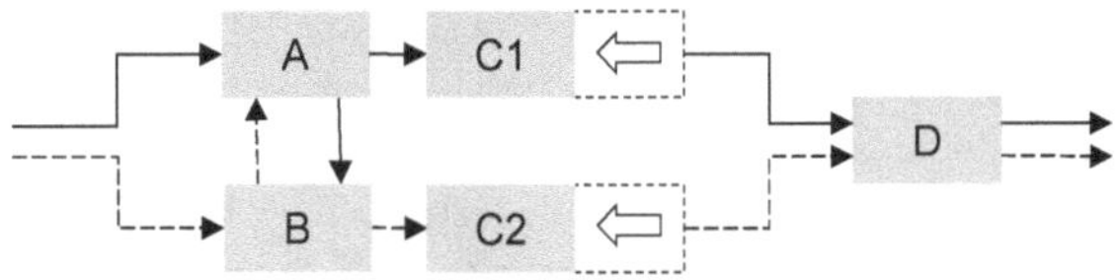

Abbildung 3-7: Fluide Montage mit ortsveränderlichen Arbeitsplätzen[334]

Bei der Fluiden Montage mit kompetenzveränderlichen Arbeitsplätzen (vgl. Abbildung 3-8) wird zusätzlich zur Ortsveränderlichkeit die Anpassung der Kompetenzen von Arbeitsplätzen

[329] vgl. Hoßfeld et al. (2020) Der Forschungscampus ARENA2036, S. 3.

[330] vgl. Fries et al. (2020) Planung zukünftiger Automobilproduktionen, S. 20 - 22.

[331] vgl. Fries et al. (2020) Planung zukünftiger Automobilproduktionen, S. 21.

[332] In Anlehnung an Fries et al. (2020) Planung zukünftiger Automobilproduktionen, S. 20.

[333] vgl. Fries et al. (2020) Planung zukünftiger Automobilproduktionen, S. 21.

[334] In Anlehnung an Fries et al. (2020) Planung zukünftiger Automobilproduktionen, S. 20.

genutzt[335]. Daraus resultieren weitere Freiheitsgrade in der kurzfristigen Produktionsstrukturierung und -dimensionierung.

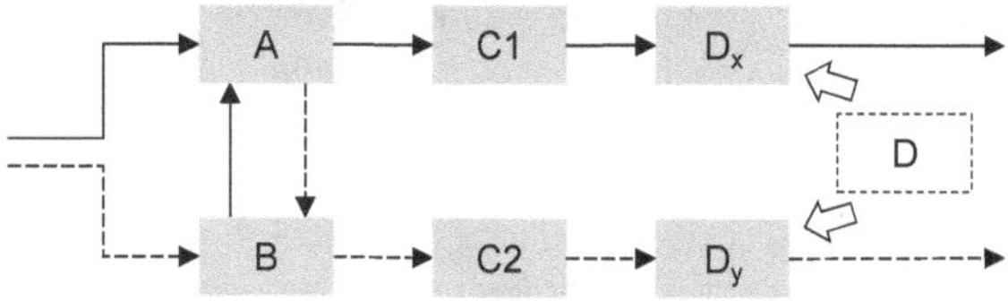

Abbildung 3-8: Fluide Montage mit kompetenzveränderlichen Arbeitsplätzen[336]

Die Autoren zeigen ausgehend von der Betrachtung der konventionellen, getakteten Variantenfließmontage in der Automobilproduktion verschiedene Konfigurationen für taktunabhängige Matrixmontagen. Diese unterscheiden sich durch die Orts- und Kompetenzveränderung der Arbeitsplätze hinsichtlich der bereitgestellten Flexibilität. Dabei bleibt unklar, wie die Veränderung im System umgesetzt wird, das heißt insbesondere welche Stellhebel zur Erzielung unterschiedlicher Kompetenzen genutzt werden. Auch ist fraglich, wie eine Konfiguration im Rahmen der Strukturplanung ausgewählt wird und für welche Flexibilitätsbedarfe diese geeignet sind.

Das Forschungsprojekt *Smart Face – Smarte Micro Factory für Elektrofahrzeuge mit schlanker Produktionsplanung* fokussiert die Entwicklung eines Konzepts für die Produktionsplanung und dezentrale Steuerung für die Endmontage von Elektrofahrzeugen nach dem Konzept der flexiblen Montage.[337] Ziel des Projektes ist die Auflösung des Taktzwangs in der Montage und eine Überführung in ein selbstorganisierendes, flexibles cyber-physisches System. Die das Forschungsprojekt begleitende Promotion von BOCHMANN betrachtet die Aspekte der Layoutplanung, der Maschinenbelegungs- und der Transportplanung eines flexiblen Montagesystems.[338] Die Montagestruktur sieht eine räumliche Verteilung der Montagezellen ohne starre Materialflusspfade und mit Redundanz von Prozessfähigkeiten vor.[339] Für die Realisierung auftragsindividueller Montageabfolgen sowie der autonomen Materialandienung wird ein FTS eingesetzt und Befähiger der dezentralen Produktionssteuerung ist die Kommunikationsfähigkeit aller Systemeinheiten nahe Echtzeit.[340]

Der Ansatz fokussiert wie die vorigen die Beschreibung einer Matrixmontage für den Anwendungsfall der Automobil- bzw. Elektrofahrzeugmontage. Es werden Aspekte der Montagesystemkonkretisierung betrachtet, ohne die vorgeschaltete Montagestrukturplanung zu beleuchten. Es bleibt somit unklar, für welche Anwendungsfälle bzw. Flexibilitätsbedarfe außerhalb der Automobilmontage das Konzept geeignet ist.

---

335 vgl. Fries et al. (2020) Planung zukünftiger Automobilproduktionen, S. 21 - 22.

336 In Anlehnung an Fries et al. (2020) Planung zukünftiger Automobilproduktionen, S. 20.

337 vgl. Bochmann et al. (2016) Konzepte einer sich selbstorganisierenden Fahrzeugmontage, S. 180.

338 vgl. Bochmann (2018) Entwicklung und Bewertung eines flexiblen, S. 94 - 97.

339 vgl. Bochmann (2018) Entwicklung und Bewertung eines flexiblen, S. 95.

340 vgl. Bochmann (2018) Entwicklung und Bewertung eines flexiblen, S. 96.

HÜTTEMANN entwickelt für sogenannte *Linienlose, mobile Montagesysteme* ein Referenzarchitekturmodell zur Steuerung und ein Konzept zur a priori Evaluation während der Grobplanungsphase.[341] Ziel ist dabei die aufwandsarme Bewertung der Eignung linienloser Montagestrukturen für einen Anwendungsfall anhand typischer Produktionskennzahlen wie Durchsatz, Durchlaufzeit und Ressourcenauslastung auf Grundlage minimaler Eingaben.[342] Dazu kommt ein analytisches Vorgehen zum Einsatz, das auf stochastische Prozessverteilungen anstelle von Prozessfolgen zurückgreift und dabei Montagereihenfolgen nicht berücksichtigt. Die zugrundeliegende Montagestruktur der linienlosen, mobilen Montage ist charakterisiert durch einen Clean-Floor-Ansatz, die Mobilisierung aller montagerelevanten Ressourcen und die hochflexible Zuordnung von Ressourcen zu Aufträgen und Aufträgen zu Standorten unter Berücksichtigung der Prozessanforderungen.[343] Clean Floor bedeutet dabei, dass keine festen Einbauten auf der Montagefläche existieren.

Die von HÜTTEMANN beschriebene Konfiguration einer Matrixmontage bietet sehr hohe Flexibilität, da alle Ressourcen mobil sind und das Montagesystem somit kontinuierlich angepasst werden kann. Das entwickelte Bewertungsmodell beschränkt sich unter Nutzung zahlreicher Vereinfachungen auf die Bewertung, ob die linienlose, mobile Montage für einen Anwendungsfall geeignet sein kann ohne weitere Montagestrukturen vergleichend zu betrachten. Es bleibt offen, welche Bedarfe den Einsatz einer Matrixmontage mit solch hoher Flexibilität rechtfertigen.

GRESCHKE entwickelt in seiner Dissertation das Konzept der *Matrix-Produktion* als taktunabhängige Fließfertigung zur Flexibilisierung der manuellen Automobilmontage bei Aufrechterhaltung der Profitabilität.[344] Der Ansatz sieht eine Auflösung der Verkettung und die Anordnung der Montagearbeitsplätze in Form einer Matrix, das heißt angeordnet in einem Raster aus Spalten und Zeilen, vor.[345] Es existiert keine systemübergreifende, einheitliche Taktzeit, sondern jedem Montagearbeitsplatz ist eine individuelle Taktzeit, die der Prozesszeit der jeweiligen Montageoperation entspricht, zugeordnet.[346] Montagearbeitsplätze können jeweils mehrere Operationen durchführen und die Kompetenzen sind im System redundant vorhanden. Montageobjekte nehmen individuelle Pfade durch das Montagesystem, die Zusammenbaureihenfolge ist jedoch für jedes identisch. An Montagearbeitsplätzen sind Puffer vorgesehen, um Wartezeiten zu vermeiden und jederzeit das Montagepersonal hoch auszulasten. Die Produktionssteuerung weißt dynamisch unter Berücksichtigung der erwarteten Prozesszeiten und erforderlichen Transportstrecke jedem Montageobjekt den als nächstes anzufahrenden Montagearbeitsplatz zu. Die freie Konfigurierbarkeit erlaubt es, neben Montagearbeitsplätzen spezialisierte Schulungs-, Nacharbeits-, Prüfstands- oder Qualitätsprüfungszellen zu integrieren. GRESCHKE zeigt mittels einer Simulation, dass für den gewählten Anwendungsfall die Auslastung im Vergleich zu einer Linienmontage gesteigert werden kann.[347] Ausblickend verweist

---

[341] vgl. Hüttemann (2021) Analysis of line-less mobile assembly systems, S. 181.

[342] vgl. Hüttemann (2021) Analysis of line-less mobile assembly systems, S. 49.

[343] vgl. Hüttemann (2021) Analysis of line-less mobile assembly systems, S. 21 - 22.

[344] vgl. Greschke et al. (2014) Matrix structures for high volumes, S. 160.

[345] vgl. Greschke (2015) Matrix-Produktion als taktunabhängige Fließfertigung, S. 119.

[346] vgl. Greschke (2015) Matrix-Produktion als taktunabhängige Fließfertigung, S. 119.

[347] vgl. Greschke (2015) Matrix-Produktion als taktunabhängige Fließfertigung, S. 195 - 219.

der Autor auf das Verbesserungspotential, dass das Montagepersonal bedarfsorientiert zwischen Montagearbeitsplätzen wechselt. In einer weiteren Publikation verdeutlicht der Autor die Vorteile des Ansatzes in Bezug auf das Montagepersonal.[348]

Der von GRESCHKE beschriebene Ansatz der Matrix-Produktion unterscheidet sich von den anderen betrachteten durch eine Montage mit jeweils identischer Montagereihenfolge der Produkte. Dadurch werden die Flexibilitätspotentiale, die die Ausschöpfung des Vorranggraphens bietet, nicht genutzt. Der Ansatz fokussiert wie andere zuvor die Automobilendmontage und zeigt eine weitere Konfiguration. Insgesamt bleibt offen, wie die Anforderungen des individuellen Anwendungsfalls adressiert werden.

HOTTENROTT UND GRUNOW untersuchen die initiale Konfiguration von Montagesystemen mit flexiblen Layouts für die manuelle Montage von heterogenen Automobilen für einen gegebenen Variantenmix.[349] Dazu wird ein mathematisches Modell für die integrierte Arbeitsplatzformation und -verortung unter Antizipation des operativen Materialflusses mittels fahrerlosen Transportfahrzeugen (FTF) erarbeitet. Ziel ist neben der zielgrößengeleiteten Bestimmung der Systemkonfiguration der Effizienzvergleich zwischen dem flexiblen Layout und einer konventionellen Mixed-Model-Montagelinie sowie die Quantifizierung der Vorteile bei steigender Produktheterogenität.[350] Bei dem Konzept der flexiblen Layouts sind in einem Segment der Montage Arbeitsplätze in Matrixanordnung platziert und diese können mehrere Montageoperationen durchführen. Außerdem kann eine Operation an mehreren Arbeitsplätzen durchgeführt werden. Produkte können entlang einer individuellen Operationsabfolge innerhalb des Vorranggraphs montiert werden und besitzen somit verschiedene Auftragsrouten im System.[351] Dabei werden die Montageaufträge den Arbeitsplätzen zentral auf Basis der Montageumfänge und taktzeitunabhängig zugewiesen. Die Materialandienung erfolgt mittels Bauteilsets, die mittels der FTF transportiert werden. Die Autoren zeigen, dass mit flexiblen Layouts für den gewählten Anwendungsfall eine Effizienzsteigerung von 24,5 % gegenüber einer konventionellen Mixed-Model-Montagelinie erzielt wird und dieser Vorteil nicht sensitiv ist für Produktheterogenität.[352]

Die von HOTTENROTT UND GRUNOW durchgeführte Analyse fokussiert die Montage heterogener Automobile, die gewonnenen Erkenntnisse geben jedoch auch Aufschluss zur Nutzung der Montagestruktur für die Variantenmontage im Allgemeinen. Für die Adaption des Ansatzes auf weitere Anwendungsfälle, etwa mit anderen zugrundeliegenden Montageoperationen und Prozesszeiten, fehlen nähere Informationen zu Stellhebeln für Anpassungsmöglichkeiten.

KERN entwickelt in seiner Dissertation die *Modulare Produktion* als ein flexibles Montagesystem für die variantenreiche Automobilmontage.[353] Dabei wird das Ziel verfolgt, eine Montagestruktur zu schaffen, die der Komplexität infolge der wachsenden Variantenvielfalt system-

[348] vgl. Greschke et al. (2014) Das Humanpotenzial einer taktunabhängigen Montage.

[349] vgl. Hottenrott et al. (2019) Flexible layouts for the mixed-model assembly, S. 943.

[350] vgl. Hottenrott et al. (2019) Flexible layouts for the mixed-model assembly, S. 947.

[351] vgl. Hottenrott et al. (2019) Flexible layouts for the mixed-model assembly, S. 944.

[352] vgl. Hottenrott et al. (2019) Flexible layouts for the mixed-model assembly, S. 974.

[353] vgl. Kern (2021) Modulare Produktion, S. 13.

seitig gerecht wird. Dazu wird eine Montage mit entkoppelten Arbeitsplätzen und variantenabhängiger Vorgabezeit erarbeitet, bei der die Anzahl der Arbeitsplätze die der Mitarbeitenden zwecks variablen Kapazitätseinsatzes übersteigt.[354] Ein bedarfsabhängiger und zustandsbasierter Kapazitätsabgleich wird mittels einer Arbeitsplatzwahl ausschließlich nach Vorranggraph und Systemzustand erzielt. In der Regel wird jede Montageoperation an nur einem Arbeitsplatz angeboten, um weitreichende Arbeitsteilung sowie eine leichte Bereitstellung von Bauteilen und Betriebsmitteln zu erzielen.[355] Jeder Auftrag hat durch die Ad-hoc-Arbeitsplatzzuteilung eine individuelle Arbeitsplatzabfolge mit kurzfristiger, dezentraler Materialbereitstellung.[356] Diese erfolgt dynamisch und automatisiert nach dem Ware-zu-Person-Prinzip am Verbauort, beispielsweise mit einem FTS.[357] Darüber hinaus integriert das Konzept neben der Logistik angrenzende Prozesse wie die Inbetriebnahme der Produkte. Für den Anwendungsfall einer Hinterachsvormontage konnte eine Effizienzsteigerung von 25 %, eine verbesserte Variantenmix- und Stückzahlflexibilität nachgewiesen werden.[358]

Besonderheit des von KERN beschriebenen Ansatzes gegenüber den anderen betrachteten ist der weitreichende Verzicht auf redundante Arbeitsplatzfähigkeiten bzw. Parallelarbeitsplätze. Dadurch bietet die Montagestruktur weniger potentielle Auftragsrouten, die für Steuerungsmaßnahmen zur Verfügung stehen. Es bleibt offen, für welche Anforderungen eines Anwendungsfalls der beschriebene Ansatz geeignet ist.

Die AUDI AG erprobt im Werk Ingolstadt mit ihrem strategischen Partner arculus GmbH das Konzept der modularen Montage, das auf die von KERN dargestellte Montagestruktur aufbaut, in Form einer Versuchsanlage für die Vormontage von Türverkleidungen.[359] In einem prototypischen Aufbau erfolgt die Montage ohne Fließband und Takt unter Nutzung von sogenannten Montageinseln, in denen die einzelnen Montageoperationen unabhängig voneinander verrichtet werden.[360] Dabei sind in jeder Insel ein bis zwei Werker tätig.[361] Der Transport erfolgt mittels zwei separaten FTS, wobei das eine für die Montageobjekte und das andere für die Materialandienung an den Inseln zuständig ist.[362] Ein zentraler Controller überwacht den Montagefortschritt und leitet die FTF hochflexibel.

MINGUILLON entwickelt eine Methode für die Produktionssteuerung einer Matrixmontage zur Steigerung der Robustheit gegenüber Störungen mittels prädiktiv-reaktivem Scheduling.[363] Scheduling umfasst die zeitliche Zuordnung von Aufträgen zu Arbeitsplätzen und erfolgt bei diesem Ansatz prädiktiv auf Basis kundenindividueller Liefertermine. Die Leistungsfähigkeit

---

[354] vgl. Kern (2021) Modulare Produktion, S. 135.
[355] vgl. Kern (2021) Modulare Produktion, S. 136.
[356] vgl. Kern (2021) Modulare Produktion, S. 139 - 140.
[357] vgl. Kern (2021) Modulare Produktion, S. 136.
[358] vgl. Kern (2021) Modulare Produktion, S. 285 - 288.
[359] vgl. Kern (2021) Modulare Produktion, S. 108.
[360] vgl. AUDI AG (2017) Dialoge Smart Factory, S. 22.
[361] vgl. AUDI AG (2017) Dialoge Smart Factory, S. 24.
[362] vgl. AUDI AG (2017) Dialoge Smart Factory, S. 24 - 25.
[363] vgl. Minguillon (2020) Prädiktiv-reaktives Scheduling in der Matrix-Produktion, S. 3.

und Robustheit der produktionsnahen Logistik werden durch die Ausnutzung der produktionssystemseitigen Freiheitsgrade der Matrixmontage verbessert.[364] Neben der prädiktiven Terminplanung wird ein reaktives Rescheduling eingesetzt, das echtzeitnah auf Störungen reagiert, die über das antizipierte Maß hinausgehen.[365] Die der Entwicklung zugrundeliegende Matrixmontage besteht aus in einem Raster angeordneten Arbeitsplätzen, die mehrere Operationen ausführen können und Redundanz aufweisen.[366] Die Montage erfolgt taktunabhängig mit individuellen Bearbeitungszeiten und entkoppeltem Materialfluss.

Der Ansatz von MINGUILLON verdeutlicht das Potential zur Effizienzverbesserung in einer Matrixmontage, wenn neben Steuerung eine umfangreiche, vorab durchgeführte Planung Anwendung eingesetzt wird. Dies verändert den Charakter des Montagebetriebs von reiner Reaktion auf Montagefortschritte hin zu vorausschauender Vorbereitung mit dem Resultat einer gesteigerten Reaktionsfähigkeit. Insgesamt muss der Umfang der Steuerung und Planung, den es im Rahmen der PPS zu leisten gilt, während der Strukturplanung berücksichtigt werden.

KÜPPER ET AL. untersuchen sogenannte ***flexible Zellmontagen*** mittels Simulation in einem Vergleich mit einer konventionellen, getakteten Montagelinie für den Anwendungsfall einer automobilen Endmontage.[367] Kennzahlen wie Taktverluste und WIP stehen im Fokus der Analyse und zur Sicherstellung der Vergleichbarkeit gelten identische Randbedingungen für beide Systeme mit Ausnahme des Layouts.[368] Die taktunabhängige Montagestruktur besteht aus entkoppelten Montagezellen, die eine individuelle Bearbeitungsdauer in Abhängigkeit der zu montierenden Variante und Montageoperation besitzen.[369] Dabei wird in Bezug auf das Fähigkeitsprofil einer Zelle zwischen zwei Typen unterschieden. Einerseits existieren generalistische Zellen, die allgemeine Montageoperationen wie beispielsweise Verschraubungen bearbeiten und andererseits spezialisierte, die Spezialwerkzeuge für die Durchführung komplexer Prozesse wie beispielsweise die Cockpiteinbringung enthalten.[370] Es ist ein Werker je Zelle vorgesehen, da sich eine dauerhafte Vollauslastung von jeweils zwei Personen äußerst komplex gestaltet.[371] Der Transport im System erfolgt mittels FTF und an jeder Zelle sind Warteplätze für den Vorhalt von Montageobjekten integriert, sodass diese auf den Werker warten und nicht umgekehrt, wie etwa in einer Montagelinie.[372] In der Simulation variieren die Prozesszeiten je Zelle zwischen 2 und 40 Minuten in Abhängigkeit der Variante und insgesamt konnte bei sechsfachem WIP eine Werkerauslastung von 98 % gegenüber der Referenzlinie mit 87 % erzielt werden.[373]

---

[364] vgl. Minguillon (2020) Prädiktiv-reaktives Scheduling in der Matrix-Produktion, S. 3 - 4.
[365] vgl. Minguillon (2020) Prädiktiv-reaktives Scheduling in der Matrix-Produktion, S. 148.
[366] vgl. Minguillon (2020) Prädiktiv-reaktives Scheduling in der Matrix-Produktion, S. 9.
[367] vgl. Küpper et al. (2018) Will flexible-cell manufacturing revolutionize carmaking?, S. 3.
[368] vgl. Küpper et al. (2018) Will flexible-cell manufacturing revolutionize carmaking?, S. 9.
[369] vgl. Küpper et al. (2018) Will flexible-cell manufacturing revolutionize carmaking?, S. 7.
[370] vgl. Küpper et al. (2018) Will flexible-cell manufacturing revolutionize carmaking?, S. 10.
[371] vgl. Küpper et al. (2018) Will flexible-cell manufacturing revolutionize carmaking?, S. 8.
[372] vgl. Küpper et al. (2018) Will flexible-cell manufacturing revolutionize carmaking?, S. 10.
[373] vgl. Küpper et al. (2018) Will flexible-cell manufacturing revolutionize carmaking?, S. 9 - 10.

Die Ergebnisse von KÜPPER ET AL. unterstreichen den positiven Einfluss der Flexibilisierung mittels einer Matrixmontage auf die Werkerauslastung bzw. Effizienz. Gleichzeitig zeichnet sich ab, dass dazu ein gesteigerter WIP als Befähiger erforderlich ist. Außerdem wird deutlich, dass die Gruppierung der Prozesse bzw. Fähigkeiten zwischen einer Linien- und der Matrixmontage grundsätzlich verschieden sind. Die Nutzung einer Matrixmontage bedeutet daher tiefgreifende Änderungen des Montageprozesses sowie der -struktur.

3.2.3 Zusammenfassende Bewertung der Ansätze zu flexiblen, flussorientierten Montagestrukturen

In Kapitel 3.2.1 wurden Gestaltungsansätze flussorientierter Montagestrukturen auf Ebene der Produktionsplanung und -steuerung und in Kapitel 3.2.2 auf Ebene des Produktionssystems dargestellt und untersucht. Dieses Kapitel dient der zusammenfassenden Bewertung der Ansätze hinsichtlich ihrer Eignung für die Strukturplanung flussorientierter Montagestrukturen anhand der in Kapitel 2.3 abgeleiteten Anforderungen.

Die in Kapitel 3.2.1 dargestellten Gestaltungsansätze auf Ebene der PPS fokussieren die Verbesserung konventioneller Mixed-Model-Montagelinien und können in zwei Teilmengen untergliedert werden. Einerseits existieren Ansätze, die mittels optimierender Planungsmaßnahmen die Effizienz – meist zu Lasten der Flexibilität – steigern und andererseits solche, die mittels Flexibilisierungsmaßnahmen die Montage effizienter gestalten.

Die Ansätze nach BOYSEN, KOETHER, GANS und MATSUURA ET AL. fokussieren die Segmentierung, Fließbandabstimmung und Reihenfolgeoptimierung der Produkte zur Effizienzsteigerung und sind somit Vertreter der ersten Teilmenge. Die Gestaltungsansätze sind statischer Natur und ihre Anwendung schränkt die Flexibilität durch zusätzlich einzuhaltende Restriktionen hinsichtlich Produktmix und Auflagereihenfolge ein. Dem erzielten Nutzen steht ein nicht unerheblicher Planungsaufwand gegenüber und die grundsätzliche Problemstellung der Konsequenzen steigender Variantenvielfalt in Mixed-Model-Montagelinien wird nicht gelöst.

Demgegenüber stehen Ansätze der zweiten Teilmenge, wie die nach REINHART UND PRÖPSTER, HUCHZERMEIER ET AL., PAN und BULLINGER, die Teilaspekte einer konventionellen Mixed-Model-Montagelinie flexibilisieren. Fokus liegt dabei auf einer effizienteren Nutzung des Werkers als flexible Montageressource. Der Mitarbeitereinsatz wird flexibilisiert, indem die Taktabhängigkeit beispielsweise mittels Driften reduziert wird oder die variantenabhängigen Montageumfänge über mehrere Arbeitsplätze und Werker, wie etwa mittels Gruppenarbeit, nivelliert werden. Die Ansätze verbessern die Effizienz und Flexibilität einer Mixed-Model-Montagelinie, sind jedoch stets an die lineare Verkettung und damit an die nachteiligen Restriktionen einer Linienstruktur gebunden.

In Kapitel 3.2.2 wurden Gestaltungsansätze auf Ebene des Produktionssystems analysiert, die nicht auf der Linienstruktur einer konventionellen Mixed-Model-Montagelinie basieren, sondern die Struktur einer Matrixmontage besitzen. Die diskutierten Ansätze unterstreichen, dass eine Vielzahl an Konfigurationen für eine Matrixmontage existiert und diese nicht klar voneinander abgegrenzt sind. Die Entwicklungen sind mehrheitlich auf die automobile Endmontage ausgerichtet. Gegenüber den Ansätzen auf Ebene der PPS wird mittels einer Matrixmontage eine umfassendere Flexibilisierung erzielt, da die Restriktionen der Taktabhängigkeit und Verkettung der Arbeitsplätze aufgehoben sind. Dabei wird in der Literatur nur teilweise und diffus beschrieben, welche Konzepte den Takt und die Verkettung substituieren, um die planenden sowie steuernden Aufgaben der PPS zu erfüllen. Manche der betrachteten Konfigurationen im Kontext der Matrixmontage nutzen ähnlich zu Ansätzen auf Ebene der PPS mobile Ressourcen wie Werker oder Betriebsmittel zur Flexibilisierung. Insgesamt zeigen die Simulationsergebnisse für die betrachteten Anwendungsfälle positive Auswirkungen des Einsatzes einer Matrixmontage auf die Effizienz bei gleichzeitig höherem WIP.

Auf Basis der Analyse der in Kapitel 3.2.1 und 3.2.2 dargestellten Gestaltungsansätze werden diese mittels der in Kapitel 2.3 definierten Anforderungen im Folgenden bewertet. Die Ansätze auf Ebene der PPS unterstreichen, dass zahlreiche Bemühungen zur Verbesserung der Effizienz und Flexibilität von konventionellen Linienmontagen existieren. Die Strukturplanung unter isolierter, ausschließlicher Betrachtung von Konfigurationen der Linienmontage erscheint vor dem Hintergrund der definierten Anforderungen als leistbar. Dabei weisen Autoren in diesem Kontext jedoch darauf hin, dass das Verbesserungspotenzial der Nutzung dieser Ansätze in Linienmontagen weitgehend als ausgeschöpft gilt.[374] Neben Linienkonfigurationen rücken in der Folge Matrixmontagen als Ansatz auf Ebene des Produktionssystems in den Betrachtungsbereich der Strukturplanung variantenreicher Serienmontagen. Dabei fokussieren die in der Literatur dargestellten Ansätze jeweils nur Teilaspekte der Montagestruktur und die Beschreibungen inkludieren nicht die Gesamtkonfigurationen von Matrixmontagen. Manche Arbeiten, wie etwa die von FOITH-FÖRSTER ET AL.[375], legen den Schwerpunkt auf die Prozess- bzw. Fähigkeitszuweisung. Einzig MINGUILLON[376] beschreibt für eine Konfiguration der Matrixmontage Lösungsbestandteile der PPS. Die für die Strukturplanung einer flussorientierten Montagestruktur erforderliche integrierte Betrachtung von Montageprozess, -struktur und PPS im Planungsprozess erfolgt bei keinem der Ansätze.

In den dargestellten Arbeiten werden oftmals für gegebene Anwendungsfälle, mehrheitlich die automobile Endmontage, Lösungsansätze entwickelt, ohne die zugrundliegende Strukturplanung zu beleuchten. Die Arbeiten bieten keine Übersicht der innerhalb des jeweiligen Ansatzes zur Auswahl stehenden sowie der konkret für den Anwendungsfall applizierten Konfigurationsoptionen in Bezug auf die Montagestruktur. Dies erschwert die effiziente Strukturplanung einer flussorientierten Montagestruktur aufgrund der Intransparenz über die zu gestaltenden Bestandteile sowie der jeweils verfügbaren Konfigurationsoptionen.

Die diskutierten Arbeiten stellen ein Portfolio unterschiedlicher Konfigurationen von Matrixmontagestrukturen für die automobile Endmontage vor, ohne näher zu betrachten, wie diese aus den Bedarfen des Anwendungsfalls hervorgehen. Aufgrund der mangelnden Betrachtung der Strukturplanungsphase in den Arbeiten bleibt somit unklar, welche anwendungsfallspezifischen Bedarfe die präsentierten Ansätze erfüllen und für welche weiteren Montageanwendungen diese übertragen werden könnten. Zusammen mit der zuvor beschriebenen Intrans-

[374] vgl. Greschke (2015) Matrix-Produktion als taktunabhängige Fließfertigung, S. 85.

[375] vgl. Foith-Förster et al. (2017) Effiziente Montagesysteme ohne Band und Takt, S. 169 - 175.

[376] vgl. Minguillon (2020) Prädiktiv-reaktives Scheduling in der Matrix-Produktion.

parenz über Konfigurationsoptionen während der Strukturplanung bleibt offen, wie eine Strukturkonfiguration für andere bzw. sich ändernde Anforderungen angepasst werden kann. Eine anwendungsfallspezifische, anforderungsgeleitete Strukturplanung flussorientierter Montagestrukturen ist folglich nicht ohne Weiteres möglich.

Die in Kapitel 3.2 identifizierten Stellhebel und Konfigurationsoptionen zur Verbesserung der Flexibilität sowie Effizienz der variantenreichen Fließmontage dienen als Grundlage für die zielgerichtete Entwicklung einer der Planungsmethodik für die Strukturplanung flussorientierter Montagestrukturen zugrundliegenden Klassifikation in Kapitel 5.2.

3.3 Ansätze zur Klassifikation flussorientierter Montagestrukturen

In diesem Kapitel werden Klassifikationsansätze für Montagestrukturen vorgestellt und anhand der in Kapitel 2.3 abgeleiteten Anforderungen hinsichtlich der Nutzbarkeit für die Strukturplanung von flexiblen, flussorientierten Montagestrukturen analysiert. Dazu erfolgt zunächst in Kapitel 3.3.1 eine Grundlagenbetrachtung zu Klassifikationen. In Kapitel 3.3.2 werden Ansätze, die der Klassifikation von Montagestrukturen dienen, beleuchtet. Kapitel 3.3.3 betrachtet Klassifikationsansätze, die einen domänenübergreifenden Transfer auf flussorientierte Montagestrukturen erlauben. Abschließend erfolgt in Kapitel 3.3.4 eine zusammenfassende Bewertung der analysierten Ansätze.

3.3.1 Grundlagen zu Klassifikationsmodellen

Als Ausgangspunkt für die Betrachtung von Klassifikationsansätzen werden in diesem Kapitel die Grundlagen zu Modellen sowie Klassifikationen beleuchtet. Ein Modell ist ein bewusst konstruiertes Abbild eines Ausschnitts der Realität, das Transparenz über das Betrachtungsobjekt im Anwendungskontext erzeugt, indem nur die maßgeblichen Wirkrelationen einer Problemlösung erfasst und sonstige Systemelemente und -relationen vernachlässigt werden.[377] Somit sind Modelle Abstraktionen bzw. Vereinfachungen einer komplexeren Realität und stehen stets im Zielkonflikt zwischen einer Minimierung des Erstellungsaufwands und einer Maximierung der Abbildungstreue. Modelle zeichnen sich im Kern durch drei Merkmale aus[378]:

- **Abbildungsmerkmal:** Modelle sind Abbildungen natürlicher oder künstlicher Originale und damit bezogen auf die abgebildeten Attribute bzw. Systemeigenschaften ähnlich.
- **Verkürzungsmerkmal:** Modelle sind Vereinfachungen, die nur die für den Modellersteller bzw. -nutzer im Anwendungskontext relevanten Attribute des Originals enthalten. Diese Verkürzung kann ohne Kenntnis aller Originalattribute erfolgen.
- **Pragmatisches Merkmal:** Modelle sind ihren Originalen nicht grundsätzlich zugeordnet, sondern können bestimmte Adressaten für die Modellbenutzung besitzen, innerhalb definierter Anwendungszeitintervalle eingesetzt werden oder für eingeschränkte Zwecke nutzbar sein.

---

[377] vgl. Neuhausen (2001) Gestaltung modularer Produktionssysteme, S. 6 - 7.

[378] vgl. Stachowiak (1973) Allgemeine Modelltheorie, S. 131 - 133.

Modelle können nach PATZAK in Abhängigkeit des Verwendungszwecks in vier Kategorien eingeordnet werden[379]:

- **Beschreibungsmodelle (deskriptiv)** bilden Beobachtungen deskriptiv ab, ohne zugrundeliegende Wirkzusammenhänge zu erklären.
- **Erklärungsmodelle (explikativ)** beschreiben die Wirkzusammenhänge und erklären diese in quantitativer oder qualitativer Form.
- **Vorhersagemodelle (prognostisch)** ermöglichen die Prognose des zukünftigen Systemzustands bzw. -verhaltens auf Basis der Ableitung von Gesetzmäßigkeiten aus einem zugrundeliegenden Erklärungsmodell.
- **Entscheidungsmodelle (präskriptiv-normativ)** dienen der Entscheidungsunterstützung und -herbeiführung, indem Handlungsalternativen bestimmt und diese anhand eines vorgegebenem Zielsystems bewertet werden.

Klassifikationen sind Modelle, die hauptsächlich eine Ordnungs- und Strukturierungsfunktion erfüllen und sich aus Klassen zusammensetzen.[380] Nach MANECKE werden bei der Verwendung des Begriffs *Klassifikation* drei Bedeutungen differenziert[381]:

- Klassifikation als der **Prozess der Klassifikationserarbeitung**, das heißt der Bildung von Klassen
- Klassifikation als das **Klassifikationssystem**, das heißt als Ergebnis des Prozesses der Klassenbildung
- Klassifikation als der **Prozess des Klassierens bzw. Klassifizierens**, das heißt dem Zuordnen von Objekten zu Klassen des Klassifikationssystems

Eine Klasse ist gekennzeichnet durch mindestens ein klassifikatorisches Merkmal, das alle zugehörigen Objekte teilen und sie von anderen Klassen bzw. deren Objekten unterscheidet.[382] Der Klassenbildung liegt ein dreistufiger Abstraktionsprozess zugrunde, bei dem zunächst die Abstraktion vom *Objekt* zum merkmalbestimmenden bzw. klassendefinierenden *Begriff* erfolgt.[383] Die letzte Stufe umfasst das Ausdrücken des Begriffs durch eine äquivalente *Bezeichnung*. Das aus den Klassen gebildete Klassifikationssystem ist das Ergebnis eines schrittweisen Strukturierungsprozesses, der jeder Klasse einen bestimmten Platz im System zuweist.

3.3.2 Ansätze zu Klassifikationen für Montagestrukturen

Wie bereits in Kapitel 2.2.2 gezeigt wurde, ist die Bestimmung der Montageorganisationsform bzw. Strukturkonfiguration je Segment eine Aufgabe der Strukturplanung. Dazu können Klassifikationen für Montagestrukturen zum Einsatz kommen, die die grundlegenden Organisationsformen anhand von strukturbildenden Merkmalen nach Prinzipien differenzieren.[384] Dieses Kapitel dient der Darstellung einer Auswahl an Klassifikationsansätzen für Montagestrukturen

[379] vgl. Patzak (1982) Systemtechnik, S. 313 - 316.

[380] vgl. Manecke (2004) Klassifikation, Klassieren, S. 127.

[381] vgl. Manecke (2004) Klassifikation, Klassieren, S. 127.

[382] vgl. Manecke (2004) Klassifikation, Klassieren, S. 127.

[383] vgl. Manecke (2004) Klassifikation, Klassieren, S. 127.

[384] vgl. Grundig (2021) Fabrikplanung, S. 140.

sowie der Analyse dieser anhand der in Kapitel 2.3 definierten Anforderungen. Die Auswahl bildet eine Übersicht über die wichtigsten Ansätze.

EVERSHEIM beschreibt eine Klassifikation für Organisationsformen der Montage durch die Unterscheidung der Kinematik in Form von stationären bzw. bewegten Montageobjekten sowie stationären bzw. bewegten Arbeitsplätzen.[385] Auf diese Weise werden die Baustellen-, Gruppen-, Reihen-, Taktstraßen- und kombinierte Fließmontage differenziert[386], welche im Folgenden kurz charakterisiert werden. Bei der Baustellenmontage wird das Erzeugnis an einem ortsgebundenen Montageplatz stufenweise ohne definierte Arbeitsteilung assembliert und dieses Prinzip kommt hauptsächlich für die Montage von Großmaschinen bzw. Großaggregaten zur Anwendung.[387] In der Gruppenmontage wechseln mehrere Montagearbeitskräfte ihren Einsatzort am ruhenden Montageobjekt entweder periodisch durch eine Taktzeit gesteuert oder aperiodisch im Fall unterschiedlicher Arbeitsplatzfolgen bzw. bei unterschiedlichen Montageumfängen.[388] Die Reihenmontage basiert auf einer ortsfesten Anordnung der Montagearbeitsplätze entsprechend dem Hauptmontagefluss der bewegten Montageobjekte und erfolgt ohne Taktvorgabe.[389] Diese Organisationsform ist üblich bei der Montage von wechselnden Varianten im mittleren Stückzahlbereich. Bei der Taktstraßenmontage hingegen erfolgt der Materialfluss gebunden an eine für alle Arbeitsplätze der Montagelinie einheitlich vorgegebene Taktzeit ohne Pufferbildung zwischen den Arbeitsplätzen.[390] Zwischen der flexiblen Reihenmontage und der starren Taktstraßenmontage existiert die Zwischenform der Straßenmontage, bei der zwischen den Arbeitsplätzen Puffer eingerichtet sind, sodass die systemeinheitliche Taktzeit nur im Durchschnitt über eine bestimmte Anzahl mehrerer Takte eingehalten werden muss.[391] Die Fließmontage ist charakterisiert durch die synchrone Bewegung der Montageobjekte sowie Arbeitsplätze innerhalb bestimmter Streckenabschnitte der Montagelinie[392], wobei zwischen kontinuierlicher und intermittierender Bewegung unterschieden wird.[393] Nach Vollendung eines Streckenabschnitts kehrt das Montagepersonal wieder an den Ausgangspunkt zurück.

Die Klassifikation nach EVERSHEIM ermöglicht die einfache Unterscheidung zwischen Montagestrukturen mit bewegten und ruhenden Montageobjekten. Im Fall der bewegten Objekte im Sinne der flussorientierten Montagestrukturen fällt auf, dass die in der Klassifikation beschriebenen Alternativen allesamt eine Linienstruktur der Arbeitsplätze aufweisen. Die Matrixmontage, die sich durch bewegte Montageobjekte in einem Raster aus Arbeitsplätzen auszeichnet, kann somit keiner Strukturalternative zugeordnet werden. Die zugrundliegenden Merkmale der Kinematik von Montageobjekt und -personal sind nicht ausreichend differenziert

[385] vgl. Eversheim (1989) Organisation in der Produktionstechnik 4, S. 175 - 177.

[386] vgl. Eversheim (1989) Organisation in der Produktionstechnik 4, S. 176.

[387] vgl. Grundig (2021) Fabrikplanung, S. 139.

[388] vgl. Grundig (2021) Fabrikplanung, S. 139.

[389] vgl. Grundig (2021) Fabrikplanung, S. 139.

[390] vgl. Grundig (2021) Fabrikplanung, S. 139.

[391] vgl. Eversheim (1989) Organisation in der Produktionstechnik 4, S. 176.

[392] vgl. Latos et al. (2018) Konzeption einer flexiblen und demografierobusten Montagelinie, S. 91.

[393] vgl. Grundig (2021) Fabrikplanung, S. 140.

für die gleichzeitige Beschreibung von Linien- und Matrixmontagen. Im Fall bewegter Montageobjekte darf nicht die Verkettung der Arbeitsplätze als Montagelinie postuliert werden.

Auf Grundlage der Arbeiten von EVERSHEIM[394], LOTTER UND WIENDAHL[395], PETERSEN[396] und SCHLICK ET AL.[397] erweitern LATOS ET AL. die zuvor beschriebene Klassifikation um die Montageorganisationsformen Werkstatt- und Einzelplatzmontage sowie One-Piece-Flow (vgl. Abbildung 3-9).[398] Die Werkstattmontage ist gekennzeichnet durch eine verrichtungsorientierte Anordnung von Montagearbeitsplätzen in Form von getrennten Werkstätten, die die Fähigkeit besitzen, jeweils eine Prozessart, wie etwa Nieten oder Schweißen, durchzuführen.[399] Die Montageobjekte werden in geschlossenen Losen zwischen den stationären Werkstätten bewegt und können dabei eine Werkstatt auch mehrfach durchlaufen.[400] Der Schwerpunkt liegt auf der Einmal- und Kleinserienmontage. Eine extreme Form der Ergebnisspezialisierung stellt die Einzelplatzmontage dar, bei der das Montageobjekt komplett von einem Werker an einem Arbeitsplatz montiert wird.[401] Wesentliches Merkmal der Einzelplatzmontage ist, dass der Montageort durch das stationäre Montagepersonal bestimmt ist, während bei der Baustellenmontage die stationären Montageobjekte den Montageort vorgeben.[402] In einem One-Piece-Flow bewegt sich der Werker gemeinsam mit dem Montageobjekt in einer Montagelinie entlang der Materialbereitstellungspositionen und die Komplettierung des Erzeugnisses wird idealtypisch durch einen Werker bzw. dieselbe Gruppe an Werkern vollzogen.[403] Die Organisationsform kann dabei mit oder ohne Taktung ausgeführt sein.

LATOS ET AL. detaillieren die Klassifikation nach EVERSHEIM anhand einer genaueren Differenzierung von Bewegungsparametern der Montageobjekte. Die vier aus der Praxis bekannten, linienbasierten Strukturkonfigurationen können durch die Betrachtung der Periodizität des Bewegungsablaufs trennscharf differenziert werden. Die Bewegung der Montageobjekte in einer Matrixmontage ist taktunabhängig, das heißt nicht periodisch, und ist gemäß dem Flussprinzip hauptsächlich gerichtet. Die Einschränkung resultiert aus der Möglichkeit, etwa bei Qualitätsproblemen, Rückflüsse zuzulassen, im Kern fließen jedoch die Montageobjekte in einer Matrixmontage gerichtet von einer Quelle zur Senke, vgl. insbesondere die Erkenntnisse von HOTTENROTT UND GRUNOW[404]. Es wird ersichtlich, dass eine Matrixmontage mittels der in der Klassifikation vorhandenen Merkmale, insbesondere der Periodizität des Bewegungsablaufs, nicht treffend gegenüber anderen Montagestrukturen abgegrenzt werden kann.

---

394 vgl. Eversheim (1989) Organisation in der Produktionstechnik 4.

395 vgl. Lotter et al. (2012) Montage in der industriellen Produktion.

396 vgl. Petersen (2005) Organisationsformen der Montage.

397 vgl. Schlick et al. (2018) Arbeitswissenschaft.

398 vgl. Latos et al. (2018) Konzeption einer flexiblen und demografierobusten Montagelinie, S. 91.

399 vgl. Petersen (2005) Organisationsformen der Montage, S. 113.

400 vgl. Petersen (2005) Organisationsformen der Montage, S. 113.

401 vgl. Petersen (2005) Organisationsformen der Montage, S. 123.

402 vgl. Petersen (2005) Organisationsformen der Montage, S. 125.

403 vgl. Dickmann (2009) Schlanker Materialfluss, S. 18 - 19.

404 vgl. Hottenrott et al. (2019) Flexible layouts for the mixed-model assembly, S. 968 - 969.

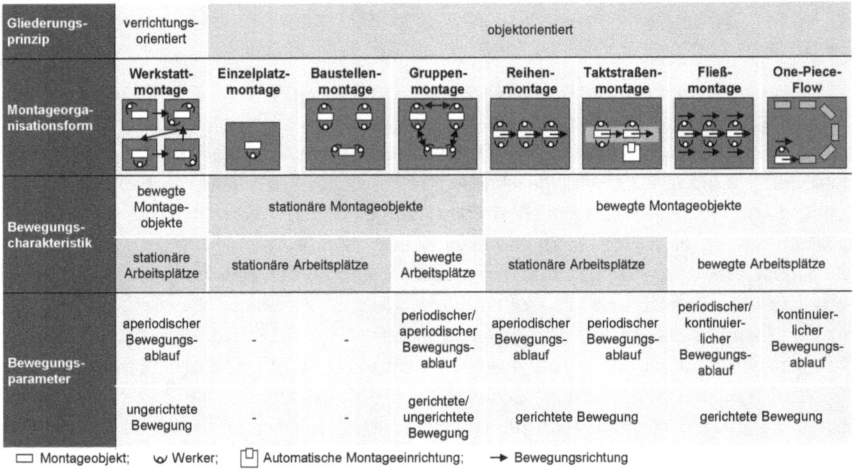

Abbildung 3-9: Übersicht der Montageorganisationsformen[405]

MINGUILLON erweitert die bereits vorgestellte Klassifikation nach EVERSHEIM um die Montageorganisationsform der Matrixproduktion und grenzt diese mittels einer Prinzipskizze, bestehend aus einer beispielhaften Arbeitsplatzanordnung sowie einem Materialfluss ab (vgl. Abbildung 3-10).[406] Demnach ist die Matrixproduktion eine zusätzliche Montageorganisationsform, die eine Kombination von Teilaspekten der Werkstatt- und Fließfertigung darstellt.[407] Die Arbeitsplatzanordnung gleicht einer Matrix mit räumlich in Zeilen und Spalten angeordneten Arbeitsplätzen, zwischen denen ein lose verketteter und flexibler Materialtransport gemäß dem Flussprinzip stattfindet.[408] In der Matrixproduktion existieren analog zur Werkstattfertigung redundante Arbeitsplätze, die jedoch nicht zwingend nach dem Verrichtungsprinzip gruppiert und oftmals als Mehrzweckarbeitsplätze ausgeführt sind.[409] Die Produktion erfolgt ohne eine vorgegebene systemweite Taktzeit.

---

405 In Anlehnung an Latos et al. (2018) Konzeption einer flexiblen und demografierobusten Montagelinie, S. 91 in Anlehnung an Eversheim (1989) Organisation in der Produktionstechnik 4; Lotter et al. (2012) Montage in der industriellen Produktion; Petersen (2005) Organisationsformen der Montage; Schlick et al. (2018) Arbeitswissenschaft.

406 vgl. Minguillon (2020) Prädiktiv-reaktives Scheduling in der Matrix-Produktion, S. 7 - 10; Eversheim (1989) Organisation in der Produktionstechnik 4, S. 175 - 177; Schuh (2007) Produktionsplanung und -steuerung, S. 131.

407 vgl. Minguillon (2020) Prädiktiv-reaktives Scheduling in der Matrix-Produktion, S. 9.

408 vgl. Minguillon (2020) Prädiktiv-reaktives Scheduling in der Matrix-Produktion, S. 9.

409 vgl. Minguillon (2020) Prädiktiv-reaktives Scheduling in der Matrix-Produktion, S. 9.

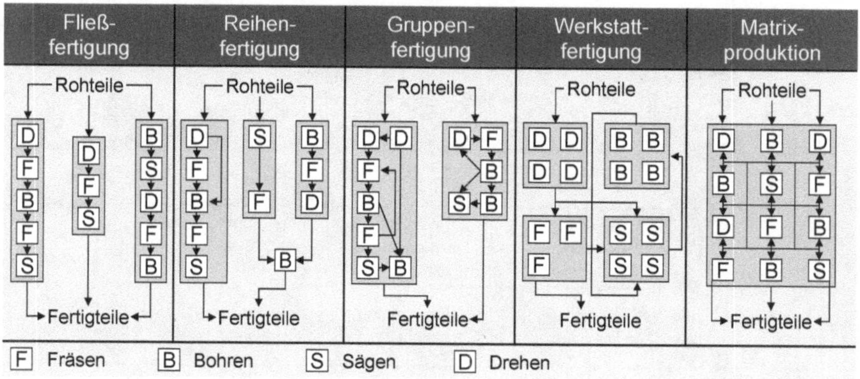

Abbildung 3-10: Prinzipskizzen der Organisationsformen einschließlich Matrixproduktion[410]

Die Klassifikation nach MINGUILLON unterstreicht, dass es sich bei der Matrixmontage um eine zusätzliche Montageorganisationsform neben den bereits bekannten handelt. Die Matrixmontage verbindet Merkmale der Werkstatt- und Fließmontage, diese werden jedoch nicht genannt. Die Strukturkonfigurationen innerhalb der Matrixmontage werden nicht beleuchtet und eine Abgrenzung gegenüber den linienbasierten Montagestrukturen wird nicht vorgenommen.

In einer Studie der PLATTFORM INDUSTRIE 4.0 zur Umsetzung von cyber-physischen Matrixmontagesystemen wird die Matrixmontage sowie die fluide Produktion (vgl. *ARENA 2036* in Kapitel 3.2.2) in einer Klassifikation gegenüber den bereits vorgestellten, klassischen Montageorganisationsformen abgegrenzt (vgl. Tabelle 3-1).[411] Dabei wird die Aufbauorganisation bzw. Struktur der Organisationsformen mittels der Unterscheidung der Verkettung, der Beweglichkeit von Betriebsmitteln sowie des Montagepersonals, des Funktionsumfangs der Betriebsmittel und des Segmentierungsmerkmals der Ressourcen verglichen.[412] Demnach unterscheidet sich die Matrixmontage durch das Segmentierungsmerkmal der Ressourcen von der Werkstattmontage, indem auf Basis von Prozessen und nicht nach Technologien segmentiert wird. Außerdem ist der Funktionsumfang der Betriebsmittel periodisch rekonfigurierbar und nicht wie bei der Werkstattmontage fest definiert.[413] Die Matrixmontage wird gegenüber der starren Montagelinie insbesondere durch die flexible Verkettung differenziert. Bei der Montageorganisationsform der fluiden Produktion sind das Montageobjekt, die Arbeitskräfte und Betriebsmittel beweglich und das System rekonfiguriert sich dynamisch. Die Einordnung des möglichen Varianzgrads der Produkte sowie der Anzahl der Produktvarianten deutet auf die bereitgestellte Flexibilität der Organisationsformen hin.

[410] In Anlehnung an Minguillon (2020) Prädiktiv-reaktives Scheduling in der Matrix-Produktion, S. 7.
[411] vgl. Plattform Industrie 4.0 (2022) Cyber-physische Matrixproduktionssysteme, S. 9 - 11.
[412] vgl. Plattform Industrie 4.0 (2022) Cyber-physische Matrixproduktionssysteme, S. 10.
[413] vgl. Plattform Industrie 4.0 (2022) Cyber-physische Matrixproduktionssysteme, S. 9.

Tabelle 3-1: Abgrenzung der Matrixmontage gegenüber klassischen Montageorganisationsformen in Anlehnung an PLATTFORM INDUSTRIE 4.0[414]

Kriterien	Werkstatt-montage	Linien-montage	Cyber-physische Matrixmontage	Fluide Produktion
Verkettung	flexibel	starr	flexibel	flexibel
Stationäre Elemente	Betriebsmittel, Gebäude-infrastruktur	Betriebsmittel, Gebäude-infrastruktur	Betriebsmittel, Gebäude-infrastruktur	Gebäude-infrastruktur
Bewegliche Elemente	Produktionsobjekt, Arbeitskräfte	Produktionsobjekt, Arbeitskräfte	Produktionsobjekt, Arbeitskräfte	Produktionsobjekt, Arbeitskräfte, Betriebsmittel
Funktionsumfang der Betriebsmittel	fest definiert	fest definiert	periodisch rekonfigurierbar	dynamisch rekonfigurierbar
Segmentierungs-merkmal der Ressourcen	Technologie	Produkt	Prozesse	Auftrag
Möglicher Varianz-grad der Produkte	Individualisierung	Konfiguration	Individualisierung	Individualisierung
Anzahl Produkt-varianten	hoch	mittel	hoch	hoch

Der Ansatz beschreibt erstmals Konfigurationen der Matrix- und Linienmontage in einer Klassifikation und nutzt dazu die zusätzlichen Merkmale *Verkettung, Funktionsumfang der Betriebsmittel* und *Segmentierungsmerkmal der Ressourcen* sowie zugehörige Merkmalsausprägungen. Bei näherer Untersuchung ist festzustellen, dass die Ausprägungen wenig differenziert bzw. ihre Bedeutung nicht konkret beschrieben sind. So wird etwa hinsichtlich der Verkettung nicht zwischen der Werkstattmontage (Materialfluss geschlossener Lose) und den Konfigurationen der Matrixmontage (Materialfluss einzelner Montageobjekte) unterschieden. Eine Matrixmontage mit stationärem Montagepersonal, wie etwa bei KÜPPER ET AL.[415], ist nicht in der Klassifikation inkludiert. Auch ist für Matrixmontagen die Segmentierung der Ressourcen anhand der Technologie, wie etwa von FOITH-FÖRSTER ET AL.[416] diskutiert, nicht abgebildet. Ferner wird die Änderung des Funktionsumfangs von Betriebsmitteln für die verschiedenen Montagestrukturen mittels der Zuweisung von Ausprägungen festgelegt. Diese können jedoch nicht als allgemein gültig angesehen werden, da etwa eine Linienmontage mit dynamisch rekonfigurierbaren Betriebsmitteln sinnvoll ausgerüstet werden kann. Insgesamt besitzt die Klassifikation mit ihren Merkmalen bzw. Ausprägungen keinen ausreichenden Detailgrad und Schärfe für die Anwendung in der Strukturplanung flussorientierter Montagestrukturen. Dennoch bietet die Klassifikation Anhaltspunkte für die Definition einer Klassifikation, die eine

[414] In Anlehnung an Plattform Industrie 4.0 (2022) Cyber-physische Matrixproduktionssysteme, S. 10.

[415] vgl. Küpper et al. (2018) Will flexible-cell manufacturing revolutionize carmaking?, S. 8.

[416] vgl. Foith-Förster et al. (2017) Effiziente Montagesysteme ohne Band und Takt, S. 169 - 175.

trennscharfe Abgrenzung erlaubt. Insbesondere verdeutlicht die Klassifikation mittels der Unterscheidung der cyber-physischen Matrixmontage und der Fluiden Produktion, dass mehrere Montagestrukturkonfigurationen für die Matrixmontage existieren.

3.3.3 Domänenübergreifender Transfer von Klassifikationen auf flussorientierte Montagestrukturen

Neben den in Kapitel 3.3.2 dargestellten Klassifikationen im Montagekontext existieren Ansätze, die einen domänenübergreifenden Transfer auf die Strukturplanung flussorientierter Montagestrukturen erlauben. Diese werden im Folgenden dargestellt und Anknüpfungspunkte der Strukturplanung aufgezeigt.

FROHM ET AL. entwickeln eine Level-basierte Klassifikation für Automatisierungsgrade in der operativen Produktion mittels der die Aufteilung physischer und kognitiver Aufgabenbestandteile zwischen Mensch und Maschine jeweils von vollständig manuell bis vollständig automatisch klassifiziert wird.[417] In den beiden unabhängigen Referenzskalen kann die Aufgabenzuweisung in jeweils sieben Abstufungen in Abhängigkeit der Automatisierung eingeordnet (vgl. Tabelle 3-2) und so die Werkerauslastung analysiert bzw. optimiert werden.[418]

Tabelle 3-2: Levels der Automatisierung in der Produktion[419]

Level	Physischer Aufgabenbestandteil	Kognitiver Aufgabenbestandteil
1	Völlig manuell (z.B. die eigene Muskelkraft der Werker)	Völlig manuell (z.B. Erfahrungen des Benutzers)
2	Statisches Handwerkzeug (z.B. Schraubenzieher)	Entscheidungsvorgabe erhalten (z.B. Informationen in Form eines Auftrags)
3	Flexibles Handwerkzeug (z.B. verstellbarer Schraubenschlüssel)	Anweisung erhalten (z.B. Checklisten, Handbücher)
4	Automatisiertes Handwerkzeug (z.B. hydraulischer Schrauber)	Kontrolle (z.B. Verifizierung vor der Aktion)
5	Statische Maschine/Arbeitsplatz (z.B. Drehmaschine)	Überwachung und Hinweis (z.B. Alarme)
6	Flexible Maschine/Arbeitsplatz (z.B. CNC-Maschine)	Eingreifen und Korrektur (z.B. Thermostat)
7	Völlig automatisch (z.B. autonome Systeme)	Völlig automatisch (z.B. autonome Systeme)

Die Klassifikation strukturiert die für die Grobauslegung eines teilautomatisierten Arbeitsplatzes wesentlichen Bestandteile der Aufgabenteilung und definiert die Ausprägungen unabhängig für physische und kognitive Prozesse in Form von aufeinander aufbauenden Levels.[420] Die Levelstruktur verschafft dadurch Transparenz über die Automatisierungsoptionen und de-

[417] vgl. Frohm et al. (2008) Levels of automation in manufacturing, S. 18.

[418] vgl. Frohm et al. (2008) Levels of automation in manufacturing, 18–19.

[419] In Anlehnung an Frohm et al. (2008) Levels of Automation in Manufacturing, S. 19.

[420] vgl. Frohm et al. (2008) Levels of automation in manufacturing, S. 24.

ren Eigenschaften. Dies grenzt den Lösungsraum der Auslegung einer Automatisierungslösung ein und erlaubt die anwendungsfallspezifische Konfiguration unter Berücksichtigung minimal und maximal realisierbarer Levels innerhalb der gegebenen Referenzskalen. Auf diese Weise wird der Planungsprozess effizienter gestaltet, da die Planenden lediglich die in Betracht kommenden Levels beachten und das auf Basis der Anforderungen passende auswählen müssen. Für die Klassifikation flussorientierter Montagestrukturen können Teile der Modellstruktur übertragen werden. So können die für die Strukturplanung wesentlichen Bestandteile getrennt in Form von Merkmalen strukturiert dargestellt und deren Ausprägungen gemäß einer Rangfolge steigender Flexibilität hierarchisch angeordnet werden.

SAE INTERNATIONAL beschreibt in der Norm J3016 eine Klassifikation für Fahrautomatisierungssysteme in Straßenkraftfahrzeugen, die Teile oder die gesamte Fahraufgabe auf Dauer übernehmen.[421] Die Klassifikation dient insbesondere dem Zweck, die Rolle des menschlichen Fahrers während der Systemnutzung einzuordnen und einen Rahmen für die effiziente Spezifizierung der technischen Anforderungen einer Fahrautomatisierung bereit zu stellen.[422] Die Fahraufgabe wird in die drei Teilaufgaben *Quer- und Längstführung, Umgebungsbeobachtung* und *Rückfallebene für dynamische Fahraufgaben* zerlegt und darin jeweils zwischen den Ausprägungen *Fahrer* bzw. *System* differenziert (vgl. Tabelle 3-3). Unter Berücksichtigung der betrachteten Fahrmodi werden sechs Levels von keiner (Level 0) bis zur vollständigen Fahrautomatisierung (Level 5) beschrieben.[423] Von Level zu Level wird stufenweise eine Teilaufgabe vom Fahrer zum System übertragen bis die Fahraufgabe schließlich vollständig automatisiert ist.

Tabelle 3-3: Klassifikation der Automatisierungsstufen in Anlehnung an SAE INTERNATIONAL[424]

Level	Bezeichnung	Quer- und Längsführung	Umgebungs-beobachtung	Rückfallebene für dynamische Fahraufgabe	Fahrmodus
0	Keine Automation	Fahrer	Fahrer	Keine	Keiner
1	Assistenzsysteme	Fahrer und System	Fahrer	Fahrer	einige Fahrmodi
2	Teilautomatisierung	System	Fahrer	Fahrer	einige Fahrmodi
3	Bedingte Automatisierung	System	System	Fahrer	einige Fahrmodi
4	Hochautomatisierung	System	System	System	einige Fahrmodi
5	Vollautomatisierung	System	System	System	alle Fahrmodi

421 vgl. SAE International (2021) Driving automation systems, S. 1.
422 vgl. SAE International (2021) Driving automation systems, S. 1.
423 vgl. SAE International (2021) Driving automation systems, S. 25 - 26.
424 In Anlehnung an SAE International J3016 (2021) Driving Automation Systems, S. 25 -26.

Die in der Norm beschriebene Klassifikation zerlegt den betrachteten Themenkomplex in die für die Betrachtung wesentlichen Bestandteile und strukturiert diese in Form von vier Merkmalen einschließlich der Ausprägungen. Die möglichen Kombinationen von Ausprägungen werden als Systemkonfigurationen mittels Levels dargestellt und gemäß steigender Automatisierung in der Modellstruktur angeordnet. Aus dieser Modellstruktur kann die Strukturierung der potenziellen Konfigurationen in Form von Levels in Abhängigkeit der Ausprägungen in Merkmalen auf die Klassifikation flussorientierter Montagestrukturen übertragen werden. Außerdem ist die Anordnung der Konfigurationen in einer Rangfolge gemäß wachsender Flexibilität vorteilhaft.

3.3.4 Zusammenfassende Bewertung zu Klassifikationen für Montagestrukturen

In Kapitel 3.3.2 wurden Ansätze zu Klassifikationen für Montagestrukturen untersucht. Im darauffolgenden Kapitel 3.3.3 erfolgte der domänenübergreifende Transfer von Klassifikationen auf flussorientierte Montagestrukturen. In diesem Kapitel wird die zusammenfassende Bewertung der Ansätze hinsichtlich ihrer Eignung für die Strukturplanung flussorientierter Montagestrukturen anhand der in Kapitel 2.3 abgeleiteten Anforderungen vorgenommen.

Die Analyse der Klassifikationsansätze in Kapitel 3.3.2 hat gezeigt, dass linienbasierte Montagestrukturen bereits durch existierende Klassifikationen trennscharf voneinander abgegrenzt werden können. Für Matrixmontagen, die die zweite Teilmenge der flussorientierten Montagestrukturen bilden, konnte gezeigt werden, dass diese nicht trennscharf in bestehende Klassifikationen eingeordnet und gegenüber Linienmontagen abgegrenzt werden können. Dabei wurde deutlich, dass mehrere für die Strukturplanung relevante Konfigurationen der Matrixmontage neben denen der Linienmontage existieren, die es in einer Klassifikation gleichzeitig zu beschreiben und voneinander abzugrenzen gilt. Der domänenübergreifende Transfer Level-basierter Klassifikationen auf flussorientierte Montagestrukturen deutete auf die Vorteilhaftigkeit der Nutzung einer Modellstruktur bestehend aus Levels, die den Flexibilitätszuwachs widerspiegeln, hin. Dabei repräsentiert ein Level die Konfiguration einer Montagestruktur bestehend aus der Ausprägungskombination in den Merkmalen.

Auf Basis der Analyse der in Kapitel 3.3.2 und 3.3.3 vorgestellten Klassifikationsansätze erfolgt die Bewertung dieser mittels der in Kapitel 2.3 definierten Anforderungen. Im Hinblick auf die integrierte Strukturplanung beleuchten die diskutierten Ansätze nicht explizit den Montageablauf bzw. die Vielzahl der möglichen Abläufe, die Betrachtung dieser in bestehenden Klassifikationen ist jedoch denkbar. Montageplanungsvorgehen, wie beispielsweise die nach EVERSHEIM[425] und GRUNDIG[426], gehen von einem definierten Montageablauf aus und nutzen eine Klassifikation zur Auswahl der Montagestruktur. Die integrierte Betrachtung bzw. Planung von Montageablauf, -struktur und PPS wird dabei jedoch nicht gefordert. Die Restriktionen für die PPS sind bei diesen Vorgehen Konsequenz der ausgewählten Montagestruktur und nicht ein explizit während des Entscheidungsprozesses berücksichtigter Faktor. Aktuell befördern die Klassifikationen die integrierte Strukturplanung flussorientierter Montagestrukturen nicht.

[425] vgl. Eversheim (1989) Organisation in der Produktionstechnik 4, S. 168 - 198.

[426] vgl. Grundig (2021) Fabrikplanung, S. 137 - 143.

Hinsichtlich einer effizienten Strukturplanung wurde bereits erläutert, dass Matrixmontagen in den Klassifikationsansätzen nicht eingeordnet bzw. abgegrenzt werden können. Mittels bestehender Merkmale und Ausprägungen können die flussorientierten Montagestrukturen nicht in für die Strukturplanung geeigneter Form gleichzeitig charakterisiert werden. Eine effiziente Strukturplanung, bei der die Montagestruktur in einer Klassifikation anforderungsgeleitet bestimmt wird, ist somit nicht möglich.

Bestehende Klassifikationsansätze geben keinen Aufschluss über die bereitgestellte Flexibilität der Montagestrukturen bzw. welche Bedarfe diese erfüllen. Einzig die Klassifikation der PLATTFORM INDUSTRIE 4.0[427] gibt eine allgemeine Einschätzung der Eignung der Strukturen anhand der Varianz und Anzahl der Produkte an. Eine anforderungsgeleitete oder durch Daten gestützte Strukturauswahl auf Basis der Klassifikationen ist folglich nicht möglich.

Die in Kapitel 3.3 identifizierten Klassifikationen bilden den Ausgangspunkt der zielgerichteten Entwicklung einer der Strukturplanungsmethodik zugrundliegenden Klassifikation flussorientierter Montagestrukturen in Kapitel 5.2.

3.4 Fazit zur Strukturplanung flexibler, flussorientierter Montagestrukturen und Handlungsbedarf aus Sicht der Theorie

Dieses Kapitel dient der abschließenden Bewertung der betrachteten Ansätze zur Bewertung der Flexibilität (vgl. Kapitel 3.1), Gestaltung flussorientierter Montagestrukturen (vgl. Kapitel 3.2), und Strukturierung des Lösungsraums der Strukturplanung (vgl. Kapitel 3.3) anhand der in Kapitel 2.3 definierten Anforderungen. Fokus der Betrachtung ist die anforderungsgeleitete Ermittlung, inwiefern die Ansätze die zuvor identifizierten Handlungsbedarfe aus Sicht der Praxis adressieren bzw. ob sich die Sicht der Theorie mit diesen Handlungsbedarfen deckt. Die Handlungsbedarfe werden abschließend in die zentralen Forschungsfragen überführt. Auf Basis der zusammenfassenden Bewertungen der analysierten Ansätze in den Kapiteln 3.1.2, 3.2.3 und 3.3.4 wird je Anforderung ein Fazit mit Blick auf die Strukturplanung flexibler, flussorientierter Montagestrukturen gezogen.

Die anforderungsgeleitete Strukturplanung ist wegen der Intransparenz über die relevanten Kriterien zur Spezifizierung der Flexibilitätsbedarfe flussorientierter Montagestrukturen sowie deren Quantifizierung nicht objektiv möglich. Die zahlreichen Gestaltungsansätze zu Montagestrukturen mit den teils intransparenten Systembestandteilen verhindern des Weiteren eine effiziente Strukturplanung flussorientierter Montagestrukturen. Eine datenbasierte Strukturplanung ist nicht gewährleistet, da bekannte Bewertungsmethodiken auf Planungsdaten wie etwa Kosten- und Kapazitätsstrukturen zurückgreifen, welche in der frühen Planungsphase der Strukturplanung noch nicht verfügbar sind. Stattdessen werden erst deutlich später im Planungsprozess vorliegende Hilfsgrößen aus der Kosten- und Kapazitätsplanung genutzt. Die integrierte Strukturplanung flussorientierter Montagestrukturen ist bisher aufgrund der mangelnden Berücksichtigung der Restriktionen für die PPS in Klassifikationen sowie der fehlenden Einbindung in ein gesamtheitliches Montageplanungsvorgehen erschwert.

[427] vgl. Plattform Industrie 4.0 (2022) Cyber-physische Matrixproduktionssysteme, S. 10.

Die in Kapitel 2 und 3 dargestellten Grundlagen und Ansätze bilden den inhaltlichen und methodischen Ausgangspunkt für die Konzeption sowie Detaillierung des Lösungsansatzes dieser Arbeit. Die Ergebnisse der Untersuchung problemrelevanter Ansätze und Theorien decken sich mit den in Kapitel 2.3 zunächst aus einer Stichprobe formulierten Handlungsbedarfen aus Sicht der Praxis. Die Betrachtung bestehender Ansätze belegt die Relevanz der Zielsetzung dieser Arbeit aus Sicht der Theorie. Insgesamt bestehen auf Basis des Stands der Technik und Forschung die vier in Abbildung 3-11 dargestellten praxis- und theoriebezogenen Handlungsbedarfe, die in dieser Arbeit adressiert werden müssen.

Handlungsbedarf 1

Die für die Spezifizierung der Flexibilitätsbedarfe einer Montagestruktur relevanten Flexibilitätskriterien identifizieren und eine gezielte Auswertung für verfügbare Planungsdaten definieren

Handlungsbedarf 2

Die für die Strukturplanung relevanten Bestandteile einer Montagestruktur identifizieren, Konfigurationsoptionen aufzeigen und ihre Kombinatorik aufschlüsseln, um den Lösungsraum der Strukturplanung zu strukturieren

Handlungsbedarf 3

Die Wirkbeziehungen zwischen Flexibilitätsbedarfen eines Anwendungsfalls und den Flexibilitätsangeboten der Montagestrukturkonfigurationen in einem systematischen Abgleich zur Priorisierung formalisieren

Handlungsbedarf 4

Die für die Strukturplanung flussorientierter Montagestrukturen relevanten Planungsinkremente mit ihren Informationsaustauschen in einer Methodik verknüpfen und diese in ein ganzheitliches Montageplanungsvorgehen integrieren

Abbildung 3-11: Identifizierte Handlungsbedarfe aus Sicht der Praxis und Theorie

Auf Grundlage der in den vorangegangenen Kapiteln gesammelten Erkenntnisse und identifizierten Handlungsbedarfe lässt sich die zentrale Forschungsfrage dieser Arbeit ableiten:

Wie erfolgt die effiziente Bestimmung flussorientierter Montagestrukturen anhand von Flexibilität in der Strukturplanung?

Aus der zentralen Forschungsfrage werden zur zielgerichteten Beantwortung und Strukturierung des Forschungsvorgehens dieser Arbeit vier Unterforschungsfragen formuliert:

- Wie werden die Flexibilitätsbedarfe während der Strukturplanung flussorientierter Montagestrukturen quantitativ spezifiziert?
- Wie werden die Konfigurationen flussorientierter Montagestrukturen für eine effiziente Strukturplanung strukturiert?
- Wie werden flussorientierte Montagestrukturkonfigurationen in der Strukturplanung anhand von Flexibilität priorisiert?
- Wie erfolgt die integrierte Strukturplanung flussorientierter Montagestrukturen in einem Montageplanungsvorgehen?

Die Fragestellungen unterstützen die systematische Lösungsfindung für die dargestellten Praxisprobleme der Montagestrukturplanung. Im Folgenden werden Antworten auf diese Fragen entwickelt. Gemäß der Zielsetzung dieser Arbeit soll eine Strukturplanungsmethodik mit integrierter Klassifikation für flussorientierte Montagestrukturen entwickelt werden, um für einen Anwendungsfall die potentiellen Systemkonfigurationen gemäß den spezifischen Flexibilitätsbedarfen zusammenzustellen und zu bewerten. Dazu wird in Kapitel 4 das Lösungskonzept dieser Arbeit dargestellt. Dieses Konzept wird in Kapitel 5 methodisch hergeleitet sowie detailliert und anschließend in Kapitel 6 validiert.

4 Konzeption der Methodik zur klassifikationsbasierten Strukturplanung

In Kapitel 2.3 wurden die Herausforderungen der Strukturplanung flussorientierter Montagestrukturen erläutert und der praxisbezogene Handlungsbedarf identifiziert. Für ihre Strukturplanung muss die Gesamtheit der Konfigurationen von Linien- und Matrixmontagestrukturen in einer Methodik betrachtet werden. Bestehende Vorgehen zur Strukturplanung erlauben nicht die gleichzeitige Betrachtung von Linien- und Matrixmontagestrukturen, da sie der gegenüber konventionellen Strukturen gewachsenen Planungskomplexität der Matrixmontage nicht gerecht werden. Es wurde gezeigt, dass für eine erfolgreiche Strukturplanung flussorientierter Montagestrukturen eine integrierte Betrachtung des Montageablaufs, der -struktur sowie der PPS erfolgen muss. Auf Grundlage der im Planungsprozess verfügbaren Daten müssen mit effizientem Ressourceneinsatz diejenigen Montagestrukturkonfigurationen ausgewählt werden, die die Flexibilitätbedarfe erfüllen. Auf diese Weise können die für den individuellen Anwendungsfall passenden Montagestrukturkonfigurationen effizient bestimmt werden.

Die in Kapitel 3 untersuchten Gestaltungsansätze zur Flexibilitäts- und Effizienzsteigerung in flussorientierten Montagestrukturen und die Theorien zur Klassifikation und Flexibilitätsbewertung in der Montage bieten Anknüpfungspunkte für die Entwicklung der Methodik zur effizienten, anforderungsgeleiteten und datenbasierten Strukturplanung. Die zu detaillierende Planungsmethodik enthält eine Klassifikation für flussorientierte Montagestrukturen und ein datenbasiertes Entscheidungsmodell zur Priorisierung der Strukturkonfigurationen anhand eines Abgleichs des Flexibilitätsbedarfs und -angebots. Die Gestaltungsansätze zu flussorientierten Montagestrukturen und bestehende Klassifikationen zu Linienmontagen dienen als Ausgangspunkt der Entwicklung der Klassifikation für flussorientierte Strukturen. Theorien der Flexibilitätsbewertung müssen für die Verarbeitung der während der Strukturplanung verfügbaren Daten adaptiert und erweitert werden. Des Weiteren muss die Methodik zur Strukturplanung in ein ganzheitliches Montageplanungsvorgehen integriert werden.

Gemäß dem forschungsmethodologischen Vorgehen und der Zielsetzung dieser Arbeit wird in diesem Kapitel hypothesengeleitet die Methodik zur klassifikationsbasierten Strukturplanung konzeptioniert. Dazu werden zunächst in Kapitel 4.1 die formalen und inhaltlichen Anforderungen an die Methodik und enthaltene Modelle aus der Zielsetzung und den Handlungsbedarfen aus der Sicht der Praxis sowie der Theorie abgeleitet. Auf dieser Grundlage wird in Kapitel 4.2 die Methodik zur Strukturplanung unter Nutzung einer Klassifikation konzeptioniert und die zur Entwicklung erforderlichen Teilmodelle abgeleitet. Die zentralen Konzepte sind im heuristischen Bezugsrahmen zusammengefasst (vgl. Anhang 8.1).

4.1 Anforderungen an die Methodik zur klassifikationsbasierten Strukturplanung

Dieses Kapitel dient der Definition der Anforderungen an die Planungsmethodik. Dazu werden zunächst die formalen Anforderungen an die Methodik in Kapitel 4.1.1 erläutert. Die aus den Grundlagen der Strukturplanung flussorientierter Montagestrukturen in Kapitel 2.3 und den analysierten Theorieansätzen in Kapitel 3 hervorgehenden inhaltlichen Anforderungen an die Methodik werden in Kapitel 4.1.2 konsolidiert. Die Anforderungen bezwecken die zielgerichtete Entwicklung und Sicherstellung der Anwendbarkeit der Lösung. Auf ihrer Grundlage erfolgt in Kapitel 6 die Validierung und Reflexion der Ergebnisse.

4.1.1 Formale Anforderungen

Dieses Kapitel dient der Formulierung der formalen Anforderungen an die zu entwickelnde Methodik und die enthaltenen Modelle. Einerseits werden Anforderungen zur Sicherstellung der Wissenschaftlichkeit spezifiziert und andererseits zur Gewährleistung der Wirksamkeit der Modelle.

Zunächst muss die Entwicklung den Standards der Wissenschaftlichkeit entsprechen. DÖRING UND BORTZ definieren vier Standards[428], wonach die inhaltliche Relevanz des wissenschaftlichen Forschungsproblems (Engl. *relevance*) nachgewiesen und die methodische Strenge im Forschungsprozess (Engl. *rigor*) erfüllt sein muss. Des Weiteren müssen die Prinzipien der Wissenschafts- und Forschungsethik befolgt und die Forschungsergebnisse nachvollziehbar dokumentiert werden. Die Wissenschaftlichkeit geht aus der Einordnung des Forschungsproblems in einen anerkannten wissenschaftlichen Forschungskontext hervor.[429] Dabei hängt die inhaltliche Relevanz des Forschungsproblems von dessen Beitrag zum wissenschaftlichen Erkenntnisgewinn und/oder zur Lösung von Praxisproblemen ab.[430] Die methodische Strenge fordert die Orientierung des Forschungsprozesses an etablierten wissenschaftlichen Methoden, die zur Bearbeitung des Forschungsproblems geeignet sind und regelkonform umgesetzt werden.[431] Die letzten beiden Standards werden erfüllt mittels der konsequenten Durchführung des Forschungsprozesses und der Dokumentation des Vorgehens sowie den Ergebnissen gemäß den Vorgaben der Wissenschafts- und Forschungsethik.

Des Weiteren müssen formale Anforderungen hinsichtlich der Wirksamkeit der zu entwickelnden Modelle erfüllt werden. Diese Arbeit hat die Entwicklung einer Methodik zur Strukturplanung unter Einbindung und Nutzung einer Klassifikation zum Ziel. Eine Methodik ist „ein System von zusammengehörigen Modellen, Methoden und Hilfsmitteln zur Lösung einer theoretischen und/oder praktischen Aufgabenstellung“[432]. Modelle sind somit wichtiger Bestandteil einer Methodik. In Kapitel 3.3.1 wurden Klassifikationen bereits im Kontext der Modellierung verortet. Auf Grundlage der Modelltheorie können formale Anforderungen abgeleitet werden, die es während der Konzeption der Lösung und Teilmodelle zu berücksichtigen gilt, um

---

[428] vgl. Döring et al. (2016) Forschungsmethoden, S. 89 - 92.

[429] vgl. Döring et al. (2016) Forschungsmethoden, S. 90.

[430] vgl. Döring et al. (2016) Forschungsmethoden, S. 90 - 91.

[431] vgl. Döring et al. (2016) Forschungsmethoden, S. 90 - 91.

[432] vgl. Neuhausen (2001) Gestaltung modularer Produktionssysteme, S. 6.

eine zielgerichtete Entwicklung zu gewährleisten. PATZAK formuliert dazu die folgenden fünf Anforderungen an ein Modell, damit trotz der umfassenden Vereinfachung und Abstraktion bei komplexen, soziotechnischen Systemen die Wirksamkeit des Modells sichergestellt ist[433]:

- **Empirische Richtigkeit:** Das Modell sowie sein Verhalten sollen eine bestmögliche Übereinstimmung mit der abzubildenden Realität anstreben.
- **Formale Richtigkeit:** Das Modell soll in sich widerspruchsfrei sowie formal einwandfrei sein, sodass es reproduzierbare und damit überprüfbare Ergebnisse erzeugt.
- **Hohe Produktivität:** Das Modell soll zielgerichtet sein, um inhaltlich wie formal nutzbare Antworten auf die spezifische Fragestellung zu generieren.
- **Einfache Handhabbarkeit**: Das Modell soll durch leichte Anwendbarkeit und leicht zu interpretierende Ergebnisse einfach handhabbar sein.
- **Geringer Aufwand:** Das Modell soll mit möglichst geringem Aufwand erstellt und angewendet werden.

Die ersten drei und die letzten beiden formalen Anforderungen stehen in einem Zielkonflikt, sodass bei einer Modellentwicklung ein Kompromiss hinsichtlich der optimalen Wirksamkeit einzugehen ist.[434] Dabei gilt es, die Maximierung des Modellnutzens mit der Minimierung des Erstellungs- und Anwendungsaufwands abzuwägen.

Die Erfüllung der formalen Anforderungen wird in Kapitel 6 dieser Arbeit in einer vertiefenden Expertenstudie wie im Folgenden erläutert validiert. Die inhaltliche Relevanz dieser Arbeit geht zunächst aus dem in Kapitel 2.3 identifizierten praxisbezogenen Defizit sowie dem in Kapitel 3.4 dargelegten Theoriedefizit und Handlungsbedarf hervor. Darüber hinaus wird im Rahmen der Validierung bewertet, inwieweit die in dieser Arbeit entwickelte Methodik einen Beitrag zur Lösung des praxis- und theoriebezogenen Defizits leistet. Die methodische Strenge wird anhand der Verwendung etablierter und geeigneter Forschungsmethoden zur Erkenntnisgenerierung evaluiert. Des Weiteren wird mittels dieser Methoden und des kontinuierlichen Abgleichs der generierten Ergebnisse mit der Empirie die empirische Richtigkeit des entwickelten Modells beurteilt. Die Kriterien zur Bewertung der formalen Richtigkeit sind die Redundanzfreiheit und klare Strukturierung des methodologischen Vorgehens sowie der Lösung. Die Produktivität wird anhand des Beitrags des Modells zur Erreichung der Zielstellung dieser Arbeit durch die effiziente, anforderungsgeleitete Bestimmung der Montagestrukturen bewertet. Mittels der Evaluation des Aufwands zur Nutzung des Modells in der Praxis wird die Handhabbarkeit und der Aufwand geprüft.

4.1.2 Inhaltliche Anforderungen

Neben den formalen Anforderungen an die Planungsmethodik müssen auch die inhaltlichen Anforderungen erfüllt werden. Diese leiten sich aus der in Kapitel 1.1 dargestellten Zielsetzung dieser Arbeit, den in Kapitel 2.3 identifizierten Handlungsbedarfen aus Sicht der Praxis sowie

[433] vgl. Patzak (1982) Systemtechnik, S. 309 - 310.
[434] vgl. Patzak (1982) Systemtechnik, S. 309 - 310.

den in Kapitel 3 aus der Untersuchung problemrelevanter Theorien konkretisierten Handlungsbedarfen ab. Abbildung 4-1 fasst die inhaltlichen Anforderungen an die Planungsmethodik zusammen.

Anforderungen aus der Zielsetzung dieser Arbeit

- In ein Montageplanungsvorgehen integrierte Methodik zur Strukturplanung flexibler, flussorientierter Montagestrukturen
- Verbesserung der Planungseffizienz und -effektivität

Anforderungen aus den Handlungsbedarfen aus Sicht der Praxis und Theorie

- **Anforderungsgeleitete Strukturplanung** durch eine anwenderunabhängige Definition und quantitative Spezifizierung des Flexibilitätsbedarfs
- **Effiziente Strukturplanung** durch die Strukturierung der Konfigurationen im Lösungsraum und die Fokussierung auf das Planungsziel
- **Datenbasierte Strukturplanung** durch die gezielte, auf Planungsdaten beruhende Entscheidungsunterstützung zur Bestimmung der Montagestrukturkonfiguration
- **Integrierte Strukturplanung** durch die gleichzeitige Betrachtung der Montagestruktur, des -prozesses und der PPS in einer Methodik

Abbildung 4-1: Anforderungen an die Methodik

Zur Erfüllung der identifizierten Anforderungen ist es erforderlich, dass bei der Entwicklung der Methodik die Herausforderungen der montageplanerischen Praxis unter Anknüpfung an die problemrelevanten Ansätze flussorientierter Montagestrukturen bewältigt werden.

4.2 Klassifikationsbasierte Strukturplanung flussorientierter Montagestrukturen

Dieses Kapitel dient der Konzeptionierung der Methodik zur klassifikationsbasierten Strukturplanung auf Grundlage der in Kapitel 4.1 zusammengestellten Anforderungen. Dazu wird in Kapitel 4.2.1 das Lösungskonzept zur Strukturplanung mittels einer Klassifikation erläutert. Anschließend werden in Kapitel 4.2.2 die vier Teilmodelle zur Entwicklung der Methodik vorgestellt und zueinander in Beziehung gesetzt.

4.2.1 Konzeption der Methodik zur Strukturplanung

In Kapitel 4.1 wurden die formalen und inhaltlichen Anforderungen an die zu entwickelnde Methodik erarbeitet. Auf der Grundlage erfolgt in diesem Kapitel die Formulierung und Erläuterung des Lösungskonzepts dieser Arbeit, welches wiederum Ausgangspunkt zur Ableitung der Teilmodelle sowie des erforderlichen methodologischen Vorgehens in Kapitel 4.2.2 ist. Auf diese Weise bildet das Lösungskonzept gemäß der dieser Arbeit zugrundeliegenden Forschungskonzeption die Verbindung zwischen den zuvor untersuchten Ansätzen sowie problemrelevanten Theorien zum Anwendungskontext. Die Entwicklung der durch das Lösungskonzept beschriebenen Methodik soll die gesammelten Erkenntnisse zur Strukturplanung flussorientierter Montagestrukturen der montageplanerischen Praxis zugänglich machen. Die gezielte Einbindung einer Klassifikation in die Planungsmethodik ermöglicht gemäß der Zielsetzung dieser Arbeit die integrierte und effiziente Priorisierung der Montagestrukturkonfigurationen anhand des datenbasiert spezifizierten Flexibilitätsbedarfs.

Die hypothesengeleitete Konzeption der klassifikationsbasierten Strukturplanung bezweckt die Erfüllung der Zielsetzung dieser Arbeit mittels der Beantwortung der zentralen Forschungsfrage. Im Mittelpunkt steht dabei die Klassifikation und Priorisierung der Montagestrukturkonfigurationen für einen individuellen Anwendungsfall anhand von Flexibilität. Dabei befähigt die klassifikationsbasierte Strukturplanung die gleichzeitige Betrachtung von Linien- und Matrixmontagestrukturen und stellt die effiziente sowie effektive Entwicklung der Montagestrukturen sicher. Gemäß der zentralen Forschungsfrage gilt es folglich zu bestimmen, wie die klassifikationsbasierte Strukturplanung zur anforderungsgeleiteten und datenbasierten Auswahl der Strukturkonfigurationen systematisch erfolgt. In der Phase der Strukturplanung ist die Konfiguration zu priorisieren, die die Gesamtheit der Bedarfe eines Anwendungsfalls bezüglich Flexibilität erfüllt. Zur Bestimmung dieser Konfiguration müssen folglich die Bedarfe spezifiziert, die Alternativen hinsichtlich ihrer Flexibilität analysiert und mittels eines Abgleichs der Bedarfe und bereitgestellter Flexibilität priorisiert werden. Demnach lautet die zentrale Lösungshypothese dieser Arbeit:

Die Klassifikation bildet den zentralen Lösungsbestandteil zum Abgleich der Flexibilitätsbedarfe eines Anwendungsfalls mit dem durch Montagestrukturkonfigurationen bereitgestellten Flexibilitätsangebot und ermöglicht so die integrierte und effiziente Strukturplanung zur anforderungsgeleiteten und datenbasierten Bestimmung der Montagestrukturen.

Der Fokus der Konzeptionierung der Methodik liegt gemäß der zentralen Lösungshypothese auf der Klassifikation. Diese strukturiert die Konfigurationen und bildet somit den Ausgangspunkt der Bewertung und Auswahl der Konfigurationen anhand der Flexibilität. Mittels der Operationalisierung und Einbindung der Klassifikation in ein ganzheitliches Montageplanungsvorgehen werden somit die in Kapitel 4.1 definierten Anforderungen an die integrierte und effiziente Strukturplanung umgesetzt. Im Folgenden wird das Konzept der Planungsmethodik zur klassifikationsbasierten Strukturplanung erläutert.

Zunächst soll die Methodik die **integrierte Strukturplanung** flussorientierter Montagestrukturen in einem Planungsprojekt ermöglichen. In Kapitel 2.2 wurde bereits die Vorteilhaftigkeit des Aachener Fabrikplanungsvorgehens als Ausgangspunkt für die Einbindung einer Strukturplanungsmethodik aufgezeigt. Zur Integration in die Modullandkarte muss die Methodik an relevante vor- und nachgelagerte Planungsmodule sowie -informationen anknüpfen. Dazu werden die Planungsinkremente sowie Input- und Outputbeziehungen des Moduls Montagestrukturplanung für die integrierte Strukturplanung erweitert. Zu Beginn der Strukturplanung liegen in einem Planungsprojekt gemäß der Sequenz der Planungsmodule innerhalb der Modullandkarte die Planungsergebnisse der Produktanalyse (PRO), Produktionsprogrammanalyse (PRG), der Prozessplanung (PZP), der Technologiekettenplanung (TEP) und der Arbeitsvorbereitung (AVB) vor.[435] Somit bilden der Vorranggraph bzw. Prozesswertströme, das Produktprogramm, die Stückzahlszenarien sowie die Ressourcenlisten die relevanten Eingangsinformationen für die Bestimmung der Montagestruktur (vgl. Abbildung 4-2).[436] Für die integrierte Strukturplanung muss folglich eine neue Verknüpfung zwischen den Modulen Arbeits-

[435] vgl. Nöcker (2012) Zustandsbasierte Fabrikplanung, S. 283 - 289.

[436] vgl. Fölling (2022) Hybride Montageplanung, S. 231 - 272.

vorbereitung und Montagestrukturplanung geschaffen werden, um den Vorranggraph zur Berücksichtigung der Vielzahl möglicher Montageabläufe einzubinden. Die Planungsinkremente erzeugen aus Eingangsinformationen die Montagestruktur, welche den Wertstrom in Segmente unterteilt und jedem Segment eine Montagestrukturkonfiguration zuweist.

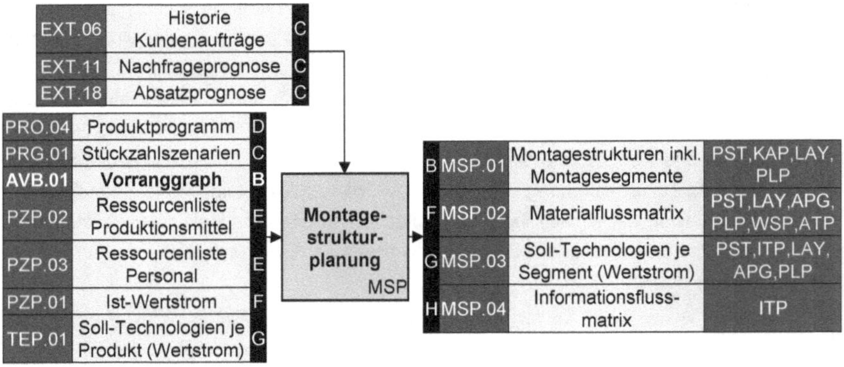

Abbildung 4-2: Erweiterte Planungsinformationen der Montagestrukturplanung

Nachdem die Methodik im entsprechenden Modul der Modullandkarte verortet und verknüpft ist, muss die Klassifikation für flussorientierte Montagestrukturen mittels Planungsinkrementen in der Strukturplanung operationalisiert werden (vgl. Abbildung 4-3). Dazu sind Erweiterungen der aus den Vorarbeiten bekannten Inkremente (vgl. Abbildung 2-14) erforderlich.

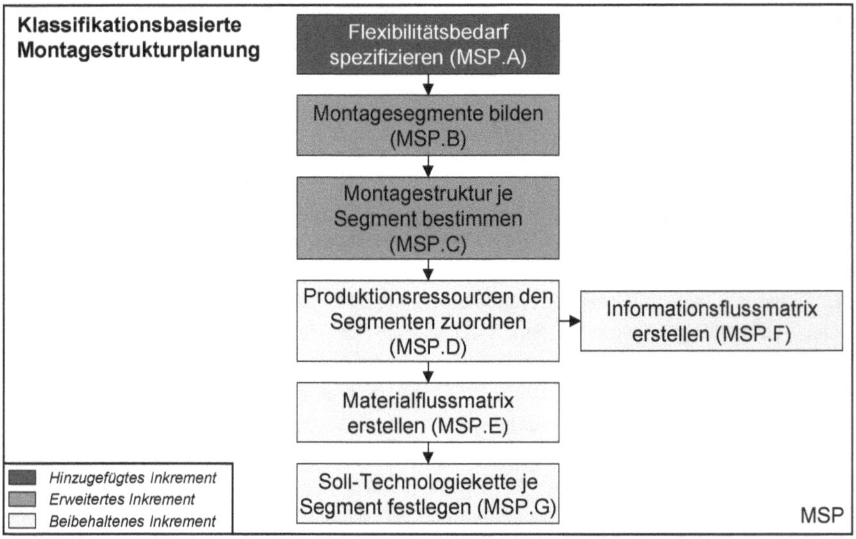

Abbildung 4-3: Planungsinkremente der klassifikationsbasierten Montagestrukturplanung

Zunächst wird ein Planungsinkrement geschaffen, das im ersten Schritt der Methodik den Flexibilitätsbedarf des Anwendungsfalls systematisch auswertet und spezifiziert. Anschließend erfolgt die Segmentierung des Wertstroms (vgl. Abbildung 2-12) in Abschnitte unterschiedlichen Flexibilitätsbedarfs. Das dritte Planungsinkrement bezweckt die **anforderungsgeleitete und datenbasierte Bestimmung** der Strukturkonfigurationen je Segment auf Grundlage der Klassifikation. Dabei stellt diese die Konfigurationen bereit, für die ein Abgleich von Flexibilitätsbedarf und -angebot mittels Priorisierungsalgorithmen erfolgt. Die daraus resultierende Priorisierung der Strukturkonfigurationen je Segment bildet die Entscheidungsunterstützung zur **effizienten Strukturplanung**. Das Modul Montagestrukturplanung wird dabei als Ausgangspunkt eines Set-basierten, simultanen Entwicklungsansatzes (engl. *set-based concurrent engineering*) genutzt. Allgemein wird bei diesem Ansatz ein breites Konzeptspektrum im Planungsprozess in Betracht gezogen.[437] Dieses Set an Konzepten wird mittels eines anhand von Daten verifiziertem Eliminierungsprozess allmählich eingrenzt und die endgültige Konzeptentscheidung zum spätestmöglichen Zeitpunkt bei Kenntnis aller relevanten Einflussfaktoren getroffen.[438] Dabei ist die Konzeptgenerierung von der -festlegung in zwei Phasen mit divergentem bzw. konvergentem Denken getrennt.[439] Demnach werden im zweiten Planungsinkrement mehrere konkurrierende Segmentierungen entwickelt, für die im dritten Inkrement wiederum konkurrierende Montagestrukturen erarbeitet werden (vgl. Abbildung 4-4). Dazu werden je Segmentierung die im Planungsprojekt vorgesehene Anzahl an konkurrierenden Strukturen definiert. Die abschließende Strukturauswahl kann so im Modul Montagestrukturplanung getroffen oder bis in das Modul Kapazitätsplanung bzw. Wirtschaftlichkeitsberechnung, in das Effizienzkennzahlen aus Simulationen einfließen können, verlagert werden.

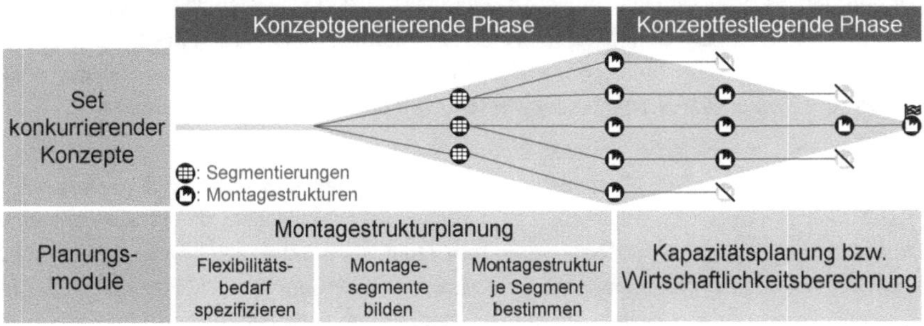

Abbildung 4-4: Set-basierte, simultane Entwicklung konkurrierender Montagestrukturen

Ein Set-basierter, simultaner Entwicklungsansatz ist insbesondere bei gleichzeitiger Betrachtung von Linien- und Matrixmontagen vorteilhaft, da aufgrund der hohen Betriebsdynamik Effizienzkennzahlen nur mittels Simulation der Kapazitätsplanung ermittelt werden können. Im Folgenden wird daher für die Entwicklung der Lösung dieser Arbeit der Set-basierte, simultane

[437] vgl. Raudberget (2010) Practical applications of set-based concurrent, S. 685.

[438] vgl. Wentz (2012) The innovation machine, S. 151 - 152.

[439] vgl. Borchani et al. (2019) Integrating model-based system engineering, S. 82 - 83; Bouschery et al. (2023) Augmenting human innovation teams, S. 141.

Entwicklungsansatz fokussiert. Ergebnis des Inkrements sind somit konkurrierende Montagestrukturen, die je Segment die ausgewählte Strukturkonfiguration beinhalten. Demnach bildet die Montagestrukturplanung insgesamt die konzeptgenerierende Planungsphase und die Kapazitätsplanung bzw. Wirtschaftlichkeitsrechnung die konzepteliminierende bzw. -festlegende Phase (vgl. Abbildung 4-4). Falls der konventionelle, Punkt-basierte Entwicklungsansatz (engl. *point-based engineering*) verfolgt wird, geht aus dem Modul Montagestrukturplanung die am höchsten priorisierte Montagestruktur als Konzeptentscheidung hervor.

Im Anschluss werden gemäß den bestehenden Planungsinkrementen (vgl. Kapitel 2.2.2) separat je Montagestruktur die Produktionsressourcen den Segmenten zugeordnet, die Informations- und Materialflussmatrix erstellt sowie die Soll-Technologieketten festgelegt. Insgesamt resultieren aus dem Modul der klassifikationsbasierten Montagestrukturplanung die Ausgangsinformationen, die die konzeptionelle Grundlage zur Konkretisierung des Montagesystems und der Modellierung sowie Simulation bilden.

Die skizzierte, integrierte Planungsmethodik wird im Folgenden detailliert entlang der zentralen Planungsinkremente zur Bedarfsspezifizierung, Segmentierung, Strukturierung des Lösungsraums und dem Abgleich von Flexibilitätsbedarf und -angebot dargestellt. Das erste Planungsinkrement (vgl. Abbildung 4-3) bezweckt die quantitative Spezifizierung des Flexibilitätsbedarfs und zielt somit auf die Erfüllung der **anforderungsgeleiteten** und **datenbasierten Strukturplanung** ab. Die Flexibilitätsbedarfe des im Planungsprojekt betrachteten Anwendungsfalls werden durch Flexibilitätskriterien beschrieben, welche die Planungsdaten aus vorgelagerten Modulen zur quantitativen Spezifizierung nutzen. Dazu ist ein Set aus Flexibilitätskriterien und erklärenden Datenmodellen erforderlich, um die vollständige Berücksichtigung der Flexibilitätsbedarfe sicherzustellen. Veränderungen von Anforderungen im Planungshorizont werden darin mittels Referenzszenarien abgebildet. Repräsentative Produktmixveränderungen über die Zeit werden mittels der Verkettung mehrerer Produktmixe spezifiziert.

Das Flexibilitätskriterienset umfasst *Produktflexibilität, Neuproduktflexibilität, Volumenflexibilität, Expansionsflexibilität, Ressourcenflexibilität* und *allgemeine, kurzfristige* sowie *langfristige Produktmixflexibilität.* Volumen- bzw. Expansionsflexibilität sind die Fähigkeiten einer Struktur, kurzfristige Stückzahländerungen bzw. langfristige Stückzahlentwicklungen gemessen in absoluten Ausbringungsmengen zu realisieren. Die Produktflexibilität beschreibt die Fähigkeit einer Struktur, die Vielfalt der im Produktprogramm enthaltenen Produktmodelle montieren zu können. Darüber hinaus beschreibt die Neuproduktflexibilität die Fähigkeit einer Struktur, weitere Produktmodelle mit ihren individuellen Prozessen neben existierenden Produkten bzw. Prozessen zu integrieren. Ressourcenflexibilität ist die Fähigkeit einer Struktur, die Arbeitsteilung zwischen Produktionsressourcen flexibel anzupassen und damit vorhandene Qualifikationen variabel einzusetzen. Die Produktmixflexibilität ist die Fähigkeit einer Struktur, Produktionsprogramme zu realisieren, die sich aus verschiedenen Anteilen von Produktmodellen und -varianten zusammensetzen. Dabei beschreibt die allgemeine Produktmixflexibilität die Heterogenität der Montageumfänge innerhalb aller Referenzszenarien des Produktionsprogramms. Die kurzfristige Produktmixflexibilität fokussiert den kurzfristigen Wechsel von einem Produktionsprogramm zu einem anderen. Die langfristige Produktmixflexibilität betrachtet Trendveränderungen des Programms auf lange Zeithorizonte. Die Planungsdaten der vorgelagerten Module der Montagestrukturplanung werden in die Datenmodelle der Kriterien eingepflegt und zur Spezifizierung des Flexibilitätsbedarfs statistisch ausgewertet. Auf diese Weise werden die enthaltenen Informationen gezielt extrahiert. Das Ergebnis des ersten Planungsinkrements sind die auf Grundlage der Planungsdaten quantitativ spezifizierten Flexibilitätsbedarfe eines Anwendungsfalls.

Im zweiten Planungsinkrement (vgl. Abbildung 4-3) werden konkurrierende Segmentierungen zur Aufteilung der Montage in Subsysteme verschiedener Flexibilitätsbedarfe entwickelt. Dazu werden auf Grundlage der Auswertung der Produkt- und Produktmixflexibilitäten Kapazitätsteilungen zur Segmentierung (vgl. Abbildung 2-12) identifiziert. Einerseits zeichnen sich in der Auswertung vertikale Kapazitätsteilungen durch aufeinanderfolgende Gruppen von Montageumfängen ab, die über die betrachteten Produktmodelle bzw. -varianten hinweg heterogene Flexibilitätsbedarfe besitzen. Andererseits können horizontale Kapazitätsteilungen durch die Unterscheidung homogener Produktgruppen identifiziert werden, die je Montageumfang heterogene Flexibilitätsbedarfe aufweisen. Ferner wird die Zuordnung der Produktgruppen zu Segmenten in diesem Inkrement durchgeführt, da die Segmentierung maßgeblich durch die Produkte bzw. ihre Montageumfänge bestimmt wird. Je gewählter Segmentierung wird die Auswertung der Flexibilitätsbedarfe entsprechend der Segmentgrenzen und Produktzuordnung aktualisiert, um die vorherrschenden Bedarfe je Segment exakt widerzuspiegeln. Das Ergebnis bilden konkurrierende Segmentierungen, die jeweils eine Aufteilung der Montage in parallele sowie in Reihe geschaltete Abschnitte beinhalten. Die nachfolgenden Inkremente werden separat je Segment durchlaufen.

Das dritte Planungsinkrement (vgl. Abbildung 4-3) bezweckt die Entwicklung der konkurrierenden Montagestrukturen und bildet somit den Kern der Strukturplanung. Grundlage ist die Kenntnis des durch die Strukturkonfigurationen aufgespannten Lösungsraums der Strukturplanung. Diese sind einschließlich ihrer konstituierenden Charakteristika in der Klassifikation für flussorientierte Montagestrukturen aufgeschlüsselt, welche die Kernerkenntnis dieser Arbeit bildet. Die Klassifikation bezweckt die Erfüllung der Anforderung der **effizienten Strukturplanung**, da durch die Bereitstellung der Strukturkonfigurationen Aufwände zur Erfassung des Lösungsraums und zur Schaffung von Transparenz vollständig entfallen. Dazu erfolgt die Aufbereitung der Konfigurationen in der Modellstruktur einer Klassifikation (vgl. Tabelle 4-1). Diese ist angelehnt an die Taxonomie für straßengebundene Kraftfahrzeuge mit Systemen zum automatisierten Fahren nach SAE J3016[440], die Fahrzeuge mit Assistenzsystemen nach ihrem Automatisierungsgrad in Levels ausgehend von keiner Automation stufenweise bis hin zu Vollautomatisierung klassifiziert. In Analogie dazu spiegeln die Zeilen der Klassifikation für flussorientierte Montagestrukturen Flexibilitätslevels wider, die jeweils einer Strukturkonfiguration entsprechen. Dabei sind die Levels gemäß steigendem Flexibilitätsangebot angeordnet. Die Spalten der Klassifikation beinhalten die Merkmale flussorientierter Montagestrukturen, die die für die Strukturplanung wesentlichen Bestandteile umfassen. In den Zellen befinden sich Ausprägungen, die dem Merkmal der Spalte zugeordnet sind und in dem der Zeile entsprechenden Level Anwendung finden. Somit setzt sich ein Level bzw. eine Montagestrukturkonfiguration aus der Kombination der Ausprägungen in einer Zeile zusammen.

---

[440] vgl. SAE International (2021) Driving automation systems, S. 25 - 26.

Tabelle 4-1: Modellstruktur der Klassifikation für flussorientierte Montagestrukturen

Levels	Flexibilität	Merkmale		
		Merkmal 1	…	Merkmal i
1		Ausprägung von Merkmal 1 mit geringem Flexibilitätsangebot	…	Ausprägung von Merkmal i mit geringem Flexibilitätsangebot
…		…	…	…
n		Ausprägung von Merkmal 1 mit hohem Flexibilitätsangebot	…	Ausprägung von Merkmal i mit hohem Flexibilitätsangebot

Die Merkmale der Klassifikation müssen gemäß der Anforderung der **integrierten Strukturplanung** die relevanten Aspekte der Montagestruktur und -steuerung umfassen. Zur Sicherstellung der einfachen Anwendbarkeit in der Praxis und Übersichtlichkeit der Klassifikation darf diese einerseits nicht zu spezifisch, das heißt aus zu vielen Merkmalen zusammengesetzt, formuliert sein. Andererseits darf diese nicht zu generisch sein, um ausreichend Transparenz über die Gestaltungsmöglichkeiten zu bieten (vgl. Kapitel 4.1.1). Vor diesem Hintergrund ergibt sich auf Grundlage der definierten Modellstruktur, der in Kapitel 3.2 analysierten Montagestrukturen sowie den Praxiserfahrungen des Autors aus Montageplanungsprojekten die in Tabelle 4-2 dargestellte Klassifikation. Aus der Differenzierung der drei Merkmale *Dimension der Objektrouten, Synchronisationsprinzip der Zeit* und *Mobilität der Produktionsressourcen* resultieren insgesamt zwölf Flexibilitätslevels. Die Herleitung und Erläuterung der Klassifikation erfolgen detailliert im Rahmen der Modellentwicklung in Kapitel 5.2.2.

Tabelle 4-2: Klassifikation flussorientierter Montagestrukturen[441]

Levels	Flexibilität	Merkmale		
		Dimension der Objektrouten	Synchronisationsprinzip der Zeit	Mobilität der Produktionsressourcen
1		Eindimensional (Linie)	Einheitliche Taktzeit	Stationär
2				Beweglich
3			Durchschnittliche Taktzeit	Stationär
4				Beweglich
5		Zweidimensional (Matrix)		Stationär
6				Beweglich
7			Erwartete Prozesszeiten	Stationär
8				Beweglich
9			Reaktion auf Montagefortschritt	Stationär
10				Beweglich
11			Erwartete Prozesszeiten und Reaktion auf Montagefortschritt	Stationär
12				Beweglich

441 In Anlehnung an Föhlisch et al. (2023) Classification of flow-based assembly structures, S. 135.

Die Priorisierung der Montagestrukturkonfigurationen erfolgt auf Grundlage der Merkmale und Ausprägungen der Klassifikation je Segment anhand des Abgleichs von Flexibilitätsbedarf und -angebot (vgl. Abbildung 4-5). Auf diese Weise wird die Erfüllung der Anforderung der **anforderungsgeleiteten Strukturplanung** bezweckt.

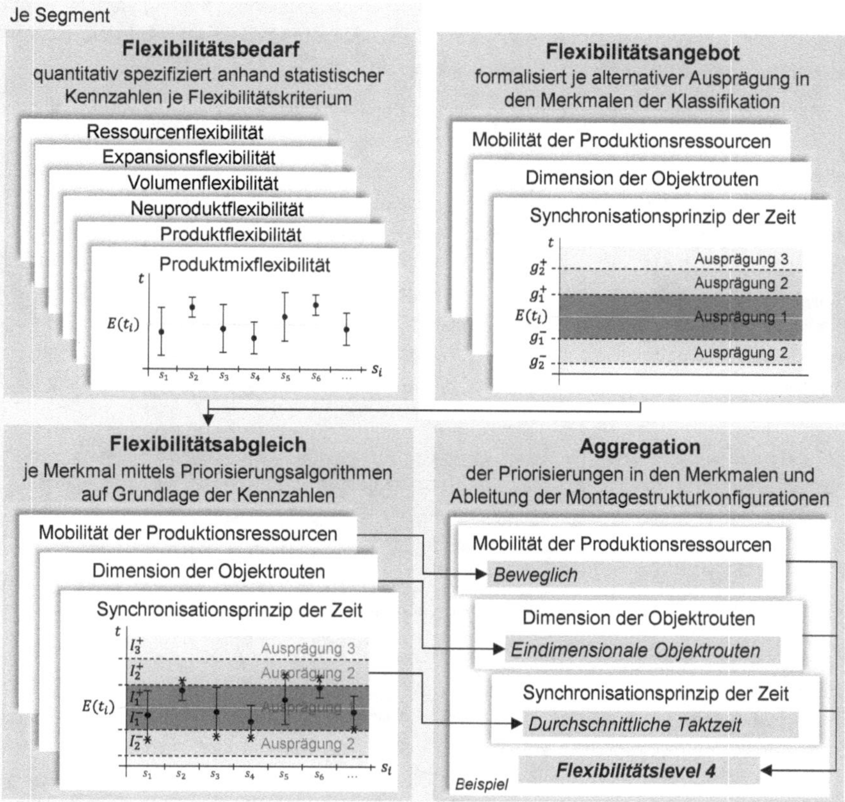

Abbildung 4-5: Flexibilitätsabgleich zur Priorisierung der Montagestrukturkonfigurationen

Der Flexibilitätsbedarf eines Anwendungsfalls ist im ersten Planungsinkrement mittels der Auswertung der Planungsdaten quantifiziert worden und liegt in Form von statistischen Kennzahlen vor (vgl. Abbildung 4-5 oben links). Das Flexibilitätsangebot der Ausprägungen ist je Merkmal als Funktion der statistischen Kennzahlen in Priorisierungsalgorithmen formalisiert (vgl. Abbildung 4-5 oben rechts). Der Abgleich von Flexibilitätsbedarf und -angebot erfolgt je Merkmal mittels der Anwendung der Algorithmen auf die erhobenen Kennzahlen eines Anwendungsfalls (vgl. Abbildung 4-5 unten links). In der abschließenden Aggregation werden aus den Priorisierungen je Merkmal die Flexibilitätslevels bzw. die konkurrierenden Montagestrukturen in der Klassifikation bestimmt (vgl. Abbildung 4-5 unten rechts).

Die erzeugten Montagestrukturen bilden das Kernergebnis der Strukturplanung und sind wesentliche Eingangsinformation des Moduls Kapazitätsplanung. In diesem werden je Montagestruktur die Kapazitätsangebote festgelegt und Effizienzvergleiche mittels Simulation zur abschließenden Konzeptauswahl durchgeführt. Die weiteren Planungsinkremente der Montagestrukturplanung werden im Ablauf unverändert je konkurrierender Montagestruktur durchgeführt (vgl. Abbildung 4-3). Die erzeugten Ausgangsinformationen werden in die sich anschließenden Module weitergegeben (vgl. Abbildung 4-2).

Die Konzeptionierung der Lösung in diesem Kapitel hat gezeigt, dass die Kernerkenntnis dieser Arbeit in der neuartigen, auf einer Levelstruktur basierenden Klassifikation für flussorientierte Montagestrukturen liegt. Des Weiteren stellt das Priorisierungsmodell einen weiteren, zentralen Erkenntnisgewinn zur Entwicklung anwendungsfallspezifischer Montagestrukturen dar. Es erlaubt die anforderungsgeleitete Priorisierung der Strukturkonfigurationen mittels eines Abgleichs des Flexibilitätsangebots der in der Klassifikation bereitgestellten Alternativen mit dem quantitativ spezifizierten Flexibilitätsbedarf. Die Erkenntnisse sind Grundlage der Methodik zur effizienten und integrierten Entwicklung der konkurrierenden Montagestrukturen unter gleichzeitiger Betrachtung von Linien- und Matrixmontagen. Die zentrale Forschungsfrage kann anhand der erwarteten Erkenntnisse dieser Arbeit bereits hypothesengeleitet beantwortet werden:

> Die konkurrierenden Montagestrukturen werden effizient in der Klassifikation anhand des datenbasierten Abgleichs des durch die Planungsdaten spezifizierten Flexibilitätsbedarfs sowie des durch alternative Montagestrukturkonfigurationen bereitgestellten Flexibilitätsangebots ermittelt.

4.2.2 Teilmodelle zur Entwicklung der Methodik zur Strukturplanung

Nachdem im vorigen Kapitel 4.2.1 das Lösungskonzept dieser Arbeit erläutert wurde, werden in diesem Kapitel die Teilmodelle zur gezielten Entwicklung der Lösung und Beantwortung der Forschungsfrage hergeleitet. Dazu werden insbesondere die zentralen Lösungsbestandteile in Form des Anforderungsmodells für Flexibilität, der Klassifikation flussorientierter Montagestrukturen, des Priorisierungsmodells für Strukturkonfigurationen und der integrierten Planungsmethodik konkretisiert. Aus den Teilmodellen resultiert die Struktur von Kapitel 5 dieser Arbeit, in dem die klassifikationsbasierte Strukturplanung detailliert wird.

Die Teilmodelle bezwecken die Erfüllung der Handlungsbedarfe mittels der Beantwortung der jeweiligen Forschungsfrage. Diese Arbeit umfasst vier Teilmodelle, die zur Entwicklung der Lösung erforderlich sind. Abbildung 4-6 zeigt, wie aus den vier identifizierten Handlungsbedarfen jeweils eine Forschungsfrage resultiert, die wiederum jeweils einem Teilmodell zugeordnet ist. Die Teilmodelle dieser Arbeit können gemäß der Kategorisierung der Modelltypen nach PATZAK (vgl. Kapitel 3.3.1) als Beschreibungs-, Erklärungs-, Entscheidungs- und Gestaltungsmodell eingeordnet werden.

	Handlungsbedarf	Forschungsfrage	Teilmodell
1	Identifikation der für die Strukturplanung relevanten Flexibilitätskriterien und Definition einer gezielten Auswertung	Wie werden die Flexibilitätsbedarfe während der Strukturplanung flussorientierter Montagestrukturen quantitativ spezifiziert?	**Anforderungsmodell:** Beschreibungsmodell zur systematischen Spezifizierung der Flexibilitätsbedarfe
2	Identifikation und Strukturierung der relevanten Konfigurationen flussorientierter Montagestrukturen	Wie werden die Konfigurationen flussorientierter Montagestrukturen für eine effiziente Strukturplanung strukturiert?	**Klassifikation:** Erklärungsmodell zur Strukturierung der Konfigurationen flussorientierter Montagestrukturen
3	Datenbasierte Priorisierung von Montagestrukturkonfigurationen anhand eines Flexibilitätsabgleichs	Wie werden flussorientierte Montagestrukturkonfigurationen in der Strukturplanung anhand von Flexibilität priorisiert?	**Priorisierungsmodell:** Entscheidungsmodell zur datenbasierten Priorisierung der Montagestrukturkonfigurationen
4	Operationalisierung der Strukturplanung flussorientierter Montagen in einer Methodik und Integration in ein Planungsvorgehen	Wie erfolgt die integrierte Strukturplanung flussorientierter Montagestrukturen in einem Montageplanungsvorgehen?	**Integrationsmodell:** Gestaltungsmodell zur integrierten Strukturplanung flussorientierter Montagen

Abbildung 4-6: Verknüpfungen der Handlungsbedarfe, Forschungsfragen und Teilmodelle

Der zentrale Erkenntnisgewinn dieser Arbeit liegt in der Klassifikation für flussorientierte Montagestrukturen und dem damit verknüpften, datenbasierten Priorisierungsmodell. Eine Neuerung ist die gezielte Nutzung von während der Strukturplanung verfügbaren Prozess- und Produktionsprogrammdaten zur Spezifizierung des Flexibilitätsbedarfs. Die Klassifikation strukturiert erstmals die Konfigurationen der Linien- und Matrixmontage in einem Modell mit den für die Strukturplanung relevanten Merkmalen und Ausprägungen. Die Kombination aus Klassifikation und Anforderungs- sowie Priorisierungsmodell erlaubt die effiziente Ermittlung von Montagestrukturkonfigurationen anhand des Flexibilitätsbedarfs. Die Modelle sind der Schlüssel zur Entwicklung der Planungsmethodik zur klassifikationsbasierten Strukturplanung.

In Abbildung 4-7 sind die Teilmodelle dieser Arbeit mit ihren Schnittstellen dargestellt. Die Entwicklung der Lösungen in den Teilmodellen wird chronologisch in der Reihenfolge der Identifikation der Handlungsbedarfe aus Sicht der Praxis sowie Theorie vorgenommen und jeweils durch das methodologische Vorgehen nach PATZAK[442] (vgl. Kapitel 5) strukturiert. Zunächst wird im Rahmen des Anforderungsmodells das für flussorientierte Montagestrukturen anforderungsbestimmende Kriterienset der Flexibilität bestimmt und die Datenmodelle einschließlich der Auswertungsmethoden festgelegt. Im folgenden Erklärungsmodell wird die Klassifikation flussorientierter Montagestrukturen zur Aufschlüsselung der Strukturkonfigurationen und ihrer

[442] vgl. Patzak (1982) Systemtechnik, S. 309.

Bestandteile erarbeitet. Die Wirkbeziehungen zwischen den Flexibilitätsbedarfen im Anforderungsmodell und den Merkmalen in der Klassifikation werden anschließend erklärt und in das Priorisierungsmodell zur Bewertung der Montagestrukturkonfigurationen überführt. Abschließend erfolgt die Operationalisierung und Einbindung der Strukturplanungsmethodik in ein ganzheitliches Montageplanungsvorgehen im Integrationsmodell.

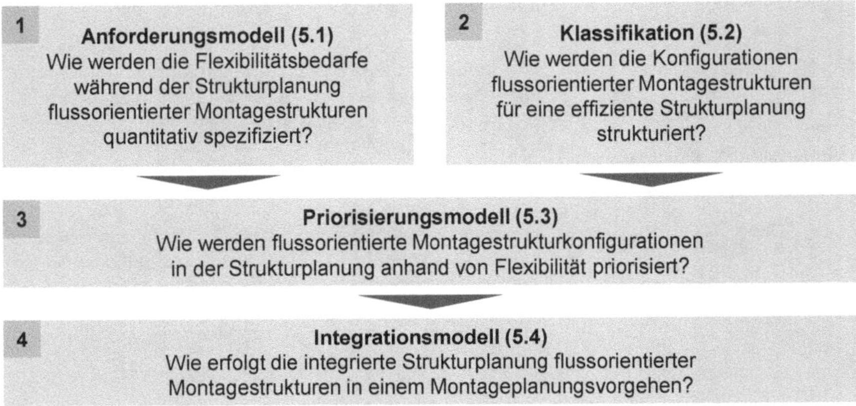

Abbildung 4-7: Übersicht der Teilmodelle und ihrer Schnittstellen

Zunächst wird im deskriptiven Modell zur Definition und umfassenden Beschreibung der relevanten Flexibilitätskriterien der Strukturplanung die Grundlage für die Spezifizierung der Bedarfe eines Anwendungsfalls gelegt (vgl. Kapitel 5.1). Dazu werden die relevanten Flexibilitätskriterien auf Basis der in Kapitel 3.1 identifizierten Anknüpfungspunkte der Bewertung von Montagestrukturen in einem redundanzfreien Kriterienset zusammengestellt. Die Kriterienauswahl erfolgt dabei mittels einer Expertenstudie mit Teilnehmenden aus der Montageplanung der industriellen Praxis zur Sicherstellung der praktischen Relevanz der Ergebnisse (vgl. Anhang 8.4). Als Vorbereitung für die datenbasierte Auswertung der Anforderungen hinsichtlich Flexibilität wird je Kriterium bestimmt, welche in der Phase der Strukturplanung verfügbaren Planungsinformationen in Form von Prozess- und Produktionsprogrammdaten zur quantitativen Spezifizierung genutzt werden können. Auf dieser Grundlage werden die Definitionen der Kriterien sowie die verknüpften Datenmodelle für den Kontext der Strukturplanung iterativ in Expertendiskussionen erarbeitet. Aus dem Teilmodell resultiert das Kriterienset einschließlich der Datenmodelle und Auswertungsmethoden zur Spezifizierung der Flexibilitätsbedarfe, welche die Grundlage zur Bewertung flussorientierter Montagestrukturen im Auswahlprozess bildet. Die Erkenntnis des Anforderungsmodells ist somit, wie in der frühen Planungsphase vorhandene Daten gezielt genutzt werden, um den Flexibilitätsbedarf quantitativ zu spezifizieren und so die anforderungsgeleitete Strukturplanung zu befähigen.

Anschließend wird im explikativen Modell zur Strukturierung der Montagestrukturkonfigurationen die Klassifikation als Grundlage für die effiziente Strukturplanung entwickelt (vgl. Kapitel 5.2). Dazu wird zunächst die in Kapitel 4.2.1 skizzierte Modellstruktur auf Basis der Zielsetzung dieser Arbeit und den identifizierten Anknüpfungspunkten der Klassifizierung von Montagestrukturen sowie dem domänenübergreifenden Transfer aus Kapitel 3.3 detailliert. Die zur vollständigen Beschreibung flussorientierter Montagestrukturen erforderlichen Merkmale werden aus den in Kapitel 3.2 analysierten Gestaltungsansätzen und in Kapitel 3.3.2 diskutierten Klassifikationen geleitet durch die Handlungsbedarfe aus Kapitel 3.4 herausgearbeitet. Dabei bildet Kapitel 2.1.3 den zugrundeliegenden Ordnungsrahmen. Dazu werden mittels der empirisch begründeten Typenbildung nach KLUGE[443] die Konfigurationsoptionen aus den Theorieansätzen identifiziert und je Merkmal zu Ausprägungen zusammengefasst. In Anlehnung an die morphologische Analyse nach ZWICKY[444] werden die Merkmale mit ihren Ausprägungen im morphologischen Kasten flussorientierter Montagestrukturen organisiert. Die Ausprägungen werden dabei gemäß wachsender Flexibilität geordnet. Auf Grundlage der Bildung der Kombinationen von Ausprägungen werden die Montagestrukturkonfigurationen erarbeitet. Diese bilden den Ausgangspunkt einer Studie mit Montageplanungsexperten der industriellen Praxis zur Priorisierung der Konfigurationen für den Anwendungskontext. Diese werden ebenfalls gemäß wachsender Flexibilität in Form der initial definierten Klassifikationsstruktur angeordnet. Das Ergebnis des explikativen Modells ist die Klassifikation flussorientierter Montagestrukturen bestehend aus nach Flexibilität geordneten Levels, die die praxisrelevanten Konfigurationen mit ihren Bestandteilen widerspiegeln. Die Klassifikation bildet die Kernerkenntnis der Arbeit, da erstmals die Strukturkonfigurationen der Linien- und Matrixmontage einschließlich ihrer Bestandteile in einer Systematik abgegrenzt sind und dadurch die effiziente Strukturplanung befähigt wird.

Auf Basis des deskriptiven Modells zur Spezifizierung der Flexibilitätsbedarfe und des explikativen zur Strukturierung der Montagestrukturkonfigurationen wird das Entscheidungsmodell zur datenbasierten Priorisierung der Konfigurationen entwickelt (vgl. Kapitel 5.3). Dieses liefert im Anwendungskontext eine Rangfolge der Konfigurationen auf Basis der Bedarfe des individuellen Anwendungsfalls. In diesem Teilmodell werden die Wirkbeziehungen zwischen den die Bedarfe spezifizierenden Flexibilitätskriterien und der durch Montagestrukturkonfigurationen bereitgestellten Flexibilität erklärt. Dazu wird eine Wirkbeziehungsanalyse in Anlehnung an die Methodik des Vernetzten Denkens nach PROBST UND GOMEZ[445] durchgeführt. Die für den Flexibilitätsabgleich priorisierten Wirkbeziehungen werden jeweils mittels eines Algorithmus formalisiert. Dabei erfolgt die Abstimmung des Flexibilitätsangebots durch die Auswertung repräsentativer Anwendungsfälle der montageplanerischen Praxis unter Einbindung des Expertenkreises. Als Ergebnis des Teilmodells resultiert das Priorisierungsmodell, das die datenbasierte und effiziente Bestimmung der auf Grundlage der Flexibilitätsbedarfe des Anwendungsfalls überlegenen Montagestrukturkonfigurationen je Segment ermöglicht. Die Erkenntnis des Teilmodells ist das Verständnis und die Formalisierung der Wirkbeziehungen zwischen den Flexibilitätsbedarfen und der bereitgestellten Flexibilität der Strukturkonfigurationen flussorientierter Montagestrukturen.

Das Gestaltungsmodell zur systematischen und integrierten Strukturplanung unter Verwendung der zuvor entwickelten Klassifikation wird im letzten Teilmodell erarbeitet (vgl. Kapitel 5.4). Ausgangspunkt bildet das Modul Produktionsstrukturplanung (vgl. Kapitel 2.2.2) mit seinen Planungsinkrementen und dem Informationsaustausch mit anderen Modulen innerhalb

---

443 vgl. Kluge (2000) Empirisch begründete Typenbildung.

444 vgl. Zwicky (1989) Entdecken, Erfinden, Forschen im morphologischen Weltbild.

445 vgl. Probst et al. (1991) Vernetztes Denken, S. 4 - 19.

der Modullandkarte des Aachener Fabrikplanungsvorgehens[446]. Die Operationalisierung der klassifikationsbasierten Strukturplanung und die Integration in ein Montageplanungsvorgehen erfolgt durch die Analyse und gezielte Erweiterung der Modullandkarte um dafür erforderliche Planungsinkremente und Verknüpfungen zum Informationsaustausch. Die Spezifizierung der Flexibilitätsbedarfe einer Montagestruktur wird auf Basis von Ausgangsinformationen der Module Prozess- und Produktionsprogrammplanung als initiales Planungsinkrement in die Montagestrukturplanung integriert, um das erste Teilmodell dieser Arbeit zu operationalisieren. Auf die sich anschließende Segmentierung der Montage folgt das Planungsinkrement zur Bestimmung der Konfigurationen je Segment, in dem das zweite und dritte Teilmodell dieser Arbeit Verwendung finden. Dabei sind die für das Modul Produktionssteuerungsplanung resultierenden Restriktionen innerhalb der enthaltenen Klassifikation berücksichtigt. Die ermittelte Konfiguration je Segment wird dem Planungsablauf des Moduls Montagestrukturplanung gerecht dokumentiert und in den weiteren Planungsinkrementen zu den bekannten Ausgangsinformationen weiterverarbeitet. Durch die systematische Kombination der Bedarfsspezifizierung hinsichtlich Flexibilität, der Klassifikation flussorientierter Montagestrukturen und dem Priorisierungsmodell zur Bestimmung von Strukturkonfigurationen in dem Montageplanungsvorgehen wird insgesamt die anforderungsgeleitete, integrierte, datenbasierte und effiziente Strukturplanung ermöglicht.

In Kapitel 5 erfolgt die Ausarbeitung und Detaillierung der beschriebenen Teilmodelle des Lösungskonzepts dieser Arbeit.

[446] vgl. Burggräf et al. (2021) Die Modullandkarte des Aachener Fabrikplanungsvorgehens, 866–871.

5 Entwicklung der Methodik zur klassifikationsbasierten Strukturplanung

Die Methodik zur klassifikationsbasierten Strukturplanung wurde in Kapitel 4 anhand der identifizierten Handlungsbedarfe aus dem Kontext der Praxis sowie den problemrelevanten Theorien hypothesengeleitet konzipiert. Im vorliegenden Kapitel erfolgt gemäß der Forschungskonzeption dieser Arbeit die Entwicklung und Detaillierung der Teilmodelle des Lösungskonzepts. Kern ist die Operationalisierung der Klassifikation sowie des Abgleichs von Flexibilitätsbedarf und -angebot zur Priorisierung der Montagestrukturkonfigurationen für die praktische Anwendung.

Aus der Modelltheorie geht hervor, dass Methodiken auf Modelle zurückgreifen, die relevante Realitätsausschnitte abbilden (vgl. Kapitel 3.3.1). Die gemäß dem Lösungskonzept zu entwickelnde Methodik umfasst ein Beschreibungs- (*Anforderungsmodell*), ein Erklärungs- (*Klassifikationsmodell*), ein Entscheidungs- (*Priorisierungsmodell*) sowie ein übergreifendes Gestaltungsmodell (*Integrationsmodell*). Die Entwicklung der Teilmodelle erfolgt in Anlehnung an das der Systemtechnik zugeordnete methodologische Vorgehen zur Modellentwicklung nach PATZAK, welches die folgenden vier Schritten umfasst[447]:

1. Definition und Abgrenzung des betrachteten Sachverhalts
2. Bestimmung der relevanten Variablen sowie Parameter im Modell
3. Bestimmung der Beschaffenheit der Relationen innerhalb des Modells
4. Überprüfung des Modells hinsichtlich der Erfüllung der gestellten Anforderungen

Diese Vorgehensweise wird je Teilmodell um detaillierende, spezifische Methodiken erweitert. Je Modell gilt es den Detailgrad der Modellierung orientiert an den Modellmerkmalen nach STACHOWIAK[448] (vgl. Kapitel 3.3.1) festzulegen.

Die Entwicklung erfolgt entlang der Struktur sowie den Schnittstellen der definierten Teilmodelle gemäß Abbildung 4-7. Demnach wird in Kapitel 5.1 zunächst das Anforderungsmodell zur quantitativen Spezifizierung des Flexibilitätsbedarfs innerhalb der Strukturplanung entwickelt. Die Merkmale der alternativen Konfigurationen flussorientierter Montagestrukturen sowie ihre Ausprägungen werden in Kapitel 5.2 differenziert und in eine Klassifikation zur effizienten Strukturplanung überführt. Auf Grundlage des Anforderungsmodells sowie der Klassifikation wird in Kapitel 5.3 das Entscheidungsmodell zur Priorisierung von Strukturkonfigurationen mittels eines Abgleichs von Flexibilitätsbedarf und -angebot entwickelt. Abschließend werden die entwickelten Teilmodelle in Kapitel 5.4 mittels des Integrationsmodells in ein ganzheitliches Montageplanungsvorgehen für flussorientierte Montagestrukturen integriert.

---

[447] vgl. Patzak (1982) Systemtechnik, S. 309.

[448] vgl. Stachowiak (1973) Allgemeine Modelltheorie, S. 131 - 133.

5.1 Der Flexibilitätsbedarf innerhalb der Strukturplanung

Flexibilität in der Produktion bzw. Montage ist ein komplexes, mehrdimensionales Konzept (vgl. Kapitel 2.1.2). Für ihre Quantifizierung wird bisher auf Kosten- oder Kapazitätsstrukturen zurückgegriffen. Das Ziel des ersten Teilmodells des Lösungskonzepts dieser Arbeit ist daher die Entwicklung des Anforderungsmodells zur quantitativen Beschreibung des Flexibilitätsbedarfs durch während der Strukturplanung verfügbare Planungsdaten. Ausgewählte Teilergebnisse des Modells wurden bereits durch FÖHLISCH ET AL.[449] veröffentlicht. Auf Grundlage der identifizierten Anknüpfungspunkte der Flexibilitätsbewertung von Montagestrukturen (vgl. Kapitel 3.1) wird ein redundanzfreies Set der für die Strukturplanung relevanten und handlungsweisenden Flexibilitätskriterien zusammengestellt. Ausgehend von den zu Beginn der Strukturplanung verfügbaren Planungsdaten wird für jedes der Kriterien ein Datenmodell definiert, das mittels anwendungsfallspezifischer Daten die quantitative Erfassung des Flexibilitätsbedarfs ermöglicht. Mittels der standardisierten Auswertung dieser Daten werden die Informationen zu den enthaltenen Anforderungen extrahiert und somit der Flexibilitätsbedarf für die Nutzung während der Strukturplanung quantifiziert.

Das erste Teilmodell ist ein Beschreibungsmodell, wobei dieser Modelltyp allgemein der Beschreibung eines vorgefundenen Systemzustands dient (vgl. Kapitel 3.3.1).[450] Im Lösungskonzept dieser Arbeit dient es der modellhaften Beschreibung des Flexibilitätsbedarfs eines im realen Problemfeld angetroffenen Anwendungsfalls. Somit bildet das Modell eine der beiden Säulen des Flexibilitätsabgleichs und bezweckt die Beantwortung der ersten Unterforschungsfrage (vgl. Kapitel 3.4). In Kapitel 5.1.1 wird das methodische Vorgehen zur Modellierung der multidimensionalen Flexibilität innerhalb der Strukturplanung dargestellt. Kapitel 5.1.2 dient der detaillierten Vorstellung des resultierenden Anforderungsmodells zur Spezifizierung des Flexibilitätsbedarfs.

5.1.1 Modellierung der Flexibilität innerhalb der Strukturplanung

Dieses Kapitel dient der Erklärung des methodischen Vorgehens zur Modellierung der Flexibilität innerhalb der Strukturplanung. Dabei ist für die klassifikationsbasierte Strukturplanung entscheidend, dass die multidimensionale Flexibilität anhand von verfügbaren Planungsdaten in einer Weise abgebildet wird, die die Priorisierung der Montagestrukturkonfigurationen im Rahmen des Entscheidungsmodells ermöglicht. Das angewendete Vorgehen ist angelehnt an die Modellentwicklung nach PATZAK[451], wobei vier Entwicklungsschritte zu durchlaufen sind.

Der erste Schritt ist die Definition und Abgrenzung des betrachteten Sachverhalts.[452] Im Anforderungsmodell gilt es Flexibilität auf eine Weise zu modellieren, sodass Informationen zum Flexibilitätsbedarf eines Anwendungsfalls aus verfügbaren Planungsdaten extrahiert werden können. Die Definition von Flexibilität im Produktionskontext (vgl. Kapitel 2.1.2) und die

[449] vgl. Föhlisch et al. (2023) Planning of flow-based mixed-model assembly, S. 544 - 553.

[450] vgl. Patzak (1982) Systemtechnik, S. 313.

[451] vgl. Patzak (1982) Systemtechnik, S. 309.

[452] vgl. Patzak (1982) Systemtechnik, S. 309.

problemrelevanten Theorien der Flexibilitätsbewertung von Montagestrukturen (vgl. Kapitel 3.1) sind Anknüpfungspunkte zur Modellierung.

Der zweite Schritt ist die Bestimmung der relevanten Variablen sowie Parameter im Modell.[453] Aufgrund des Zielkonflikts der Modellierung ist die Festlegung der erforderlichen Modelltiefe von besonderer Wichtigkeit, wobei die Merkmale des Modellbegriffs nach STACHOWIAK (vgl. Kapitel 3.3.1) Anhaltspunkte geben.[454] In Bezug auf das Abbildungsmerkmal muss das Anforderungsmodell eine strukturierende Vereinfachung der Flexibilität als Teilsystem des komplexen Zielsystems der Bewertung von Montagestrukturen in der montageplanerischen Praxis bieten. Zur Erfüllung des pragmatischen Merkmals dürfen nur diejenigen Attribute des Originals im Anforderungsmodell enthalten sein, die die Priorisierung der Montagestrukturkonfigurationen wesentlich beeinflussen. Hinsichtlich des Verkürzungsmerkmals dürfen ferner nur die für den Modellnutzer während der Strukturplanungsphase handlungsweisenden Flexibilitätsaspekte zur Priorisierung der Montagestrukturkonfigurationen enthalten sein, die auch in der frühen Planungsphase datenbasiert erfassbar sind. Die erforderliche Breite und Tiefe des Anforderungsmodells ergibt sich aus dem durch seine Funktion im Lösungskonzept dieser Arbeit festgelegten Informationsgehalt. Demnach muss aus diesem Teilmodell der quantitativ spezifizierte Flexibilitätsbedarf eines Anwendungsfalls für den Flexibilitätsabgleich hervorgehen. Es gilt somit die Modellvariablen und -parameter aus den im Lösungskonzept in Kapitel 4.2 definierten Eingangsinformationen des Anforderungsmodells sowie den benötigten Ausgangsinformationen für den Flexibilitätsabgleich zu bestimmen.

Der Flexibilitätsabgleich im Rahmen des Priorisierungsmodells dieser Arbeit erfordert als Eingangsinformation den quantifizierten Flexibilitätsbedarf eines Anwendungsfalls unter Verwendung des gleichen Maßstabs wie bei dem Flexibilitätsangebot. Daraus resultiert als Ausgangsinformation bzw. abhängige Variable des Anforderungsmodells der anhand von Kennzahlen spezifizierte Flexibilitätsbedarf. Als Eingangsinformationen bzw. unabhängige Variablen des Anforderungsmodells wurden im Lösungskonzept dieser Arbeit die Daten in den Planungsergebnissen der zum Zeitpunkt der Strukturplanung abgeschlossenen Planungsmodule identifiziert. Damit sind die Informationsaustausche über die Bilanzgrenzen des Anforderungsmodells definiert. Innerhalb der Grenzen befindet sich ein Set aus Flexibilitätskriterien, die die zentralen Modellelemente zur Auswertung und Übertragung der eintretenden Daten zu den austretenden Informationen darstellen. Insgesamt ist der folgende Informationsgehalt des Anforderungsmodells erforderlich:

- Abhängige Modellvariablen: Kennzahlen des Flexibilitätsbedarfs
- Unabhängige Modellvariablen: Für die Strukturplanung relevante Planungsdaten
- Modellelemente und -parameter: Redundanzfreies Set aus Flexibilitätskriterien

Die Untersuchung der problemrelevanten Theorien in Kapitel 3.1 hat gezeigt, dass bestehende Ansätze zur Flexibilitätsbewertung dem geforderten Informationsgehalt nicht gerecht werden. Zunächst müssen die Ein- und Ausgangsinformationen des Anforderungsmodells detailliert werden. Die Identifikation der relevanten Größen zur Spezifizierung des Flexibilitätsbedarfs erfolgt in einem interdisziplinären Expertenkreis aus der Montageplanung. Dabei basiert

---

[453] vgl. Patzak (1982) Systemtechnik, S. 309.

[454] vgl. Stachowiak (1973) Allgemeine Modelltheorie, S. 131 - 133.

die Zusammensetzung auf dem Expertenverständnis von MEUSER UND NAGEL, wonach ein Experte als Teil des Handlungsfeldes privilegierten Zugang zu Informationen über Entscheidungsprozesse hat.[455] Dem Expertenkreis werden ausführliche Charakterisierungen von ausgewählten Montageanwendungsfällen mit verschiedenen Produkttypen aus der Praxis einschließlich konkretisierender Daten präsentiert und die anforderungsbestimmenden Bewertungsgrößen in Bezug auf Flexibilität systematisch erhoben. Im Anschluss erfolgt die Festlegung der zentralen Größen entsprechend dem Expertenkonsens. Die resultierenden Bewertungsgrößen werden anschließend durch die Experten an den Anwendungsfällen überprüft und falls erforderlich Iterationen vollzogen bis die Größen konsistent feststehen. Die kontinuierliche Einbindung der Experten während der iterativen Modellentwicklung bis hin zur -überprüfung stellt sicher, dass an den Anforderungen der Praxis ausgerichtete und praxistaugliche Lösungen entwickelt werden.[456] Die Detaillierung der Eingangsinformationen des Anforderungsmodells erfolgt mittels einer Analyse der Sequenz der Planungsmodule der Modullandkarte des Aachener Fabrikplanungsvorgehens. Ziel ist die Identifikation der zum Zeitpunkt der Strukturplanung abgeschlossenen Module und der in der Folge verfügbaren Planungsdaten als potentielle Eingangsinformationen. Die Auswahl der für die Strukturplanung flussorientierter Montagestrukturen verwendbaren Daten findet im Anschluss an die Detaillierung der weiteren Modellelemente statt.

Den Kern zur Ermittlung des Flexibilitätsbedarfs mittels des Anforderungsmodells bildet gemäß dem Lösungskonzept dieser Arbeit das Kriterienset. Zur Entwicklung des Sets ist zunächst die Zusammenstellung potentieller Flexibilitätskriterien im Produktionskontext nötig, aus denen die für die Strukturplanung relevanten systematisch identifiziert werden. Dazu wird zunächst eine strukturierte Literaturrecherche durchgeführt (vgl. Anhang 8.3), deren Ergebnisse in Bezug auf Flexibilitätsbetrachtungen zusammenfassend in Kapitel 3.1 dargestellt sind. Die in der einschlägigen Literatur vorzufindenden Flexibilitätskriterien und Ansätze zu ihrer Strukturierung (vgl. Kapitel 3.1.1) sowie die zuvor identifizierten Ausgangsinformationen des Anforderungsmodells bilden die Grundlage der weiteren Analyse. Zur Auswahl der für die Strukturplanung flussorientierter Montagestrukturen handlungsweisenden Flexibilitätskriterien wird eine strukturierte Befragung im genannten Expertenkreis durchgeführt. Bei dieser Art der Befragung kommen allgemein geschlossene Fragen mit vorgegebenen Antwortmöglichkeiten zum Einsatz.[457] Die Teilnehmenden bewerten folglich je potentiellem Flexibilitätskriterium aus der Literatur ihre Zustimmung für die Nutzung in der Strukturplanung flussorientierter Montagestrukturen. Die Kriterien werden nach Nennungen geordnet und das Set mit den Experten ausgewählt (vgl. Anhang 8.4).

Der dritte Schritt ist die Bestimmung der zwischen den Modellelementen befindlichen Relationen.[458] Diese beschreiben die Verknüpfungen zwischen den Eingangsinformationen, Modellelementen und Ausgangsinformationen eines Modells. Es gilt folglich die Wirkbeziehungen von den Ergebnissen abgeschlossener Planungsmodule über die identifizierten Flexibilitäts-

[455] vgl. Meuser et al. (1991) ExpertInneninterviews, S. 443.

[456] vgl. Ulrich (1984) Management, S. 192.

[457] vgl. Döring et al. (2016) Forschungsmethoden, S. 358 - 359.

[458] vgl. Patzak (1982) Systemtechnik, S. 309.

kriterien zu den Kennzahlen des Flexibilitätsbedarfs aufzuschlüsseln. Die Verknüpfungen werden dazu ausgehend von den Ausgangs- zu den Eingangsinformationen identifiziert und anschließend konkretisiert. Dabei sind die Relationen zwischen den Planungsdaten und Flexibilitätskriterien gemäß dem Lösungskonzept dieser Arbeit in Kapitel 4.2 mittels individueller Datenmodelle zu detaillieren. Ferner erfolgt die Verknüpfung zwischen den Kriterien und Kennzahlen in Form von definierten, statistischen Auswertungsmethoden.

Der vierte Schritt ist die Überprüfung des Modells hinsichtlich der Erfüllung der gestellten Anforderungen.[459] Das entwickelte Modell wird im folgenden Kapitel detailliert vorgestellt und anschließend überprüft.

5.1.2 Das Modell zur Spezifizierung des Flexibilitätsbedarfs

Im vorliegenden Kapitel wird das Anforderungsmodell zur Spezifizierung des Flexibilitätsbedarfs ausführlich vorgestellt. Das Modell ermöglicht die datenbasierte, quantitative Bestimmung des Flexibilitätsbedarfs eines Anwendungsfalls in der frühen Planungsphase der Montagestrukturplanung mittels eines Kennzahlensystems. Zunächst werden die gemäß der vorgestellten Methodik ermittelten Entscheidungsgrößen der Strukturplanung in Bezug auf Flexibilität dargestellt. Anschließend werden die in dieser Phase verfügbaren Planungsdaten abgeschlossener Module beleuchtet. Die entwickelten Flexibilitätskriterien werden einschließlich der zugeordneten Datenmodelle sowie Auswertungsmethoden zur Bestimmung der Kennzahlen aus den Planungsdaten erläutert.

Zunächst werden die im montageplanerischen Praxiskontext identifizierten Entscheidungsgrößen bezüglich Flexibilität erläutert. Anhand dieser kann in der Strukturplanung eine gezielte Auswahl von Montagestrukturen getroffen werden. Die folgenden Größen gehen aus der anwendungsfallbasierten Erhebung unter Einbindung des Expertenkreises hervor:

- Umfang der in der Montage gegebenen **Produktvarianz** in Bezug auf die Spreizung der Montageumfänge bzw. der Dauer der Prozessschritte
- Umfang der in der Montage gegebenen **Produktvarianz resultierend aus zukünftigen Neuprodukten** neben bestehenden Produkten in Bezug auf die Spreizung der Montageumfänge bzw. der Dauer der Prozessschritte
- Potenzial der Montage zur kurzfristigen Anpassung des **Produktmixes an Nachfrageverschiebungen** zwischen den Produktmodellen und -varianten sowie für tiefgreifende **Änderungen des Produktmixschwerpunkts** mit langem Zeithorizont unter Betrachtung verschiedener **Szenarien** der Produktmixentwicklung
- Potenzial der Montage zur kurzfristigen **Anpassung der Ausbringungsstückzahl** als Reaktion auf Nachfrageschwankungen unter Betrachtung verschiedener **Szenarien**
- Potenzial der Montage zur langfristigen **Entwicklung der Ausbringungsstückzahl** infolge von Wachstum bzw. Abschwung unter Betrachtung verschiedener **Szenarien**
- Potenzial zum **flexiblen Einsatz von Produktionsressourcen**

[459] vgl. Patzak (1982) Systemtechnik, S. 309.

Zusammenfassend bilden die Entscheidungsgrößen die Anforderungen hinsichtlich Flexibilität in der Strukturplanungsphase ab. Je umfangreicher bzw. heterogener eine Anforderung ist, desto höher ist der resultierende Flexibilitätsbedarf des Anwendungsfalls. Die den Entscheidungsgrößen zugeordneten Kennzahlen des Flexibilitätsbedarfs gehen gemäß dem Lösungskonzept dieser Arbeit aus der kriterienspezifischen Auswertung der Planungsdaten abgeschlossener Module hervor. Die Darstellung der Kennzahlen erfolgt daher gemeinsam mit den Flexibilitätskriterien.

Zur Entwicklung der Flexibilitätskriterien ist zunächst die Bestimmung der verfügbaren Planungsdaten abgeschlossener Module zum Zeitpunkt der Strukturplanung erforderlich. Dazu wird die Modulsequenz, die idealtypisch in Planungsprojekten auftritt, innerhalb der Modullandkarte bestimmt. Das Aachener Fabrikplanungvorgehen sieht zwar eine parallelisierte und iterative Bearbeitung der Module vor, grundsätzlich besteht jedoch eine sequenzielle Abhängigkeit bestimmt durch die Ein- und Ausgangsbeziehungen der Informationsflüsse.[460] Auf Grundlage der informatorischen Abhängigkeiten sowie der Praxiserfahrungen des Autors mit der Anwendung der Modullandkarte wird das Modul Montagestrukturplanung in der idealtypischen Sequenz verortet und die Eignung verfügbarer Daten untersucht (vgl. Abbildung 5-1). Demnach sind zum Zeitpunkt der Strukturplanung die Module *Produktanalyse, Produktionsprogrammanalyse, Arbeitsvorbereitung, Prozessplanung* sowie *Technologieplanung* abgeschlossen und die erzeugten Ausgangsinformationen liegen als verfügbare Planungsdaten vor.[461] In der Abbildung sind die informatorischen Abhängigkeiten durch Pfeile gekennzeichnet und die Darstellung auf die wesentlichen, die Sequenz bestimmenden beschränkt.

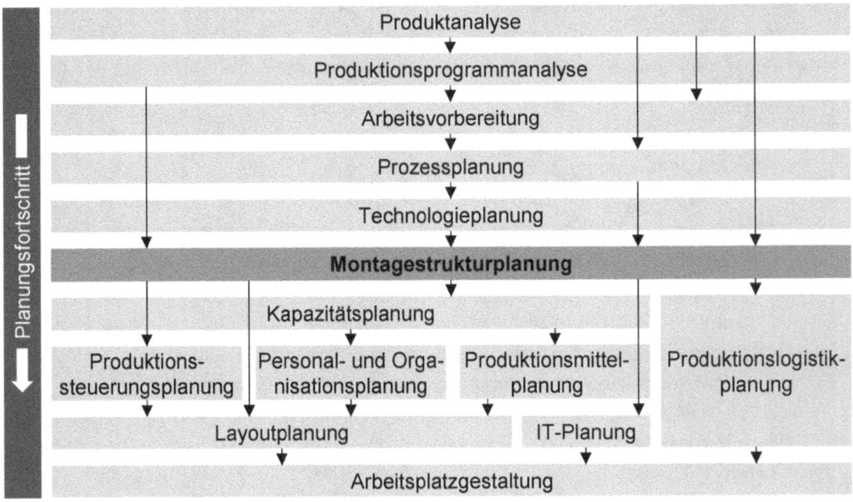

Abbildung 5-1: Modulsequenz gemäß informatorischen Abhängigkeiten

---

[460] vgl. Nöcker (2012) Zustandsbasierte Fabrikplanung, S. 197 - 201.

[461] vgl. Fölling (2022) Hybride Montageplanung, S. 231 - 272.

Die aus den abgeschlossenen Modulen hervorgehenden Planungsdaten bzw. Ausgangsinformationen werden im Folgenden mit Fokus auf ihrem Informationsgehalt näher beleuchtet. Die Darstellung beschränkt sich auf die in der klassifikationsbasierten Strukturplanung verwendeten Daten. Eine vollständige Auflistung der verfügbaren Daten ist Anhang 8.5.1 zu entnehmen. Es gilt zu beachten, dass der Informationsgehalt der Ausgangsinformationen in der Modullandkarte durch die einschlägigen Autoren[462] nur generisch beschrieben ist und keine detaillierten Angaben zum Aufbau der enthaltenen Datenreihen existieren. Eine Neuerung dieser Arbeit ist daher die Konkretisierung des Informationsgehalts und der Struktur der Planungsdaten durch das Anforderungsmodell. Diese Detaillierung ist über die klassifikationsbasierte Strukturplanung hinaus gewinnbringend nutzbar. Im Folgenden wird je relevanter Ausgangsinformation ausgehend vom generisch festgehaltenen Informationsgehalt die neuartige Konkretisierung der Planungsdaten dargestellt. Die Datenstruktur der Ausgangsinformationen ist detailliert in Anhang 8.5.2 dargestellt.

Aus dem Modul Produktanalyse sind die Ausgangsinformationen der *Produkteigenschaften* sowie das *Produktprogramm* einschließlich der *Produktgruppen* in der Montagestrukturplanung nützlich. Dabei umfasst die Ausgangsinformation der *Produkteigenschaften* die zentralen Charakteristika der zu erzeugenden Produkte.[463] Weitere relevante Ausgangsinformation ist das *Produktprogramm* einschließlich der *Produktgruppen*, welche eine Übersicht über die Produktmodelle und -varianten enthält.[464] Die Aufschlüsselung der Kombinatorik von Modellen und ihren Varianten unterstützt das Verständnis der Produktgruppen sowie der Variantenentstehung und ist Ausgangspunkt der Produktionsprogrammanalyse.

Das Modul Produktionsprogrammanalyse hat die Bestimmung der Anzahl zu erzeugender Produkte nach Art, Menge sowie Termin zum Ziel und liefert die Ausgangsinformationen *Stückzahlszenarien* und *Produktionsprogramm*.[465] Dabei beschreibt ein Stückzahlszenario die zeitliche sowie mengenmäßige Verteilung der Erzeugnisse über die Planungsperioden[466] und es können Alternativszenarien in der Ausgangsinformation definiert sein. Unter Verwendung der externen Informationen der historischen Kundenaufträge, der Nachfrage- und Absatzprognose können kurz- und langfristige Szenarien unterschieden werden. Kurzfristige Stückzahlanpassungen werden mittels Wertepaaren gemäß der Nachfrageprognose abgebildet und langfristige Stückzahlentwicklungen über mehrere Perioden mittels Wertesequenzen gemäß der Absatzprognose. Das Produktionsprogramm beinhaltet alternative Szenarien über Produktionsprogramme, die das Sortiment nach Arten aufteilen.[467] Auf Grundlage der Unterscheidung von Produktmodellen und -varianten im Produktprogramm gemäß der Produktanalyse werden separate Szenarien bzw. Produktionsprogramme für Modelle und Varianten aufgesetzt. Dabei werden die Modellproduktionsprogramme tabellarisch in den Zeilen, die Modelle in den Spal-

---

[462] vgl. Fölling (2022) Hybride Montageplanung; Meckelnborg (2015) Integrative Fabrikplanung; Nöcker (2012) Zustandsbasierte Fabrikplanung.

[463] vgl. Nöcker (2012) Zustandsbasierte Fabrikplanung, S. 145 - 146.

[464] vgl. Nöcker (2012) Zustandsbasierte Fabrikplanung, S. 145 - 146.

[465] vgl. Nöcker (2012) Zustandsbasierte Fabrikplanung, S. 146.

[466] vgl. Meckelnborg (2015) Integrative Fabrikplanung, S. 136 - 137.

[467] vgl. Meckelnborg (2015) Integrative Fabrikplanung, S. 230.

ten und die Modellanteile in den Zellen festgehalten. Die langfristige Veränderung des Modellproduktionsprogramms über mehrere Perioden wird durch die entsprechende Aneinanderreihung von Szenarien abgebildet. Die Variantenproduktionsprogramme werden je Modellproduktionsprogramm definiert, wobei mehrere Szenarien für die Variantenaufteilung festgelegt werden können. Dabei werden die Variantenproduktionsprogramme tabellarisch in den Spalten je Modellproduktionsprogramm, die Varianten in den Zeilen und die Variantenanteile in Prozent in den Zellen festgehalten. Der kurzfristige Wechsel von einem Variantenproduktionsprogramm zu einem anderen, etwa in Wochenfrist, wird durch die entsprechende Kombination zweier Szenarien aufgenommen. Insgesamt können mittels der Stückzahlszenarien und verschiedenen Produktionsprogramme zusammen sämtliche zu betrachtenden Kombinationen von Art, Menge und Termin detailliert abgebildet werden.

Im Modul Arbeitsvorbereitung wird in einem Planungsinkrement der *Vorranggraph* als Zwischenergebnis erzeugt.[468] Dieser enthält alle technisch zulässigen Abfolgen der zur Produkterzeugung erforderlichen Prozessschritte[469] (vgl. Kapitel 2.2.2) und fließt zur Berücksichtigung der Restriktionen hinsichtlich der Reihenfolge der Prozessschritte in die klassifikationsbasierte Montagestrukturplanung ein.

Das Modul Prozessplanung dient der Erarbeitung der prozessualen Ablaufstruktur in Form des *Wertstroms*[470], in dem die notwendigen Prozessschritte zur Herstellung der Produkte einschließlich ihrer Dauer dokumentiert sind.[471] Für die klassifikationsbasierte Montagestrukturplanung sind insbesondere die in den Datentabellen des Wertstroms enthaltenen Prozesszeiten relevant. Zur detaillierten Abbildung der Anforderungen aus den Modell- und Variantenproduktionsprogrammen sind die Montageumfänge der Modelle und durch Varianten hervorgerufene Differenzen separat zusammenzustellen. Für die tabellarische Aufnahme müssen in den Spalten die Modelle, in den Zeilen die Prozessschritte und in den Zellen die Prozesszeiten der Modelle eingefüllt sein. In einer weiteren Tabelle werden in den Spalten die Varianten, in den Zeilen die Prozessschritte und in den Zellen die durch eine Variante resultierenden Differenzen bzw. Aufschläge auf die entsprechende Prozesszeit der Modelle aufgetragen. Zur Abbildung von Neuprodukten und ihren Prozessen wird die modellbezogene Tabelle modifiziert, indem zusätzlich anfallende Prozessschritte ergänzt, wegfallende entfernt bzw. ihre Dauer auf den Wert 0 gesetzt wird oder Schritte mit abweichender Prozesszeit entsprechend angepasst werden. Dem liegt gemäß dem Lösungskonzept dieser Arbeit die Annahme zugrunde, dass in eine Montage Neuprodukte aufgenommen werden, die grundsätzlich ähnlich zu den bestehenden sind. Insgesamt bilden die Daten des Wertstroms zusammen mit dem Vorranggraph alle Prozessschritte, -zeiten sowie ihre Abfolgerestriktionen ab. Alle für die klassifikationsbasierte Montagestrukturplanung verwendbaren Ausgangsinformationen sind damit detailliert.

Die Entscheidungsgrößen der Strukturplanung in Bezug auf Flexibilität können gemäß dem Lösungskonzept dieser Arbeit durch Kennzahlen quantitativ spezifiziert werden. Die Berech-

---

[468] vgl. Fölling (2022) Hybride Montageplanung, S. 237 - 238.

[469] vgl. Roscher (2007) Flexibilitätsstrategien für die Endmontage, S. 20.

[470] vgl. Nöcker (2012) Zustandsbasierte Fabrikplanung, S. 148 - 149.

[471] vgl. Rother et al. (2009) Learning to see, S. 5.

nung dieser Kennzahlen erfolgt mittels Flexibilitätskriterien, zugeordneten Datenmodellen sowie kriterienspezifischen Auswertungen der eingepflegten Planungsdaten. Die Kriterienauswahl erfolgte mittels einer strukturierten Expertenbefragung, bei der die Teilnehmenden je Kriterium aus der Literaturanalyse ihre Zustimmung für die Nutzung in der Strukturplanung flussorientierter Montagen bewerteten (vgl. Anhang 8.4). Die acht resultierenden Flexibilitätskriterien sind in Abbildung 5-2 einschließlich ihrer Zuordnung zu den zuvor identifizierten Entscheidungsgrößen dargestellt. Im Wesentlichen entsprechen die Kriterien den in der Hierarchie nach KOSTE UND MALHOTRA[472] auf der Werkebene verorteten (vgl. Abbildung 3-2). Die Experten wählten zusätzlich auf Grundlage der existierenden Ansätze ergänzende Kriterien sowie konkretisierte Kriteriendefinitionen für den Kontext der Strukturplanung. Die Zuordnung der Flexibilitätskriterien zu den Entscheidungsgrößen basiert auf dem jeweils zugrundeliegenden Auswertungsansatz. Die Produkt- und Neuproduktflexibilität bestimmen die zugeordneten Entscheidungsgrößen hinsichtlich der Produktvarianz anhand der Heterogenität der Prozesszeiten von Modellen. Die allgemeine, kurz- und langfristige Produktmixflexibilität spezifizieren die Größen in Bezug auf die Produktmixanpassung anhand der Heterogenität der Prozesszeiten hervorgerufen durch die Szenarien. Die Volumen- und Expansionsflexibilität erheben die Entscheidungsgrößen bezüglich der Stückzahlanpassung anhand der Heterogenität der Skalierungsfaktoren der betrachteten Szenarien. Die Ressourcenflexibilität fokussiert bereits in der Strukturplanung zu berücksichtigende Entscheidungsgrößen bezüglich der Flexibilisierung des Einsatzes von Produktionsressourcen in Form von Montagepersonal und Betriebsmitteln.

Entscheidungsgrößen	Flexibilitätskriterien
Umfang der **Produktvarianz** von bestehenden Produkten sowie von zukünftigen Neuprodukten in Bezug auf die Spreizung der Montageumfänge	Produktflexibilität
	Neuproduktflexibilität
Potenzial der Montage zur kurz- bzw. langfristigen **Anpassung des Produktmixes** zwischen den Produktmodellen und -varianten unter Betrachtung verschiedener **Szenarien** der Produktmixentwicklung	Allgemeine Produktmixflexibilität
	Kurzfristige Produktmixflexibilität
	Langfristige Produktmixflexibilität
Potenzial der Montage zur **kurzfristigen Anpassung bzw. langfristigen Entwicklung der Ausbringungsstückzahl** unter Betrachtung verschiedener **Szenarien**	Volumenflexibilität
	Expansionsflexibilität
Potenzial zum **flexiblen Einsatz von Produktionsressourcen**	Ressourcenflexibilität

Abbildung 5-2: Zuordnung der Entscheidungsgrößen zu Flexibilitätskriterien

[472] vgl. Koste et al. (1999) Analyzing the dimensions of manufacturing flexibility, S. 87.

Die Relationen zwischen den Planungsdaten, Flexibilitätskriterien und Kennzahlen der Entscheidungsgrößen bestehen in Form der kriterienspezifischen Datenmodelle und den zugeordneten Auswertungsmethoden. Im Folgenden werden je Kriterium die mit den Experten auf Basis der bestehenden Ansätze (vgl. Kapitel 3.1) ausgearbeitete Definition, das daraus anhand der verfügbaren Planungsdaten abgeleitete Datenmodell und die applizierte Auswertungsmethode einschließlich der resultierenden Kennzahlen dargelegt. Dazu werden zwecks einer leichten Nachvollziehbarkeit die Daten bzw. Werte eines beispielhaften Anwendungsfalls in den erläuternden Abbildungen verwendet.

Die Kriterien zur Abbildung der Produktvarianz umfassen die Produkt- und Neuproduktflexibilität (vgl. Abbildung 5-2). **Produktflexibilität** beschreibt allgemein die Fähigkeit eines Produktionssystems, verschiedene Produkttypen ohne umfangreiche Umrüstungen zu produzieren.[473] Im Kontext der klassifikationsbasierten Montagestrukturplanung beschreibt Produktflexibilität die Fähigkeit einer Struktur, Produktmodelle mit Montageumfängen heterogener Dauer zu produzieren. Das Maß für Produktflexibilität ist dabei die Heterogenität der Prozesszeiten der Montageschritte über die Modelle. Das zugrundeliegende Datenmodell umfasst dazu für die Menge der Produktmodelle $M = \{m_1, m_2, \dots, m_j\}$ und die Menge der Prozessschritte $S = \{s_1, s_2, \dots, s_i\}$ die Prozesszeiten r_{ij} des Modells m_j im Prozessschritt s_i gemäß dem Wertstrom. Die Prozesszeitmatrix der Produktmodelle $R = (r_{ij})$ wird mit Prozessschritten als Zeilenindex und Produktmodellen als Spaltenindex formalisiert (vgl. Formel 5-1).

$$R = (r_{ij}) = \begin{pmatrix} r_{11} & r_{12} & \cdots & r_{1j} \\ r_{21} & \dots & \dots & \dots \\ \vdots & \dots & \ddots & \vdots \\ r_{i1} & \dots & \cdots & r_{ij} \end{pmatrix}, mit \qquad \text{Formel 5-1}$$

R: *Prozesszeitmatrix der Produktmodelle*
r_{ij}: *Prozesszeit des Modells j in Prozessschritt i*

Die Heterogenität der Prozesszeiten r_{ij} wird ausgewertet, indem das arithmetische Mittel der Prozesszeiten über die Modelle je Prozessschritt $\overline{r_i}$ (vgl. Formel 5-2) und ihre Standardabweichung $\sigma_{r,i}$ (vgl. Formel 5-3) ermittelt wird. Die Standardabweichung ist ein Maß für die Konzentriertheit einer Wahrscheinlichkeitsverteilung und bewertet die Streuung der Wahrscheinlichkeitsmasse um den Mittelwert.[474]

$$\overline{r_i} = \frac{1}{m}\sum_{j=1}^{m} r_{ij} \quad \forall s_i \in S, mit \qquad \text{Formel 5-2}$$

$\overline{r_i}$: *Arithmetisches Mittel der Prozesszeit r in Prozessschritt i*
r_{ij}: *Prozesszeit des Modells j in Prozessschritt i*
m: *Anzahl der Modelle*

[473] vgl. Sethi et al. (1990) Flexibility in manufacturing, S. 302 - 304.

[474] vgl. Cramer et al. (2008) Wahrscheinlichkeitsrechnung und Statistik, S. 211.

$$\sigma_{r,i} = \sqrt{\frac{1}{m}\sum_{j=1}^{m}(r_{ij} - \bar{r}_i)^2} \quad \forall\, s_i \in S, mit \qquad \text{Formel 5-3}$$

$\sigma_{r,i}$: *Standardabweichung der Prozesszeit r in Prozessschritt i*

r_{ij}: *Prozesszeit des Modells j in Prozessschritt i*

$\bar{r}_i$: *Arithmetisches Mittel der Prozesszeit r in Prozessschritt i*

m: *Anzahl der Modelle*

Der prozessschrittspezifische Mittelwert und die Standardabweichung charakterisieren den Schwerpunkt sowie die Streuung der Prozesszeiten über die Modelle. Auf diese Weise wird mittels der Heterogenität der Prozesszeiten die Produktvarianz in der Montage als Entscheidungsgröße der Strukturplanung beschrieben. Die Bestimmung erfolgt separat je Prozessschritt, um den aus den individuellen Montageumfängen hervorgehenden Flexibilitätsbedarf abzubilden ohne bereits bei der Anforderungsauswertung eine zu starke Informationsverdichtung vorzunehmen. Zusätzlich zur prozessspezifischen Auswertung wird das globale arithmetische Mittel der Prozesszeiten aller Modelle in allen Prozessschritten $\bar{r}$ ermittelt (vgl. Formel 5-4), um einen prozessübergreifenden Vergleich der Prozesszeiten zu ermöglichen.

$$\bar{r} = \frac{1}{m} * \frac{1}{s}\sum_{j=1}^{m}\sum_{i=1}^{s} r_{ij} \quad , mit \qquad \text{Formel 5-4}$$

$\bar{r}$: *Arithmetisches Mittel der Prozesszeiten r*

r_{ij}: *Prozesszeit des Modells j in Prozessschritt i*

m: *Anzahl der Modelle*

s: *Anzahl der Prozessschritte*

Das Auswertungsergebnis der Bedarfe hinsichtlich Produktflexibilität umfasst die prozessschrittspezifischen Mittelwerte und Standardabweichungen der Prozesszeiten der Produktmodelle sowie den übergreifenden, globalen Mittelwert der Prozesszeiten. Abbildung 5-3 zeigt im linken Teil einen Auszug der Prozesszeitmatrix R eines beispielhaften Anwendungsfalls und im rechten die im Prozesszeitdiagramm aufgetragenen Kennzahlen des Flexibilitätsbedarfs.

	r_{ij} [min]	Modelle m_j				
		m_1	m_2	m_3	$\bar{r}_i$	$\sigma_{r,i}$
Prozessschritte s_i	s_1	25,41	27,10	28,80	27,10	1,38
	s_2	24,01	24,74	26,88	25,21	1,22
	s_3	25,19	27,76	36,92	29,96	5,03
	s_4	37,22	37,22	37,51	37,32	0,14
	…	…	…	…	…	…
	s_i	…	…	…	…	…
					$\bar{r}$	28,19

(Werte eines beispielhaften Anwendungsfalls)

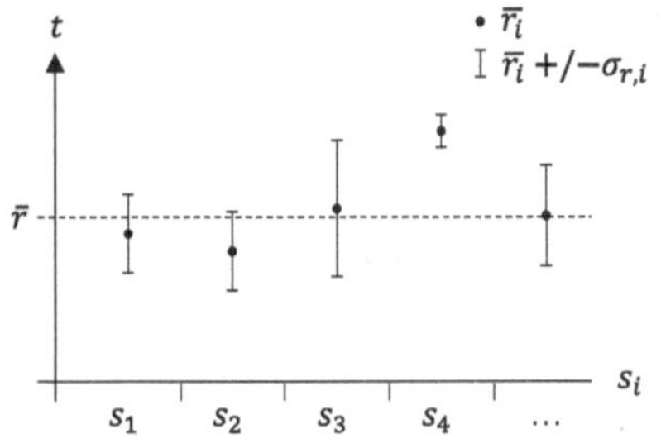

Abbildung 5-3: Datenmodell und Auswertung der Produktflexibilität

Neuproduktflexibilität beschreibt allgemein die Fähigkeit eines Produktionssystems, eine Anzahl und Vielfalt von Neuprodukten ohne hohe Wechselnachteile oder Veränderungen des Leistungsergebnisses in die Produktion einzuführen.[475] In der klassifikationsbasierten Montagestrukturplanung beschreibt Neuproduktflexibilität die Fähigkeit einer Struktur, neue Produktmodelle mit heterogener Dauer der Montageumfänge neben bestehenden Modellen zu produzieren. Das Maß für die Neuproduktflexibilität ist analog zur Produktflexibilität die Heterogenität der Prozesszeiten der Montageschritte über die Gesamtheit der zu erzeugenden Modelle einschließlich der Neuprodukte. Gemäß dem Lösungskonzept dieser Arbeit liegt der Neuproduktflexibilität die Annahme zugrunde, dass in einer Montage solche Neuprodukte montiert werden, die eine gewisse Ähnlichkeit mit bestehenden Produkten aufweisen bzw. in bestimmtem Umfang ähnliche Montagevorgänge besitzen. Ausgehend von der Prozesszeitmatrix der (bestehenden) Produkte R werden für die Neuproduktmodelle die zusätzlichen, die entfallenden und die abweichenden Montageumfänge einschließlich der geschätzten Prozesszeiten zusammengestellt und in der Prozesszeitmatrix der Neuprodukte R' festgehalten. Gestrichene Mengen und Formelzeichen bezeichnen dabei die gemäß der Neuproduktflexibilität erweiterten Daten. Analog zur Produktflexibilität greift das Datenmodell für die um die Neuprodukte erweiterte Menge der Produktmodelle $M' = \{m'_1, m'_2, \dots, m'_j\}$ und die ebenfalls erweiterte Menge der Prozessschritte $S' = \{s'_1, s'_2, \dots, s'_i\}$ auf die angepassten Prozesszeiten r'_{ij} des Modells m'_j im Prozessschritt s'_i zurück. Die Prozesszeitmatrix der Neuproduktmodelle $R' = (r'_{ij})$ wird mit Prozessschritten als Zeilenindex und Modellen als Spaltenindex formalisiert (vgl. Formel 5-5).

$$R' = (r'_{ij}) = \begin{pmatrix} r'_{11} & r'_{12} & \cdots & r'_{1j} \\ r'_{21} & \cdots & \cdots & \cdots \\ \vdots & \cdots & \ddots & \vdots \\ r'_{i1} & \cdots & \cdots & r'_{ij} \end{pmatrix}, mit \qquad \text{Formel 5-5}$$

R': $Prozesszeitmatrix\ der\ Neuproduktmodelle$
r'_{ij}: $Prozesszeit\ des\ Modells\ j\ in\ Prozessschritt\ i$

Die Heterogenität der Prozesszeiten r'_{ij} wird analog zur Produktflexibilität ausgewertet, indem das arithmetische Mittel der Prozesszeiten über die Produkt- und Neuproduktmodelle je Prozessschritt $\overline{r'_i}$ und ihre Standardabweichung $\sigma_{r',i}$ ermittelt wird. Dazu werden Formel 5.2 und 5.3 mit gestrichenen Formelzeichen verwendet. Zusätzlich zur Auswertung je Prozessschritt wird das globale arithmetische Mittel der Prozesszeiten aller Produkt- und Neuproduktmodelle in allen Prozessschritten $\overline{r'}$ anhand von Formel 5.4 mit gestrichenen Formelzeichen ermittelt. Die Kennzahlen des Bedarfs bezüglich Neuproduktflexibilität resultieren in Form der Mittelwerte und Standardabweichungen der Zeiten je Prozessschritt in einer die Neuprodukte einschließenden Betrachtung. Auf diese Weise wird die Verschiebung des Schwerpunkts sowie der Streuung der Montageumfänge infolge der Einführung der Neuprodukte abgebildet. Abbildung 5-4 verdeutlicht im linken Teil die Erweiterung der ursprünglichen Prozesszeitmatrix der Produktmodelle R um Neuprodukte und ihre Prozesse anhand eines Auszugs der in Ta-

[475] vgl. Koste et al. (1999) Analyzing the dimensions of manufacturing flexibility, S. 81.

bellenform dargestellten Matrix der Neuproduktmodelle R'. Der rechte Teil zeigt die im Prozesszeitdiagramm aufgetragenen Kennzahlen des Flexibilitätsbedarfs gemäß der Auswertung.

r'_{ij} [min]	Modelle m_j					
Prozessschritte s_i	m_1	m_2	m_3	$\boldsymbol{m_4}$	$\overline{r'_i}$	$\sigma_{r',i}$
s_1	25,41	27,10	28,80	**40,68**	30,50	6,00
s_2	24,01	24,74	26,88	**38,34**	28,49	5,78
s_3	25,19	27,76	36,92	**37,04**	31,73	5,33
s_4	37,22	37,22	37,51	**37,22**	37,29	0,13
...	...	...	...	...	...	...
s_i	...	...	...	...	...	...
				$\overline{r'}$	32,48	

(*Werte eines beispielhaften Anwendungsfalls*)

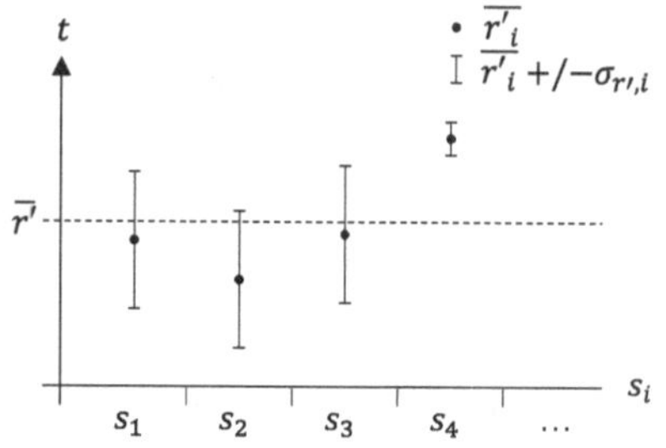

Abbildung 5-4: Datenmodell und Auswertung der Neuproduktflexibilität

Produktmixflexibilität beschreibt im Allgemeinen die Fähigkeit eines Produktionssystems, eine Anzahl und Vielfalt von Produkten ohne hohe Wechselnachteile oder merkliche Veränderungen der Leistungsergebnisse zu produzieren.[476] Im Kontext der klassifikationsbasierten Montagestrukturplanung werden die drei Typen der allgemeinen, kurz- und langfristigen Produktmixflexibilität unterschieden, um die zeitliche Veränderungsfähigkeit in Bezug auf die Anteile der Produktvarianten granular zu untersuchen (vgl. Abbildung 5-2). Dazu greifen die drei Produktmixflexibilitäten auf repräsentative Produktmixszenarien aus dem Produktionsprogramm zurück, die jeweils einen Produktmix anhand der Anteile der Produktvarianten beschreiben.[477] Die Verwendung der Szenariotechnik erlaubt dabei die objektive und faktenbasierte Betrachtung aller möglichen Zukunftsprojektionen als Kombinationen mehrerer Einflussfaktoren.[478] Es wird auf eine Gewichtung der Szenarien verzichtet, um subjektive Einflüsse im Zuge einer Szenarienbewertung auszuschließen. Da Szenarien unterschiedliche Wichtigkeiten für einen Anwendungsfall entfalten können, erfolgt ihre Auswertung in einer Weise, dass der Einfluss eines Szenarios bis zum Endergebnis der Methodik zurückverfolgbar und transparent bleibt. Für die Elemente der Menge der Produktmodelle $M = \{m_1, m_2, \ldots, m_j\}$ werden die existierenden Produktvarianten v_k bestimmt und in der Menge der Produktvarianten $V = \{v_1, v_2, \ldots, v_k\}$ festgehalten. In der Menge der Produktmixszenarien $X = \{x_1, x_2, \ldots, x_h\}$ sind die zu betrachtenden Produktmixszenarien x_h zusammengefasst, welche jeweils eine Zusammensetzung aus Variantenanteilen p_{hk} der Produktvarianten v_k beschreiben. Die Produktmixszenarien x_h und ihre Produktvariantenanteile p_{hk} werden in der Produktmixmatrix der Mixszenarien $P = (p_{hk})$ formalisiert (vgl. Formel 5-6). Dabei repräsentiert jede Matrixzeile ein Produktmixszenario x_h.

[476] vgl. Koste et al. (1999) Analyzing the dimensions of manufacturing flexibility, S. 81.

[477] vgl. van de Ginste et al. (2019) Defining flexibility of assembly workstations, S. 977.

[478] vgl. Hambach et al. (2014) Szenariotechnik in der Fabrikplanung, S. 117 - 118.

$$P = (p_{hk}) = \begin{pmatrix} p_{11} & p_{12} & \cdots & p_{1k} \\ p_{21} & \cdots & \cdots & \cdots \\ \vdots & \cdots & \ddots & \vdots \\ p_{h1} & \cdots & \cdots & p_{hk} \end{pmatrix}, mit \qquad \text{Formel 5-6}$$

$$\sum_{k \in V} p_{hk} = 1 \; \forall \; x_h \; mit \; h = konst. \qquad \text{Formel 5-7}$$

$P: Produktmixmatrix\ der\ Mixszenarien$

$p_{hk}: Anteil\ der\ Produktvariante\ k\ im\ Mixszenario\ h$

$p_{hk} \in [0{,}1]$

Neben den Produktmixszenarien müssen die Prozesszeiten jeder Variante in den Prozessschritten bekannt sein. Die Produktvarianten unterscheiden sich durch optionale, individualisierende Ausstattungen von den Produktmodellen und weisen in der Folge verschiedene Montageumfänge mit heterogenen Montagedauern je Prozessschritt auf. Die Differenzen bzw. Aufschläge der Prozesszeit a_{ik} zwischen den Produktmodellen m_j und Produktvarianten v_k sind in der Aufschlagsmatrix der Produktvarianten A formalisiert (vgl. Formel 5-8) und gehen aus den Prozesszeitdaten des Wertstroms hervor. Die Verwendung einer Aufschlagsmatrix im Datenmodell dient der Abbildung von Kombinationen mehrerer variantenbildender Merkmale auf Grundlage eines Produktmodells.

$$A = (a_{ik}) = \begin{pmatrix} a_{11} & a_{12} & \cdots & a_{1k} \\ a_{21} & \cdots & \cdots & \cdots \\ \vdots & \cdots & \ddots & \vdots \\ a_{i1} & \cdots & \cdots & a_{ik} \end{pmatrix}, mit \qquad \text{Formel 5-8}$$

$A: Aufschlagsmatrix\ der\ Produktvarianten$

$a_{ik}: Prozesszeitaufschlag\ der\ Variante\ k\ in\ Prozessschritt\ i$

Auf Grundlage der Aufschlagsmatrix der Produktvarianten A und der aufgefüllten Prozesszeitmatrix der Produktmodelle R_k werden die Prozesszeiten t_{ik} der Produktvarianten v_k in den Prozessschritten s_i gemäß Formel 5-9 berechnet. Dazu muss zunächst die Prozesszeitmatrix der Produktmodelle R um die den Produktvarianten v_k entsprechenden Modellprozesszeiten aufgefüllt werden, um R_k zu erzeugen (vgl. Formel 5-11).

$$T = R_k + A\ , mit \qquad \text{Formel 5-9}$$

$$T = (t_{ik}) = \begin{pmatrix} t_{11} & t_{12} & \cdots & t_{1k} \\ t_{21} & \cdots & \cdots & \cdots \\ \vdots & \cdots & \ddots & \vdots \\ t_{i1} & \cdots & \cdots & t_{ik} \end{pmatrix}, mit \qquad \text{Formel 5-10}$$

$T: Prozesszeitmatrix\ der\ Produktvarianten$

$R_k: Prozesszeitmatrix\ der\ Produktmodelle\ mit\ gemäß\ den\ Produktvarianten$
$aufgefüllten\ Spalten$

$A: Aufschlagsmatrix\ der\ Produktvarianten$

$t_{ik}: Prozesszeit\ der\ Variante\ k\ in\ Prozessschritt\ i$

$$R_k = (r_{ik}) = \begin{pmatrix} r_{11} & r_{12} & \cdots & r_{1k} \\ r_{21} & \cdots & \cdots & \cdots \\ \vdots & \cdots & \ddots & \vdots \\ r_{i1} & \cdots & \cdots & r_{ik} \end{pmatrix}, mit \qquad \text{Formel 5-11}$$

R_k: *Prozesszeitmatrix der Produktmodelle mit gemäß den Produktvarianten aufgefüllten Spalten*

r_{ik}: *Prozesszeit des zugrundeliegenden Modells der Variante k in Prozessschritt i*

Nachdem im Datenmodell die Prozesszeiten der Produktvarianten t_{ik} und die Produktmixszenarien x_h einschließlich der enthaltenen Variantenanteile p_{hk} bestimmt sind, erfolgt zunächst die Ermittlung des Bedarfs je Produktmixszenario. Dazu wird je Szenario der Erwartungswert (vgl. Formel 5-12) und die Standardabweichung (vgl. Formel 5-13) der Prozesszeit je Prozessschritt berechnet. Der Erwartungswert ist im Allgemeinen das wahrscheinlichkeitstheoretische Lagemaß für den Schwerpunkt einer Wahrscheinlichkeitsverteilung[479], wobei die Produktvariantenanteile p_{hk} als Wahrscheinlichkeiten interpretiert werden können.

$$E_h(t_i) = \sum_{k \in V} t_{ik} * p_{hk} \quad \forall s_i \in S, \qquad \forall x_h \in X, mit \qquad \text{Formel 5-12}$$

$E_h(t_i)$: *Erwartungswert der Prozesszeit t in Prozessschritt i in Produktmixszenario h*

t_{ik}: *Prozesszeit der Produktvariante k in Prozessschritt i*

p_{hk}: *Anteil der Produktvariante k in Produktmixszenario h*

$i = konst., h = konst.$

$$\sigma_h(t_i) = \sqrt{Var_h(t_i)}, mit \qquad \text{Formel 5-13}$$

$$Var_h(t_i) = \sum_{k \in V} (E_h(t_i) - t_{ik})^2 * p_{hk} \quad \forall s_i \in S, \qquad \forall x_h \in X, mit \qquad \text{Formel 5-14}$$

$\sigma_h(t_i)$: *Standardabweichung der Prozesszeit t in Prozessschritt i in Produktmixszenario h*

$Var_h(t_i)$: *Varianz der Prozesszeit t in Prozessschritt i in Produktmixszenario h*

$E_h(t_i)$: *Erwartungswert der Prozesszeit t in Prozessschritt i in Produktmixszenario h*

t_{ik}: *Prozesszeit der Produktvariante k in Prozessschritt i*

p_{hk}: *Anteil der Produktvariante k in Produktmixszenario h*

$i = konst., h = konst.$

Anhand der Betrachtung des Erwartungswerts und der Standardabweichung der Prozesszeiten wird der durch den individuellen Produktmix beeinflusste Schwerpunkt sowie die Streuung der Prozessschritte untersucht. Abbildung 5-5 zeigt beispielhaft für ein Produktmixszenario im linken Teil die szenariospezifischen Auswertungsergebnisse und im rechten das daraus

---

[479] vgl. Steland (2013) Basiswissen Statistik, S. 104; Cramer et al. (2008) Wahrscheinlichkeitsrechnung und Statistik, S. 28 - 29.

resultierende Prozesszeitdiagramm des Szenarios. Die im Anschluss dargestellten fokussierten Auswertungen der allgemeinen, kurz- und langfristigen Produktmixflexibilität greifen auf diese Szenarien zurück.

Produktmixszenario (PMS) x_1	Modelle m_j und Varianten v_k					
	m_1		m_2		m_3	
Varianten v_k	v_1	v_2	v_3	v_4	v_5	v_6
Variantenanteile p_{hk}	0,10	0,23	0,16	0,17	0,20	0,14

Prozessschritte s_i	PMS x_1	$E_1(t_i)$	$\sigma_1(t_i)$
	s_1	32,92	3,31
	s_2	30,62	3,40
	s_3	34,08	5,82
	s_4	37,32	0,14
	...	...	...
	s_i	...	...

(Werte eines beispielhaften Anwendungsfalls)

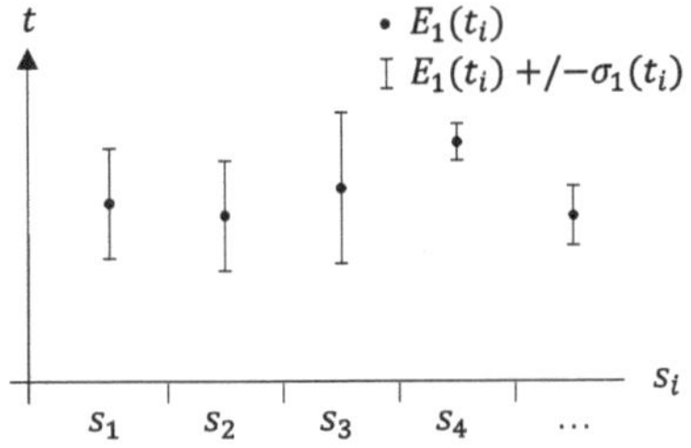

Abbildung 5-5: Auswertung eines Produktmixszenarios

Die **allgemeine Produktmixflexibilität** beschreibt die Fähigkeit einer Struktur, die Gesamtheit der repräsentativen Produktmixe mit der durch die Anteile der Produktvarianten resultierenden Prozesszeitheterogenität zu produzieren. Das Maß für die allgemeine Produktmixflexibilität ist dabei die Heterogenität der Prozesszeiten der Montageschritte bei gleichzeitiger Betrachtung aller Produktmixszenarien. Der Erwartungswert $E_h(t_i)$ sowie die Standardabweichung $\sigma_h(t_i)$ der Prozesszeit je Prozessschritt jedes Szenarios werden mit dem globalen Erwartungswert der Prozesszeit $E(t)$ aller in der Menge X enthaltenen Produktmixszenarien in Verhältnis gesetzt. Die Berechnung des globalen Erwartungswerts $E(t)$ erfolgt gemäß Formel 5-15.

$$E(t) = \frac{1}{x}\sum_{h=1}^{x} E_h(t_i), mit \qquad \text{Formel 5-15}$$

$E(t)$: *Globaler Erwartungswert der Prozesszeit* t

$E_h(t_i)$: *Erwartungswert der Prozesszeit t in Prozessschritt i in Produktmixszenario h*

x: *Gesamtanzahl der Produktmixszenarien*

Die tatsächlichen Prozesszeiten aller Montagetätigkeiten unterliegen Schwankungen, sodass diese als normalverteilte, statistische Größen zu verstehen sind. Der Grad der natürlichen Schwankung dieser Prozesszeiten um die Werte im Datenmodell wird durch den Erfahrungswert der durchschnittlichen, absoluten Abweichung Δt_{abs} berücksichtigt. Auf dieser Grundlage wird die relative Abweichung ermittelt (vgl. Formel 5-16). Die Kennzahl dient im Modell als Indikator für die Störanfälligkeit der Prozesszeiten bzw. Planbarkeit von Prozessschritten.

$$\Delta t_{rel} = \frac{\Delta t_{abs}}{E(t)}, mit \qquad \text{Formel 5-16}$$

Δt_{rel}: *Relative Abweichung der Prozesszeit t*

Δt_{abs}: *Absolute Abweichung der Prozesszeit t*

$E(t)$: *Globaler Erwartungswert der Prozesszeit t*

Aus der Auswertung der allgemeinen Produktmixflexibilität resultieren als Kennzahlen in Bezug auf das Anpassungspotenzial des Produktmixes der Erwartungswert und die Standardabweichung der Prozesszeit je Prozessschritt und Produktmixszenario sowie der globale, szenario- und prozessübergreifende Erwartungswert (vgl. Abbildung 5-6). Auf diese Weise wird der Flexibilitätsbedarf aus der Gesamtheit der Produktmixe berücksichtigt.

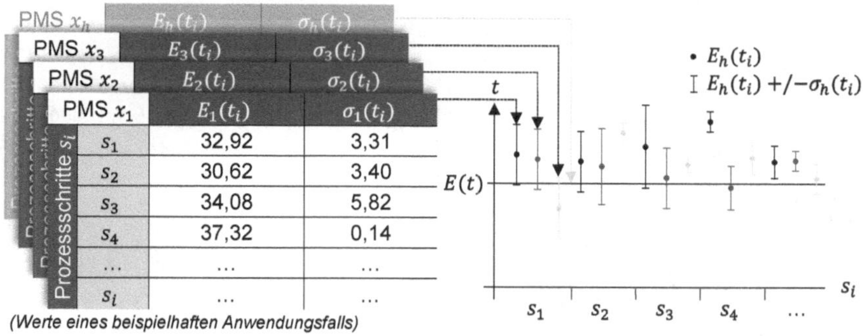

Abbildung 5-6: Auswertung der allgemeinen Produktmixflexibilität

Die **kurzfristige Produktmixflexibilität** beschreibt die Fähigkeit einer Struktur, verschiedene Variantenanteile bei einem kurzfristigen Wechsel des Produktmixes gemessen an der Prozesszeitheterogenität zu produzieren. Die kurzfristige Produktmixflexibilität quantifiziert dabei die Heterogenität der Prozesszeiten von Prozessschritten, verursacht durch den Wechsel von einem Produktmix auf einen anderen. Dazu werden jeweils zwei Produktmixszenarien je Element der Menge der Produktmixwechsel $W = \{PMW_1, PMW_2, ..., PMW_k\}$ gemäß dem Produktionsprogramm sowie Nachfrageverhalten untersucht. Die repräsentativen Produktmixwechsel $PMW_k = \{x_{h1} \quad x_{h2}\}$ sind dabei formalisiert als Paare der jeweils zu vergleichenden Elemente x_h der Menge der Produktmixszenarien X. Die Erwartungswerte $E_h(t_i)$ sowie die Standardabweichungen $\sigma_h(t_i)$ der Prozesszeit je Prozessschritt der beiden in einen Produktmixwechsel eingeschlossenen Mixszenarien werden mit dem mixübergreifenden Erwartungswert der Prozesszeit $E_{PMW,k}(t)$ verglichen. Der aus einem kurzfristigen Produktmixwechsel resultierende Erwartungswert der Prozesszeit $E_{PMW,k}(t)$ wird gemäß Formel 5-17 berechnet.

$$E_{PMW,k}(t) = \frac{1}{2s}\left(\sum_{i=1}^{s} E_{h1}(t_i) + \sum_{i=1}^{s} E_{h2}(t_i)\right) \forall\, PMW_k \in W, mit \qquad \text{Formel 5-17}$$

$E_{PMW,k}(t)$: *Erwartungswert der Prozesszeit t des Produktmixwechsels k*

$E_{h1}(t_i)$: *Erwartungswert der Prozesszeit t in Prozessschritt i in Produktmixszenario h1*

$E_{h2}(t_i)$: *Erwartungswert der Prozesszeit t in Prozessschritt i in Produktmixszenario h2*

PMW_k: *Produktmixwechsel k*

s: *Anzahl der Prozessschritte*

Die Auswertung der kurzfristigen Produktmixflexibilität zielt auf die Quantifizierung des Flexibilitätsbedarfs, der aus der Veränderung des Schwerpunkts sowie der Streuung der Prozesszeiten über alle Prozessschritte bei einem Produktmixwechsel resultiert. Dabei werden die Kennzahlen des Erwartungswerts und der Standardabweichung der Prozesszeit je Prozessschritt und Produktmixszenario sowie der beide Produktmixe einschließende Erwartungswert des Mixwechsels ermittelt und übergeben (vgl. Abbildung 5-7).

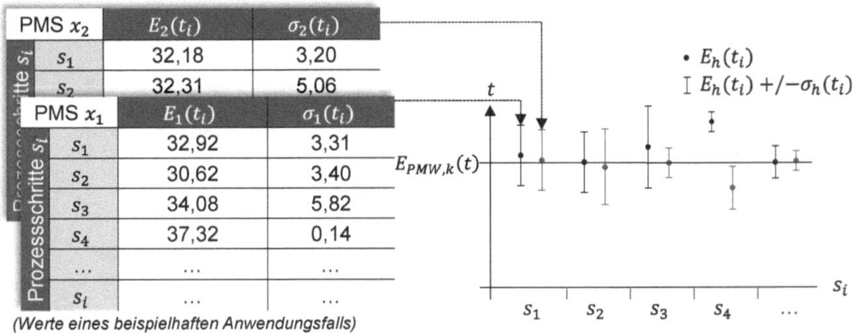

Abbildung 5-7: Auswertung der kurzfristigen Produktmixflexibilität

Die **langfristige Produktmixflexibilität** beschreibt die Fähigkeit einer Struktur, verschiedene Variantenanteile bei einer langfristigen Entwicklung des Produktmixes über mehrere Perioden gemessen an der Prozesszeitheterogenität zu produzieren. Dazu werden mehrere Produktmixszenarien x_h anhand des Produktionsprogramms sowie der Absatzprognosen zu alternativen Produktmixentwicklungen $PME_l = (x_{h1} \quad x_{h2} \quad \cdots \quad x_{hn})$ sequenziert und die Veränderung der Prozesszeiten der Prozessschritte analysiert. Dabei umfasst die Menge der Produktmixentwicklungen $U = \{PME_1, PME_2, \ldots, PME_l\}$ die zu untersuchenden Entwicklungsszenarien. Die Erwartungswerte $E_h(t_i)$ sowie die Standardabweichungen $\sigma_h(t_i)$ der Prozesszeit je Prozessschritt der während der Produktmixentwicklung durchlaufenen Szenarien werden mit dem die Entwicklung umfassenden Erwartungswert der Prozesszeit $E_{PME,l}(t)$ verglichen. Der aus einer langfristigen Produktmixentwicklung PME_l hervorgehende, übergreifende Erwartungswert der Prozesszeit $E_{PME,l}(t)$ wird gemäß Formel 5-18 berechnet.

$$E_{PME,l}(t) = \frac{1}{|PME_l|} * \frac{1}{s} \sum_{h \in PME_l} \sum_{i=1}^{s} E_h(t_i) \; \forall \, PME_l \in U, mit \qquad \text{Formel 5-18}$$

$E_{PME,l}(t)$: *Erwartungswert der Prozesszeit t der Produktmixentwicklung l*

$E_h(t_i)$: *Erwartungswert der Prozesszeit t in Prozessschritt i in Produktmixszenario h*

PME_l: *Produktmixentwicklung l*

s: *Anzahl der Prozessschritte*

Aus der Auswertung der langfristigen Produktmixflexibilität gehen als Kennzahlen zum Anpassungspotenzial des Produktmixes der Erwartungswert und die Standardabweichung der Prozesszeit je Prozessschritt und Produktmixszenario sowie der die Produktmixentwicklung umfassende szenario- und prozessübergreifende Erwartungswert hervor (vgl. Abbildung 5-8). Auf diese Weise wird je Prozessschritt granular berücksichtigt, welcher Flexibilitätsbedarf aus den Produktmixen einer Entwicklung hervorgeht.

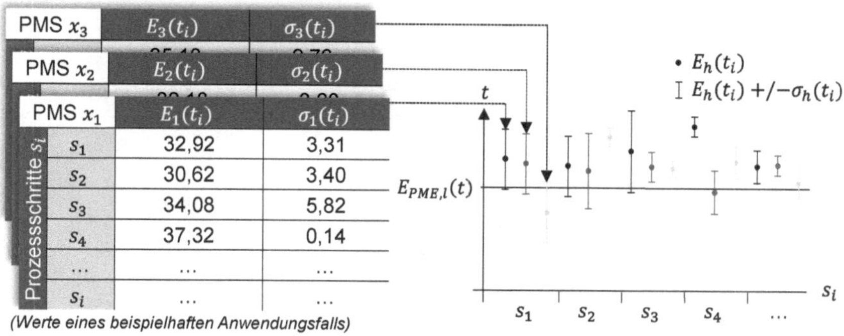

Abbildung 5-8: Auswertung der langfristigen Produktmixflexibilität

Die Kriterien zur Beschreibung von Veränderungen der Ausbringungsstückzahl sind die Volumen- und Expansionsflexibilität (vgl. Abbildung 5-2), welche neben Produktmixflexibilität Bestandteil der Mehrheit an Kriteriensets in der Literatur sind.[480] Die Anpassung von Stückzahlen wird im Produktionskontext als Skalierbarkeit bezeichnet.[481] **Volumenflexibilität** beschreibt allgemein die Fähigkeit eines Produktionssystems, bei verschiedenen Ausbringungsmengen wirtschaftlich betrieben zu werden.[482] Im Kontext der klassifikationsbasierten Montagestrukturplanung beschreibt Volumenflexibilität die Fähigkeit einer Struktur, die Ausbringungsstückzahl kurzfristig ohne Strukturumbau anpassen zu können. Das Maß für die Volumenflexibilität sind die aus den kurzfristigen Stückzahlszenarien hervorgehenden Skalierungsfaktoren des Wechsels zwischen zwei Perioden. Das zugrundeliegende Datenmodell umfasst dazu die Menge der kurzfristigen Stückzahlszenarien $Z = \{z_1, z_2, \dots, z_d\}$, die anhand der historischen Kunden-

[480] vgl. van de Ginste et al. (2019) Defining flexibility of assembly workstations, S. 977.

[481] vgl. Koren et al. (2018) Reconfigurable manufacturing systems, S. 123.

[482] vgl. Sethi et al. (1990) Flexibility in manufacturing, S. 307 - 309.

aufträge und Nachfrageprognosen aus den Stückzahlszenarien der Produktionsprogrammplanung hervorgehen. Ein darin enthaltenes kurzfristiges Stückzahlszenario $z_d = (n_{d1} \quad n_{d2})$ mit der Stückzahl n_{d1} in Periode T_1 und Stückzahl n_{d2} in Periode T_2 bildet einen relevanten Wechsel der Ausbringungsstückzahl zwischen den beiden Perioden T_e mit $e \in \{1,2\}$ ab. Die Auswertung der Bedarfe in Bezug auf die Entscheidungsgröße des kurzfristigen Anpassungspotenzials der Ausbringungsstückzahl erfolgt je Szenario mittels des kurzfristigen Skalierungsfaktors b_d zwischen Periode T_1 und T_2. Die Skalierungsfaktoren sind für die Charakterisierung der Stückzahlanpassung entscheidend und werden gemäß Formel 5-19 als Quotient der beiden Stückzahlen berechnet. Durch die Betrachtung alternativer Szenarien wird ein breites Spektrum an potenziellen Entwicklungen berücksichtigt.

$$b_d = \frac{n_{d2}}{n_{d1}} \ \forall z_d \in Z, mit \qquad \text{Formel 5-19}$$

b_d: *Kurzfristiger Skalierungsfaktor des Stückzahlszenarios d*
n_{d1}: *Stückzahl des Stückzahlszenarios d in Periode* T_1
n_{d2}: *Stückzahl des Stückzahlszenarios d in Periode* T_2
z_d: *kurzfristiges Stückzahlszenario d*

Das Auswertungsergebnis in Bezug auf die Bedarfe hinsichtlich Volumenflexibilität umfasst die aus den alternativen Stückzahlszenarien hervorgehenden Kennzahlen in Form der Skalierungsfaktoren. In Abbildung 5-9 ist das Datenmodell und die Auswertung des Flexibilitätsbedarfs aus den Stückzahlszenarien dargestellt.

		Stückzahl in T_e		
		n_{d1}	n_{d2}	b_d
Kurzfristige Stückzahlszenarien z_d	z_1	30	35	1,17
	z_2	30	25	0,83
	z_3	25	35	1,40
	...	...	...	...
	z_d	...	...	...

(Werte eines beispielhaften Anwendungsfalls)

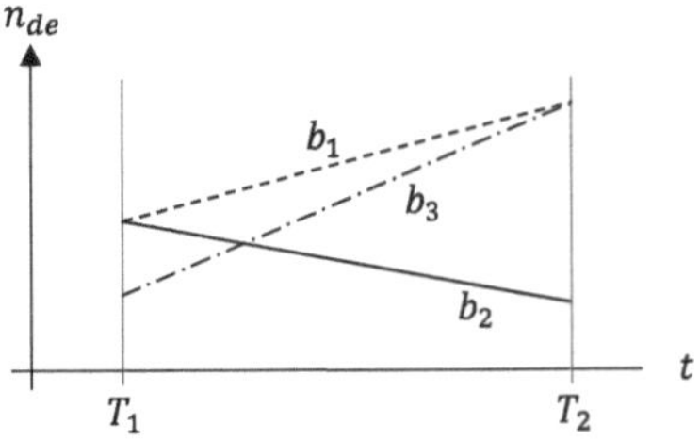

Abbildung 5-9: Datenmodell und Auswertung der Volumenflexibilität

Expansionsflexibilität beschreibt im Allgemeinen die Fähigkeit eines Produktionssystems, bei Bedarf die Kapazitäten und Fähigkeiten zu erweitern.[483] In der klassifikationsbasierten Montagestrukturplanung beschreibt Expansionsflexibilität die Fähigkeit einer Struktur, die Ausbringungsstückzahl über einen langen Zeithorizont aus mehreren Perioden zu entwickeln. Das Maß für die Expansionsflexibilität sind die Skalierungsfaktoren der Stückzahlentwicklung über die betrachteten Perioden. Das Datenmodell beinhaltet die Menge der langfristigen Stückzahlszenarien $Y = \{y_1, y_2, \dots, y_f\}$, welche aus der Absatzprognose und den Stückzahlszenarien der Produktionsprogrammplanung abgeleitet sind. Ein langfristiges Stückzahlszenario $y_f = (q_{f1} \quad q_{f2} \quad \cdots \quad q_{fe})$ enthält die Stückzahl q_{f1} in Periode T_1, Stückzahl q_{f2} in Periode T_2 usw. und beschreibt die Entwicklung der Stückzahl über e Perioden. Der Bedarf hinsichtlich

[483] vgl. Sethi et al. (1990) Flexibility in manufacturing, S. 309 - 310.

des langfristigen Anpassungspotenzials der Ausbringung werden einerseits mittels der langfristigen Skalierungsfaktoren c_{fe} zwischen den Perioden jedes Szenarios y_f ausgewertet (vgl. Formel 5-20). Andererseits werden die Skalierungsfaktoren c_f je Szenario y_f (vgl. Formel 5-21) ausgewertet, welche die gesamte Skalierung über ein Entwicklungsszenario betrachten.

$$c_{fe} = \frac{q_{f(e+1)}}{q_{fe}} \; \forall \, y_f \in Z, \forall \, T_e \; mit$$ Formel 5-20

c_{fe}: *Langfristiger Skalierungsfaktor des Stückzahlszenarios f in Periode e*

q_{fe}: *Stückzahl des Stückzahlszenarios f in Periode* T_e

$q_{f(e+1)}$: *Stückzahl des Stückzahlszenarios f in Folgeperiode von* T_e

y_f: *langfristiges Stückzahlszenario f*

T_e: *Periode e*

$$c_f = \prod_{e \in T} c_{fe} \; \forall \, y_f \in Z, mit$$ Formel 5-21

c_f: *Langfristiger Skalierungsfaktor des Stückzahlszenarios f*

c_{fe}: *Langfristiger Skalierungsfaktor des Stückzahlszenarios f in Periode* T_e

y_f: *langfristiges Stückzahlszenario f*

Aus der Bedarfsauswertung der Expansionsflexibilität resultieren je langfristigem Stückzahlszenario die zwischen Perioden existierenden sowie die übergreifenden Skalierungsfaktoren als Kennzahlen hinsichtlich des Anpassungspotenzials der Ausbringungsmenge. In Abbildung 5-10 sind beispielhaft die Auswertung von Stückzahlszenarien und die im Diagramm aufgetragenen Kennzahlen des Flexibilitätsbedarfs dargestellt.

Langfristige Stückzahl-szenarien y_f	Stückzahl in T_e					
	q_{f1}	q_{f2}	q_{f3}	c_{f1}	c_{f2}	c_f
y_1	1.500	1.750	2.000	1,17	1,14	1,33
y_2	1.500	1.200	1.300	0,80	1,08	0,87
y_3	1.250	1.500	2.000	1,20	1,33	1,60
...	...	...	...	...	...	...
y_f	...	...	...	...	...	...

(Werte eines beispielhaften Anwendungsfalls)

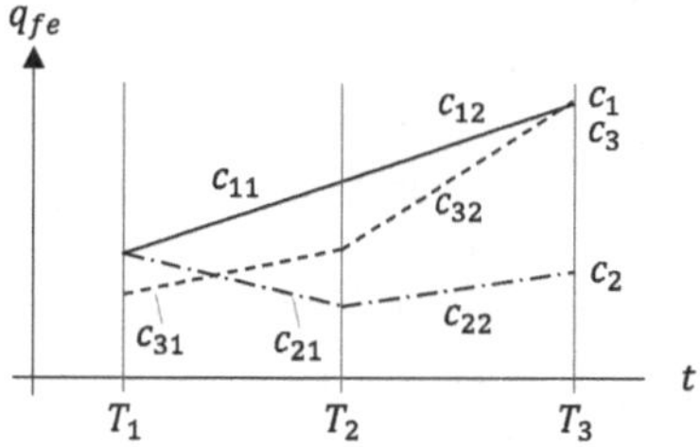

Abbildung 5-10: Datenmodell und Auswertung der Expansionsflexibilität

Ressourcenflexibilität basiert auf den beiden Kriterien Maschinen- und Arbeitsflexibilität, welche im Allgemeinen die Fähigkeit eines Produktionssystems beschreiben, die Betriebsmittel bzw. das Montagepersonal für ein breites, variierendes Spektrum von Tätigkeiten einsetzen zu können.[484] Im Kontext der klassifikationsbasierten Montagestrukturplanung beschreibt Ressourcenflexibilität die Fähigkeit einer Struktur, die Arbeitsteilung zwischen Produktionsressourcen flexibel anpassen zu können und damit Qualifikationen variabel einzusetzen. Das Maß für Ressourcenflexibilität ist dabei der Umfang, in dem die Arbeitsteilung des Montagepersonals

[484] vgl. van de Ginste et al. (2019) Defining flexibility of assembly workstations, S. 977.

und der Betriebsmittel auf Grundlage ihrer Qualifikationen in der Qualifikationsmatrix variiert werden kann. Im Datenmodell ist die Gesamtheit der Qualifikationen durch die Menge der Prozessschritte $S = \{s_1, s_2, \ldots, s_i\}$ abgebildet. Eine Produktionsressource besitzt eine Qualifikation, wenn der zugehörige Prozessschritt durch sie ausgeführt werden kann. Jede Person bzw. jedes Betriebsmittel beherrscht unterschiedliche Prozessschritte und hat damit eine individuelle Verteilung der Qualifikationen in der Qualifikationsmatrix. Als Kennzahlen für die Spezifizierung der Ressourcenflexibilität resultieren damit der durchschnittliche Anteil der beherrschten Prozessschritte des Montagepersonals $\overline{s_P}$ bzw. der Betriebsmittel $\overline{s_B}$ an der Gesamtheit der Prozessschritte S.

Im Anschluss an die Detaillierung des Anforderungsmodells erfolgt der vierte Schritt der Modellentwicklung nach PATZAK. Demnach gilt es die Erfüllung der an das Modell gestellten Anforderungen zu überprüfen.[485] Diese gehen aus dem geforderten Informationsgehalt des Anforderungsmodells hervor (vgl. Kapitel 5.1.1), wonach dieses den Flexibilitätsbedarf eines Anwendungsfalls quantitativ spezifizieren können muss. Der Flexibilitätsbedarf kann mittels des Anforderungsmodells granular ermittelt werden, indem die Planungsdaten eines Anwendungsfalls in die Datenmodelle der Flexibilitätskriterien aufgenommen und anhand statistischer Methoden gezielt ausgewertet werden. Auf diese Weise resultieren statistische Kennzahlen, die den Flexibilitätsbedarf quantitativ beschreiben und anwendungsfallübergreifend vergleichbar machen. Damit beantwortet das Anforderungsmodell die erste Unterforschungsfrage dieser Arbeit und löst den ersten identifizierten Handlungsbedarf gemäß Kapitel 3.4:

Das Flexibilitätskriterienset sowie die zugeordneten Datenmodelle und Auswertungsmethoden ermöglichen die quantitative Spezifizierung des Flexibilitätsbedarfs eines Anwendungsfalls anhand von in der Planungsphase verfügbaren Prozess- und Produktionsprogrammdaten und befähigt somit die anforderungsgeleitete Strukturplanung.

Das Anforderungsmodell erlaubt mittels der Flexibilitätskriterien und der gezielten Datenauswertung die detaillierte, mehrdimensionale Spezifizierung des Flexibilitätsbedarfs in der Phase der Strukturplanung. Somit bildet es die Basis für den Abgleich des Flexibilitätsbedarfs eines Anwendungsfalls mit der durch alternative flussorientierte Montagestrukturkonfigurationen bereitgestellten Flexibilität.

Die durch das Anforderungsmodell generierten Erkenntnisse in Bezug auf die Spezifizierung des Flexibilitätsbedarfs werden durch weitere Nutzungspotentiale über die klassifikationsbasierte Strukturplanung hinaus ergänzt. Die neuartige, quantitative Erfassung der Flexibilität ermöglicht den systemunabhängigen Vergleich von Montageanwendungsfällen bzw. ihrer Anforderungen außerhalb der Strukturplanung, da keine Kapazitätszuteilung und Kostensätze erforderlich sind. Auf diese Weise bietet das Modell eine Unterstützung zur Schaffung von Transparenz bezüglich Flexibilität bei der Analyse und Optimierung der Montageanwendungsfälle innerhalb eines Produktionsnetzwerks sowie unternehmensübergreifend. Des Weiteren können die Analyseergebnisse aus dem Anforderungsmodell als Ausgangspunkt für die Segmentierung bzw. Kapazitätsteilung einer Montagestruktur anhand von verschiedenen Flexibilitätsbedarfen genutzt werden.

---

[485] vgl. Patzak (1982) Systemtechnik, S. 309.

5.2 Die flexiblen, flussorientierten Montagestrukturen

Zur Entwicklung der flussorientierten Montagestrukturen während der Strukturplanung wird ein Abgleich des spezifizierten Flexibilitätsbedarfs und des durch Montagestrukturkonfigurationen bereitgestellten Flexibilitätsangebots durchgeführt. Voraussetzung dazu ist die Kenntnis der alternativen Konfigurationen, welche durch die Klassifikation bereitgestellt werden. Die in Kapitel 3.2 und 3.3 analysierten problemrelevanten Theorien sowie die Ergebnisse der empirisch-induktiven Studie mit 16 Experten der montageplanerischen Praxis (vgl. Anhang 8.2) zeigen, dass es an Transparenz über die Konfigurationen flussorientierter Montagestrukturen sowie ihrer Wirkbeziehungen mangelt. Daher wird im zweiten Teilmodell des Lösungskonzepts dieser Arbeit die in Kapitel 4.2 hypothesengeleitet konzipierte Klassifikation ausführlich entwickelt und somit neue Erkenntnisse in Bezug auf die Gestaltung flussorientierter Montagestrukturen generiert. Das Teilmodell fokussiert die Ableitung der Merkmale und Ausprägungen der Montagestrukturen sowie die Identifikation ihrer Wirkbeziehungen. Die Klassifikation strukturiert die relevanten Strukturkonfigurationen und befähigt so die Ermittlung des Flexibilitätsangebots. Teilergebnisse des Modells wurden bereits durch FÖHLISCH ET AL.[486] veröffentlicht.

Beim zweiten Teilmodell handelt es sich um ein Erklärungsmodell, wobei dieser Modelltyp allgemein der Erklärung des Auftretens von bestimmten Systemzuständen unter Angabe von Voraussetzungen bzw. Beschränkungen zur Gültigkeit dient (vgl. Kapitel 3.3.1). Aufbauend auf einer Systembeschreibung werden dabei zur Schaffung eines tieferen Systemverständnisses allgemeingültige Wirkzusammenhänge mittels Hypothesen formuliert.[487] Auf Grundlage des als Systembeschreibung fungierenden Ordnungsrahmens der flussorientierten Montagestrukturen in Kapitel 2.1.3 werden in diesem Teilmodell die Wirkzusammenhänge zwischen den Merkmalsausprägungen der Montagestrukturen in der Klassifikation aufgeschlüsselt. Auf diese Weise bewirkt die Klassifikation die Beantwortung der zweiten Unterforschungsfrage. In Kapitel 5.2.1 erfolgt die Darstellung des methodischen Vorgehens zur Klassifizierung der flussorientierten Montagestrukturen unter Anknüpfung an die in Kapitel 3.2 untersuchten Gestaltungsansätze aus Theorie und Praxis. Das darauffolgende Kapitel 5.2.2 dient der detaillierten Herleitung sowie Vorstellung der Klassifikation für flussorientierte Montagestrukturen.

5.2.1 Klassifizierung flexibler, flussorientierter Montagestrukturen

In diesem Kapitel wird die methodische Vorgehensweise zur Klassifizierung der Typen flussorientierter Montagestrukturen bzw. zur Entwicklung der Klassifikation erläutert. Das Vorgehen ist an die Modellentwicklung nach PATZAK[488] angelehnt (vgl. Kapitel 5), um sicherzustellen, dass das entwickelte Teilmodell die vorgesehene Funktion gemäß dem Lösungskonzept dieser Arbeit erfüllt. Die zentralen Entwicklungsphasen werden durch den Einsatz spezifischer Methodiken zur empirischen Typenbildung und Strukturierung eines Merkmalraums ergänzt.

[486] vgl. Föhlisch et al. (2023) Classification of flow-based assembly structures, S. 129 - 138.

[487] vgl. Patzak (1982) Systemtechnik, S. 313 - 314.

[488] vgl. Patzak (1982) Systemtechnik, S. 309.

Im ersten Schritt wird der abzubildende Sachverhalt definiert und abgegrenzt.[489] Für das Teilmodell der Klassifikation dient der Ordnungsrahmen flexibler, flussorientierter Montagestrukturen (vgl. Kapitel 2.1.3) als zugrundeliegende Systembeschreibung. Auf dieser Grundlage bildet die Klassifikation die Konfigurationen flussorientierter Montagestrukturen geordnet gemäß steigendem Flexibilitätsangebot ab.

Im zweiten Schritt werden die für das Modell relevanten Variablen bestimmt.[490] Dazu wird zunächst die erforderliche Modelltiefe zur Erreichung der Modellfunktion gemäß der Zielsetzung dieser Arbeit anhand der Modellmerkmale nach STACHOWIAK[491] festgelegt. Hinsichtlich des Abbildungsmerkmals hat die Klassifikation die für die Mixed-Model-Montage relevanten Linien- und Matrixmontagestrukturen einschließlich ihrer konstituierenden Charakteristika sowie resultierende Restriktionen für die PPS zu repräsentieren. Dem Verkürzungsmerkmal entsprechend gilt es alle relevanten Bestandteile der Montagestrukturen zu modellieren, die für die Priorisierung der Entscheidungsalternativen benötigt werden. Das pragmatische Merkmal erfordert, dass die Klassifikation Montageplanende während der Strukturplanung zur anforderungsgeleiteten, effizienten Bestimmung der Montagestrukturen befähigt. Insbesondere bezüglich der Klassifikation gilt es somit vor dem Hintergrund dieses Zielkonflikts einen ausreichend granularen, aber dennoch anwenderfreundlichen Detailgrad zu wählen. Die Modelltiefe leitet sich somit aus den Anforderungen der Verwendung der Klassifikation zur Bestimmung der Montagestrukturkonfigurationen für einen Anwendungsfall ab. Der erforderliche Informationsgehalt der Klassifikation muss folglich aus ihrer Verwendung im Priorisierungsmodell zur Festlegung der Modellvariablen abgeleitet werden.

Die Priorisierung der Montagestrukturkonfigurationen für einen Anwendungsfall fußt auf einem Flexibilitätsabgleich, für den neben dem Bedarf jeweils das Flexibilitätsangebot der Entscheidungsalternativen bekannt sein muss. Dazu müssen neben den Strukturkonfigurationen der Linien- und Matrixmontage ihre das Flexibilitätsangebot bestimmenden Merkmale sowie Ausprägungen als Bewertungsgrundlage vollständig bekannt sein. Aus diesem geforderten Informationsgehalt ergeben sich insgesamt die folgenden Modellvariablen und -elemente:

- Konstituierende Merkmale der flexiblen, flussorientierten Montagestrukturen
- Alternative Ausprägungen je Merkmal
- Relevante Ausprägungskombinationen bzw. Montagestrukturkonfigurationen

Die Untersuchung der problemrelevanten Theorien in Kapitel 3.3 hat gezeigt, dass bestehende Klassifikationsansätze dem geforderten Informationsgehalt in Bezug auf die gleichzeitige Charakterisierung von Matrix- und Linienmontagestrukturen nicht gerecht werden. Ferner wurde deutlich, dass der domänenübergreifende Transfer Level-basierter Modellstrukturen für die Klassifikation von Vorteil ist. Auf dieser Grundlage gilt es die Modellstruktur der Klassifikation mit ihren Modellvariablen zur Herstellung des erforderlichen Informationsgehalts zu definieren. Die Systemtechnik ermöglicht diesen Übertrag auf das Anwendungsfeld und unterstützt so die Entwicklung einer neuen, übergreifenden Problemlösung.[492] Dazu wird der Aufbau

---

489 vgl. Patzak (1982) Systemtechnik, S. 309.

490 vgl. Patzak (1982) Systemtechnik, S. 309.

491 vgl. Stachowiak (1973) Allgemeine Modelltheorie, S. 131 - 133.

492 vgl. Bruns (1991) Systemtechnik, S. 1.

bestehender Klassifikationen (vgl. Kapitel 3.3) abstrahiert, die vorteilhaften Strukturkomponenten extrahiert und aus diesen gemäß dem Lösungskonzept dieser Arbeit eine Level-basierte Modellstruktur unter Berücksichtigung der identifizierten Informationsbedarfe zusammengesetzt.

Im dritten Schritt wird die Beschaffenheit der Relationen im Modell bestimmt.[493] In der Klassifikation spiegeln die Verknüpfungen zwischen den Merkmalen, ihren Ausprägungen, den Ausprägungskombinationen und das jeweils resultierende Flexibilitätsangebot die Relationen wider. Der Fokus dieses Entwicklungsschritts liegt somit auf der Aufschlüsselung der Wirkbeziehungen zwischen den Elementen der Modellstruktur. Dazu müssen zunächst die Merkmale und Ausprägungen flussorientierter Montagestrukturen identifiziert werden, um auf dieser Grundlage die Kombinatorik der relevanten Konfigurationen aufzuschlüsseln. Diese gilt es abschließend in der Level-basierten Modellstruktur zu verorten. Zur Bestimmung der Relationen müssen somit Methodiken zur morphologischen Analyse und empirischen Typenbildung zum Einsatz kommen. Ein *Typ* stellt dabei eine Kombination von Ausprägungen[494] bzw. ein Flexibilitätslevel im Kontext der Klassifikation dar.

Die Grundlage zur Identifikation der relevanten Flexibilitätslevels der Klassifikation bilden die Gestaltungsansätze flexibler, flussorientierter Montagestrukturen in Kapitel 3.2, die aus der durchgeführten strukturierten Literaturrecherche (vgl. Anhang 8.3) hervorgehen. Das methodische Vorgehen zur Analyse des durch die Ansätze aufgespannten Merkmalraums und der relevanten Typen bzw. Flexibilitätslevels ist an die empirisch begründete Typenbildung nach KLUGE angelehnt.[495] Dabei wird zur geordneten Analyse und Strukturierung des Merkmalraums ergänzend auf die morphologische Analyse nach ZWICKY zurückgegriffen.[496]

Demnach gilt es zunächst die relevanten Vergleichsdimensionen bzw. Merkmale zu erarbeiten, die die Ähnlichkeiten sowie Unterschiede zwischen den Untersuchungselementen angemessen erfassen und schließlich die Typen charakterisieren.[497] Dazu werden die in Kapitel 3.2 untersuchten Gestaltungsansätze systematisch anhand des theoretischen Vorverständnisses der Klassifikation abstrahiert und die relevanten Merkmale und ihre Ausprägungen dimensionalisiert. Im Anschluss erfolgt die Gruppierung der Ansätze und die Analyse der empirischen Regelmäßigkeit.[498] Dazu wird ein morphologischer Kasten nach ZWICKY mit den identifizierten Merkmalen und Ausprägungen aufgestellt.[499] Dabei muss gewährleistet sein, dass die Ausprägungen der Merkmale vollständig, eindeutig, gleichrangig und einheitlich sind.[500] Zur Einhaltung dieser Anforderung wird der entwickelte morphologische Kasten empirisch geprüft, indem die untersuchten Gestaltungsansätze anhand ihrer spezifischen Ausprägungen gruppiert und die interne Homogenität sowie externe Heterogenität der gebildeten

[493] vgl. Patzak (1982) Systemtechnik, S. 309.
[494] vgl. Kluge (2000) Empirisch begründete Typenbildung, S. 4.
[495] vgl. Kluge (2000) Empirisch begründete Typenbildung.
[496] vgl. Zwicky (1967) The morphological approach, S. 284 - 286.
[497] vgl. Kluge (2000) Empirisch begründete Typenbildung, S. 4.
[498] vgl. Kluge (2000) Empirisch begründete Typenbildung, S. 4 - 5.
[499] vgl. Zwicky (1989) Entdecken, Erfinden, Forschen im morphologischen Weltbild.
[500] vgl. Ropohl (2012) Allgemeine Systemtheorie, S. 131.

Gruppen verifiziert werden.[501] Anschließend erfolgt die Analyse der inhaltlichen Wirkzusammenhänge im Merkmalraum sowie die Typenbildung.[502] Zu diesem Zweck werden alle Kombinationen bzw. Typen im Merkmalraum gebildet und durch den beteiligten Expertenkreis auf Grundlage der empirisch vorgefundenen Gruppen sowie der Planungserfahrungen hinsichtlich der Praxisrelevanz priorisiert. Die relevanten Typen werden in die zuvor definierte Modellstruktur der Klassifikation als Flexibilitätslevels gemäß steigendem Flexibilitätsangebot eingeordnet. Abschließend gilt es die Flexibilitätslevels anhand der jeweils zugrundeliegenden Ausprägungskombination sowie der spezifischen Wirkzusammenhänge zu charakterisieren.[503] Dabei liegt der Fokus darauf, wie aus dem Zusammenspiel der Ausprägungen in Summe das Flexibilitätsangebot des Levels resultiert.

Im vierten Schritt wird das Modell hinsichtlich der Erfüllung der gestellten Anforderungen überprüft.[504] Die Modellentwicklung und anschließende -überprüfung werden im folgenden Kapitel detailliert vorgestellt.

5.2.2 Die Klassifikation für flexible, flussorientierte Montagestrukturen

Dieses Kapitel dient der ausführlichen Darstellung der Klassifikation zur Strukturierung der Konfigurationen flexibler, flussorientierter Montagestrukturen. Das Modell ermöglicht eine effiziente Strukturplanung durch Schaffung von Transparenz über die zur Auswahl stehenden Konfigurationsoptionen und ihr Flexibilitätsangebot. Zunächst wird die hypothesengeleitet entwickelte Modellstruktur der Klassifikation erläutert. Anschließend werden die gemäß der Methodik identifizierten Merkmale und ihre Ausprägungen in einem morphologischen Kasten strukturiert. Auf dieser Basis wird die Kombinatorik der Ausprägungen in der Klassifikation aufgeschlüsselt und die resultierenden Flexibilitätslevels detailliert erklärt.

Die der Klassifikation zugrundliegende Modellstruktur hat das Ziel, die Kombinatorik zwischen den Konfigurationsoptionen flussorientierter Montagestrukturen anhand ihrer Wirkbeziehungen aufzuschlüsseln. Zu diesem Zweck müssen für alternative Konfigurationen je Merkmal die verwendeten Ausprägungen transparent dargestellt sein. Ferner muss das Flexibilitätsangebot einer Struktur qualitativ ersichtlich sein. Zur Sicherstellung einer einfachen Anwendbarkeit in der Strukturplanungsmethodik gilt es den Detailgrad des Modells auf die praxisrelevanten Montagestrukturen zu fokussieren. Ausgangspunkt zur Definition der Modellstruktur bildet das theoretische Vorverständnis der Klassifikation. Dieses wurde auf Grundlage der Anknüpfungspunkte und Entwicklungsbedarfe bestehender Klassifikationen für Montagesysteme sowie dem domänenübergreifenden Transfer Level-basierter Klassifikationen entwickelt (vgl. Kapitel 3.3). Des Weiteren flossen die Erfahrungen des Autors aus dem Einsatz von Klassifikationen zur Strukturplanung im Praxiskontext sowie die Ergebnisse der empirisch-induktiven Primärstudie im Expertenkreis ein (vgl. Anhang 8.2). Insgesamt resultiert die Modellstruktur in Form einer Klassifikation, die auf den Einsatz in der Strukturplanungsmethodik gemäß dem Lösungskonzept dieser Arbeit abgestimmt ist (vgl. Tabelle 4-1).

---

[501] vgl. Kluge (2000) Empirisch begründete Typenbildung, S. 4 - 5.

[502] vgl. Kluge (2000) Empirisch begründete Typenbildung, S. 5 - 7.

[503] vgl. Kluge (2000) Empirisch begründete Typenbildung, S. 7 - 8.

[504] vgl. Patzak (1982) Systemtechnik, S. 309.

Konstituierende Elemente der analysierten Klassifikationen sind einerseits die Beschreibung von Konfigurationsoptionen durch die Unterscheidung von Merkmalen sowie Ausprägungen und andererseits die Verwendung von Levels zur Darstellung von Rangfolgen. Diese vorteilhaften Kernelemente werden für die Modellstruktur der Klassifikation übernommen. In der tabellarisch aufgebauten Klassifikation stellen die Zeilen die Flexibilitätslevels dar, welche jeweils eine Strukturkonfiguration repräsentieren. Dabei sind die Levels gemäß steigendem Flexibilitätsangebot vom ersten Level mit geringem Angebot bis hin zum höchsten mit maximalem angeordnet. Die Spalten beinhalten die Merkmale flussorientierter Montagestrukturen. Diese entsprechen den wesentlichen Bestandteilen einer Montagestruktur während der Strukturplanung. Die Zellen enthalten Ausprägungen, die dem Merkmal der Spalte zugeordnet sind und in dem entsprechenden Flexibilitätslevel der Zeile verwendet werden. Ein Level bzw. eine Montagestrukturkonfiguration setzt sich somit aus der Kombination der Ausprägungen in einer Zeile zusammen.

Zur Beschreibung der Flexibilitätslevels und ihrer Wirkbeziehungen in der Klassifikation ist zunächst die Identifikation der Merkmale flussorientierter Montagestrukturen sowie ihrer Ausprägungen erforderlich. Dazu werden gemäß der Methodik in Kapitel 5.2.1 aus den untersuchten Gestaltungsansätzen in Kapitel 3.2 und Klassifikationsansätzen in Kapitel 3.3 die Vergleichsdimensionen der flussorientierten Montagestrukturen erarbeitet. Die Diskussion der Analyseergebnisse im Expertenkreis liefert den morphologischen Kasten flussorientierter Montagestrukturen (vgl. Tabelle 5-1). Dieser basiert auf den drei zentralen Merkmalen der *Dimension der Objektrouten*, dem *Synchronisationsprinzip der Zeit* und der *Mobilität der Produktionsressourcen*. In der vorliegenden Arbeit setzen sich Produktionsressourcen einerseits aus dem Montagepersonal und andererseits den Betriebsmitteln zusammen (vgl. Kapitel 5.1.2). In diesem Kontext sind Betriebsmittel definiert als Arbeitsmaschinen und maschinelle Anlagen, die der Herstellung von Gegenständen dienen.[505] Der Fokus der Betrachtung liegt dabei auf solchen Betriebsmitteln, die aufgrund ihrer Fähigkeiten grundsätzlich eine flexible, arbeitsteilige Verwendung in der Montagestruktur erlauben.

[505] vgl. Nebl (2011) Produktionswirtschaft, S. 152 - 153.

Tabelle 5-1: Morphologischer Kasten flussorientierter Montagestrukturen[506]

	Merkmale		
	Dimension der Objektrouten	Synchronisationsprinzip der Zeit	Mobilität der Produktionsressourcen
Ausprägungen / Flexibilität	Eindimensional (Linie)	Einheitliche Taktzeit	Stationär
	Zweidimensional (Matrix)	Durchschnittliche Taktzeit	Beweglich
		Erwartete Prozesszeiten	
		Reaktion auf Montagefortschritt	
		Erwartete Prozesszeiten und Reaktion auf Montagefortschritt	

Die Untersuchung bestehender Theorien in Kapitel 3 hat gezeigt, dass Erklärungsansätze für Matrixstrukturen auf Negativdefinitionen basieren und lediglich Aussagen zu entfallenden Strukturausprägungen getroffen werden. Im Folgenden werden die identifizierten Merkmale und Ausprägungen der morphologischen Analyse ausführlich charakterisiert. Dabei wird aufgedeckt, welche Alternativen je Merkmal in der Strukturplanungsphase existieren.

Die **Dimension der Objektrouten** beschreibt den Freiheitsgrad der Routenbildung von Montageobjekten zwischen den Stationen, die für die Komplettierung der Montage durchlaufen werden müssen. Das Merkmal gibt damit Aufschluss über die Verkettung der Prozessschritte bzw. die Abfolge der Stationen innerhalb der Montagestruktur. Dabei wird zwischen *eindimensionalen* und *zweidimensionalen Objektrouten* unterschieden. Diese layoutunabhängige Differenzierung von Linien- und Matrixmontagestrukturen mittels des Merkmals wurde auf Grundlage bestehender Klassifikationsansätze für Montagen (wie LATOS ET AL.[507] und MINGUILLON[508], vgl. Abbildung 3-9 bzw. Abbildung 3-10) abgeleitet. Eine eindimensionale Objektroute entspricht einer für alle Montageobjekte identischen Route durch die Montagestruktur in einer technologischen Prozessrichtung. Demnach besitzt jedes Montageobjekt die gleiche Abfolge von Stationen mit strenger Verkettung im Sinne einer Linienmontagestruktur. Die Objekte folgen einem gerichteten Fluss und können somit weder Stationen überspringen noch zu bereits passierten zurückkehren.[509] Zweidimensionale Objektrouten entsprechen hingegen uneingeschränkt konfigurierbaren Routen der individuellen Montageobjekte auf der Montagefläche mit in zwei Achsen veränderlicher Prozessrichtung.[510] Dementsprechend kann ein Montageobjekt jede Station in der Struktur von jeder anderen aus anfahren und auf diese Weise auftragsspezifischen Routen folgen.[511] Dazu sind Stationen in einem flexibel konfigurierbaren Raster aus

[506] In Anlehnung an Föhlisch et al. (2023) Classification of flow-based assembly structures, S. 133.

[507] vgl. Latos et al. (2018) Konzeption einer flexiblen und demografierobusten Montagelinie, S. 91.

[508] vgl. Minguillon (2020) Prädiktiv-reaktives Scheduling in der Matrix-Produktion, S. 7 - 10.

[509] vgl. Latos et al. (2018) Konzeption einer flexiblen und demografierobusten Montagelinie, S. 91.

[510] vgl. Göppert (2022) Artificial intelligence in online scheduling, S. 19.

[511] vgl. Göppert et al. (2019) Planung und Steuerung von frei verketteten Montagesystemen, S. 618.

Spalten und Zeilen entsprechend einer Matrixmontage auf der Montagefläche angeordnet. Im Gegensatz zu eindimensionalen Objektrouten herrscht keine strenge Verkettung der Stationen, sondern Montageobjekte folgen ihrem individuell gerichteten Fluss. Dieser entspricht der Route eines Montageobjekts von der Quelle zur Senke in der Montagestruktur.[512] Zweidimensionale Objektrouten stellen das höchste Flexibilitätsangebot bereit, da diese nicht den Restriktionen der strengen Verkettung eindimensionaler Routen unterliegen. Insgesamt befähigt die Unterscheidung von ein- und zweidimensionalen Objektrouten die layoutunabhängige Beschreibung der Funktionsweise von Linien- und Matrixmontagen in der Strukturplanung.

Das **Synchronisationsprinzip der Zeit** beschreibt den Umfang und das Zusammenspiel von Steuerung sowie Planung, durch den das Arbeitszeitpotential von Produktionsressourcen bzw. Stationen auf zu absolvierende Montageumfänge von Montageobjekten in einem Zeithorizont abgestimmt wird. Das Merkmal bildet damit den Grad der Taktabhängigkeit bzw. die eine Taktung substituierenden Synchronisationen innerhalb der Montagestruktur ab. Grundlage zur Entwicklung des Merkmals ist die durch LATOS ET AL. diskutierte Periodizität der Bewegungsparameter[513], die es zur Substitution des in Linienstrukturen verwendeten Takts hinsichtlich Synchronisierungsprinzipien zu detaillieren galt. Auf diese Weise werden die in der Phase der Strukturplanung entstehenden Restriktionen für die PPS in der Klassifikation berücksichtigt. Es werden die fünf in Tabelle 5-1 dargestellten Ausprägungen differenziert.

In einer Montagestruktur mit *einheitlicher Taktzeit* erfolgt die Synchronisation mittels einer Taktzeit, die einem identischen Zeitraum für alle Produktionsressourcen bzw. Stationen zur Vollendung des zugeordneten Prozessschritts am Objekt entspricht. Die Montageumfänge müssen innerhalb dieser Taktzeit abgeschlossen sein und Objekte wechseln nach jedem Takt die Station.[514] Die Planungsumfänge umfassen die initiale Festlegung der Taktzeit, die darauf abgestimmte Zerlegung der Montage in Prozessschritte und die Zuweisung dieser zu Ressourcen bzw. Stationen. Die Steuerung aller Ressourcen erfolgt durch den Takt und weitere Planungsumfänge sind im Betrieb nicht zwingend erforderlich. Die Ausprägung bildet eine strenge Taktabhängigkeit ab und bietet das geringste Flexibilitätsangebot im Merkmal.

In einer Montagestruktur mit *durchschnittlicher Taktzeit* wird mittels einer im Durchschnitt über eine definierte Anzahl von Takten in allen Stationen einzuhaltenden Taktzeit synchronisiert. Die individuelle Prozesszeit einer Produktvariante in einer Station darf die Taktzeit überschreiten, sofern diese Zeitüberschreitung in den nachfolgenden Takten durch Varianten mit geringerem Montageumfang kompensiert wird.[515] Dazu sind initial die gleichen Planungsumfänge wie bei einheitlicher Taktzeit und zusätzlich während des Betriebs eine Reihenfolgeplanung der zu montierenden Produktvarianten erforderlich. Die Steuerung übernimmt analog der Takt. Die Ausprägung entspricht einer Taktorientierung und bietet aufgrund weniger Restriktionen mehr Flexibilitätsangebot als die strenge Taktabhängigkeit der einheitlichen Taktzeit.

---

[512] vgl. Hottenrott et al. (2019) Flexible layouts for the mixed-model assembly, S. 968 - 969.

[513] vgl. Latos et al. (2018) Konzeption einer flexiblen und demografierobusten Montagelinie, S. 91.

[514] vgl. Eversheim (1989) Organisation in der Produktionstechnik 4, S. 176.

[515] vgl. Eversheim (1989) Organisation in der Produktionstechnik 4, S. 176.

Des Weiteren kann die Synchronisation taktzeitunabhängig mittels einer im Voraus zum Betrieb stattfindenden Planung auf Grundlage der *erwarteten Prozesszeiten* erzielt werden.[516] Dabei entspricht die erwartete Prozesszeit dem Erwartungswert je Montageumfang einer individuellen Produktvariante. Dieser kann mittels Methods-Time Measurement-Analysen (MTM), einer Prozessaufnahme an Prototypen und der Berechnung von Planzeiten auf Grundlage von historischen Daten, Simulationen sowie Erfahrungswerten bestimmt werden.[517] Voraussetzungen sind die detaillierte Kenntnis der Prozesszeiten und robuste Prozesse bzw. eine geringe Störanfälligkeit der Prozesszeiten zur Sicherstellung der Planbarkeit. Auf dieser Grundlage wird vorab für jedes Montageobjekt eine individuelle Route entlang der Produktionsressourcen für den Planungshorizont analog zu einem Fahrplan einer Linienbusroute geplant. Dabei besteht die Möglichkeit, Pufferzeiten in die Planung einzubinden, um geringe Schwankungen zu berücksichtigen. Die Produktionsressourcen sind bei der Ausführung des ihnen zugewiesenen Prozessschritts an die vorgegebene, erwartete Prozesszeit gebunden. Aufgrund der Taktunabhängigkeit der Ausprägung dürfen Montageumfänge und damit ihre Prozesszeiten heterogen sein bzw. eine große Streuung aufweisen. Der Planungsumfang umfasst für einen Zeithorizont die Planung der Route bzw. Prozessschrittsequenz je individuellem Auftrag entlang aller Produktionsressourcen. Während des Betriebs existiert der Steuerungsumfang, jedes Montageobjekt entsprechend dem individuellen Routenplan zu jedem Zeitpunkt am richtigen Ort mit den vorgesehenen Produktionsressourcen zusammenzuführen. Die einzelnen Prozessschritte unterliegen in der Ausprägung aufgrund von Taktunabhängigkeit keiner strukturweit geltenden Restriktion, sodass insgesamt ein hohes Flexibilitätsangebot resultiert. Dieses wird nur durch die Bindung an die für einen Planungshorizont durchgeführte Planung limitiert.

Außerdem kann die Synchronisation in einer Montagestruktur mittels Steuerung in *Reaktion auf den Montagefortschritt* erzielt werden, indem einem Montageobjekt nach Abschluss eines Prozessschritts situationsbewusst die als nächstes anzusteuernde Station bzw. Ressource zugewiesen wird.[518] Dabei existiert keine Vorabplanung, sondern die Objektrouten werden individuell in Abhängigkeit des permanent überwachten Systemstatus reaktiv generiert.[519] Die Steuerung umfasst die Statusüberwachung aller Montageobjekte und Ressourcen sowie die kurzfristige Routengenerierung bei jeder Statusänderung.[520] Dies umfasst für ein Montageobjekt die Entscheidung, an welchem Ort in der Struktur als nächstes welcher Prozessschritt durch welche Ressourcen vollzogen wird. Dabei können verschiedene Zielgrößen, wie eine Auslastungsnivellierung der Ressourcen oder Durchlaufzeitreduktion, flexibel genutzt werden. Durch die Unabhängigkeit von einem Takt sowie limitierender Vorabplanung resultiert ein sehr hohes Flexibilitätsangebot, das nur durch die Reaktionszeit der Synchronisation begrenzt ist.

Des Weiteren kann die Synchronisation auch durch eine Kombination aus Planung auf Grundlage *erwarteter Prozesszeiten und Steuerung in Reaktion auf den Montagefortschritt* erfolgen. Dabei wird wie bei der dritten Ausprägung vor dem Systembetrieb eine Routenpla-

[516] vgl. Minguillon (2020) Prädiktiv-reaktives Scheduling in der Matrix-Produktion, S. 15.

[517] vgl. Bochmann et al. (2015) Towards decentralized production, S. 271.

[518] vgl. Göppert et al. (2021) Agile hybrid assembly systems, S. 5.

[519] vgl. Minguillon (2020) Prädiktiv-reaktives Scheduling in der Matrix-Produktion, S. 16.

[520] vgl. Kaven et al. (2022) Reactive online scheduling of mobile resources, S. 272.

nung für den Planungshorizont durchgeführt und während des Betriebs dieser Plan unter permanenter Überwachung des Montagefortschritts abgearbeitet. Sobald Abweichungen vom ursprünglichen Plan auftreten, wird mit einer Anpassung der Steuerung bzw. bei gravierenden Abweichungen mit einer Anpassung des zugrundeliegenden Plans reagiert. Durch die vorab existierende Planung sind zukünftige Systemzustände determiniert und dadurch wird Transparenz über weitere, in naher Zukunft auftretende Entscheidungsoptionen in der Routengenerierung geschaffen. Auf diese Weise kann der Einfluss der Reaktionszeit bei Statusänderungen im System reduziert bzw. vollständig eliminiert und somit flexibler gesteuert werden. Dabei können Produktionsressourcen bereits vor einer Statusänderung gemäß dem Plan proaktiv geleitet werden. Die Ausprägung geht aus dem von MINGUILLON beschriebenen prädiktiv-reaktiven Schedulings hervor.[521] Aus der Unabhängigkeit von einem Takt und bindender Planung resultiert insgesamt aufgrund der flexiblen, kurzfristigen Reaktionsfähigkeit das höchste Flexibilitätsangebot im Merkmal. Zusammenfassend ermöglicht die Differenzierung der Synchronisationprinzipien der Zeit die Beschreibung der alternativen Kombinationen aus Steuerungs- und Planungsmaßnahmen in flussorientierten Montagestrukturen.

Die **Mobilität der Produktionsressourcen** beschreibt den Freiheitsgrad der Bewegung von Montagepersonal sowie Betriebsmitteln zwischen Einsatzorten in der Montagestruktur. Dabei ist die Qualifikation bzw. Prozessfähigkeit einer Station durch die Kombination der Qualifikationsprofile des anwesenden Montagepersonals sowie der Betriebsmittel in der Qualifikationsmatrix bestimmt. Durch den Wechsel des Einsatzorts einer Produktionsressource kann so die Qualifikation von Stationen und insgesamt die Arbeitsteilung in der Montagestruktur angepasst werden. Das Merkmal gibt somit Aufschluss über Anpassungsmöglichkeiten der Arbeitsteilung und Qualifikationsausnutzung und es wird zwischen *stationären* und *beweglichen* Produktionsressourcen differenziert. Ausgangspunkt zur Entwicklung des Merkmals ist die Differenzierung von stationärem bzw. beweglichem Montagepersonal ohne Beachtung von flexiblen Betriebsmitteln in Klassifikationen für Montagestrukturen wie etwa im Ansatz nach EVERSHEIM[522]. Die Erkenntnisse der Analyse der in Kapitel 3.2.2 untersuchten Ansätze zu Matrixmontagestrukturen zeigen, dass das Merkmal über die bisherige Funktion hinaus vollständig mobilisierte Produktionsressourcen wie in den Ansätzen nach HÜTTEMANN[523], BUCKHORST[524] und GÖPPERT[525] sowie orts- und kompetenzveränderliche Stationen wie im Ansatz nach FRIES ET AL.[526] (vgl. Abbildung 3-8) differenziert beschreiben können muss.

Stationäre Produktionsressourcen sind einem Einsatzort bzw. einer Station in der Montagestruktur dauerhaft zugeordnet und können nicht wechseln. Dadurch können nur die einer Station zugeordneten Qualifikationen als Teilmenge des Qualifikationsprofils einer Produktionsressource genutzt werden und alle weiteren Qualifikationen bleiben ungenutzt. Die Zusammensetzung der Qualifikationen innerhalb der Montagestruktur ist damit nicht anpassbar und es resultiert ein geringes Flexibilitätsangebot der Ausprägung. Im Gegensatz dazu erlauben

[521] vgl. Minguillon (2020) Prädiktiv-reaktives Scheduling in der Matrix-Produktion.

[522] vgl. Eversheim (1989) Organisation in der Produktionstechnik 4, S. 176.

[523] vgl. Hüttemann (2021) Analysis of line-less mobile assembly systems, S. 59 - 72.

[524] vgl. Buckhorst et al. (2019) Assignment, sequencing and location planning, S. 228.

[525] vgl. Göppert et al. (2018) Mobile Roboter zur freien Verkettung, S. 584.

[526] vgl. Fries et al. (2020) Planung zukünftiger Automobilproduktionen, S. 20 - 22.

bewegliche Ressourcen den Einsatzort bei Bedarf zu wechseln.[527] Auf diese Weise können die gesamten Qualifikationsprofile von Ressourcen genutzt und die Qualifikationsverteilung über die Stationen kurzfristig variiert werden.[528] Die Mobilisierung aller Ressourcen ermöglicht ferner die Verwendung eines Clean Floor-Ansatzes, bei dem keine ortsgebundene Infrastruktur auf der Montagefläche existiert.[529] Daraus resultiert ein hohes Flexibilitätsangebot beweglicher Produktionsressourcen im Merkmal. Insgesamt erlaubt die Unterscheidung der Mobilität die Charakterisierung der Potenziale zur flexiblen Arbeitsteilung und Qualifikationsnutzung.

Nachdem die Merkmale und Ausprägungen flussorientierter Montagestrukturen identifiziert und charakterisiert sind, erfolgt die Aufschlüsselung der Kombinatorik und Wirkbeziehungen in der Klassifikation. Auf Grundlage der Bildung aller Ausprägungskombinationen im Merkmalraum erfolgt ihre Priorisierung anhand der Relevanz für die Strukturplanung in der montageplanerischen Praxis. Dazu wird im Expertenkreis ein Abgleich mit den empirisch vorzufindenden und auf Grundlage der Expertenerfahrungen zu berücksichtigenden Typen vollzogen (vgl. Kapitel 5.2.1). Daraus resultieren zwölf Flexibilitätslevels, die gemäß der entwickelten Modellstruktur (vgl. Tabelle 4-1) in der Klassifikation zusammengefasst sind (vgl. Tabelle 5-2). Dabei resultiert die Anordnung der Levels gemäß steigendem Flexibilitätsangebot aus der systematischen Betrachtung des Flexibilitätsangebots der Ausprägungen je Merkmal wie in der morphologischen Analyse beschrieben. Im Folgenden werden die Levels paarweise mit Unterscheidung stationärer bzw. beweglicher Produktionsressourcen unter Einbindung der im Expertenkreis gesammelten Erkenntnisse detailliert vorgestellt und hergeleitet.

Tabelle 5-2: Klassifikation flussorientierter Montagestrukturen[530]

	Merkmale		
Levels (Flexibilität)	Dimension der Objektrouten	Synchronisationsprinzip der Zeit	Mobilität der Produktionsressourcen
1	Eindimensional (Linie)	Einheitliche Taktzeit	Stationär
2			Beweglich
3		Durchschnittliche Taktzeit	Stationär
4			Beweglich
5	Zweidimensional (Matrix)		Stationär
6			Beweglich
7		Erwartete Prozesszeiten	Stationär
8			Beweglich
9		Reaktion auf Montagefortschritt	Stationär
10			Beweglich
11		Erwartete Prozesszeiten und Reaktion auf Montagefortschritt	Stationär
12			Beweglich

527 vgl. Buckhorst et al. (2020) Multi-staged, multi-objective optimization, S. 1122.

528 vgl. Fries et al. (2020), Planung zukünftiger Automobilproduktionen, S. 20.

529 vgl. Hüttemann et al. (2019) Modelling and assessing line-less mobile assembly, S. 725.

530 In Anlehnung an Föhlisch et al. (2023) Classification of flow-based assembly structures, S. 135.

Die ersten vier Flexibilitätslevels entsprechen konventionellen Linienstrukturen, welche bereits in abgewandelter Form in bestehenden Klassifikationen charakterisiert sind. Die in dieser Arbeit entwickelte Klassifikation bietet hinsichtlich eindimensionaler Strukturen die Neuerung, dass Betriebsmittel als zusätzliche Produktionsressourcen neben Montagepersonal Berücksichtigung finden. Dies ist insbesondere dem Aufkommen und zunehmenden Einsatz von FTF bzw. FTF-gestützten Betriebsmitteln in der Praxis geschuldet.

Das erste und zweite Level beschreiben verkettete Montagestrukturen, die mittels einer einheitlichen Taktzeit synchronisiert sind. Die Kombination mit stationären Produktionsressourcen ist in bestehenden Ansätzen als *Taktstraßenmontage* und die mit beweglichen als *Kombinierte Fließmontage* bekannt (vgl. Kapitel 3.3.2).[531] Beide Levels besitzen aufgrund ihrer Einfachheit und Effizienz große Verbreitung in der Serienmontage, weisen jedoch ein geringes Flexibilitätsangebot auf.

Das dritte und vierte Flexibilitätslevel sind verkettete Montagestrukturen mit einer im Durchschnitt einzuhaltenden Taktzeit. Der Fall mit stationären Produktionsressourcen ist in bestehenden Klassifikationsansätzen als *Reihenmontage* bekannt[532], wobei oftmals zusätzlicher WIP im Vergleich zu den ersten beiden Levels zur Entkopplung eingesetzt wird.[533] Im Fall beweglicher Ressourcen liegt ein *One-Piece-Flow* vor, sofern das Montageobjekt über mehrere Stationen hinweg in der Montagestruktur begleitet wird.[534] Aufgrund der synchronen Bewegung von Montageobjekten und Produktionsressourcen ist kein zusätzlicher WIP erforderlich und Liegezeiten werden eliminiert.[535] Des Weiteren ist eine begrenzte Bewegung der Produktionsressourcen nur bis in die beiden benachbarten Stationen innerhalb einer Linienstruktur möglich, wie beispielsweise bei dem Ansatz nach WILBERT UND EICKEMEYER[536] (vgl. Kapitel 3.2.1). Die beiden Levels sind verbreitet in der Serienmontage komplexer Produkte.

Die weiteren Flexibilitätslevels entsprechen Matrixstrukturen, welche erstmals anhand von Ausprägungskombinationen trennscharf differenziert sind. Das fünfte und sechste Level beschreiben Montagestrukturen mit zweidimensionalen Objektrouten sowie einem im Durchschnitt geltenden Takt zur Synchronisierung. Diese Kombination basiert darauf, dass Matrixmontagestrukturen Aspekte der Werkstatt- und Fließmontage vereinen.[537] In manchen Anwendungsfällen in der Praxis ist eine solche Struktur mit Taktorientierung zu erkennen, auch wenn diese nicht explizit als eine solche betitelt wird. Dabei werden Prozessschritte bzw. Stationen bedarfsgesteuert ohne Verkettung durchlaufen. Die beiden Flexibilitätslevels können laut Experteneinschätzung vor allem bei großen Serienprodukten mit kleinen bis mittleren Stückzahlen sowie ausgedehnten Montageumfängen bzw. langen Prozesszeiten in der Größenordnung einer Arbeitsschicht vorteilhaft sein. In Abhängigkeit der zulässigen Menge an WIP sowie der Ressourcenverfügbarkeit zur Besetzung aller Prozessschritte bzw. Stationen

[531] vgl. Eversheim (1989) Organisation in der Produktionstechnik 4, S. 176.

[532] vgl. Latos et al. (2018) Konzeption einer flexiblen und demografierobusten Montagelinie, S. 91.

[533] vgl. Eversheim (1989) Organisation in der Produktionstechnik 4, S. 176.

[534] vgl. Latos et al. (2018) Konzeption einer flexiblen und demografierobusten Montagelinie, S. 91.

[535] vgl. Schuh et al. (2011) Individualisierte Produktion, S. 84.

[536] vgl. Wilbert et al. (2019) Produktivitätserhöhung in der Automobilfertigung, S. 740 - 742.

[537] vgl. Minguillon (2020) Prädiktiv-reaktives Scheduling in der Matrix-Produktion, S. 9.

sind stationäre oder bewegliche Produktionsressourcen von Vorteil. Als potentielle Anwendungsfälle kann beispielhaft die Montage von Wohn- und Bürocontainern mit individueller Innenausstattung sowie der Innenausbau von Privatjets genannt werden.

Im siebten und achten Flexibilitätslevel resultieren Montagestrukturen, die zweidimensionale Objektrouten mit einer Planung auf Grundlage erwarteter Prozesszeiten verbinden. Im Fall stationärer Produktionsressourcen besitzt jedes Montageobjekt einen individuell bestimmten Routenplan mit den Aufenthaltsorten und -zeiten in der Montagestruktur für einen Planungshorizont. Dabei wird die Auslastung über einen entsprechend hohen WIP bzw. Entkopplungspuffer an jeder Station sichergestellt.[538] Beim Einsatz beweglicher Produktionsressourcen besitzt nicht nur jedes Montageobjekt einen detaillierten Routenplan, sondern zusätzlich jede Ressource. Voraussetzung für beide Montagestrukturen ist die Robustheit der Prozessschritte zur Sicherstellung der Planbarkeit. Insgesamt kann in beiden Strukturen über die Planungshorizonte hinweg ein hohes Flexibilitätsangebot erzielt werden. Innerhalb eines Horizonts limitiert die Bindung an eine Planung die Flexibilität.

Das neunte und zehnte Flexibilitätslevel vereinen zweidimensionale Objektrouten mit einem Synchronisationsprinzip, das die Montageobjekte in Reaktion auf den Montagefortschritt steuert. Diese beiden Montagestrukturen werden in zahlreichen Ansätzen mit verschiedenen Konstellationen bezüglich der Qualifikationsverteilung auf Stationen beschrieben.[539] In Kombination mit stationären Produktionsressourcen muss die Auslastung über einen entsprechend hohen WIP sichergestellt werden.[540] Das Flexibilitätsangebot kann mittels beweglicher Produktionsressourcen weiter gesteigert werden, indem diese bedarfsorientiert zwischen Einsatzorten wechseln.[541] Eine solche Montagestruktur wird detailliert durch HÜTTEMANN[542] dargestellt. Das insgesamt sehr hohe Flexibilitätsangebot beider Montagestrukturen wird mit hoher Komplexität in der Steuerung erkauft.

Das elfte und zwölfte Flexibilitätslevel beschreiben Montagestrukturen mit zweidimensionalen Objektrouten und einem Synchronisationsprinzip, das auf Grundlage der erwarteten Prozesszeit eine Routenplanung erzeugt sowie mittels Reaktion auf den Montagefortschritt steuert. MINGUILLON beschreibt eine Montagestruktur von diesem Typ mit stationären Produktionsressourcen und entwickelt einen Steuerungsansatz (vgl. Kapitel 3.2.2).[543] Eine entsprechende Struktur mit beweglichen Ressourcen resultiert aus der Kombination der Ansätze von MINGUILLON und HÜTTEMANN. Auf diese Weise entsteht eine Montagestruktur mit höchstem Flexibilitätsangebot.

Nachdem die Detaillierung der Klassifikation abgeschlossen ist, erfolgt der vierte Schritt der Modellentwicklung nach PATZAK. Demnach gilt es die Erfüllung der an das Modell gestellten

[538] vgl. Greschke (2015) Matrix-Produktion als taktunabhängige Fließfertigung, S. 119; Fries et al. (2020) Planung zukünftiger Automobilproduktionen, S. 20 - 22.

[539] vgl. Burggräf et al. (2020) Planing and control of an agile assembly, S. 2; Göppert et al. (2021) Agile hybrid assembly systems, S. 4.

[540] vgl. Greschke (2015) Matrix-Produktion als taktunabhängige Fließfertigung, S. 119; Fries et al. (2020) Planung zukünftiger Automobilproduktionen, S. 20 - 22.

[541] vgl. Greschke (2015) Matrix-Produktion als taktunabhängige Fließfertigung, S. 225.

[542] vgl. Hüttemann (2021) Analysis of line-less mobile assembly systems, S. 59 - 72.

[543] vgl. Minguillon (2020) Prädiktiv-reaktives Scheduling in der Matrix-Produktion, S. 148.

Anforderungen zu überprüfen.[544] Die Anforderungen an die Klassifikation sind definiert durch den erforderlichen Informationsgehalt (vgl. Kapitel 5.2.1), wonach die Strukturierung der Konfigurationen der Linien- und Matrixmontage unter Angabe ihrer konstituierenden Bestandteile erfolgen muss. Zur Überprüfung des Informationsgehalts und Sicherstellung der praktischen Anwendbarkeit der Klassifikation wurde diese im Anwendungskontext unter Einbindung des Expertenkreises reflektiert.[545] Die Konfigurationen können effizient in der entwickelten Klassifikation anhand der Flexibilitätslevels und den drei Merkmalen sowie ihren Ausprägungen abgelesen werden. Dadurch entfallen die Aufwände zur Erfassung des Lösungsraums der Strukturplanung und zur Schaffung von Transparenz vollständig. Dabei erlaubt der gewählte Detailgrad der Modellierung eine granulare, aber dennoch anwenderfreundliche Differenzierung der Konfigurationen. Die Levelstruktur ermöglicht die transparente Einordnung des Flexibilitätsangebots. Damit beantwortet die Klassifikation die zweite Unterforschungsfrage dieser Arbeit und löst den zweiten identifizierten Handlungsbedarf gemäß Kapitel 3.4:

> Die in der Klassifikation strukturierten Flexibilitätslevels bilden die relevanten Konfigurationen der flussorientierten Montagestrukturen ab, schlüsseln anhand der Merkmale und Ausprägungen die Strukturbestandteile im Lösungsraum transparent auf und befähigen somit die effiziente Strukturplanung.

Ergebnis des explikativen Modells zur Strukturierung des Lösungsraums der Strukturplanung ist die Klassifikation flexibler, flussorientierter Montagestrukturen mit den zwölf Flexibilitätslevels. Diese stellt einen der zentralen Erkenntnisgewinne dieser Arbeit zur effizienten Montagestrukturplanung dar. Der gewählte Detaillierungsgrad der Klassifikation unterstützt die einfache Anwendbarkeit und effiziente Strukturplanung, indem die zugrundeliegenden Merkmale und ihre Ausprägungen so spezifisch wie nötig und gleichzeitig ausreichend generisch festgelegt sind. Auf diese Weise wird Transparenz über den Lösungsraum der Strukturplanung geschaffen sowie eine branchenübergreifende Nutzbarkeit gewährleistet. Die in der Klassifikation festgehaltenen Flexibilitätslevels repräsentieren die Entscheidungsalternativen der Strukturplanung und die enthaltenen Merkmale sowie Ausprägungen bilden den Ausgangspunkt des Abgleichs von Flexibilitätsbedarf und -angebot im Priorisierungsmodell.

Über die gesammelten Erkenntnisse im Kontext der klassifikationsbasierten Strukturplanung hinaus bietet die Klassifikation weitere Nutzungspotentiale. In Abhängigkeit der veränderlichen Rahmenbedingungen eines Anwendungsfalls können in der Klassifikation Entwicklungsszenarien bezüglich der Strukturkonfiguration definiert werden, die den gezielten Wechsel des Flexibilitätslevels geknüpft an Bedingungen, wie etwa Stückzahlwachstum oder Produktmixänderungen, vorsehen.

---

[544] vgl. Patzak (1982) Systemtechnik, S. 309.

[545] vgl. Föhlisch et al. (2023) Classification of flow-based assembly structures, S. 135 - 136.

5.3 Die Priorisierung flexibler, flussorientierter Montagestrukturen

Zielsetzung dieser Arbeit ist die anforderungsgeleitete und datenbasierte Bestimmung flussorientierter Montagestrukturen anhand verfügbarer Prozess- und Produktionsprogrammdaten. Dazu muss gemäß der Lösungshypothese dieser Arbeit ein systematischer Abgleich des Flexibilitätsbedarfs eines Anwendungsfalls mit dem Angebot von alternativen Strukturkonfigurationen vollzogen werden. Das erste, deskriptive Teilmodell stellt für diesen Abgleich das Anforderungsmodell zur Quantifizierung des Flexibilitätsbedarfs bereit. Im darauffolgenden explikativen Teilmodell wurde durch die Klassifikation eine Strukturierung der Entscheidungsalternativen geschaffen. Auf dieser Grundlage wird im dritten Teilmodell das Priorisierungsmodell entwickelt, mit dem das Flexibilitätsangebot der Alternativen in Abhängigkeit der statistischen Kennzahlen bestimmt und mit dem Flexibilitätsbedarf zur Priorisierung der Alternativen abgeglichen wird. Ausgewählte Teilergebnisse des Modells wurden bereits durch FÖHLISCH ET AL.[546] veröffentlicht. Die Analyse der problemrelevanten Theorien in Kapitel 3.1 sowie die Ergebnisse der empirisch-induktiven Expertenstudie (vgl. Anhang 8.2) zeigen, dass die Nutzung verfügbarer Planungsdaten zur Bestimmung der den Flexibilitätsbedarf erfüllenden Montagestrukturen nicht systematisiert und somit erschwert ist. Daher werden in dieser Arbeit mittels einer empirisch-induktiven Vorgehensweise nach ULRICH UND HILL[547] neue Erkenntnisse zu den Wirkbeziehungen zwischen dem anforderungsbestimmenden Flexibilitätsbedarf und flussorientierten Strukturkonfigurationen generiert. Dazu wird eine Methodik in Anlehnung an das Vernetzte Denken nach PROBST UND GOMEZ[548] angewendet.

Das dritte Teilmodell ist ein Entscheidungsmodell, wobei dieser Modelltyp allgemein der Bestimmung und Bewertung von auf ein vorgegebenes Zielsystem abgestimmten Handlungsalternativen dient (vgl. Kapitel 3.3.1).[549] Gemäß dem Lösungskonzept dieser Arbeit erklärt das Priorisierungsmodell die Wirkbeziehungen zwischen dem Flexibilitätsbedarf und dem -angebot der Strukturkonfigurationen in der Klassifikation und bezweckt somit die Beantwortung der dritten Unterforschungsfrage (vgl. Kapitel 3.4). In Kapitel 5.3.1 wird das methodische Vorgehen zur Bestimmung der Wirkbeziehungen und Entwicklung des Bewertungsalgorithmus dargestellt. Kapitel 5.3.2 dient der detaillierten Vorstellung des entwickelten Modells zur Priorisierung der Konfigurationen anhand des Flexibilitätsbedarfs eines Anwendungsfalls.

5.3.1 Operationalisierung des Abgleichs von Flexibilitätsbedarf und -angebot

In diesem Kapitel wird das methodische Vorgehen zur Entwicklung des Priorisierungsmodells für den Abgleich des Flexibilitätsbedarfs und -angebots zum Zweck der Bestimmung der Strukturkonfigurationen erläutert. Die Modellentwicklung erfolgt in Anlehnung an das Vorgehen nach PATZAK[550] (vgl. Kapitel 5) und in den zentralen Entwicklungsphasen kommen spezifische Methodiken zur Identifikation sowie Formalisierung von Wirkbeziehungen ergänzend zum Einsatz.

---

[546] vgl. Föhlisch et al. (2023) Planning of flow-based mixed-model assembly, S. 544 - 553.

[547] vgl. Ulrich et al. (1976) Betriebswirtschaftslehre (Teil II), S. 347 - 348.

[548] vgl. Probst et al. (1991) Vernetztes Denken, S. 4 - 19.

[549] vgl. Patzak (1982) Systemtechnik, S. 313 - 314.

[550] vgl. Patzak (1982) Systemtechnik, S. 309.

Im ersten Schritt erfolgt die Definition und Abgrenzung des abzubildenden Sachverhalts.[551] Das Priorisierungsmodell dient in dieser Arbeit der Modellierung des Abgleichs von Flexibilitätsbedarf und -angebot mit dem Ziel, Montagestrukturkonfigurationen anhand des Bedarfs eines Anwendungsfalls zu priorisieren. Anknüpfungspunkte zur Modellentwicklung bieten die problemrelevanten Theorien zur Flexibilitätsbewertung in Kapitel 3.1. Das Teilmodell greift auf die durch das Anforderungsmodell bereitgestellten Kennzahlen zum Flexibilitätsbedarf (vgl. Kapitel 5.1.2) und die Flexibilitätslevels der Klassifikation (vgl. Kapitel 5.2.2) zurück. Der Fokus der Modellierung liegt auf der Systematisierung des Flexibilitätsabgleichs zur Priorisierung.

Im zweiten Schritt erfolgt die Bestimmung und Festlegung der relevanten Variablen und Parameter im Modell.[552] Der zur Erreichung der Zielsetzung dieser Arbeit erforderliche Detailgrad der Modellierung des Priorisierungsmodells wird zunächst anhand der Modellmerkmale nach STACHOWIAK[553] festgelegt. Im Hinblick auf das Abbildungsmerkmal des Teilmodells gilt es die Bewertungsprozesse zur Priorisierung anhand von Flexibilität abzubilden. Entsprechend dem Verkürzungsmerkmal gilt es nur die für den Entscheidungsprozess während der Strukturplanung relevanten Attribute des Flexibilitätsabgleichs zu fokussieren. Gemäß dem pragmatischen Merkmal muss das Priorisierungsmodell die Montageplanenden zur anforderungsgeleiteten, effizienten Bestimmung der Strukturkonfigurationen im Rahmen der Generierung konkurrierender Montagestrukturen in der Strukturplanung befähigen. Insgesamt resultiert die Breite und Tiefe der Modellierung somit aus den Informationsbedarfen zur Generierung konkurrierender Montagestrukturen gemäß dem konzipierten Set-basierten, simultanen Entwicklungsansatz. Daher werden zur Bestimmung der erforderlichen Modellvariablen des Priorisierungsmodells zunächst die Eingangsinformationen für den gewählten Entwicklungsansatz in der Methodik zur Strukturplanung gemäß dem Lösungskonzept abgeleitet.

Die Bestimmung der konkurrierenden Montagestrukturen in der Strukturplanungsmethodik erfordert gemäß dem Integrationsmodell des Lösungskonzepts in Kapitel 4.2 als Eingangsinformation die priorisierten Strukturkonfigurationen je Segment. Damit resultiert als Ausgangsinformation bzw. abhängige Variable des Priorisierungsmodells die anhand des Flexibilitätsabgleichs priorisierten Montagestrukturkonfigurationen. Die Eingangsinformationen bzw. unabhängigen Variablen des Priorisierungsmodells bilden gemäß dem Lösungskonzept dieser Arbeit die statistischen Kennzahlen zum Flexibilitätsbedarf aus dem Anforderungsmodell. Die Informationsaustausche über die Bilanzgrenzen des Priorisierungsmodells sind somit definiert. Innerhalb des Modells befinden sich die Algorithmen für den systematischen Flexibilitätsabgleich, der auf die Merkmale und Ausprägungen der Flexibilitätslevels in der Klassifikation als Entscheidungsalternativen für die Priorisierung zurückgreift. Insgesamt resultiert der folgende Informationsgehalt des Priorisierungsmodells:

- Abhängige Modellvariablen: Anhand der Flexibilität priorisierte Konfigurationen
- Unabhängige Modellvariablen: Statistische Kennzahlen zum Flexibilitätsbedarf
- Modellelemente und -parameter: Flexibilitätslevels gemäß der Klassifikation und Algorithmen zum Flexibilitätsabgleich

[551] vgl. Patzak (1982) Systemtechnik, S. 309.

[552] vgl. Patzak (1982) Systemtechnik, S. 309.

[553] vgl. Stachowiak (1973) Allgemeine Modelltheorie, S. 131 - 133.

Die Untersuchung der problemrelevanten Theorien in Kapitel 3.1 hat gezeigt, dass bestehende Ansätze zur Flexibilitätsbewertung dem geforderten Informationsgehalt nicht gerecht werden. Zur Herstellung des erforderlichen Detailgrads des Priorisierungsmodells müssen die Ein- und Ausgangsinformationen sowie die Modellelemente konkretisiert sein. Die Eingangsinformationen sind bereits durch die Ausgangsinformationen des Anforderungsmodells in Form der statistischen Kennzahlen detailliert festgelegt (vgl. Kapitel 5.1). Die Detaillierung der Ausgangsinformationen erfolgt mittels einer Untersuchung der informatorischen Verknüpfungen der relevanten Planungsinkremente der klassifikationsbasierten Strukturplanung einschließlich ihrer Funktionen gemäß dem Lösungskonzept (vgl. Abbildung 4-3). Neben den bereits in der Klassifikation (vgl. Kapitel 5.2) ausführlich hergeleiteten Flexibilitätslevels, gilt es die Algorithmen für den Flexibilitätsabgleich als Modellelemente zu detaillieren. Das Flexibilitätsangebot eines Levels geht aus den zugrundeliegenden Ausprägungen hervor. Daher sind diese je Merkmal anhand des Flexibilitätsbedarfs zu priorisieren. Es gilt somit einen Algorithmus zum Flexibilitätsabgleich je Relation zwischen einem den Flexibilitätsbedarf quantifizierenden Kriterium und einem Merkmal der Klassifikation zu ermitteln. Dabei verwendet ein Algorithmus die Kennzahlen eines Flexibilitätskriteriums als Eingangsinformation zur Priorisierung der Ausprägungen der verknüpften Merkmale. Aufgrund der engen Verbindung der Identifikation der Modellrelationen sowie der Entwicklung der Algorithmen erfolgen diese im Folgenden integriert.

Der dritte Schritt der Modellentwicklung nach PATZAK ist die Bestimmung der im Modell existierenden Relationen.[554] Im Priorisierungsmodell beschreiben die Relationen die Wirkbeziehungen zwischen dem durch die Kriterien beschriebenen Flexibilitätsbedarf zu den Merkmalen der Klassifikation sowie dem Flexibilitätsangebot ihrer Ausprägungen. Das zu modellierende System weist eine Vielzahl an verknüpften Einflussgrößen und Wechselwirkungen auf und ist somit als komplexes System anzusehen.[555] Die Bestimmung der Relationen erfolgt daher mittels einer Wirkbeziehungsanalyse in Anlehnung an die Methodik des Vernetzten Denkens nach PROBST UND GOMEZ unter Einbindung des Expertenkreises.[556] Demnach ist initial die zu modellierende Problemsituation sowie das Ziel zu bestimmen.[557] Dies ist bereits im ersten Schritt der Modellentwicklung nach PATZAK erfolgt. Die anschließende Analyse der Wirkbeziehungen basiert auf Wirknetzen zur Charakterisierung der Ursache-Wirkungsbeziehungen zwischen den Einflussgrößen.[558] Die im Wirknetz abzubildenden Größen umfassen die Flexibilitätskriterien sowie die Merkmale der Klassifikation und sind durch das Priorisierungsmodell vorgegeben.

554 vgl. Patzak (1982) Systemtechnik, S. 309.

555 vgl. Vester (2019) Die Kunst vernetzt zu denken, S. 16 - 18; Probst et al. (1991) Vernetztes Denken, S. 5.

556 vgl. Probst et al. (1991) Vernetztes Denken, S. 4 - 19.

557 vgl. Probst et al. (1991) Vernetztes Denken, S. 9 - 11.

558 vgl. Probst et al. (1991) Vernetztes Denken, S. 11 - 14.

Die Methode des Vernetzten Denkens unterscheidet drei Wirkeigenschaften von Beziehungen[559]:

- Polarität der Wirkung: Unterscheidung von verstärkender und dämpfender Beeinflussung
- Intensität der Wirkung: Unterscheidung der Stärke der Beeinflussung beispielsweise anhand einer Klassifizierung in keine, geringe, starke und sehr starke Intensität
- Fristigkeit der Wirkung: Unterscheidung des Zeitbezugs der Beeinflussung beispielsweise in kurz-, mittel- und langfristig

Die Wirkbeziehungen werden mit dem Expertenkreis untersucht und in einer Wirkmatrix hinsichtlich ihrer Wirkeigenschaften charakterisiert. Auf dieser Grundlage werden die für den Flexibilitätsabgleich zentralen Relationen anhand der identifizierten Intensitäten priorisiert und anschließend formalisiert. Dazu wird je Relation ein Algorithmus zum Abgleich des Flexibilitätsbedarfs mit dem Angebot der Ausprägungen verknüpfter Merkmale definiert. Dabei ist der Flexibilitätsbedarf durch die Kennzahlen je Flexibilitätskriterium spezifiziert. Gemäß dem Lösungskonzept dieser Arbeit ist das Flexibilitätsangebot je Merkmal in Intervalle unterteilt, die mittels Funktionen der normierten, statistischen Kennzahlen formalisiert sind. Je Ausprägung werden die Parameter der Funktionen ermittelt, indem Datensätze von ausgewählten Anwendungsfällen der montageplanerischen Praxis ausgewertet werden. Dazu wird je Anwendungsfall mittels des Anforderungsmodells (vgl. Kapitel 5.1.2) der Flexibilitätsbedarf ermittelt und durch den Expertenkreis eine Priorisierung der favorisierten Ausprägungen erstellt. In einer anwendungsfallübergreifenden Betrachtung der favorisierten Strukturkonfigurationen legen die Experten die Intervalle des Flexibilitätsangebots einschließlich der Funktionsparameter fest. Durch die Formalisierung des Flexibilitätsangebots kann mittels der Algorithmen je Flexibilitätskriterium eine Priorisierung der Ausprägungen bestimmt werden. Diese kriterienspezifischen Ergebnisse werden zu einer kriterienübergreifenden Priorisierung aggregiert, sodass als Ausgangsinformation die priorisierten Strukturkonfigurationen resultieren.

Im vierten Schritt erfolgt die Überprüfung des Modells hinsichtlich der Erfüllung der gestellten Anforderungen.[560] Dazu wird das Modell zunächst im folgenden Kapitel entwickelt und im Anschluss überprüft.

5.3.2 Der Flexibilitätsabgleich zur Priorisierung von Montagestrukturen

In diesem Kapitel erfolgt die Darstellung des Entscheidungsmodells zur Priorisierung der Strukturkonfigurationen anhand des Flexibilitätsbedarfs. Das Modell ermöglicht den datenbasierten und anforderungsgeleiteten Abgleich des Flexibilitätsangebots von Strukturkonfigurationen anhand statistischer Kennzahlen des Flexibilitätsbedarfs eines Anwendungsfalls. Zunächst werden die gemäß der Methodik identifizierten Wirkbeziehungen zwischen den Flexibilitätskriterien und Merkmalen flussorientierter Montagestrukturen aufgezeigt. Die zentralen

[559] vgl. Probst et al. (1991) Vernetztes Denken, S. 11 - 13.

[560] vgl. Patzak (1982) Systemtechnik, S. 309.

Beziehungen werden im Anschluss mittels der Bewertungsalgorithmen zum Flexibilitätsabgleich formalisiert und das Flexibilitätsangebot der Merkmalsausprägungen parametrisiert. Die Aggregation der Priorisierungen je Merkmal schließt das Priorisierungsmodell ab.

Zunächst erfolgt die systematische Identifikation und Charakterisierung der Wirkbeziehungen zwischen den Flexibilitätskriterien (vgl. Abbildung 5-2) und Merkmalen flussorientierter Montagestrukturen (vgl. Tabelle 5-1) unter Berücksichtigung der getroffenen Definitionen. Die grundsätzlich vorliegenden Wirkbeziehungen dieser Größen sind im Wirknetz (vgl. Abbildung 5-11) qualitativ ohne Aussage zu ihrer Intensität erfasst.[561] Der Entscheidungsprozess in der Strukturplanung entspricht der Wirkrichtung von den Flexibilitätsbedarfen auf die Auswahl einer Ausprägung je Merkmal und ist Fokus der Untersuchung. Daraus resultieren auf die Merkmale gerichtete Beziehungen, die als Pfeile dargestellt sind. Aus dem Wirknetz geht hervor, dass alle Kriterien gewissen Einfluss auf die Auswahl des Synchronisationsprinzips der Zeit besitzen und die Ressourcenflexibilität eine zentrale Wirkung auf das Mobilitätsmerkmal entfaltet. Volumen- und Expansionsflexibilität wirken insbesondere auf die Dimension der Objektrouten und das Synchronisationsprinzip der Zeit.

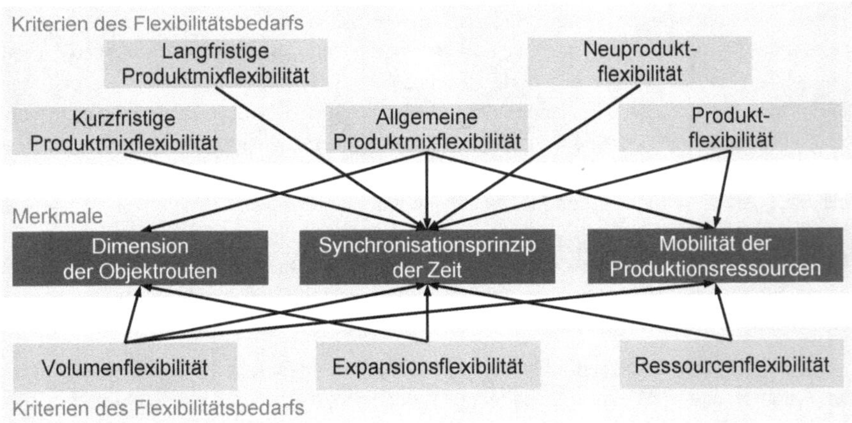

Abbildung 5-11: Wirknetz der Kriterien des Flexibilitätsbedarfs zu Merkmalen

Die qualitativ identifizierten Wirkbeziehungen müssen für die Formalisierung hinsichtlich ihrer Wirkeigenschaften (vgl. Kapitel 5.3.1) näher charakterisiert werden. Gemäß dem Untersuchungsfokus entspricht die beschriebene Wirkrichtung von Flexibilitätsbedarfen zu den Merkmalen einer positiven Polarität. Demnach bewirkt eine Steigerung des Flexibilitätsbedarfs in einem Kriterium eine Steigerung des erforderlichen Flexibilitätsangebots bzw. der Ausprägung im verknüpften Merkmal. Falls beispielsweise ein höherer Bedarf nach Produktflexibilität vorliegt, resultiert ein dementsprechend höheres Flexibilitätsangebot im Synchronisationsprinzip der Zeit sowie der Mobilität der Produktionsressourcen (vgl. Abbildung 5-11). Die Flexibilitätsbedarfe fließen simultan in den Entscheidungsprozess der Strukturplanung ein und die Flexibilitätsangebote der Ausprägungen entfalten ihre Wirkung mit der Montagestruktur. Demnach

[561] vgl. Probst et al. (1991) Vernetztes Denken, S. 11.

besitzen die Größen die gleiche Fristigkeit ihrer Wirkung entlang der Wirkbeziehungen. Die im Priorisierungsmodell abzubildenden Beziehungen sind damit entscheidend durch die Intensität ihrer Wirkung charakterisiert, welche gemäß VESTER mittels einer Skala von 0 (keine Intensität) bis 3 (sehr starke Intensität) in einer Expertendiskussion bewertet wird.[562] Die gemäß Konsens der Experten resultierenden Intensitätswerte sind in der Wirkmatrix zusammengefasst, die mit der Definition der Skala Anhang 8.6.1 zu entnehmen ist. Das Priorisierungsmodell fokussiert die für den Flexibilitätsabgleich zentralen Relationen und stellt daher starke Wirkbeziehungen in den Mittelpunkt. Demnach sind die Beziehungen Bestandteil des Modells, die mit einem Intensitätswert von mindestens 2 (starke Intensität) bewertet sind.

Gemäß dem Lösungskonzept in Kapitel 4.2 spezifiziert ein Kriterium den Flexibilitätsbedarf anhand hinterlegter statistischer Kennzahlen und der Algorithmus vollzieht den Abgleich mit den Flexibilitätsangeboten der Ausprägungen des zugeordneten Merkmals. Aus der Untersuchung der Wirkbeziehungen resultiert die in Abbildung 5-12 dargestellte Zuordnung der Flexibilitätskriterien zu den Merkmalen flussorientierter Montagestrukturen. Demnach erfolgt die Priorisierung der Ausprägungen des Synchronisationsprinzips der Zeit auf Grundlage des Flexibilitätsbedarfs bestimmt durch die Produkt- und Neuproduktflexibilität sowie die drei Produktmixflexibilitäten. Der Bedarf der Volumen- und Expansionsflexibilität werden zur Priorisierung der Dimension der Objektrouten genutzt. Die Ausprägungen der Mobilität der Produktionsressourcen werden mittels eines Abgleichs der Ressourcen- und Volumenflexibilität priorisiert. Auf Grundlage der Priorisierung je Merkmal werden im entsprechenden Inkrement der Planungsmethodik in Kapitel 5.4.2 die konkurrierenden Montagestrukturen entwickelt.

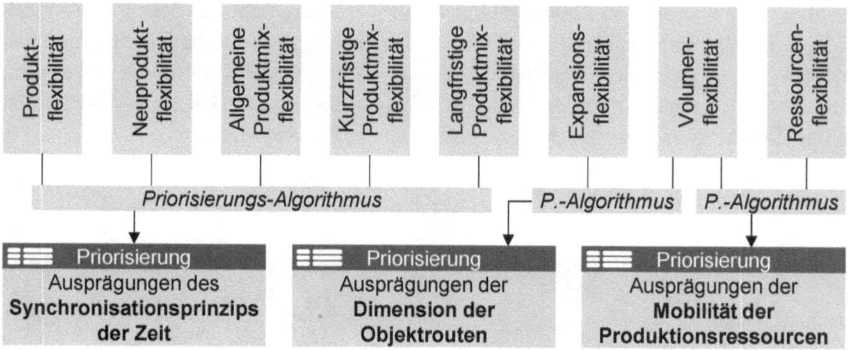

Abbildung 5-12: Zuordnung der Flexibilitätskriterien zu Merkmalen im Priorisierungsmodell

Nachdem die Identifikation der Wirkbeziehungen und die Zuordnung der Flexibilitätskriterien zu Merkmalen abgeschlossen ist, werden die Algorithmen zum Flexibilitätsabgleich im Folgenden je Merkmal ausführlich erläutert. Die Kriterien des Merkmals **Synchronisationsprinzip der Zeit** spezifizieren den Flexibilitätsbedarf auf Grundlage der Auswertung von Prozesszeitdaten und Produktmixszenarien (vgl. Kapitel 5.1.2). Kennzahlen des Flexibilitätsbedarfs liegen je Prozessschritt als spezifische Mittel- bzw. Erwartungswerte und Standardab-

[562] vgl. Vester (2019) Die Kunst vernetzt zu denken, S. 227.

weichungen der Prozesszeit vor, die je nach Kriterium durch verschiedene Produktmixszenarien gewichtet sind. Außerdem stehen den gesamten Montageprozess umfassende Mittel- bzw. Erwartungswerte der Prozesszeit je Produktmixszenario zur Verfügung. Im entwickelten Algorithmus ist das Flexibilitätsangebot der fünf Ausprägungen des Synchronisationsprinzips der Zeit je Kriterium mittels Prozesszeitintervallen formalisiert, die eine Funktion des übergreifenden Mittel- bzw. Erwartungswerts des gesamten Montageprozesses sind. Der Flexibilitätsabgleich erfolgt mittels Zuordnung der einzelnen Prozessschritte zu den Intervallen anhand der prozessschrittspezifischen Kennzahlen der Prozesszeit (vgl. Abbildung 5-13). Dazu wird je Prozessschritt durch Addition sowie Subtraktion der Standardabweichung aus dem spezifischen Mittel- bzw. Erwartungswert der Prozesszeit die Spanne der Prozesszeitstreuung berechnet. Der für den Flexibilitätsabgleich kritische Wert in dieser Spanne ist der am weitesten von dem übergreifenden Mittel- bzw. Erwartungswert entfernte. Dabei ist zu beachten, dass je Kriterium und zugrundeliegenden Produktmixszenarien verschiedene übergreifende Mittel- bzw. Erwartungswerte der Prozesszeit vorliegen (vgl. Kapitel 5.1.2). Der kritische Wert je Prozessschritt wird als Vielfaches des übergreifenden Mittel- bzw. Erwartungswerts normiert und mit den Intervallen des Flexibilitätsangebots abgeglichen. Für die Kriterien und zugehörige Szenarien wird die Anzahl der kritischen Prozessschritte je Intervall ausgezählt und aus der resultierenden Verteilung die Priorisierung der Merkmalsausprägungen abgeleitet.

Abbildung 5-13 zeigt diesen Flexibilitätsabgleich für einen Ausschnitt von zehn Prozessschritten des im Anforderungsmodell genutzten, beispielhaften Anwendungsfalls. Die ermittelten Kennzahlen des Flexibilitätsbedarfs der Prozessschritte werden im Diagramm aufgetragen und mit den Intervallen des Flexibilitätsangebots abgeglichen. Demnach liegen die Kennzahlen von drei Prozessschritten im ersten Intervall I_1^+ bzw. I_1^- (einheitliche Taktzeit), sechs im zweiten I_2 (durchschnittliche Taktzeit) und eine im dritten Intervall I_3 (erwartete Prozesszeit). Für diesen Ausschnitt ist damit die durchschnittliche Taktzeit vor der einheitlichen Taktzeit und erwarteten Prozesszeit als Synchronisationsprinzip der Zeit priorisiert.

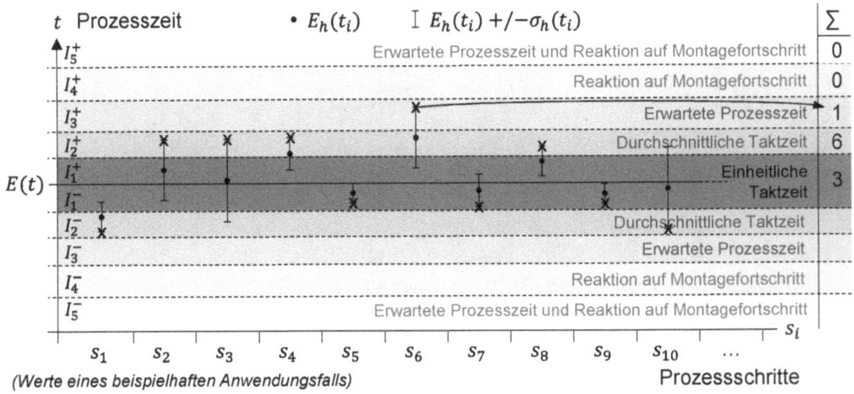

Abbildung 5-13: Flexibilitätsabgleich zur Priorisierung der Merkmalsausprägungen

Für die Merkmalausprägungen des Synchronisationsprinzips der Zeit enthält die Menge der Intervalle des Flexibilitätsangebots $I = \{I_1, I_2, \dots, I_z\}$ die Intervalle I_z. Diese sind definiert durch die Elementen g_n der Menge der Intervallgrenzen $G = \{0, g_1, g_2, \dots, g_n\}$, welche die Grenzen in Relation zum Mittel- bzw. Erwartungswert repräsentieren (vgl. Tabelle 5-3).

Tabelle 5-3: Intervalle des Flexibilitätsangebots für das Synchronisationsprinzip der Zeit

	Ausprägungen des Synchronisationsprinzips der Zeit				
	Einheitliche Taktzeit	Durchschnittliche Taktzeit	Erwartete Prozesszeiten	Reaktion auf Montagefortschritt	Erwartete Prozesszeiten und Reaktion auf Montagefortschritt
Intervalle I_z	$I_1 = [0, g_1]$	$I_2 = (g_1, g_2]$	$I_3 = (g_2, g_3]$	$I_4 = (g_3, g_4]$	$I_5 = (g_4, \infty[$

Ein Prozessschritt wird einer Ausprägung zugeordnet, wenn dessen kritischer Wert der Prozesszeit in dem entsprechenden Ausprägungsintervall liegt. Diese werden individuell auf Grundlage kriterienspezifischer Funktionen berechnet. Für diesen Flexibilitätsabgleich wird je Kriterium der Flexibilitätsbedarf in Form der größten relativen Differenz der Prozesszeitspanne ΔPZS normiert und mit den Intervallen des Flexibilitätsangebots verglichen. Die Parametrisierung der Funktionen des Flexibilitätsangebots erfolgt anhand der Methodik gemäß Kapitel 5.3.1 mit dem Expertenkreis. Im Folgenden werden die formalisierten Wirkbeziehungen je Kriterium in Form der Algorithmen zum Flexibilitätsabgleich ausführlich erläutert.

Der Bedarf nach **Produktflexibilität** ist gemäß dem Anforderungsmodell durch die prozessschrittspezifischen Kennzahlen des arithmetischen Mittels $\bar{r_i}$ und der Standardabweichung $\sigma_{r,i}$ sowie dem alle Prozessschritte übergreifenden, arithmetischen Mittel $\bar{r}$ der Prozesszeit spezifiziert (vgl. Kapitel 5.1.2). Auf dieser Grundlage wird je Prozessschritt die obere und untere Prozesszeitspanne PZS_i^+ bzw. PZS_i^- (vgl. Formel 5-23 und 5-24) sowie die größte relative Differenz der Prozesszeitspanne ΔPZS_i (vgl. Formel 5-25) gegenüber dem Mittel aller Prozesszeiten ermittelt.

$$PZS_i^+ = \bar{r}_i + \sigma_{r,i} \;\; \forall\, s_i \in S, mit \qquad \text{Formel 5-23}$$

$$PZS_i^- = \begin{cases} \bar{r}_i - \sigma_{r,i}, & \bar{r}_i - \sigma_{r_i} > 0 \\ 0, & sonst \end{cases} \;\; \forall\, s_i \in S, mit \qquad \text{Formel 5-24}$$

PZS_i^+: *Obere Prozesszeitspanne des Prozessschritts i*

PZS_i^-: *Untere Prozesszeitspanne des Prozessschritts i*

$\bar{r}_i$: *Arithmetisches Mittel der Prozesszeit r in Prozessschritt i*

$\sigma_{r,i}$: *Standardabweichung der Prozesszeit r in Prozessschritt i*

$$\Delta PZS_i = \max\left\{\frac{|\bar{r} - PZS_i^+|}{\bar{r}}, \frac{|\bar{r} - PZS_i^-|}{\bar{r}}\right\} \;\; \forall\, s_i \in S, mit \qquad \text{Formel 5-25}$$

ΔPZS_i: *Größte relative Differenz der Prozesszeitspanne im Prozessschritt i*

PZS_i^+: *Obere Prozesszeitspanne des Prozessschritts i*

PZS_i^-: *Untere Prozesszeitspanne des Prozessschritts i*

$\bar{r}$: *Arithmetisches Mittel der Prozesszeiten r*

Die größte relative Differenz der Prozesszeitspanne ΔPZS_i wird je Prozessschritt mit den Intervallen des Flexibilitätsangebots I_z abgeglichen, um die Wahrheitswerte $w_{iz} \in \{0,1\}$ zu bestimmen (vgl. Formel 5-26). Die aus dem Flexibilitätsabgleich resultierenden Wahrheitswerte werden in der Abgleichsmatrix der Produktflexibilität $A_{Produkt}$ gesammelt (vgl. Formel 5-27).

$$w_{iz} = \begin{cases} 1, & \Delta PZS_i \in I_z \\ 0, & sonst \end{cases} \quad \forall\, I_z \in I, \forall\, s_i \in S, mit \qquad \text{Formel 5-26}$$

w_{iz}: $Wahrheitswert\ von\ Prozessschritt\ i\ in\ Intervall\ z$

ΔPZS_i: $Relative\ größte\ Differenz\ der\ Prozesszeitspannen\ im\ Prozessschritt\ i$

I_z: $Intervall\ des\ Flexibilitätsangebots$

$$A_{Produkt} = (w_{iz}) = \begin{pmatrix} w_{11} & w_{12} & \cdots & w_{1j} \\ w_{21} & \cdots & \cdots & \cdots \\ \vdots & \cdots & \ddots & \vdots \\ w_{i1} & \cdots & \cdots & w_{ij} \end{pmatrix}, mit \qquad \text{Formel 5-27}$$

$A_{Produkt}$: $Abgleichsmatrix\ der\ Produktflexibilität$

w_{iz}: $Wahrheitswert\ von\ Prozessschritt\ i\ in\ Intervall\ z$

In der Abgleichsmatrix wird je Ausprägung die Spaltensumme und auf diese Weise der Ergebnisvektor der Produktflexibilität $E_{Produkt}$ gebildet (vgl. Tabelle 5-4). Die Verteilung repräsentiert die Priorisierung der Ausprägungen anhand der Auswertung der Bedarfe hinsichtlich Produktflexibilität. Tabelle 5-4 zeigt dies für den zuvor verwendeten beispielhaften Anwendungsfall.

Tabelle 5-4: Bestimmung der Abgleichsmatrix mittels Intervallzuordnung

	Einheitliche Taktzeit	Durchschnittliche Taktzeit	Erwartete Prozesszeiten	Reaktion auf Montagefortschritt	Erwartete Prozesszeiten und Reaktion auf Montagefortschritt
I_z	$I_1 = [0, g_1]$	$I_2 = (g_1, g_2]$	$I_3 = (g_2, g_3]$	$I_4 = (g_3, g_4]$	$I_5 = (g_4, \infty[$
ΔPZS_1	0	1	0	0	0
ΔPZS_2	0	1	0	0	0
...	...	...	...	...	...
ΔPZS_i	...	...	...	...	...
$E_{Produkt}$	3	6	1	0	0

(Werte eines beispielhaften Anwendungsfalls)

Der aus **Neuprodukten** resultierende Flexibilitätsbedarf ist im Anforderungsmodell anhand der Kennzahlen aus den Prozesszeitdaten der zusätzlich aufzunehmenden Produktmodelle sowie Prozessschritte spezifiziert (vgl. Kapitel 5.1.2). Dabei erfolgt die Berechnung dieser Kennzahlen mit gestrichenen Formelzeichen analog zur Produktflexibilität. Im Priorisierungsmodell nutzt der Flexibilitätsabgleich der Neuproduktflexibilität analog den Algorithmus der Produktflexibilität mit gestrichenen Formelzeichen (vgl. Formel 5-23 bis 5-27). Für die Neuproduktflexibilität resultiert analog der Ergebnisvektor $E_{Neuprodukt}$ aus der Summe der Wahrheitswerte je Ausprägung.

Der Bedarf nach **Produktmixflexibilität** ist im Anforderungsmodell durch den Erwartungswert $E_h(t_i)$ und die Standardabweichung $\sigma_h(t_i)$ der Prozesszeit je Prozessschritt und Produktmixszenario sowie kriterienindividuelle, übergreifende Erwartungswerte in Kennzahlen abgebildet (vgl. Kapitel 5.1.2). Anhand dieser wird zunächst je Prozessschritt die obere und untere Prozesszeitspanne $PZS^+_{h,i}$ bzw. $PZS^-_{h,i}$ (vgl. Formel 5-28 und 5-29) für alle Produktmixszenarien x_h berechnet. Im Folgenden wird separat für die allgemeine, kurz- und langfristige Produktmixflexibilität der Algorithmus zum Flexibilitätsabgleich dargelegt.

$$PZS^+_{h,i} = E_h(t_i) + \sigma_h(t_i) \; \forall \, s_i \in S, \quad \forall \, x_h \in X, mit \qquad \text{Formel 5-28}$$

$$PZS^-_{h,i} = \begin{cases} E_h(t_i) - \sigma_h(t_i), & E_h(t_i) - \sigma_h(t_i) > 0 \\ 0, & sonst \end{cases} \qquad \text{Formel 5-29}$$

$$\forall \, s_i \in S, \forall \, x_h \in X, mit$$

$PZS^+_{h,i}$: *Obere Prozesszeitspanne des Prozessschritts i in Produktmixszenario h*

$PZS^-_{h,i}$: *Untere Prozesszeitspanne des Prozessschritts i in Produktmixszenario h*

$E_h(t_i)$: *Erwartungswert der Prozesszeit t in Prozessschritt i in Produktmixszenario h*

$\sigma_h(t_i)$: *Standardabweichung der Prozesszeit t in Prozessschritt i in Produktmixszenario h*

Die **allgemeine Produktmixflexibilität** beruht auf einer gleichzeitigen Betrachtung aller Produktmixszenarien und daher erfolgt die Ermittlung der größten relativen Differenz der Prozesszeitspanne $\Delta PZS_{h,i}$ für dieses Kriterium anhand des globalen Erwartungswert der Prozesszeit $E(t)$ (vgl. Formel 5-30).

$$\Delta PZS_{h,i} = \max\left\{\frac{|E(t) - PZS^+_{h,i}|}{E(t)}, \frac{|E(t) - PZS^-_{h,i}|}{E(t)}\right\} \qquad \text{Formel 5-30}$$

$$\forall \, s_i \in S, \forall \, x_h \in X, mit$$

$\Delta PZS_{h,i}$: *Größte relative Differenz der Prozesszeitspanne im Prozessschritt i in Produktmixszenario h*

$PZS^+_{h,i}$: *Obere Prozesszeitspanne des Prozessschritts i in Produktmixszenario h*

$PZS^-_{h,i}$: *Untere Prozesszeitspanne des Prozessschritts i in Produktmixszenario h*

$E(t)$: *Globaler Erwartungswert der Prozesszeit t*

Der gleichen Logik wie zuvor bei der Produktflexibilität folgend wird je Produktmixszenario x_h die größte relative Differenz der Prozesszeitspanne $\Delta PZS_{h,i}$ je Prozessschritt mit den Intervallen des Flexibilitätsangebots I_z zur Bestimmung der Wahrheitswerte $w_{h,iz}$ abgeglichen (vgl. Formel 5-31).

$$w_{h,iz} = \begin{cases} 1, & \Delta PZS_{h,i} \in I_z \\ 0, & sonst \end{cases} \; \forall \, s_i \in S, \forall \, I_z \in I, \forall \, x_h \in X, mit \qquad \text{Formel 5-31}$$

$w_{h,iz}$: *Wahrheitswert von Prozessschritt i in Intervall z in Produktmixszenario h*

$\Delta PZS_{h,i}$: *Größte relative Differenz der Prozesszeitspannen im Prozessschritt i in Produktmixszenario h*

I_z: *Intervall des Flexibilitätsangebots*

Je Produktmixszenario x_h resultiert so eine Abgleichsmatrix $A_{Allgemein,h}$ und durch Bildung der Spaltensummen die Ergebnisvektoren $E_{Allgemein,h}$. Die Summe der Ergebnisvektoren aller Produktmixszenarien liefert den Ergebnisvektor der allgemeinen Produktmixflexibilität $E_{Allgemein}$, welcher die kriterienspezifische Ausprägungspriorisierung beschreibt.

Die **kurzfristige Produktmixflexibilität** fokussiert die repräsentativen Wechsel zwischen Produktmixszenarien. Daher wird je Produktmixwechsel PMW_k zur Berechnung der größten relativen Differenz der Prozesszeitspanne $\Delta PZS_{k,h,i}$ der Erwartungswert der Prozesszeit des jeweiligen Produktmixwechsels $E_{PMW,k}(t)$ genutzt (vgl. Formel 5-32).

$$\Delta PZS_{k,h,i} = \max\left\{\frac{|E_{PMW,k}(t) - PZS_{h,i}^{+}|}{E_{PMW,k}(t)}, \frac{|E_{PMW,k}(t) - PZS_{h,i}^{-}|}{E_{PMW,k}(t)}\right\} \qquad \text{Formel 5-32}$$

$$\forall\, s_i \in S, \forall\, x_h \in PMW_k, \forall\, PMW_k \in W, mit$$

$\Delta PZS_{k,h,i}$: *Größte relative Differenz der Prozesszeitspanne im Prozessschritt i in Produktmixszenario h aus Produktmixwechsel k*

$PZS_{h,i}^{+}$: *Obere Prozesszeitspanne des Prozessschritts i in Produktmixszenario h*

$PZS_{h,i}^{-}$: *Untere Prozesszeitspanne des Prozessschritts i in Produktmixszenario h*

$E_{PMW,k}(t)$: *Erwartungswert der Prozesszeit t des Produktmixwechsels k*

PMW_k: *Produktmixwechsel k*

Analog zu den vorigen Kriterien erfolgt ein systematischer Abgleich der größten relativen Differenzen der Prozesszeitspanne mit den Intervallen des Flexibilitätsangebots. Dazu wird separat für jeden Produktmixwechsel PMW_k in beiden zugeordneten Produktmixszenarien x_h die größte relative Differenz der Prozesszeitspanne $\Delta PZS_{k,h,i}$ mit den Intervallen des Flexibilitätsangebots I_z abgeglichen und die Wahrheitswerte $w_{k,h,iz}$ bestimmt (vgl. Formel 5-33).

$$w_{k,h,iz} = \begin{cases} 1, & \Delta PZS_{k,h,i} \in I_z \\ 0, & sonst \end{cases} \qquad \text{Formel 5-33}$$

$$\forall\, s_i \in S, \forall\, I_z \in I, \forall\, x_h \in PMW_k, \forall\, PMW_k \in W, mit$$

$w_{k,h,iz}$: *Wahrheitswert von Prozessschritt i in Intervall z in Produktmixszenario h aus Produktmixwechsel k*

$\Delta PZS_{k,h,i}$: *Größte relative Differenz der Prozesszeitspannen im Prozessschritt i in Produktmixszenario h aus Produktmixwechsel k*

I_z: *Intervall des Flexibilitätsangebots*

PMW_k: *Produktmixwechsel k*

Für jeden Produktmixwechsel resultiert eine Abgleichsmatrix je enthaltenem Produktmixszenario x_h. Die aus den Produktmixwechseln resultierenden Abgleichsmatrizen werden zur Erzeugung der Abgleichsmatrix der kurzfristigen Produktmixflexibilität $A_{Kurzfristig}$ aufsummiert. Mittels der Spaltensumme wird der Ergebnisvektor $E_{Kurzfristig}$ erzeugt, welcher die Priorisierung der Ausprägungen auf Grundlage der kurzfristigen Produktmixflexibilität widerspiegelt.

Langfristige Produktmixflexibilität untersucht repräsentative Sequenzen von Produktmixszenarien und dazu wird je Produktmixentwicklung PME_l die größte relative Differenz der Prozesszeitspanne $\Delta PZS_{l,h,i}$ anhand des Erwartungswerts der Prozesszeit der zugeordneten Produktmixentwicklung $E_{PME,l}(t)$ ermittelt (vgl. Formel 5-34).

$$\Delta PZS_{l,h,i} = max\left\{\frac{|E_{PME,l}(t) - PZS^{+}_{h,i}|}{E_{PME,l}(t)}, \frac{|E_{PME,l}(t) - PZS^{-}_{h,i}|}{E_{PME,l}(t)}\right\}$$ Formel 5-34

$\forall\, s_i \in S, \forall\, x_h \in PME_l, \forall\, PME_l \in U, mit$

$\Delta PZS_{l,h,i}$: *Größte relative Differenz der Prozesszeitspanne im Prozessschritt i in Produktmixszenario h aus Produktmixentwicklung l*

$PZS^{+}_{h,i}$: *Obere Prozesszeitspanne des Prozessschritts i in Produktmixszenario h*

$PZS^{-}_{h,i}$: *Untere Prozesszeitspanne des Prozessschritts i in Produktmixszenario h*

$E_{PME,l}(t)$: *Erwartungswert der Prozesszeit t des Produktmixentwicklung l*

PME_l: *Produktmixentwicklung l*

Der Flexibilitätsabgleich erfolgt analog zu den vorigen Kriterien. Dazu wird je Produktmixentwicklung PME_l in den zugeordneten Produktmixszenarien x_h die größte relative Differenz der Prozesszeitspanne $\Delta PZS_{l,h,i}$ mit den Intervallen des Flexibilitätsangebots I_z abgeglichen und die Wahrheitswerte $w_{l,h,iz}$ bestimmt (vgl. Formel 5-35).

$$w_{l,h,iz} = \begin{cases} 1, & \Delta PZS_{l,h,i} \in I_z \\ 0, & sonst \end{cases}$$ Formel 5-35

$\forall\, s_i \in S, \forall\, I_z \in I, \forall\, x_h \in PME_l, \forall\, PME_l \in U, mit$

$w_{l,h,iz}$: *Wahrheitswert von Prozessschritt i in Intervall z in Produktmixszenario h aus Produktmixentwicklung l*

$\Delta PZS_{l,h,i}$: *Größte relative Differenz der Prozesszeitspannen im Prozessschritt i in Produktmixszenario h aus Produktmixentwicklung l*

I_z: *Intervall des Flexibilitätsangebots*

PME_l: *Produktmixentwicklung l*

Aus jeder Produktmixentwicklung PME_l geht je enthaltenem Produktmixszenario x_h eine Abgleichsmatrix hervor. Die Summe aller szenariospezifischen Matrizen liefert die Abgleichsmatrix der langfristigen Produktmixflexibilität $A_{Langfristig}$. Die Bildung der Spaltensummen liefert den Ergebnisvektor $E_{Langfristig}$, aus dem die Priorisierung der Ausprägungen anhand der Bedarfe hinsichtlich langfristiger Produktmixflexibilität hervorgeht.

Die Ergebnisse der Produkt- und Neuproduktflexibilität sowie der Produktmixflexibilitäten gilt es abschließend zu einer gemeinsamen Priorisierung der Ausprägungen im Synchronisationsprinzip der Zeit zu aggregieren. Aus den Algorithmen zum Flexibilitätsabgleich geht je Kriterium ein Ergebnisvektor hervor, welcher die Anzahl der positiven Wahrheitswerte je Ausprägung beinhaltet. Die zusammenfassende Priorisierung der Ausprägungen $E_{Synchronisation}$ wird durch die Summe der kriterienindividuellen Ergebnisvektoren gebildet (vgl. Formel 5-36).

$$E_{Synchronisation} = E_{Produkt} + E_{Neuprodukt} + E_{Allgemein} + E_{Kurzfristig} + E_{Langfristig}$$ Formel 5-36

E: *Ergebnisvektoren*

Im Klassifikationsmodell wurde bereits der Grad der Planung und Steuerung in Bezug auf die Merkmalsausprägungen beleuchtet (vgl. Kapitel 5.2.2) und im Anforderungsmodell die Störanfälligkeit der Prozesszeiten mittels des Indikators Δt_{rel} erfasst (vgl. Kapitel 5.1.2). Demnach erfordern vorwiegend auf Planung basierende Synchronisationsprinzipen ein Mindestmaß an Robustheit bzw. Planbarkeit der Prozesszeiten zur Sicherstellung einer störungsfreien

Funktion.[563] Der Indikator Δt_{rel} wird daher mit $\Delta t_{rel,krit}$ abgeglichen, um zu prüfen, ob eine ausreichende Robustheit der Prozesszeiten gegeben ist. Falls $\Delta t_{rel} \geq \Delta t_{rel,krit}$ ist, werden die Wahrheitswerte der hauptsächlich auf Planung basierenden Ausprägung *Erwartete Prozesszeiten* im Ergebnisvektor der vorwiegend steuernden Ausprägung *Reaktion auf Montagefortschritt* zugerechnet. Analog werden die Wahrheitswerte der Ausprägung *Erwartete Prozesszeiten und Reaktion auf Montagefortschritt* mangels der Planbarkeit zur Ausprägung *Reaktion auf Montagefortschritt* hinzugefügt.

Die kriterienindividuelle Erfassung der Bedarfe unter Verwendung von Szenarien sowie deren separater Flexibilitätsabgleich erlauben eine detaillierte Aufschlüsselung der resultierenden Priorisierung der Ausprägungen im Merkmal. Die Ergebnisvektoren liefern eine Verteilung der Wahrheitswerte je Kriterium für das Synchronisationsprinzip der Zeit (vgl. Abbildung 5-14). Auf dieser Grundlage kann der individuelle Einfluss eines Kriteriums auf die Priorisierung in jeder Ausprägung nachvollzogen werden. Des Weiteren besteht innerhalb der Kriterien der Produktmixflexibilität die Möglichkeit zur granularen Aufschlüsselung, wie ein enthaltenes Produktmixszenario die Verteilung beeinflusst. Auf diese Weise können die für die Auswahl der Ausprägung kritischen Szenarien bzw. Flexibilitätstreiber im Anwendungsfall systematisch identifiziert und reflektiert werden. Für den zuvor betrachteten, beispielhaften Anwendungsfall geht aus dem Ergebnisvektor des Synchronisationsprinzips $E_{Synchronisation}$ in der Kopfzeile des Diagramms bzw. aus der Summe der kriterienindividuellen Ergebnisse die Priorisierung der Ausprägungen hervor. Demnach ist im Anwendungsfall für das Synchronisationsprinzip der Zeit eine durchschnittliche Taktzeit mit 219 Nennungen am höchsten priorisiert.

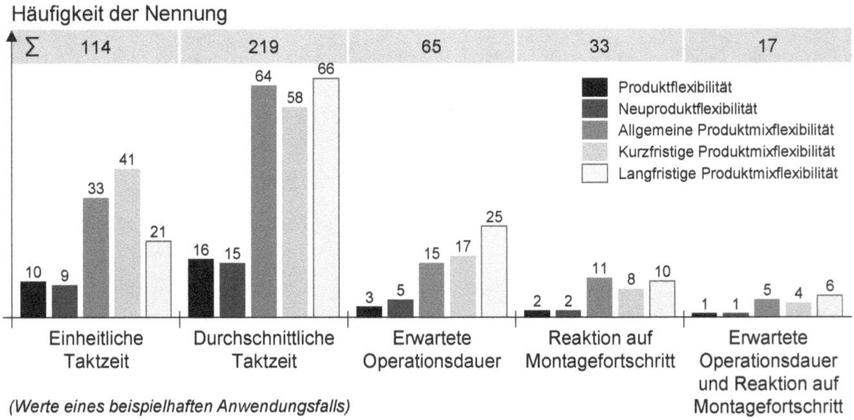

Abbildung 5-14: Beispielhaftes Priorisierungsergebnis des Synchronisationsprinzips der Zeit

Auf Grundlage der definierten Algorithmen erfolgt die Parametrisierung der Intervalle des Flexibilitätsangebots I_z für die Ausprägungen des Synchronisationsprinzips der Zeit gemäß der in Kapitel 5.3.1 beschriebenen Methodik. Dabei gilt es anhand der Analyse von ausgewählten Anwendungsfällen und zugeordneten Datensätzen die Menge der Intervallgrenzen

[563] vgl. Minguillon et al. (2019) Coupling of centralized and decentralized scheduling, S. 385.

$G = \{0, g_1, g_2, \ldots, g_n\}$ zu identifizieren. Dazu wurden diese jeweils mittels des Anforderungsmodells ausgewertet, durch den Expertenkreis in den Kriterien bewertet und die favorisierten Ausprägungen zugewiesen. Die aus der Ergebnisanalyse und Expertenreflexion hervorgehende Parametrisierung für die Ausprägungen des Synchronisationsprinzips der Zeit ist im Anhang 8.6.3 dargestellt. Die Diskussionsergebnisse und gewonnenen Erkenntnisse zu den Ausprägungen sind bereits im Rahmen der Darstellung des Klassifikationsmodells in Kapitel 5.2.2 eingeflossen. Die fünf zur Parametrisierung verwendeten Anwendungsfälle aus der montageplanerischen Praxis sind im Anhang 8.6.2 einschließlich der Expertenempfehlungen aufgeführt und setzen sich aus folgenden Produkten sowie ihren Anforderungen zusammen:

- Endmontage von Elektrosportwagen
- Montage von Kettensägen mit konventionellem und elektrischen Antrieb
- Montage von Mobilkranauslegern
- Montage von Dieselaggregaten der Leistungsklassen 500-2.500 kW
- Montage von Industriepumpen einschließlich Antrieb

Die Untersuchung der Wirkbeziehungen zwischen Flexibilitätskriterien und Merkmalen hat Relationen zwischen der **Dimension der Objektrouten** und den beiden Kriterien Volumen- und Expansionsflexibilität aufgezeigt (vgl. Abbildung 5-12). Aus den Algorithmen des Synchronisationsprinzips der Zeit kann in bestimmten Fällen bereits eine Tendenz zu einer der beiden Ausprägungen der Dimension der Objektrouten hervorgehen. Die Wirkbeziehungen der Dimension der Objektrouten bzw. die zugeordneten Flexibilitätsabgleiche fokussieren daher die Priorisierung anhand der Untersuchung der Anforderungen an Skalierbarkeit. Dazu liegen gemäß dem Anforderungsmodell (vgl. Kapitel 5.1.2) aus Stückzahlszenarien ermittelte Kennzahlen in Form von kurz- und langfristigen Skalierungsfaktoren vor. Für jeden Skalierungsfaktor wird die Eignung der Ausprägungen der Dimension der Objektrouten geprüft. Dabei gilt, dass eine Matrixmontagestruktur keine Einschränkungen bezüglich Skalierungsfaktoren aufgrund ihres Flexibilitätsangebots besitzt, eine Linienmontagestruktur jedoch uneingeschränkte, eingeschränkte oder keine Eignung aufweist. Daraus resultieren die alternativen Bewertungsergebnisse des Flexibilitätsabgleichs *Linie und Matrix geeignet*, *Matrix geeignet und Linie eingeschränkt geeignet* sowie *nur Matrix geeignet,* welche mittels der Wahrheitswerte 2, 1 und 0 codiert werden. Bei eingeschränkter Eignung einer Linie muss im Rahmen der weiteren Planung der Montagestruktur überprüft werden, unter welchen Bedingungen durch entsprechende Betriebsmodi die Skalierungsfaktoren abgebildet werden können. Die Eignung einer Ausprägung für einen Skalierungsfaktor wurde gemäß der Methodik je Flexibilitätskriterium mit dem Expertenkreis in einer Eignungsskala festgelegt und ist Anhang 8.6.3 zu entnehmen.

Der Bedarf nach **Volumenflexibilität** ist gemäß dem Anforderungsmodell durch die Skalierungsfaktoren b_d der kurzfristigen Stückzahlszenarien z_d spezifiziert (vgl. Kapitel 5.1.2). Das Flexibilitätsangebot der Ausprägungen ist beschrieben durch das Intervall K_1 für Skalierungsfaktoren der Volumenflexibilität, bei denen eine Linie und Matrix geeignet ist, sowie das Intervall K_2 für solche, bei denen eine Matrix geeignet und eine Linie eingeschränkt geeignet ist. Bei Faktoren außerhalb der beiden Intervalle ist ausschließlich eine Matrixstruktur geeignet. Der Flexibilitätsabgleich erfolgt durch die Zuordnung der Skalierungsfaktoren b_d zu den Intervallen und die Ableitung der resultierenden Wahrheitswerte $w_{V,d}$ (vgl. Formel 5-37). Diese werden im Abgleichsvektor der Volumenflexibilität $A_{Volumen}$ gesammelt.

$$w_{V,d} = \begin{cases} 2, & b_d \in K_1 \\ 1, & b_d \in K_2 \\ 0, & sonst \end{cases} \quad \text{Formel 5-37}$$

$\forall\, b_d, \forall\, K_1, K_2 \in K, mit$

$w_{V,d}: Wahrheitswert\ der\ Volumenflexibilität\ in\ Stückzahlszenario\ d$

$b_d: Kurzfristiger\ Skalierungsfaktor\ des\ Stückzahlszenarios\ d$

$K_1, K_2: Intervalle\ der\ Skalierungsfaktoren\ für\ Volumenflexibilität$

Auf Basis des Abgleichsvektors wird das arithmetische Mittel der Einträge bzw. Wahrheitswerte $\overline{w_{V,d}}$ gebildet und dieses in die Bewertung der Ausprägungen übersetzt. Insgesamt resultiert als Ergebnis des Flexibilitätsabgleichs der Volumenflexibilität der Abgleichsvektor $A_{Volumen}$ und das Mittel $\overline{w_{V,d}}$.

Der aus **Expansionsflexibilität** hervorgehende Flexibilitätsbedarf ist im Anforderungsmodell durch Skalierungsfaktoren c_{fe} bzw. c_f aus mehrstufigen, langfristigen Stückzahlszenarien y_f spezifiziert (vgl. Kapitel 5.1.2). Das Flexibilitätsangebot der Ausprägungen ist beschrieben durch das Intervall L_1 für Skalierungsfaktoren der Expansionsflexibilität, bei denen eine Linie und Matrix geeignet ist, sowie das Intervall L_2 für solche, bei denen eine Matrix geeignet und eine Linie eingeschränkt geeignet ist. Der Flexibilitätsabgleich der Expansionsflexibilität erfolgt analog durch Zuordnung der Skalierungsfaktoren c_{fe} zu den Intervallen und der Ermittlung der Wahrheitswerte $w_{E,fe}$ (vgl. Formel 5-38). Diese werden in die Abgleichsmatrix der Expansionsflexibilität $A_{Expansion,e}$ sortiert (vgl. Formel 5-40). Zusätzlich wird der übergreifend für ein langfristiges Stückzahlszenario geltende Skalierungsfaktor c_f in die Intervalle eingeordnet und die entsprechenden Wahrheitswerte bestimmt (vgl. Formel 5-39). Daraus resultiert zusätzlich zur Abgleichsmatrix der übergreifende Abgleichsvektor der Expansionsflexibilität $A_{Expansion}$.

$$w_{E,fe} = \begin{cases} 2, & c_{fe} \in L_1 \\ 1, & c_{fe} \in L_2 \\ 0, & sonst \end{cases} \quad \forall\, c_{fe}, mit \quad \text{Formel 5-38}$$

$$w_{E,f} = \begin{cases} 2, & c_f \in L_1 \\ 1, & c_f \in L_2 \\ 0, & sonst \end{cases} \quad \forall\, c_f, mit \quad \text{Formel 5-39}$$

$w_{E,fe}: Wahrheitswert\ der\ Expansionsflexibilität\ in\ Stückzahlszenario\ f\ in\ Periode\ e$

$w_{E,f}: Wahrheitswert\ der\ Expansionsflexibilität\ in\ Stückzahlszenario\ f$

$c_{fe}: Langfristiger\ Skalierungsfaktor\ des\ Stückzahlszenarios\ f\ in\ Peride\ e$

$c_f: Langfristiger\ Skalierungsfaktor\ des\ Stückzahlszenarios\ f$

$L_1, L_2: Intervalle\ der\ Skalierungsfaktoren\ für\ Expansionsflexibilität$

$$A_{Expansion,e} = (w_{E,fe}) = \begin{pmatrix} w_{E,11} & w_{E,12} & \cdots & w_{E,1e} \\ w_{E,21} & \cdots & \cdots & \cdots \\ \vdots & \cdots & \ddots & \vdots \\ w_{E,f1} & \cdots & \cdots & w_{E,fe} \end{pmatrix}, mit \quad \text{Formel 5-40}$$

$A_{Expansion,e}: Abgleichsmatrix\ der\ Expansionsflexibilität$

$w_{E,fe}: Wahrheitswert\ der\ Expansionsflexibilität\ in\ Stückzahlszenario\ f\ in\ Periode\ e$

Aus den Einträgen bzw. Wahrheitswerten der Abgleichsmatrix $A_{Expansion,e}$ und des Abgleichsvektors $A_{Expansion}$ der Expansionsflexibilität wird das arithmetische Mittel $\overline{w_E}$ gebildet und die Bewertung der Ausprägungen bestimmt. Als Ergebnis des Flexibilitätsabgleichs der Expansionsflexibilität resultieren die Abgleichsmatrix $A_{Expansion,e}$, der Abgleichsvektor $A_{Expansion}$ und das Mittel $\overline{w_E}$.

Die individuellen Ergebnisse der Volumen- und Expansionsflexibilität werden abschließend in einer Aggregation zur gemeinsamen Priorisierung der Ausprägungen im Merkmal der Dimension der Objektrouten zusammengeführt. Die Bewertungsergebnisse aus den Kriterien liegen in Form der Mittelwerte der Wahrheitswerte sowie der Abgleichsmatrix und den -vektoren vor. In einer die Szenarien und ihre Bewertungsergebnisse umfassenden Betrachtung wird ermittelt, welche Ausprägung der Dimension der Objektrouten zu priorisieren ist. Zentraler Anhaltspunkt sind die Mittel $\overline{w_{V,d}}$ und $\overline{w_E}$. Die Gewichtung einzelner Szenarien muss dabei im Kontext der Bedarfe und dem Bewertungsergebnis des Synchronisationsprinzips der Zeit abgewogen werden. Im Fall hoher Anforderungen an Volumenflexibilität bzw. eingeschränkter Eignung von Linienstrukturen können insbesondere bewegliche Produktionsressourcen ein geeigneter Lösungsbestandteil sein. Falls sich bestimmte Szenarien für eine Linienstruktur als kritisch erweisen, sind diese für eine genauere Untersuchung der resultierenden Betriebsmodi und -bedingungen in der Kapazitätsplanung zu markieren.

Die Priorisierung der Ausprägungen des Merkmals **Mobilität der Produktionsressourcen** ist gemäß der identifizierten Wirkbeziehungen durch die beiden Kriterien Volumen- und Ressourcenflexibilität beeinflusst (vgl. Abbildung 5-12). Der Flexibilitätsbedarf ist durch die Kennzahlen der Volumenflexibilität bzw. die zugehörigen Bewertungsergebnisse (vgl. Kapitel 5.1.2 und 5.3.2) sowie der Kennzahlen der Ressourcenflexibilität zum Umfang flexibler Arbeitsteilung von Produktionsressourcen gegeben (vgl. Kapitel 5.1.2). Insbesondere im Kontext der Mobilität der Produktionsressourcen ist das Entscheidungskalkül, eine Ausprägung mit so wenig Flexibilität wie möglich und so viel wie nötig auszuwählen, von großer Bedeutung. Die Bewegung von Produktionsressourcen ist mangels Beitrag zur Wertschöpfung grundsätzlich eine Art der Verschwendung, die es zu reduzieren gilt. Eine Bewegung ist jedoch vorteilhaft, wenn aus dieser weniger Verschwendung resultiert als aus einer stattdessen inkauf zu nehmenden Wartezeit einer Ressource. Die Mobilität bietet ein Flexibilitätsangebot durch die Flexibilisierung des Ressourceneinsatzes. Auf diese Weise können Wartezeiten reduziert bzw. die Auslastung nivelliert und eine flexible Arbeitsteilung ermöglicht werden. Die Entscheidung, ob Produktionsressourcen beweglich eingesetzt werden sollen, ist stark vom individuellen Anwendungsfall und dem Betriebsmodus der Montage abhängig. So kann etwa ein System vor dem Hintergrund der Volumenflexibilität bei Teillast flexibel mit beweglichen Produktionsressourcen betrieben werden und bei Volllast stationäre Ressourcen aufweisen. Aus diesem Grund fokussiert die Priorisierung der Ausprägungen der Produktionsressourcenmobilität die Bewertung, ob für den betrachteten Anwendungsfall eine Befähigung zu beweglichen Ressourcen erforderlich ist. In der Phase der Montagestrukturplanung sind dabei gemäß dem Anforderungsmodell der Bedarf an die Flexibilisierung des Ressourceneinsatzes sowie der Nutzung der Qualifikationen von Ressourcen entscheidend (vgl. Kapitel 5.1.2). Eine abschließende Entscheidung bzgl. der Mobilität von Produktionsressourcen erlaubt erst die Betrachtung der Betriebsmodi von konkurrierenden Montagestrukturen in der Kapazitätsplanung. Der

Flexibilitätsabgleich zur Priorisierung der Ausprägungen der Mobilität der Produktionsressourcen erfolgt in einem Entscheidungsbaum, der unter Einbindung der Erwägungen des Expertenkreises entwickelt wurde (vgl. Abbildung 5-15). Darin werden stufenweise zunächst die Voraussetzungen abgeprüft und anschließend die Priorisierung der Ausprägung bestimmt.

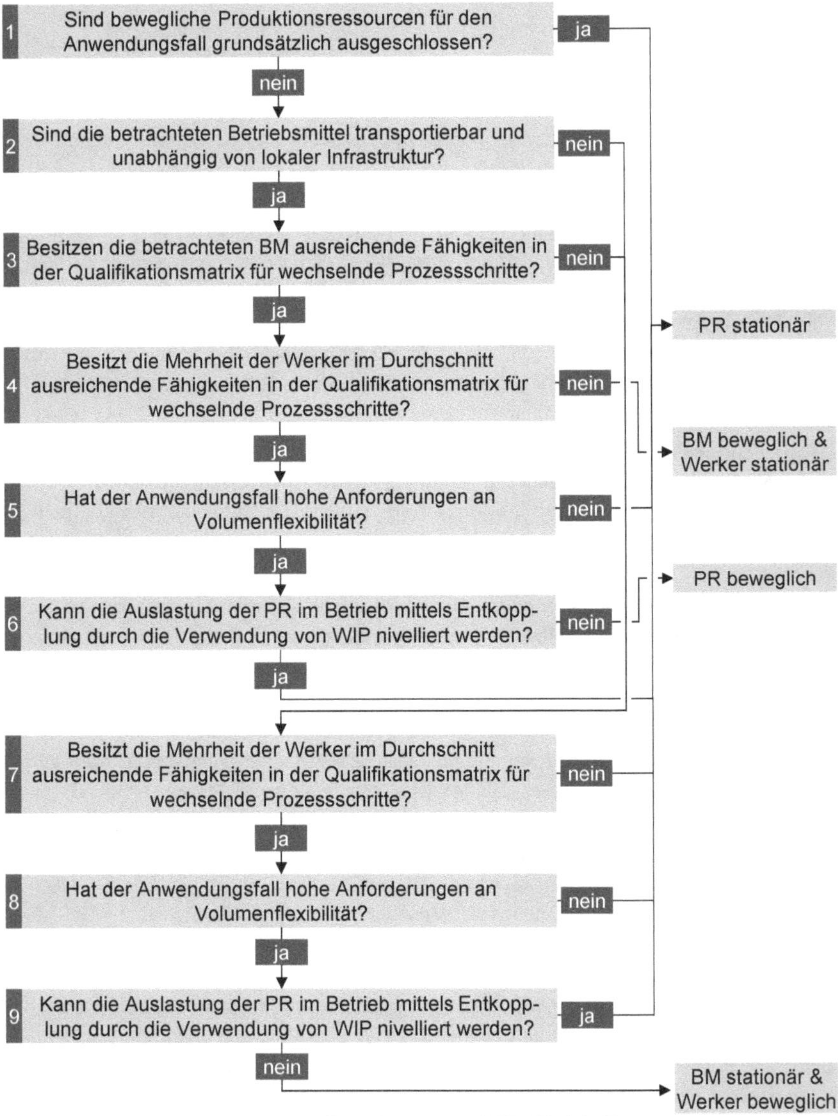

PR: Produktionsressourcen BM: Betriebsmittel WIP: Work in Progress

Abbildung 5-15: Entscheidungsbaum für die Mobilität der Produktionsressourcen

Die erste Stufe des Entscheidungsbaums enthält den grundsätzlichen Ausschluss beweglicher Ressourcen, beispielsweise aufgrund von Sicherheitsbestimmungen aus dem Prozess. Stufe zwei bestimmt, ob die im Fokus stehenden Betriebsmittel aufgrund ihrer Eigenschaften, wie die Abmaße, das Gewicht oder Medienbedarfe, grundsätzlich beweglich ausgeführt sein können. Die dritte und vierte Stufe prüfen, ob das Personal bzw. die Betriebsmittel befähigt sind, variierende Montagetätigkeiten auszuführen bzw. eine flexible Arbeitsteilung umzusetzen. Dazu werden der durchschnittliche Anteil der beherrschten Prozessschritte des Montagepersonals $\overline{s_P}$ sowie der Betriebsmittel $\overline{s_B}$ an der Gesamtheit der Prozessschritte S (vgl. Kapitel 5.1.2) als Anhaltspunkt verwendet. Die Bewertung, ob ausreichende Qualifikationen für die Befähigung einer flexiblen Arbeitsteilung vorliegen, muss u.a. aufgrund des großen Einflusses der Komplexität der Prozessschritte individuell im Einzelfall abgewägt werden. So können etwa bei großer Dauer einzelner Prozessschritte bereits wenige Qualifikationen in der Praxis ein umfangreiches Prozesswissen erforderlich machen und ausgedehnte Anlernphasen bedeuten. Daher muss die dritte und vierte Stufe laut Expertenkonsens als Einzelfallentscheidung betrachtet und unter Berücksichtigung der Kennzahlen $\overline{s_P}$ und $\overline{s_B}$ sowie der durchschnittlichen Prozesszeit aller Prozessschritte $\bar{r}$ abgewägt werden. Falls die Voraussetzungen beider Stufen verletzt sind, resultieren stationäre Produktionsressourcen.

Die fünfte und sechste Stufe des Entscheidungsbaums bestimmen, ob bewegliche Ressourcen vor dem Hintergrund hoher Flexibilitätsbedarfe hinsichtlich der Anpassung von Arbeitsinhalten erforderlich sind bzw. vorteilhaft sein können. Dazu wird zunächst anhand des Bewertungsergebnisses der Volumenflexibilität ermittelt, ob ein Bedarf nach flexiblem Ressourceneinsatz vorliegt. Im Fall hoher Anforderungen wird geprüft, ob dieser Flexibilitätsbedarf durch den Einsatz von gesteigertem WIP an den Montagestationen gestillt werden kann. Dabei bewirkt eine Steigerung des WIP, dass die Produktionsressourcen die Auslastung in ihrer Montagestation ohne eine Wartezeit oder Stationswechsel selbst nivellieren können.[564] Dies ist darauf zurückzuführen, dass das Montageobjekt zur Produktionsressource kommt bzw. sich die Ressource nicht zum Objekt bewegen muss. Falls der Anwendungsfall eine flexible Steigerung des WIP zulässt, sind bewegliche Produktionsressourcen nicht erforderlich. Neben vollständig beweglichen bzw. stationären Produktionsressourcen existiert der praxisrelevante Fall, dass Betriebsmittel nicht beweglich sein können, das Montagepersonal aber beweglich sein muss. Dieser Fall wird mittels der Stufen sieben bis neun geprüft, die in Analogie zu den Stufen vier bis sechs aufgebaut sind.

Das Priorisierungsergebnis des dritten Merkmals entspricht der resultierenden Senke im Entscheidungsbaum. Aufgrund des breiten Spektrums an Eigenschaften von Anwendungsfällen muss neben der anhand des Flexibilitätsabgleichs getroffenen Priorisierung die Mobilität der Produktionsressourcen für den individuellen Einzelfall kritisch hinterfragt werden. Insbesondere während der Kapazitätsplanung muss beachtet werden, dass je nach Auslastung bzw. gewähltem Betriebsmodus eines Montagesystems ein Wechsel zwischen stationären und beweglichen Produktionsressourcen vorteilhaft sein kann.

[564] vgl. Gottschalk (2006) Komplexitätsoptimale Gestaltung manueller Serienmontage, S. 171 - 172.

Damit ist die Entwicklung der Algorithmen zum Flexibilitätsabgleich in den drei Merkmalen abgeschlossen. Die Ergebnisse der Priorisierungen werden zur Generierung der konkurrierenden Montagestrukturen im entsprechenden Inkrement der Planungsmethodik in Kapitel 5.4.2 genutzt. Abschließend gilt es gemäß dem vierten Schritt der Modellentwicklung nach PATZAK das Modell hinsichtlich der Erfüllung der definierten Anforderungen zu überprüfen.[565] Diese gehen aus den geforderten Informationsgehalten des Modells (vgl. Kapitel 5.3.1) hervor, wonach dieses die Priorisierung von Strukturkonfigurationen anhand von Flexibilität ermöglichen muss. Konfigurationen können durch die Anwendung des Modells priorisiert werden, indem mittels der enthaltenen Algorithmen ein systematischer Abgleich von Flexibilitätsbedarf und -angebot durchgeführt wird. Dabei ist der Flexibilitätsbedarf eines Anwendungsfalls durch das Anforderungsmodell (vgl. Kapitel 5.1.2) quantitativ spezifiziert und die alternativen Montagestrukturkonfigurationen durch die Klassifikation (vgl. Kapitel 5.2.2) transparent aufgeschlüsselt. Damit beantwortet das Priorisierungsmodell die dritte Unterforschungsfrage dieser Arbeit und löst den dritten identifizierten Handlungsbedarf gemäß Kapitel 3.4:

Die anhand der Algorithmen formalisierten Wirkbeziehungen zwischen den Flexibilitätskriterien und Merkmalen flussorientierter Montagestrukturen ermöglichen den Flexibilitätsabgleich zur Priorisierung der Montagestrukturkonfigurationen und befähigen somit die anforderungsgeleitete und datenbasierte Strukturplanung.

Das Ergebnis des Modells sind die Algorithmen zur datenbasierten Priorisierung der Montagestrukturkonfigurationen gemäß der identifizierten Wirkbeziehungen zwischen der durch den Bedarf spezifizierten und der durch die Ausprägung der Montagestrukturkonfigurationen bereitgestellten Flexibilität. Dieses Ergebnis ist einer der zentralen Erkenntnisgewinne dieser Arbeit zur anforderungsgeleiteten und datenbasierten Strukturplanung. Zur Sicherstellung der einfachen Anwendbarkeit in der montageplanerischen Praxis gilt es das Modell zu operationalisieren und in einem ganzheitlichen Montageplanungsvorgehen zu integrieren. Gemäß dem Lösungskonzept dieser Arbeit und der durchgeführten Expertenbefragung ist die Modullandkarte des Aachener Fabrikplanungsvorgehens dazu besonders geeignet.

5.4 Die Methodik zur klassifikationsbasierten Strukturplanung

Das Integrationsmodell der klassifikationsbasierten Strukturplanung wird in diesem Kapitel als Teil eines ganzheitlichen Montageplanungsvorgehens gemäß der Lösungskonzeption dieser Arbeit entwickelt. Zuvor wurde das Anforderungsmodell zur Spezifizierung des Flexibilitätsbedarfs (vgl. Kapitel 5.1), die Klassifikation zur Strukturierung alternativer Montagestrukturkonfigurationen (vgl. Kapitel 5.2) sowie das Entscheidungsmodell zur Priorisierung der Alternativen anhand eines Flexibilitätsabgleichs (vgl. Kapitel 5.3) erarbeitet. Auf dieser Grundlage wird in diesem Teilmodell die Methodik zur klassifikationsbasierten Bestimmung der flussorientierten Montagestrukturen für einen Anwendungsfall mittels eines datenbasierten Abgleichs von Flexibilitätsbedarf und -angebot entwickelt. Dadurch können die im Rahmen des Set-basierten, simultanen Entwicklungsansatzes im Planungsprojekt näher zu betrachtenden

[565] vgl. Patzak (1982) Systemtechnik, S. 309.

Montagestrukturen effizient und anforderungsgeleitet ermittelt werden. Die entwickelte Methodik bezweckt somit die Beantwortung der vierten Unterforschungsfrage (vgl. Kapitel 3.4).

Die Integration der klassifikationsbasierten Strukturplanung in die Modullandkarte des Aachener Fabrikplanungsvorgehens erfolgt in einem Gestaltungsmodell. Gemäß der Modelltheorie können Modelle aus zahlreichen Teilmodellen zusammengesetzt sein[566] und durch Anwendung der Systemtechnik strukturiert, modularisiert sowie hierarchisiert werden.[567] Das Integrationsmodell stellt demnach ein den anderen Teilmodellen übergeordnetes, integrierendes Modell dar. Durch die Operationalisierung des Beschreibungs-, Erklärungs- und Entscheidungsmodells im Integrationsmodell werden neue Erkenntnisse bezüglich der Strukturplanung bei simultaner Betrachtung konkurrierender Konzepte erzeugt und die zentrale Forschungsfrage dieser Arbeit beantwortet. In Kapitel 5.4.1 wird das methodische Vorgehen zur Definition der Methodik zur klassifikationsbasierten Strukturplanung in der Modullandkarte dargestellt. Kapitel 5.4.2 dient der detaillierten, schrittweisen Erläuterung der entwickelten Methodik zur Gewährleistung guter Handhabbarkeit sowie Praxistauglichkeit.

5.4.1 Integration der Montagestrukturplanung

Dieses Kapitel dient der Erläuterung der methodischen Vorgehensweise zur Entwicklung des Integrationsmodells, welches die zuvor entwickelten Teilmodelle in einem Modul operationalisiert und in das Aachener Fabrikplanungsvorgehen integriert. Das Vorgehen ist an die Schritte zur Modellentwicklung nach PATZAK[568] angelehnt (vgl. Kapitel 5) und wird durch spezifische Methoden zur Modellierung von modularen Systematiken ergänzt.

Im ersten Schritt wird die Abgrenzung und Definition des abzubildenden Sachverhalts vorgenommen.[569] Es gilt die Methodik zur klassifikationsbasierten Strukturplanung als Modul innerhalb der Modullandkarte des Aachener Fabrikplanungsvorgehens zu modellieren. Dadurch werden die zuvor entwickelten Teilmodelle (vgl. Kapitel 5.1-5.3) operationalisiert und in ein gesamtheitliches Montageplanungsvorgehen integriert. Als Grundlage zur Definition des Sachverhalts dient das Modul Produktionsstrukturplanung (vgl. Kapitel 2.2.2) mit den enthaltenen Planungsinkrementen sowie den Informationsaustauschen mit anderen Modulen innerhalb der Landkarte.

Im zweiten Schritt werden die relevanten Modellvariablen und -parameter bestimmt.[570] Aufgrund des Konflikts zwischen den Modellierungszielen wird zunächst der erforderliche Detailgrad orientiert an den Hauptmerkmalen von Modellen nach STACHOWIAK[571] definiert. Dabei gilt es hinsichtlich der Operationalisierung die Erfüllung der formalen Anforderungen gemäß Kapitel 4.1.1 sicherzustellen. In Bezug auf das Abbildungsmerkmal sind die erforderlichen Planungsschritte und informatorischen Abhängigkeiten der Strukturplanung unter Einbindung des

566 vgl. Stachowiak (1973) Allgemeine Modelltheorie, S. 131.
567 vgl. Schmidt (2002) Methodik zur integrierten Grobplanung, S. 44.
568 vgl. Patzak (1982) Systemtechnik, S. 309.
569 vgl. Patzak (1982) Systemtechnik, S. 309.
570 vgl. Patzak (1982) Systemtechnik, S. 309.
571 vgl. Stachowiak (1973) Allgemeine Modelltheorie, S. 131 - 133.

Anforderungs-, Klassifikations- und Priorisierungsmodells abzubilden. Dabei gilt es die klassifikationsbasierte Montagestrukturplanung als ein Modul bzw. ein Modell inmitten der bestehenden Module umzusetzen und zur Sicherstellung der einfachen Handhabbarkeit denselben Detailgrad zu nutzen. Entsprechend dem pragmatischen Merkmal sollen nur diejenigen Attribute des Originals enthalten sein, die zur Operationalisierung der Teilmodelle beitragen und gemäß dem Lösungskonzept zur nahtlosen Integration erforderlich sind. Auf diese Weise wird die Modellproduktivität sichergestellt. Gemäß dem Verkürzungsmerkmal sind nur die für Montageplanende relevanten Planungsinkremente und Abhängigkeiten zu fokussieren, die in der Phase der Strukturplanung zu bearbeiten sind. Der erforderliche Detailgrad der Modellierung resultiert somit einerseits aus den Informationsaustauschen mit der Modullandkarte bedingt durch die Funktion des Integrationsmodells und andererseits aus den Anforderungen an die Methodik gemäß Kapitel 4.1.1. Zur Festlegung des Detailgrads müssen daher zunächst die erforderlichen Modellvariablen und -parameter mittels einer Betrachtung der verfügbaren Ausgangsinformationen in das Integrationsmodell sowie der geforderten Eingangsinformationen in die Modullandkarte gemäß dem Lösungskonzept in Kapitel 4.2 bestimmt werden.

Zur nahtlosen Integration der klassifikationsbasierten Montagestrukturplanung in die Modullandkarte muss gemäß dem Lösungskonzept dieser Arbeit an die Schnittstellen des bestehenden Moduls angeknüpft werden. Somit sind die Ausgangsinformationen des Integrationsmodells durch die Eingangsinformationen der Modullandkarte festgelegt. Kernergebnis der Strukturplanung ist die Montagestruktur bzw. die konkurrierenden Montagestrukturen bei Anwendung eines Set-basierten, simultanen Entwicklungsansatzes. Außerdem werden die ergänzenden Planungsdokumente der Informations- und Materialflussmatrix in Folgemodulen benötigt. Damit resultieren als Ausgangsinformationen bzw. abhängige Variablen des Integrationsmodells die konkurrierenden Montagestrukturen sowie die zugehörigen Informations- und Materialflussmatrizen. Die Eingangsinformationen bzw. unabhängigen Variablen des Integrationsmodells entsprechen gemäß dem Lösungskonzept dieser Arbeit denen des Anforderungsmodells. Dies sind die gemäß Kapitel 5.1.2 ausgewählten, für die klassifikationsbasierte Strukturplanung relevanten Planungsergebnisse der Vorgängermodule. Damit sind die Informationsaustausche des Modells über seine Bilanzgrenzen bestimmt. Die Modellelemente im Integrationsmodell bilden die Planungsinkremente, die das Anforderungs-, Klassifikations- und Priorisierungsmodell im Modul operationalisieren. Aus diesem Informationsgehalt ergeben sich insgesamt die folgenden Modellvariablen und -elemente:

- Abhängige Modellvariablen: Konkurrierende Montagestrukturen sowie Informations- und Materialflussmatrizen
- Unabhängige Modellvariablen: Für die Strukturplanung relevante Planungsdaten, vgl. Anforderungsmodell
- Modellelemente und -parameter: Planungsinkremente zur Operationalisierung der vorgelagerten Teilmodelle

Die Untersuchung der problemrelevanten Theorien in Kapitel 2.2 hat gezeigt, dass bestehende Ansätze zur Strukturplanung den umfangreichen Interdependenzen der Planung flussorientierter Montagestrukturen nicht gerecht werden. Zur Herstellung des erforderlichen Informationsgehalts und Detailgrads des Integrationsmodells müssen die Modellelemente, Ein- und

Ausgangsinformationen konkretisiert werden. Da das Integrationsmodell die nahtlose Einbindung der klassifikationsbasierten Montagestrukturplanung in die Modullandkarte zum Ziel hat, sind die Ein- und Ausgangsinformationen weitestgehend durch die Vorgänger- und Folgemodule festgelegt. Somit gilt es hinsichtlich der Ein- und Ausgangs-informationen der klassifikationsbasierten Montagestrukturplanung ergänzende informatorische Verknüpfungen in der Modullandkarte zu identifizieren und zu ergänzen. Die Planungsinkremente resultieren aus dem systematischen Abgleich des konventionellen Ablaufs und der klassifikationsbasierten Montagestrukturplanung gemäß dem Lösungskonzept in Kapitel 4.2.

Im dritten Schritt wird die Beschaffenheit der Modellrelationen bestimmt.[572] Die Relationen sind die Verknüpfungen zwischen den Eingangsinformationen, den Modellelementen und den Ausgangsinformationen des Modells. Demnach gilt es zunächst die Wirkbeziehungen zwischen den relevanten Planungsdokumenten vorheriger Module (Eingangsinformationen) zu den Planungsinkrementen im Integrationsmodell zu bestimmen. Darüber hinaus müssen die zwischen den Inkrementen und von diesen zu den resultierenden Planungsdokumenten des Moduls Montagestrukturplanung (Ausgangsinformationen) erforderlichen Beziehungen aufgeschlüsselt werden. Dazu werden die erforderlichen Pfade sowie Iterationszyklen der Informationsübergabe zwischen Planungsinkrementen gemäß dem Lösungskonzept in Kapitel 4.2 abgeleitet und anschließend detailliert modelliert. Die Inkremente und die aus ihrer Sequenz resultierenden Relationen werden mittels der bereits für die Modellierung der Modullandkarte[573] angewandten IDEF0-Methode von den Eingangs- zu den Ausgangsinformationen verfahrend abgebildet. Die IDEF0-Methode basiert auf der Structured Analysis and Design Technique[574] (SADT) und ist eine Prozessmodellierungssprache zur detaillierten Darstellung von Prozessen und Subprozessen.[575] Es erfolgt eine hierarchische Dekomposition des betrachteten Systems bis der geforderte Detaillierungsgrad erreicht ist. Die Methode greift dazu auf die Basiselemente Tätigkeitsbox und Pfeil zur Darstellung von Prozessen zurück. Die Tätigkeitsboxen repräsentieren Aktivitäten und die Pfeile Informationen, über die die Aktivitäten verknüpft sind. Auf diese Weise erlaubt das Integrationsmodell eine nahtlose Einbindung in die bestehende Modullandkarte.

Im vierten Schritt wird das entwickelte Modell hinsichtlich der Erfüllung der gestellten Anforderungen überprüft.[576] Das Modell wird dazu zunächst im folgenden Unterkapitel entwickelt und in Kapitel 6 vollumfänglich vor dem Hintergrund der in Kapitel 4.1 definierten Anforderungen validiert.

5.4.2 Die integrierte, klassifikationsbasierte Strukturplanung

Dieses Kapitel dient der Herleitung und Vorstellung des Integrationsmodells zur Operationalisierung der klassifikationsbasierten Strukturplanung im Aachener Fabrikplanungsvorgehen. Das Modell ermöglicht die integrierte Strukturplanung durch die Einbindung der Methodik

---

[572] vgl. Patzak (1982) Systemtechnik, S. 309.

[573] vgl. Nöcker (2012) Zustandsbasierte Fabrikplanung, S. 131.

[574] vgl. Ross et al. (1977) Structured analysis for requirements definition, S. 6 - 11.

[575] vgl. Presley et al. (1995) Use of IDEF0, S. 3 - 6.

[576] vgl. Patzak (1982) Systemtechnik, S. 309.

und ihrer Teilmodelle in ein ganzheitliches Montageplanungsvorgehen. Auf diese Weise wird die Anwendbarkeit der Methodik in der industriellen Praxis sichergestellt und ein Beitrag zur Erfüllung der in Kapitel 4.1.1 nach PATZAK[577] definierten formalen Anforderungen an die Lösung geleistet. Die Operationalisierung fördert eine hohe Produktivität durch die gezielte Applikation der Teilmodelle und der Generierung nützlicher Ergebnisse im Anwendungskontext. Außerdem unterstützt sie eine einfache Handhabbarkeit bei geringem Aufwand der Anwendung. Zunächst wird das Modul der klassifikationsbasierten Montagestrukturplanung in der Modullandkarte verortet, indem die informatorischen Verknüpfungen zu Vorgänger- und Folgemodulen identifiziert und ergänzt werden. Anschließend werden die Sequenz und die Beziehungen der Planungsinkremente innerhalb des Moduls erläutert. Auf dieser Grundlage wird die Funktionsweise der einzelnen Inkremente in chronologischer Reihenfolge vorgestellt.

Das Modul der klassifikationsbasierten Montagestrukturplanung wird nahtlos in die Modullandkarte des Aachener Fabrikplanungsvorgehens (vgl. Kapitel 2.2) eingepflegt, indem die informatorischen Relationen zu Vorgänger- und Folgemodulen in der Modulsequenz konkretisiert werden. Die Analyse der typischen Sequenz in einem Planungsprojekt in Kapitel 5.1.2 (vgl. Abbildung 5-1) hat bereits gezeigt, dass die Module Produktanalyse (PRO), Produktionsprogrammanalyse (PRG), Prozessplanung (PZP), Technologiekettenplanung (TEP) und Arbeitsvorbereitung (AVB) die Vorgängermodule bilden.[578] Des Weiteren sind die Module Kapazitätsplanung (KAP), Produktionssteuerungsplanung (PST), Produktionslogistikplanung (PLP), IT-Planung (ITP), Layoutplanung (LAY), Arbeitsplatzgestaltung (APG), Werksstrukturplanung (WSP) die direkten Folgemodule.[579] Die informatorischen Relationen zu Vorgängermodulen werden aus den Eingangsinformationen der klassifikationsbasierten Montagestrukturplanung abgeleitet. Des Weiteren resultieren die Relationen in Verbindung mit den Ausgangsinformationen aus den Datenbedarfen der Folgemodule. Die erforderlichen Relationen werden im Folgenden in Abhängigkeit der Eingangs- und Ausgangsinformationen der Montagestrukturplanung (vgl. Abbildung 5-16) entsprechend der IDEF0-Modellierung[580] detailliert.

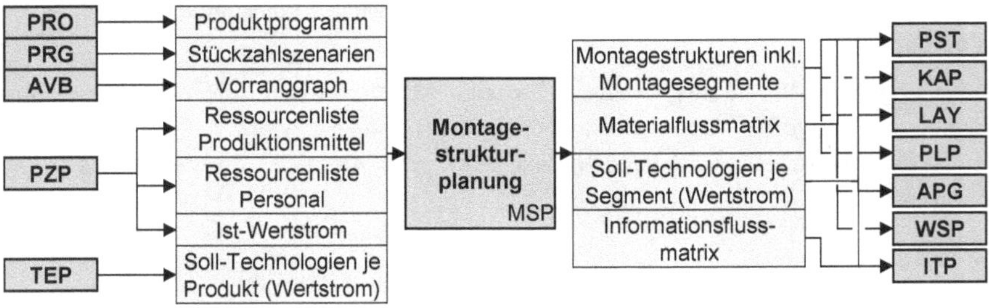

Abbildung 5-16: Modul klassifikationsbasierte Montagestrukturplanung und Relationen

[577] vgl. Patzak (1982) Systemtechnik, S. 309 - 310.

[578] vgl. Fölling (2022) Hybride Montageplanung, S. 231 - 272.

[579] vgl. Fölling (2022) Hybride Montageplanung, S. 231 - 272.

[580] vgl. Presley et al. (1995) Use of IDEF0, S. 3 - 6.

Die in Verbindung mit den Eingangsinformationen des Produktprogramms, der Stückzahlszenarien und der Ressourcenlisten stehenden Relationen bleiben bestehen. Der Wertstrom wird durch den in dem Modul Arbeitsvorbereitung erzeugten Vorranggraph, in dem alternative Prozesswertströme abgebildet sind, ergänzt. Dazu ist eine neue Relation zwischen den Modulen Arbeitsvorbereitung und Montagestrukturplanung erforderlich, um den Vorranggraph zur Berücksichtigung der Vielzahl möglicher Montageabläufe einzubinden. Die in Verbindung mit den Ausgangsinformationen der Montagestrukturplanung stehenden Relationen bleiben zur Gewährleistung der Modulfunktion im Montageplanungsvorgehen erhalten und müssen für die Verwendung des Set-basierten, simultanen Entwicklungsansatzes (vgl. Abbildung 4-4) angepasst werden. Der bisher in der Modullandkarte angewendete Punkt-basierte Entwicklungsansatz erzeugt als Planungsergebnis nur eine Montagestruktur zur Weitergabe in die Folgemodule. Im Fall der Applizierung eines Set-basierten, simultanen Entwicklungsansatzes fungiert die Montagestrukturplanung jedoch als konzeptgenerierende Phase und die Folgemodule bilden die konzeptfestlegende Phase. Demnach wird in der Montagestrukturplanung ein Set aus mehreren konkurrierenden Strukturen als Ausgangsinformation erzeugt und entlang der bestehenden Relationen in die Folgemodule weitergegeben. Auf diese Weise kann die Konzeptentscheidung bis zum Vorliegen von Effizienzanalysen aus dem Modul Kapazitätsplanung oder der Auswertung von Flächenrestriktionen aus dem Modul Layoutplanung verlagert werden. Dabei kann der Umfang der Betrachtung konkurrierender Montagestrukturen über die Modulsequenz und der Zeitpunkt der Konzeptentscheidung individuell auf den Anwendungsfall unter Berücksichtigung der verfügbaren Planungsressourcen und vorliegenden Unsicherheiten zugeschnitten werden. Insgesamt unterstreicht der begrenzte Anpassungsbedarf der informatorischen Relationen zur Integration die gute Kompatibilität der klassifikationsbasierten Montagestrukturplanung mit der Modullandkarte.

Auf Grundlage der Integration der klassifikationsbasierten Montagestrukturplanung in die Modulsequenz und den damit zur Verfügung stehenden Planungsinformationen wird die entwickelte Methodik mit ihren Teilmodellen mittels Inkrementen im Modul operationalisiert (vgl. Abbildung 5-17). Die aus den Vorarbeiten bekannten Inkremente (vgl. Abbildung 2-14) werden dazu entsprechend erweitert und angepasst. Demnach wird der Flexibilitätsbedarf im ersten Inkrement unter Verwendung des Anforderungsmodells (vgl. Kapitel 5.1.2) systematisch spezifiziert. Auf dieser Basis wird der Wertstrom im zweiten Planungsinkrement in Abschnitte unterschiedlichen Flexibilitätsbedarfs unter Bildung konkurrierender Segmentierungen unterteilt und die Produktgruppenzuordnung, die als separates Inkrement aufgelöst wird, vorgenommen. Das dritte Inkrement erzeugt konkurrierende Montagestrukturen mittels der Priorisierung der Montagestrukturkonfigurationen gemäß dem Klassifikationsmodell (vgl. Kapitel 5.2.2) durch Anwendung des Priorisierungsmodells (vgl. Kapitel 5.3.2). Im vierten Inkrement erfolgt die Zuordnung der Produktionsressourcen zu den Segmenten der Montagestrukturen. Anhand dessen werden im fünften und sechsten Inkrement die Material- und Informationsflussmatrix je Montagestruktur abgeleitet. Das siebte Inkrement dient der Festlegung der Soll-Technologieketten. Im Folgenden werden die Inkremente mit den zugeordneten Informationsaustauschen in chronologischer Reihenfolge detailliert im Anwendungskontext erläutert.

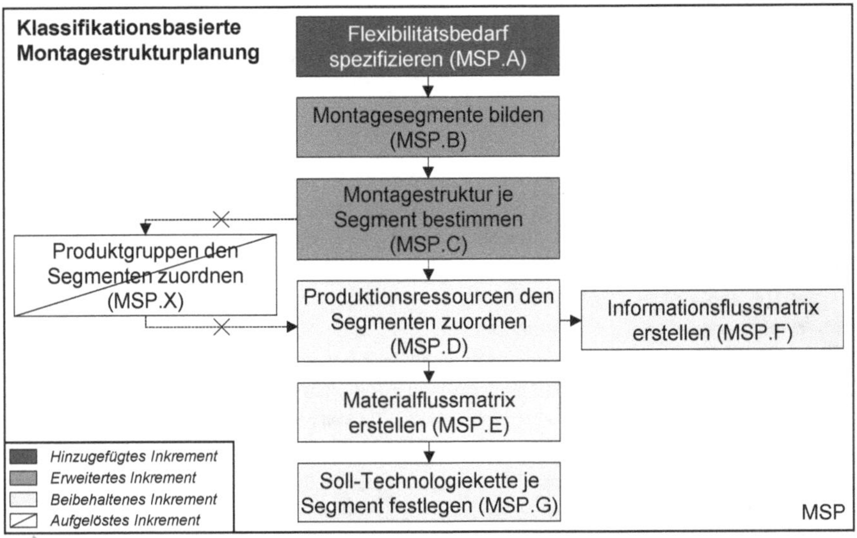

Abbildung 5-17: Inkremente der klassifikationsbasierten Montagestrukturplanung

Das erste Planungsinkrement (vgl. Abbildung 5-17) dient der quantitativen Spezifizierung des Flexibilitätsbedarfs des im Planungsprojekt betrachteten Anwendungsfalls an die Montagestruktur und bezweckt damit die Operationalisierung des Anforderungsmodells (vgl. Kapitel 5.1.2). Das Inkrement wurde dem Modul in Anlehnung an bestehende Montageplanungsvorgehen, wie dem Vorgehen nach BULLINGER[581] (vgl. Abbildung 2-9), hinzugefügt, da es zu Beginn der Strukturplanung die Anforderungen systematisch festzuhalten gilt. Das Anforderungs- und Priorisierungsmodell sind zur effizienten Handhabbarkeit und einfachen Anwendung der Strukturplanungsmethodik in einer Softwareapplikation mit automatischer Datenverarbeitung umgesetzt worden. Die im Inkrement verwendeten Eingangsinformationen sind das Produktprogramm, die Stückzahlszenarien, die Ressourcenlisten und der Wertstrom (vgl. Anhang 8.5.2). Diese Daten werden entsprechend den in Kapitel 5.1.2 entwickelten Flexibilitätskriterien aufbereitet und unter Verwendung der Softwareapplikation in die Datenmodelle eingepflegt. Dabei gilt es die Bildung und Verwendung von Referenzszenarien zu berücksichtigen. Auf dieser Grundlage erfolgt die automatische Auswertung der Daten je Flexibilitätskriterium anhand der im Anforderungsmodell definierten Formeln (vgl. Kapitel 5.1.2). Daraus resultieren die statistischen Kennzahlen je Kriterium, die den Flexibilitätsbedarf des Anwendungsfalls spezifizieren.

Im zweiten Planungsinkrement (vgl. Abbildung 5-17) erfolgt die Montagesegmentierung[582], welche in der klassifikationsbasierten Strukturplanung den Ausgangspunkt des Set-basierten, simultanen Entwicklungsansatzes bildet. Demnach werden konkurrierende Segmentierungen

---

[581] vgl. Bullinger (1995), Arbeitsgestaltung, S. 87 - 88.

[582] vgl. Fölling (2022) Hybride Montageplanung, S. 266.

der Montage erarbeitet, für die im weiteren Verlauf des Moduls wiederum konkurrierende Montagestrukturen entwickelt werden (vgl. Abbildung 4-4). Dabei ist eine Segmentierung eine Teilung der Montage in parallele bzw. in Reihe geschaltete Abschnitte bzw. Segmente (vgl. Abbildung 2-12).[583] Der Set-basierte, simultane Entwicklungsansatz sowie die konkretisierte Identifikation potentieller Segmentierungen stellen Erweiterungen des auf Vorarbeiten[584] basierenden Inkrements dar. Mittels des Set-basierten, simultanen Entwicklungsansatzes wird ein breites Spektrum konkurrierender Konzepte betrachtet, welches in einem anhand von Daten verifizierten Eliminierungsprozesses allmählich bis zur endgültigen Konzeptentscheidung eingrenzt wird.[585] Auf diese Weise wird die Entscheidung zum spätestmöglichen Zeitpunkt bei Kenntnis aller relevanten Einflussfaktoren getroffen. Die Entwicklung der konkurrierenden Segmentierungen anhand der Differenzierung von Abschnitten mit verschiedenen Flexibilitätsbedarfen erfolgt auf Grundlage der Ergebnisse des ersten Inkrements. Dies schließt implizit die Zuordnung der Produktgruppen zu Segmenten innerhalb einer Segmentierung ein, sodass das ursprünglich separate Inkrement mit diesem Zweck als solches im Modul entfällt (vgl. Abbildung 5-17).

Die Eingangsinformationen bilden neben den statistischen Kennzahlen des ersten Inkrements der Wertstrom sowie der Vorranggraph zur Berücksichtigung der Reihenfolgerestriktionen von Prozessschritten. Zur Bildung der gewünschten Anzahl zu betrachtender Segmentierungen erfolgt ein iterativer Teilungsprozess, in dem die Kennzahlen der Produktflexibilität hinsichtlich heterogener Flexibilitätsbedarfe in den Prozessschritten sowie Produktmodellen analysiert werden. Dabei können einerseits horizontale Teilungen durch die Unterscheidung homogener Produktgruppen identifiziert werden, die je Montageumfang heterogene Flexibilitätsbedarfe aufweisen. Andererseits können vertikale Teilungen durch aufeinanderfolgende Gruppen von Prozessschritten resultieren, die über die betrachteten Produktmodelle hinweg heterogene Flexibilitätsbedarfe besitzen. Dabei können Optimierungsmaßnahmen (vgl. Kapitel 3.2.1) bezüglich der Reihenfolge und Aggregation der Prozessschritte iterativ angewendet werden. Dadurch werden alternative Montageabläufe bereits in der Strukturplanung berücksichtigt. Zum einen kann eine Sortierung der Prozessschritte in Gruppen homogener Flexibilitätsbedarfe durch die Anpassung der Reihenfolge innerhalb der Restriktionen des Vorranggraphs erfolgen. Zum anderen können Prozessschritte aggregiert bzw. in Teiloperationen zerlegt werden, um etwa Prozesszeiten zu nivellieren oder ganzheitliche Montageumfänge zu erzeugen. Auf diese Weise können durch die Anwendung von Kombinationen dieser Optimierungsmaßnahmen mit anschließender Analyse der Flexibilitätsbedarfe Segmentgrenzen abgeleitet und differenzierte Segmentierungen iterativ entwickelt werden. Die Auswertungen des ersten Inkrements bzw. Anforderungsmodells werden dabei separat für die resultierenden Segmente je Segmentierung aktualisiert, sodass der Flexibilitätsbedarf segmentspezifisch aufgeschlüsselt wird. Die Zuordnung der Produktgruppen zu Segmenten resultiert aus der jeweils gewählten Teilung. Eine Segmentierung wird in einem Wertstrom durch die Markierung der Segmentgrenzen dokumentiert.[586] Insgesamt geht als Ergebnis ein Set aus konkurrierenden

---

[583] vgl. Gans (2008) Planung der Struktur von Fließproduktionssystemen, S. 14 - 15.

[584] vgl. Fölling (2022) Hybride Montageplanung, S. 266.

[585] vgl. Welo et al. (2019) Use of set-based concurrent engineering, S. 44.

[586] vgl. Meckelnborg (2015) Integrative Fabrikplanung, S. 111 - 112.

Segmentierungen in Form von in Segmente eingeteilte Wertströme einschließlich der Produktgruppenzuordnung aus dem Inkrement hervor. Abbildung 5-18 zeigt Segmentierungen eines beispielhaften Anwendungsfalls mit zwei Produktmodellen und sprunghaft steigendem Flexibilitätsbedarf in der Mitte des Montageprozesses, etwa infolge eines dort verorteten Kundenentkopplungspunktes.

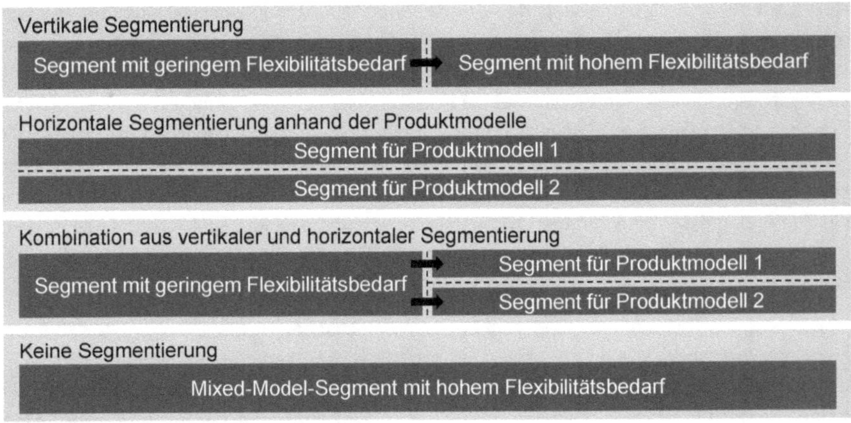

(Ergebnis eines beispielhaften Anwendungsfalls)

Abbildung 5-18: Beispielhafte Segmentierungen einer Montage mit zwei Produktmodellen

Das dritte Planungsinkrement (vgl. Abbildung 5-17) bildet durch die Entwicklung der konkurrierenden Montagestrukturen den Kern des Moduls und operationalisiert die Klassifikation (vgl. Kapitel 5.2.2) sowie das Priorisierungsmodell (vgl. Kapitel 5.3.2). Dazu werden gemäß dem Set-basierten, simultanen Entwicklungsansatz je Segmentierung konkurrierende Montagestrukturen durch die Festlegung der Strukturkonfiguration je Segment entwickelt (vgl. Abbildung 4-4). Die Betrachtung konkurrierender Montagestrukturen sowie die systematische, datenbasierte Bestimmung der Strukturkonfigurationen in einer Klassifikation sind Erweiterungen des an Vorarbeiten[587] anknüpfenden Planungsinkrements. Die Eingangsinformationen sind die entwickelten Segmentierungen des Wertstroms sowie die anhand des Anforderungsmodells spezifizierten Flexibilitätsbedarfe der Segmente. Zur Bestimmung der Montagestrukturen wird der folgende Ablauf für alle Segmentierungen durchgeführt und je Segment durchlaufen.

Die statistischen Kennzahlen des Flexibilitätsbedarfs eines Segments werden mittels der im Priorisierungsmodell definierten Algorithmen automatisch in der entwickelten Softwareapplikation verarbeitet. Die Anwendung der Formeln liefert die Priorisierung der Ausprägungen in den Merkmalen des Synchronisationsprinzips der Zeit (vgl. Abbildung 5-14) sowie der Dimension der Objektrouten. Außerdem resultiert die Bewertung von Ausprägungen der Mobilität der Produktionsressourcen. Auf dieser Grundlage erfolgt die Aggregation der Priorisierungen je Merkmal zu Montagestrukturkonfigurationen für das betrachtete Segment. Dazu wird die priorisierte Ausprägung je Merkmal abgelesen und die dieser Kombination entsprechende

[587] vgl. Fölling (2022) Hybride Montageplanung, S. 266.

Konfiguration bzw. das Flexibilitätslevel in der Klassifikation bestimmt. Neben der am höchsten priorisierten Ausprägung gilt es ebenfalls die zugrundeliegende Rangfolge hinsichtlich weiteren vorteilhaften Ausprägungskombinationen zur Generierung zusätzlicher Strukturkonfigurationen für das Segment zu prüfen. Auf diese Weise können alternative Konfigurationen bzw. Flexibilitätslevels für ein Segment ermittelt werden.

Innerhalb einer Segmentierung werden auf Grundlage der gewählten Levels je Segment mittels des gezielten Kombinierens konkurrierende Montagestrukturen ermittelt. Dabei ist die verfolgte Optimierungsgröße der individuellen Segmentierung einschließlich der Produktgruppenzuordnung eine Orientierung. Außerdem gilt es die zur Verfügung stehenden Planungsressourcen bei der Wahl einer angemessenen Anzahl konkurrierender Montagestrukturen zu beachten. Die resultierenden Montagestrukturen werden jeweils als Wertstrom mit markierten Segmentgrenzen unter Angabe des Flexibilitätslevels je Segment dokumentiert (vgl. Abbildung 5-19). Insgesamt geht aus dem dritten Inkrement ein Set konkurrierender Montagestrukturen hervor, welches das Kernergebnis der klassifikationsbasierten Strukturplanung und die zentrale Eingangsinformation der nachfolgenden Kapazitätsplanung darstellt.

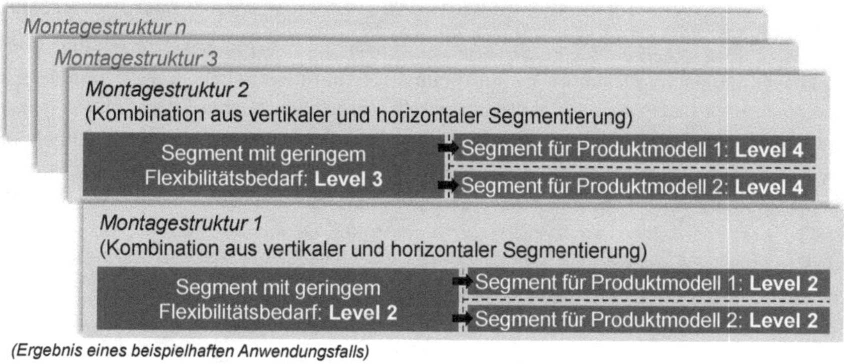

Abbildung 5-19: Konkurrierende Montagestrukturen mit Angabe des Levels je Segment

Die weiteren Inkremente (vgl. Abbildung 5-17) entsprechen weitestgehend dem bestehenden Ablauf der Strukturplanung.[588] Diese werden jedoch je definierter Montagestruktur durchlaufen anstatt nur für eine durchgeführt zu werden. Demnach werden im vierten Inkrement zunächst die Produktionsressourcen den Segmenten zugeordnet.[589] Dazu erfolgt je Montagestruktur und zugrundeliegender Segmentierung ein Abgleich der Ressourcenlisten mit den in einem Segment vorherrschenden Bedarfen. Auf dieser Grundlage wird festgelegt, welche Ressourcen hinsichtlich Montagepersonal und Betriebsmitteln im Segment erforderlich sind. Diese Zuordnung wird im Wertstrom einer Montagestruktur ergänzt. Daran anknüpfend werden im fünften und sechsten Inkrement (vgl. Abbildung 5-17) die Material- sowie Informations-

[588] vgl. Fölling (2022) Hybride Montageplanung, S. 266.
[589] vgl. Fölling (2022) Hybride Montageplanung, S. 267.

flussmatrix je Montagestruktur aus der gewählten Segmentierung sowie Prozessabfolge abgeleitet.[590] Die Materialflussmatrix bildet die innerbetrieblichen Materialbewegungen zwischen Segmenten ab.[591] Die Informationsflussmatrix definiert Informationsempfänger, -sender sowie die -kommunikation als Ausgangspunkt der IT-Planung.[592] Das siebte Inkrement (vgl. Abbildung 5-17) dient der Festlegung der Soll-Technologiekette je Segment.[593] Dies erfolgt auf Grundlage der Eingangsinformation der Soll-Technologiekette je Produkt aus der Technologieplanung anhand des Abgleichs mit der Produktzuordnung zu Segmenten. Das Ergebnis wird im Wertstrom einer Montagestruktur ergänzt.

Aus dem Modul der klassifikationsbasierten Montagestrukturplanung resultiert insgesamt das Set konkurrierender Montagestrukturen als zentrale Ausgangsinformation. Dabei ist eine Montagestruktur charakterisiert als Wertstrom einschließlich der Segmentierung sowie je Segment dem Flexibilitätslevel, der Produkt- und Ressourcenzuordnung und der Soll-Technologiekette. Darüber hinaus liegt jeweils eine Material- und Informationsflussmatrix als Ausgangsinformation vor. Diese Informationen werden gemäß den informatorischen Relationen in die Folgemodule weitergegeben (vgl. Abbildung 5-16).

Mit Abschluss der klassifikationsbasierten Montagestrukturplanung endet die konzeptgenerierende Phase des applizierten Set-basierten, simultanen Entwicklungsansatzes (vgl. Abbildung 4-4). Die daran anschließende konzeptfestlegende Phase bilden insbesondere die Folgemodule Kapazitätsplanung bzw. Wirtschaftlichkeitsrechnung. Dabei bildet das Set konkurrierender Montagestrukturen den Ausgangspunkt zum Abgleich der Kapazitätsangebote mit -bedarfen sowie zur anschließenden Modellierung und Simulation des Betriebsverhaltens unter Verwendung entsprechender Softwareprogramme. Auf diese Weise werden aussagekräftige Effizienzkennzahlen ermittelt[594], anhand derer eine belastbare Konzeptentscheidung in der Wirtschaftlichkeitsrechnung herbeigeführt wird. Die im Rahmen des ersten Inkrements der Montagestrukturplanung erhobenen Anforderungen bzw. Bedarfe können als Referenzszenarien der Simulation genutzt werden. Die zur Simulation erforderlichen Softwareprogramme sind bei diversen Anbietern kommerziell erhältlich und werden im Rahmen dieser Arbeit nicht weiter beleuchtet.

Im Anschluss an die Detaillierung des Integrationsmodells erfolgt der vierte Schritt der Modellentwicklung nach PATZAK. Das Modell wird demnach hinsichtlich der Erfüllung der gestellten Anforderungen überprüft.[595] Die Anforderungen sind definiert durch den erforderlichen Informationsgehalt des Integrationsmodells (vgl. Kapitel 5.4.1), wonach es das Anforderungs-, Klassifikations- und Priorisierungsmodell in einer Methodik zu operationalisieren und diese in ein ganzheitliches Montageplanungsvorgehen zu integrieren gilt. Die nahtlose Integration in das Modul Montagestrukturplanung des Aachener Fabrikplanungsvorgehens durch die Anpas-

---

590 vgl. Fölling (2022) Hybride Montageplanung, S. 266.

591 vgl. Meckelnborg (2015) Integrative Fabrikplanung, S. 136.

592 vgl. Fölling (2022) Hybride Montageplanung, S. 266; Nöcker (2012) Zustandsbasierte Fabrikplanung, S. 154.

593 vgl. Fölling (2022) Hybride Montageplanung, S. 266.

594 vgl. Kruse et al. (2022) Simulationsbasierte Montageplanung, S. 37.

595 vgl. Patzak (1982) Systemtechnik, S. 309.

sung der Informationsaustausche erlaubt die Verwendung der Methodik im montageplanerischen Praxiskontext. Die Operationalisierung der Teilmodelle mittels die Methodik abbildender Inkremente innerhalb des Moduls stellt die einfache Handhabbarkeit sicher.

Die Erkenntnis des Integrationsmodells und damit des letzten Teilmodells dieser Arbeit ist die in der Modullandkarte des Aachener Fabrikplanungsvorgehens integrierte und operationalisierte Methodik zur effizienten, anforderungsgeleiteten sowie datenbasierten Strukturplanung flexibler, flussorientierter Mixed-Model-Montagestrukturen unter Verwendung einer Klassifikation. Somit ist der vierte identifizierte Handlungsbedarf gemäß Kapitel 3.4 gelöst und die vierte Unterforschungsfrage sowie die zentrale Forschungsfrage der vorliegenden Arbeit können beantwortet werden:

Flussorientierte Montagestrukturen lassen sich effizient mittels der Klassifikation anhand eines datenbasierten Abgleichs des spezifizierten Flexibilitätsbedarfs eines Anwendungsfalls sowie dem durch alternative Montagestrukturkonfigurationen bereitgestellten Flexibilitätsangebot bestimmen. Der individuelle Flexibilitätsbedarf wird dabei gezielt aus den verfügbaren Planungsdaten abgeschlossener Module quantitativ ermittelt. Die Operationalisierung der Methodik zur klassifikationsbasierten Strukturplanung mittels Planungsinkrementen im Modul Montagestrukturplanung sowie dessen nahtlose Integration in die Modullandkarte des Aachener Fabrikplanungsvorgehens erlauben die Nutzung des Set-basierten, simultanen Entwicklungsansatzes zur modulübergreifenden Flexibilitäts- und Effizienzbetrachtung.

5.5 Rekapitulation der Methodik zur klassifikationsbasierten Strukturplanung

In diesem Kapitel wurde die Entwicklung und Herleitung der Methodik zur klassifikationsbasierten Strukturplanung gemäß der Lösungskonzeption in Kapitel 4.2 ausführlich dargelegt. Im ersten Teilmodell dieser Arbeit, dem Anforderungsmodell, wurde die Grundlage zur quantitativen Beschreibung des Flexibilitätsbedarfs durch während der Strukturplanung verfügbare Planungsdaten geschaffen. Zu diesem Zweck wurde ein redundanzfreies Set aus den für diese Planungsphase handlungsweisenden Flexibilitätskriterien mit zugeordneten Datenmodellen sowie Auswertungsmethoden erarbeitet. Im zweiten Teilmodell, der Klassifikation flussorientierter Montagestrukturen, wurden die Entscheidungsalternativen des Flexibilitätsabgleichs in der konzeptionierten klassifikationsbasierten Strukturplanung bereitgestellt. Dazu wurden die zentralen Merkmale und Ausprägungen in einer morphologischen Analyse strukturiert und die Ausprägungskombinationen bzw. Montagestrukturkonfigurationen identifiziert. Im dritten Teilmodell, dem Priorisierungsmodell, wurden die Algorithmen zum systematischen Abgleich des Flexibilitätsbedarfs eines Anwendungsfalls mit dem Angebot der Montagestrukturkonfigurationen aus der Klassifikation entwickelt. Dies erlaubt die Priorisierung der alternativen Konfigurationen anhand des datenbasiert spezifizierten Bedarfs und unterstützt so die gezielte Generierung der konkurrierenden Montagestrukturen. Im vierten Teilmodell, dem Integrationsmodell, wurde die Operationalisierung der klassifikationsbasierten Montagestrukturplanung sowie ihre Integration in ein ganzheitliches Montageplanungsvorgehen vollzogen. Dazu wurden die vorangegangenen Teilmodelle in entsprechenden Planungsinkrementen operationalisiert und die informatorischen Verknüpfungen in der Modullandkarte des Planungsvorgehens definiert.

Durch die systematische Ausarbeitung der Teilmodelle entlang des Lösungskonzepts dieser Arbeit gemäß Kapitel 4.2 wurden die in Praxis und Theorie identifizierten Handlungsbedarfe der Strukturplanung flexibler, flussorientierter Mixed-Model-Montagestrukturen sowie die zentrale Forschungsfrage beantwortet. Im nachfolgenden Kapitel erfolgt die umfassende Validierung der entwickelten Methodik anhand der in Kapitel 4.1 definierten Anforderungen sowie der Zielsetzung dieser Arbeit zur Sicherstellung ihres Nutzens im montageplanerischen Praxiszusammenhang.

6 Validierung der Methodik zur klassifikationsbasierten Strukturplanung

Auf Grundlage der Detaillierung der Methodik zur klassifikationsbasierten Strukturplanung erfolgt im vorliegenden Kapitel gemäß der applizierten Strategie der angewandten Forschung laut der Forschungskonzeption (vgl. Kapitel 1.3) die Prüfung im Anwendungszusammenhang der Praxis.[596] Diese Validierung dient dem abschließenden Nachweis des Nutzens sowie der praktischen Anwendbarkeit der Methodik und ihrer Modelle in der Realität.[597] Darüber hinaus gilt es die wissenschaftliche Güte im Hinblick auf Inhaltsvalidität zu bestätigen, welche auf die Vollständigkeit sowie sinngemäße Abbildung des Zielkonstrukts einschließlich der inhaltlichen Bedeutungsaspekte abzielt.[598] Dazu werden über die während der Modellentwicklungen eingeflossenen Expertenbewertungen hinaus Urteile von Fachexperten zu den generierten Erkenntnissen im Anwendungszusammenhang eingeholt.[599] Zunächst erfolgt die ausführliche Erläuterung der angewandten Validierungsmethodik (vgl. Kapitel 6.1). Die erzielten Validierungsergebnisse werden anschließend detailliert dargestellt (vgl. Kapitel 6.2). Die kritische Reflexion im praktischen Anwendungszusammenhang schließt die Validierung der Methodik zur klassifikationsbasierten Strukturplanung ab (vgl. Kapitel 6.3).

6.1 Methodik zur Validierung der klassifikationsbasierten Strukturplanung

Die Validierung der Methodik zur klassifikationsbasierten Strukturplanung erfolgt mittels eines theoretisch-argumentativen Ansatzes. Dabei wird eine inhaltliche Argumentation auf Grundlage strukturiert erhobener Expertenurteile zu den Theorien des Validierungsgegenstands vorgenommen.[600] Die Beurteilungen der Fachexperten werden dazu mittels einer Vertiefungsstudie zur kommunikativen Validierung zusammengestellt. Demnach wird in der Vertiefungsstudie eine quantitative Erhebung mit standardisierten Fragen sowie eine qualitative, vertiefende Befragung zur ausführlichen Analyse und verbesserten Interpretierbarkeit durchgeführt.[601] Die kommunikative Validierung sieht dabei vor, dass den bei der ursprünglichen Datenerhebung bzw. den Entwicklungsprozessen beteiligten Experten die Ergebnisse präsentiert werden.[602] Die gesammelten Erkenntnisse und getroffenen Schlussfolgerungen können so in ihrer Gesamtheit gemeinsam interpretiert und evaluiert werden.[603] Grundlage zur kommunikativen Validierung ist die Verdichtung und Darbietung der während der Modellkonzepti-

[596] vgl. Ulrich (1984) Management, S. 192 - 193.

[597] vgl. Ulrich (1984) Management, S. 175.

[598] vgl. Döring et al. (2016) Forschungsmethoden, S. 445 - 446.

[599] vgl. Döring et al. (2016) Forschungsmethoden, S. 446.

[600] vgl. Döring et al. (2016) Forschungsmethoden, S. 470.

[601] vgl. Mayring (2001) Kombination und Integration qualitativer und quantitativer Analyse, S. 9.

[602] vgl. Döring et al. (2016) Forschungsmethoden, S. 109.

[603] vgl. Döring et al. (2016) Forschungsmethoden, S. 185.

onierung und -entwicklung (vg. Kapitel 4 und 5) erzeugten Forschungsergebnisse in kompaktem, der Befragung angemessenem Detailgrad. Dazu wird die Methodik zur klassifikationsbasierten Strukturplanung und ihre Verwendung anhand eines beispielhaften Anwendungsfalls in einer zusammenfassenden Präsentation aufbereitet. Die zentralen Thesen zur Validierung werden aus den Forschungsergebnissen abgeleitet und ebenfalls in die Präsentation aufgenommen. Auf dieser Grundlage wird die Zustimmung der teilnehmenden Experten zu den Thesen mittels einer strukturierten Befragung quantitativ erhoben. Daran schließt sich gemäß dem gewählten Mixed-Methods-Ansatz die qualitative Untersuchung an.[604] Vertiefende Interviews zu der Methodik zur klassifikationsbasierten Strukturplanung und den abgeleiteten Thesen werden mit den Teilnehmenden durchgeführt, um ein genaues Verständnis der abgegebenen Bewertung, kritischer Faktoren und einschränkenden Bedingungen zu erhalten.

Die Zusammensetzung der Teilnehmenden erfolgt gemäß dem Expertenverständnis nach MEUSER UND NAGEL, wonach ein Experte als Teil des Handlungsfeldes privilegierten Zugang zu Informationen hat.[605] Demnach wurden gemäß der kommunikativen Validierung die an der Modellentwicklung beteiligten Personen des Expertenkreises befragt.[606] Des Weiteren wurden zusätzliche Experten der montageplanerischen Praxis eingebunden, um die Validierung um Perspektiven von Personen ohne Vorkenntnisse zu der entwickelten Methodik anzureichern. Die interdisziplinäre Zusammensetzung des Teilnehmendenkreises aus der montageplanerischen Praxis gewährleistet den Zugriff auf die erforderlichen Erfahrungen und das Fachwissen zur Validierung der Methodik. Insgesamt nahmen zehn Experten an den Befragungen teil.

Auf Grundlage der Methodik zur klassifikationsbasierten Strukturplanung sowie den enthaltenen Modellen wurden neun Thesen abgeleitet. Diese gingen gemeinsam mit den Forschungsergebnissen zusammengefasst in die Präsentation ein und wurden damit an die Befragungsteilnehmenden kommuniziert. Im Anschluss wurde die Zustimmung der Experten zu den Thesen und Erkenntnissen unter Verwendung einer sechsstufigen Likert-Skala ausgehend von *Stimme nicht zu* bis *Stimme voll zu* quantitativ erhoben. Des Weiteren wurden die aus den anschließenden Interviews resultierenden qualitativen Anmerkungen der Befragten aufgenommen und hinsichtlich übereinstimmender sowie zu differenzierender Aspekte untersucht. Die Ergebnisse der Befragung und Auswertung werden im Folgenden ausführlich vorgestellt und im Anschluss für die kritische Reflexion der Methodik zur klassifikationsbasierten Strukturplanung genutzt. Dabei greift die theoretisch-argumentative Validierung auf die durch Anwendung des Mixed-Methods-Ansatzes gesammelten Urteile der Fachexperten und der daraus erzielten Erkenntnisse zurück.[607] Insgesamt kann durch eine Expertenstudie keine vollständige und endgültige Validierung der Methodik bzw. der mit ihr einhergehenden Erkenntnisse erzielt werden, da ein Induktionsschluss nicht logisch zwingend ist.[608] Dennoch ist aufgrund der methodischen Evaluation unter Einbindung eines interdisziplinären und auf ein breites Erfahrungsspektrum zurückgreifenden Expertenkreises eine hinreichende Gültigkeit als nachgewiesen anzusehen.

---

[604] vgl. Döring et al. (2016) Forschungsmethoden, S. 186.

[605] vgl. Meuser et al. (1991) ExpertInneninterviews, S. 443.

[606] vgl. Döring et al. (2016) Forschungsmethoden, S. 109.

[607] vgl. Döring et al. (2016) Forschungsmethoden, S. 446.

[608] vgl. Döring et al. (2016) Forschungsmethoden, S. 37 - 38.

6.2 Ergebnisse der Validierung der Methodik zur klassifikationsbasierten Strukturplanung

Dieses Kapitel dient der Darstellung der abgeleiteten Thesen und Ergebnisse der durchgeführten Vertiefungsstudie. Dazu werden im Folgenden die formulierten Thesen und jeweils die quantitative Bewertung der Zustimmung sowie die qualitativen Beurteilungen der teilnehmenden Experten in zusammengefasster Form vorgestellt. Die Darstellung der Befragungsergebnisse erfolgt dabei unter Verwendung von Box-Plot-Diagrammen nach TUKEY[609]. Diese bilden die zentralen statistischen Kennzahlen zur leichten Erfassung der Ergebnisverteilung unter Berücksichtigung des arithmetischen Mittels, Medians, unteren sowie oberen Quartils und des Minimal- bzw. Maximalwerts ab (vgl. Abbildung 6-1).[610]

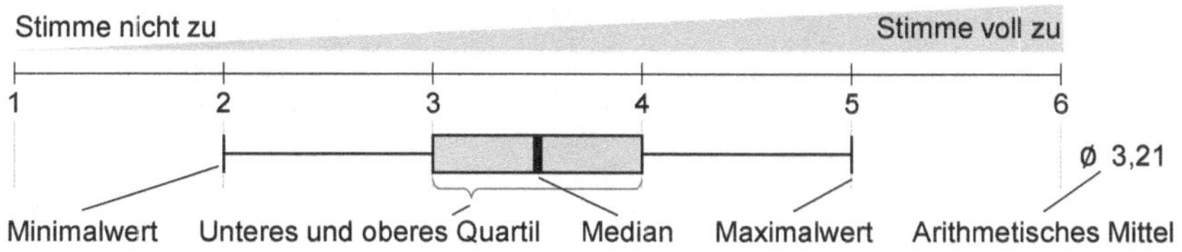

Abbildung 6-1: Erläuterung der Ergebnisdarstellung mittels Box-Plot-Diagrammen

Im Zuge der kommunikativen Validierung wurde bei der Präsentation von den allgemeinen hin zu den spezifischen Ergebnisbestandteilen vorgegangen, um den Experten ohne Vorkenntnis der Methodik das Verständnis der Ergebnisse zu erleichtern. Demnach wurde den Experten zuerst das Integrationsmodell der Methodik zur klassifikationsbasierten Strukturplanung (vgl. Kapitel 5.4) vorgestellt. Diesem waren die ersten beiden Thesen zugeordnet. Die Erste beschrieb die Modullandkarte des Aachener Fabrikplanungsvorgehens als geeignete Grundlage zur Einbindung und Operationalisierung der Methodik zur klassifikationsbasierten Strukturplanung von flussorientierten Montagestrukturen. Die Zustimmung zu der These betrug im Durchschnitt 5,45 von 6 Zählern und damit stimmten die Experten dieser deutlich zu. (vgl. Abbildung 6-2).

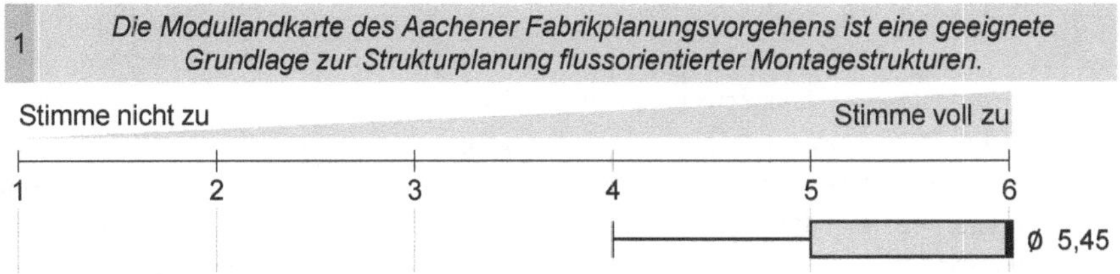

Abbildung 6-2: Ergebnis der These zur Einbindung und Operationalisierung der Methodik

Die qualitativen Einschätzungen deckten sich mit den quantitativen, wonach sich das Aachener Fabrikplanungsvorgehen aufgrund der Modularisierung der Planungsaufgaben in der Modullandkarte besonders für die Integration der klassifikationsbasierten Strukturplanung

---

[609] vgl. Tukey (1977) Exploratory data analysis, S. 39 - 41.

[610] vgl. Polasek (1988) Explorative Daten-Analyse, S. 41.

eigne. Es wurde unterstrichen, dass die Besonderheiten der Planung flussorientierter Montagestrukturen anhand der betroffenen Module im Vorgehen gezielt adressiert werden könnten. Experten hoben in diesem Kontext hervor, dass die Operationalisierung der Modelle mittels Inkrementen wie bei den anderen Modulen des Vorgehens verhindere, dass eine Insellösung geschaffen würde. Insgesamt wurde die Eignung des Aachener Fabrikplanungsvorgehens als Grundlage zur Integration und Operationalisierung der Strukturplanungsmethodik für flussorientierte Montagestrukturen bestätigt.

Die zweite These zum Integrationsmodell betraf die Operationalisierung der Methodik zur Strukturplanung mittels eines Set-basierten, simultanen Entwicklungsansatzes, der sowohl das Modul Strukturplanung als auch Kapazitätsplanung umfasst. Die Experten stimmten mit durchschnittlich 5,30 Zählern dieser These insgesamt in hohem Maße zu (vgl. Abbildung 6-3).

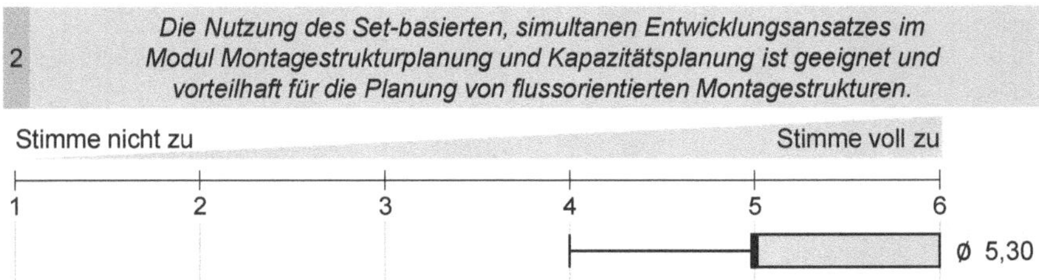

Abbildung 6-3: Ergebnis der These zur Operationalisierung mittels eines SBCE-Ansatzes

Die Kommentare des Expertenkreises zeigten eine deutliche Zustimmung zur These. Zwei Experten verdeutlichten, dass in ihren Augen eine gleichzeitige Betrachtung mehrerer konkurrierender Strukturen im Kontext flussorientierter Montagestrukturen zwingend erforderlich sei. Demnach bestünde in der Planung eine Konkurrenz der Linien- und Matrixstrukturen, welche in Form der konkurrierenden Strukturen abzubilden sei. Darüber hinaus wurde die Vorteilhaftigkeit des gewählten Set-basierten, simultanen Entwicklungsansatzes mit getrennten Phasen für die Konzepterzeugung und -bewertung in den Modulen durch einige Experten besonders hervorgehoben. Auf diese Weise würde das in der Praxis häufig zu beobachtende Problem einer zu tiefen Diskussion und frühen Bewertung vor der Kenntnis aller Entscheidungsalternativen verhindert und die Ergebnisoffenheit der Planung gewährleistet. Die Betrachtung eines großen Lösungsraums mit verschiedenen konkurrierenden Lösungsprinzipien sei besonders vorteilhaft für die Strukturplanung flussorientierter Montagestrukturen. Ein Experte stimmte der These mit der Einschränkung überwiegend zu, dass die abschließende Bewertung und endgültige Auswahl der Montagestrukturen in der Wirtschaftlichkeitsrechnung erfolgen müsse. Zusammenfassend belegen die Experteneinschätzungen die These, dass der Set-basierte, simultane Entwicklungsansatz für die Strukturplanung flussorientierter Montagestrukturen geeignet und gewinnbringend ist. Die Ergebnisse der ersten beiden Thesen unterstützen damit die Integration und Operationalisierung der klassifikationsbasierten Strukturplanung.

Im Anschluss an die übergreifende Methodik des Integrationsmodells wurden die darin mittels Planungsinkrementen operationalisierten Teilmodelle des Klassifikations-, Anforderungs- und Priorisierungsmodells näher erläutert. Dazu wurden die Inkremente mit den eingebundenen Modellen an einem beispielhaften Anwendungsfall dem Expertenkreis vorgestellt. Die folgenden Thesen fokussierten die gesammelten Erkenntnisse je Teilmodell.

In der dritten These bildete die Klassifikation für flussorientierte Montagestrukturen (vgl. Kapitel 5.2) das Schlüsselelement zur Verbesserung der Effizienz während der Strukturplanung durch die transparente und strukturierte Bereitstellung der Entscheidungsmöglichkeiten im Lösungsraum. Mit durchschnittlich 5,05 Zählern stimmten die Befragten insgesamt deutlich zu (vgl. Abbildung 6-4).

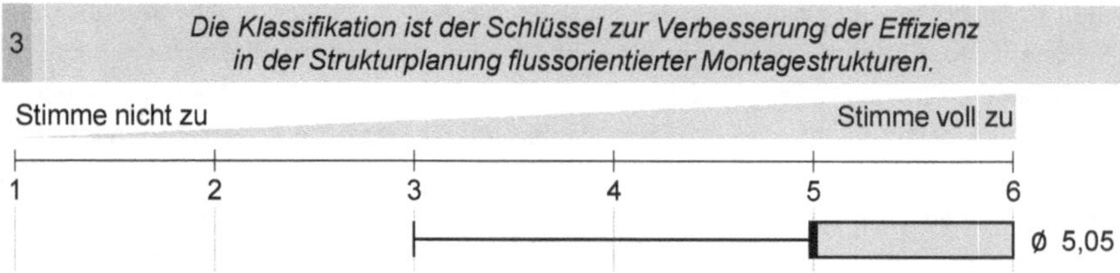

Abbildung 6-4: Ergebnis der These zur Klassifikation als Schlüssel zur Effizienzverbesserung

Die qualitativen Bewertungen des Expertenkreises unterstützten ebenfalls die These zur Verbesserung der Planungseffizienz. Dabei gaben mehrere Experten an, dass die Klassifikation für flussorientierte Montagestrukturen allein bereits ohne Weiteres in der Praxis anwendbar sei und einen großen Nutzen stifte. Die gewählte Levelstruktur schaffe demnach Klarheit und fokussiere die Planungsaktivität auf die wesentlichen Aspekte der Montagestruktur. Ein Befragungsteilnehmer merkte an, dass die Strukturplanung in seinen Augen nicht ohne eine Strukturierung des Lösungsraums erfolgen könne und die Bereitstellung einer Klassifikation dabei von großem Vorteil sei. Alle Experten stimmten zu, dass die Klassifikation für flussorientierte Montagestrukturen viel Zeit und Aufwand in der Strukturplanung spare und somit die Effizienz deutlich verbessere. Abweichungen von einer vollständigen Zustimmung in den quantitativen Ergebnissen erklärten die betroffenen Experten damit, dass die Klassifikation für sie nicht das einzige Schlüsselelement zur Effizienzverbesserung darstelle, sondern ein wichtiges Element. Ein Teilnehmer bewertete die These eher kritisch mit der Begründung, dass er dieser grundsätzlich zustimme, aber er sich für ein Unternehmen mit geringer Montageplanungserfahrung eine noch kompaktere Klassifikation wünsche.

Mittels der vierten These wurde die Eignung der während der Strukturplanung verfügbaren Produktionsprogramm- und Prozesszeitdaten zur quantitativen Spezifizierung des Flexibilitätsbedarfs gemäß dem Anforderungsmodell (vgl. Kapitel 5.1) dargestellt. Die Zustimmung des Expertenkreises betrug im Durchschnitt 5,55 Zähler und war damit insgesamt sehr hoch (vgl. Abbildung 6-5).

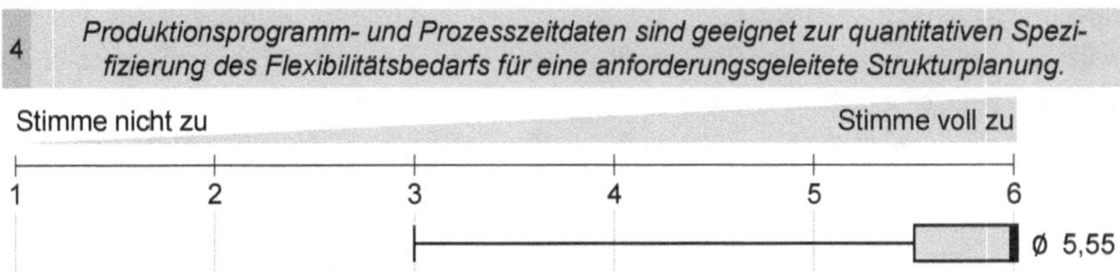

Abbildung 6-5: Ergebnis der These zur Spezifizierung des Flexibilitätsbedarfs

Die vierte These bezüglich der Eignung der Produktionsprogramm- und Prozesszeitdaten für die anforderungsgeleitete Strukturplanung erlangte in der Expertendiskussion ebenfalls umfangreiche Zustimmung. Den Teilnehmenden zufolge lägen in der frühen Phase keine weiteren für die Strukturplanung nützlichen Daten vor, sodass die Produktionsprogramm- und Prozesszeitdaten verwendet werden müssten. Die Visualisierung der extrahierten statistischen Kennzahlen verdeutliche laut den Experten die Aussagekraft der verwendeten Daten zur Bedarfsspezifizierung und belege damit die Eignung und Vorteilhaftigkeit für die anforderungsgeleitete Strukturplanung. In der Diskussion verwiesen manche Experten ergänzend zu den Produktionsprogramm- und Prozesszeitdaten auf die Produkteigenschaften als weitere wichtige Einflussfaktoren in der Montageplanung. Diesbezüglich wurde insgesamt festgestellt, dass diese Einfluss auf die Entscheidung für bzw. gegen eine Flussorientierung in der Montage besäßen, aber innerhalb der flussorientierten Strukturkonfigurationen keine für die Strukturpriorisierung handlungsweisenden Flexibilitätsbedarfe spezifizieren könnten. Eine Bewertung mit moderater Zustimmung resultierte aus dem Wunsch nach der Verwendung von Ist- anstelle von Planzeiten. Insgesamt wurde die Eignung der Produktionsprogramm- und Prozesszeitdaten bestätigt.

Die fünfte These beschrieb den anhand von Planungsdaten quantitativ spezifizierten Flexibilitätsbedarf als entscheidendes Kriterium für die Priorisierung flussorientierter Montagestrukturkonfigurationen in der Phase der Strukturplanung bei Anwendung eines Set-basierten, simultanen Entwicklungsansatzes (vgl. Kapitel 5.3). Die befragten Experten unterstützten diese These mit durchschnittlich 5,25 Zählern und somit lag eine hohe Zustimmung vor (vgl. Abbildung 6-6).

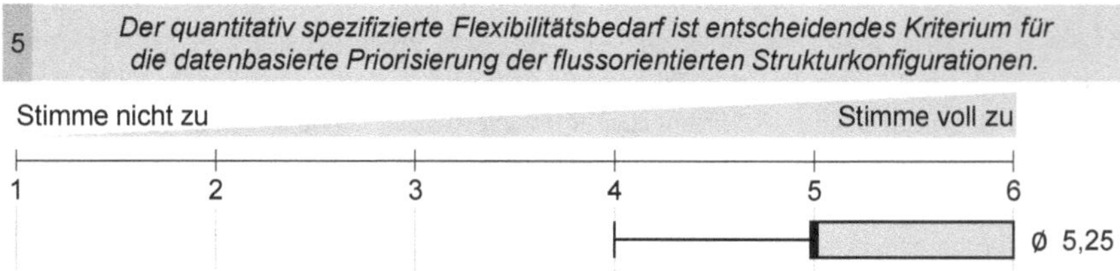

Abbildung 6-6: Ergebnis der These zur datenbasierten Priorisierung der Konfigurationen

Die qualitativen Bewertungen der Experten unterstützten die These zum Flexibilitätsbedarf als entscheidendes Kriterium für die datenbasierte Priorisierung der Strukturkonfigurationen innerhalb des Set-basierten, simultanen Entwicklungsansatzes. Für die uneingeschränkte Zustimmung ist gemäß der Experten präzisierend festzuhalten, dass der spezifizierte Flexibilitätsbedarf für die konzeptgenerierende Phase des Entwicklungsansatzes entscheidend sei, solange in der sich anschließenden, konzeptbewertenden Phase die Betrachtung der Effizienz sowie der Wirtschaftlichkeit im Mittelpunkt stünde. Ein Experte unterstrich, dass neben der Flexibilitäts- und Effizienzbetrachtung in der Konzeptbewertung auch eine Untersuchung der Umsetzbarkeit der entwickelten Montagestrukturen erfolgen müsse. In Summe wurde der quantifizierte Flexibilitätsbedarf als entscheidendes Kriterium zur Priorisierung der Strukturkonfigurationen positiv gewürdigt.

Gemäß der sechsten These war die integrierte Betrachtung der Montageprozesse, -strukturen und der PPS durch die Klassifikation und die datenbasierte sowie anforderungsgeleitete Priorisierung der Strukturkonfigurationen im Flexibilitätsabgleich gewährleistet. Dabei fokussiert die Klassifikation durch die Merkmale sowohl die Montagestrukturen als auch die durch sie resultierenden Restriktionen für die PPS. Die Priorisierung betrachtet die Montageprozesse und -strukturen. Somit beleuchtete die These das Zusammenspiel des Anforderungs-, Klassifikations- und Priorisierungsmodells in den Planungsinkrementen der Methodik zur Strukturplanung. Die Zustimmung betrug durchschnittlich 5,15 von 6 Zählern und entsprach einer deutlichen Unterstützung durch die Experten (vgl. Abbildung 6-7).

6	*Die integrierte Betrachtung der Montageprozesse, der Montagestruktur und der PPS ist durch die Merkmale der Klassifikation und die Nutzung von Planungsdaten zur Priorisierung der Strukturkonfigurationen sichergestellt.*

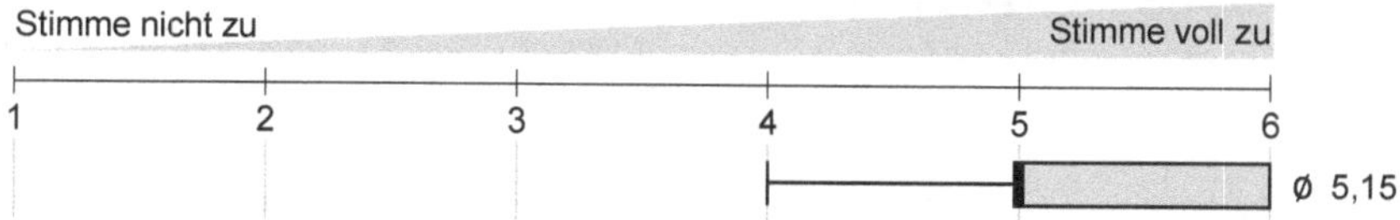

Abbildung 6-7: Ergebnis der These zur integrierten Betrachtung in der Strukturplanung

Die Anmerkungen der befragten Experten zur integrierten Betrachtung der Montagestruktur, des -prozesses und der PPS bewerteten die These positiv. Ein Teilnehmer hob hervor, dass bei dem konventionellen Vorgehen in seinen Planungsprojekten die Festlegung der Organisationsregeln der PPS erst im letzten Schritt deutlich nach der Strukturentscheidung erfolge und zu diesem Zeitpunkt nur noch geringer Einfluss auf die Flexibilität genommen werden könnte. Die integrierte Betrachtung stelle eine ausreichende Beachtung der PPS sicher und biete eine adäquate Lösung des beschriebenen Praxisproblems.

Insgesamt wiesen die Thesen zu den Teilmodellen der Methodik zur klassifikationsbasierten Strukturplanung eine hohe Zustimmung im Expertenkreis auf und untermauerten damit die Qualität und Güte der Entwicklungsergebnisse. Zusätzlich zur Validierung der Erkenntnisse aus den Teilmodellen musste die Nachvollziehbarkeit und Anwendbarkeit der Strukturplanungsmethodik in der montageplanerischen Praxis gewährleistet sein. Dazu fokussierten die siebte und achte These die Experteneinschätzungen zu diesen beiden Komplexen.

Die siebte These besagte, dass die Priorisierung der Strukturkonfigurationen anhand eines Flexibilitätsabgleichs auf Grundlage des quantitativ spezifizierten Flexibilitätsbedarfs für die Praxisanwendung nachvollziehbar aufbereitet und umfassend sei. Die Zustimmung der befragten Experten lag bei durchschnittlich 5,55 Zählern und war damit insgesamt sehr hoch (vgl. Abbildung 6-8).

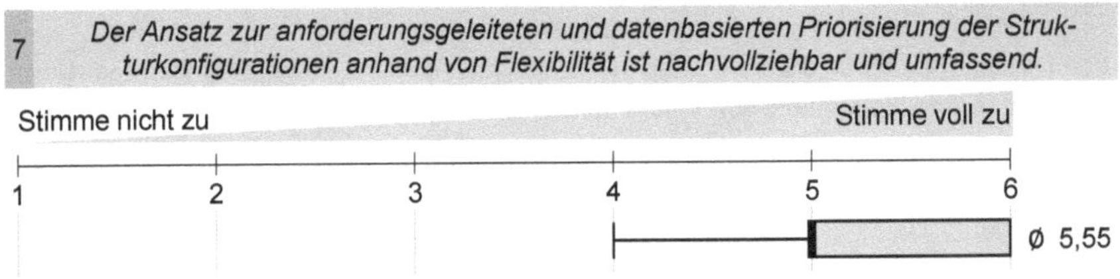

Abbildung 6-8: Ergebnis der These zur Nachvollziehbarkeit und Vollständigkeit

In ihren Kommentaren bewerteten die befragten Experten die Nachvollziehbarkeit und Vollständigkeit des Ansatzes zur Priorisierung der Strukturkonfigurationen anhand von Flexibilität als sehr positiv. Die Rangfolge der Levels in der Klassifikation gemäß steigender Flexibilität sei demnach gut nachvollziehbar. Den Experten zufolge sei die Systematisierung der Priorisierung von Strukturkonfigurationen auf dieser Grundlage leicht erfassbar und transparent. Mehrere Befragungsteilnehmer betonten, dass die statistische Auswertung und Priorisierung aufgrund eines anwenderfreundlichen Komplexitätsgrads für die Praxisanwendung angemessen sei. Außerdem wurde positiv hervorgehoben, dass die Flexibilitätskriterien die Dimensionen der Flexibilität in die Strukturplanung umfassend abbildeten. Insgesamt lagen zahlreiche Belege der Nachvollziehbarkeit sowie Vollständigkeit vor.

In der achten These wurde die Tauglichkeit und gute Handhabbarkeit der Methodik zur klassifikationsbasierten Strukturplanung im Praxiskontext vorausgesetzt. Die befragten Experten unterstützten diese These im Durchschnitt mit 5,20 Zählern und somit lag eine hohe Zustimmung vor (vgl. Abbildung 6-9).

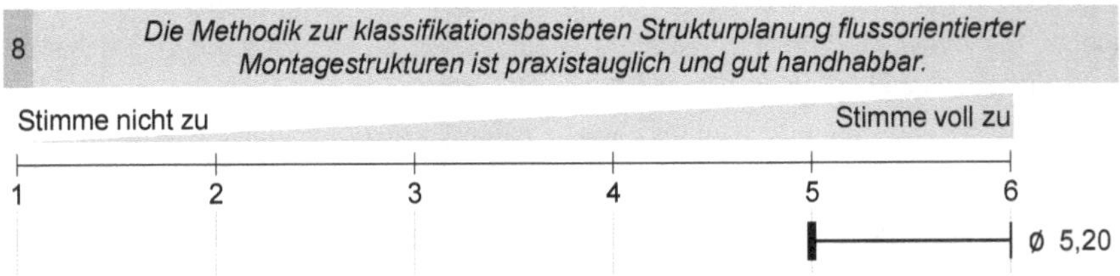

Abbildung 6-9: Ergebnis der These zur Praxistauglichkeit und Handhabbarkeit

Auch in den qualitativen Rückmeldungen bestätigte der Expertenkreis die gute Praxistauglichkeit sowie Handhabbarkeit der Strukturplanungsmethodik. Einige Experten hatten im Kontext der dritten These bereits die Einschätzung abgegeben, dass die Klassifikation alleinstehend bereits einen großen Mehrwert im Praxiskontext biete und ohne Weiteres anwendbar sei. Die Operationalisierung in Form einer schrittweisen Methodik für den Praxiszusammenhang wurde daher in Bezug auf die Handhabbarkeit besonders positiv hervorgehoben. Die für die Anwendung der Methodik erforderlichen Prozesszeiten würden laut den Experten in nahezu jedem Unternehmen als Planzeiten vorliegen und daher wurde die Praxistauglichkeit als sehr gut eingeschätzt. Zwei Befragungsteilnehmer stimmten der These eingeschränkt zu, da die Praxistauglichkeit grundsätzlich gegeben sei, aber auch eine gewisse Abhängigkeit vom konkreten Anwendungsfall vorläge. Zusammenfassend lag auf Grundlage der Ergebnisse der siebten und achten These eine deutliche Zustimmung der Experten bezüglich der Nachvollziehbarkeit und Handhabbarkeit der entwickelten Methodik im montageplanerischen Praxiszusammenhang der Strukturplanung vor.

Abschließend galt es den Nutzen der Verwendung der Methodik zur klassifikationsbasierten Strukturplanung in einem Montageplanungsprojekt zu evaluieren. Dabei läge gemäß der Zielsetzung dieser Arbeit der angestrebte Nutzen in einer deutlichen Verbesserung der Effizienz und Effektivität der Strukturplanung flussorientierter Montagestrukturen. Dementsprechend beschrieb die neunte These das Potenzial zur Verbesserung der Planungseffizienz und -ergebnisse mittels einer Priorisierung von durch die Klassifikation bereitgestellten Strukturkonfigurationen anhand eines Flexibilitätsabgleichs. Mit durchschnittlich 5,45 Zählern stimmte der Expertenkreis insgesamt deutlich der These zu (vgl. Abbildung 6-10).

9	*Die Priorisierung der durch die Klassifikation bereitgestellten Konfigurationen anhand von Flexibilität weist ein hohes Potenzial zur Verbesserung der Effizienz und der Planungsergebnisse bei der Planung flussorientierter Montagestrukturen auf.*

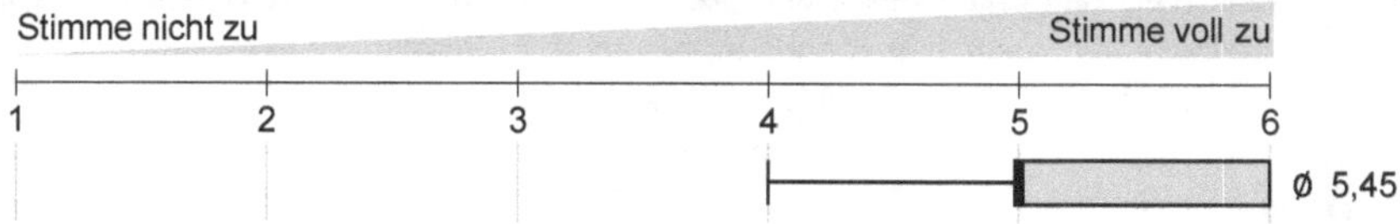

Abbildung 6-10: Ergebnis der These zum Nutzenpotenzial der Strukturplanungsmethodik

Die qualitativen Einschätzungen der Experten bestätigten ebenfalls deutlich die These bezüglich des Nutzenpotentials. Alle Experten waren sich uneingeschränkt einig, dass die Anwendung der Methodik zur klassifikationsbasierten Strukturplanung die Effizienz bei der Planung flussorientierter Montagestrukturen deutlich verbessere. Die Methodik fokussiere die Planungsressourcen gezielt auf die Entwicklung der konkurrierenden Montagestrukturen und reduziere den Zeit- und Kostenaufwand in der Planung dadurch deutlich. Das Potenzial in Bezug auf die Verbesserung der Planungsergebnisse wurde durch drei Experten kritisch diskutiert. Diese merkten an, dass eine gleichwertige Ergebnisqualität theoretisch auch ohne die entwickelte Methodik erzielt werden könne. Die Verwendung der Methodik erhöhe demnach jedoch signifikant die Wahrscheinlichkeit einer hohen Qualität, da das Planungsergebnis systematisch und auf Grundlage von quantitativen Planungsdaten erzeugt würde. Insgesamt leiste die Methodik damit ebenfalls einen wichtigen Beitrag zur Sicherstellung qualitativ hochwertiger Planungsergebnisse. Folglich weist die Methodik zur klassifikationsbasierten Strukturplanung ein hohes Potenzial zur Verbesserung der Effizienz und der Planungsergebnisse bei der Planung flussorientierter Montagestrukturen auf.

Zusammenfassend besaßen alle formulierten Thesen zur klassifikationsbasierten Strukturplanung eine hohe Zustimmung der befragten Experten sowohl in der quantitativen Bewertung sowie in den qualitativen Einschätzungen. Die Auswertungsergebnisse bilden den Ausgangspunkt der folgenden kritischen Reflexion.

6.3 Kritische Reflexion der klassifikationsbasierten Strukturplanung

In diesem Kapitel wird die Methodik zur klassifikationsbasierten Strukturplanung auf Grundlage der Ergebnisse der im Expertenkreis durchgeführten Vertiefungsstudie kritisch reflektiert. Dabei fokussiert die Reflexion die Anwendung der Methodik im Praxiskontext und die Erfüllung der initial identifizierten formalen sowie inhaltlichen Anforderungen gemäß der Lösungskonzeptionierung (vgl. Kapitel 4.1).

Zunächst wird die entwickelte Methodik hinsichtlich der Erfüllung der formalen Anforderungen evaluiert (vgl. Kapitel 4.1.1). Demnach müssen zum einen die Standards der Wissenschaftlichkeit nach DÖRING UND BORTZ[611] und zum anderen die Anforderungen zur Sicherstellung der Modellwirksamkeit nach PATZAK[612] erfüllt sein.

Aus den Standards der Wissenschaftlichkeit leiten sich die beiden Anforderungen ab, dass die inhaltliche Relevanz des Forschungsproblems sowie methodische Strenge im Forschungsprozess gegeben sein müssen. Die inhaltliche Relevanz hängt von dem Beitrag der Forschung zum wissenschaftlichen Erkenntnisgewinn und zur Lösung von Praxisproblemen ab.[613] Die Defizite aus Sicht der Praxis und Theorie im betrachteten Problemfeld wurden in Kapitel 2 und 3 systematisch anhand der Grundlagen, bestehender Ansätze sowie eines realen Planungsprojekts abgeleitet und durch die empirische Primärstudie (vgl. Anhang 8.2) als aktuelles sowie relevantes Forschungsproblem bestätigt. Die Ergebnisse der Validierungsstudie zeigen, dass die entwickelte Methodik mit ihren Teilmodellen und enthaltenen Erkenntnissen eine adäquate Problemlösung darstellt. Dies geht insbesondere aus der Evaluation der neunten These hervor, wonach die Methodik ein großes Potenzial zur Verbesserung der Planungseffizienz und -ergebnisse der Strukturplanung flussorientierter Montagestrukturen besitzt. Somit ist die inhaltliche Relevanz der durchgeführten Forschung gegeben.

Des Weiteren muss die methodische Strenge eingehalten sein, welche eine konsequente Orientierung des Forschungsprozesses an geeigneten und etablierten wissenschaftlichen Methoden sowie ihre regelkonforme Anwendung umfasst.[614] Die Entwicklung der Teilmodelle erfolgte jeweils anhand der Vorgehensweise zur Modellentwicklung nach PATZAK und geleitet durch die Modellanforderungen nach STACHOWIAK (vgl. Kapitel 5). Darüber hinaus wurden innerhalb der Teilmodelle spezifische, individuell auf den jeweiligen Modelltyp abgestimmte Methoden ergänzend eingesetzt. Demnach basiert die Entwicklung des Anforderungsmodells auf einer strukturierten Expertenbefragung. Die Klassifikation wurde mittels einer morphologischen Analyse nach ZWICKY in Kombination mit der empirisch begründeten Typenbildung nach KLUGE ermittelt. Die Identifikation und Formalisierung der Wirkbeziehungen im Priorisierungsmodell war an die Methodik des Vernetzten Denkens nach PROBST UND GOMEZ angelehnt. Insgesamt sind die genannten Methoden dem Untersuchungsgegenstand angemessen und ihre regelkonforme Anwendung gewährleistet die methodische Strenge.

---

[611] vgl. Döring et al. (2016) Forschungsmethoden, S. 89 - 92.

[612] vgl. Patzak (1982) Systemtechnik, S. 309 - 310.

[613] vgl. Döring et al. (2016) Forschungsmethoden, S. 90 - 91.

[614] vgl. Döring et al. (2016) Forschungsmethoden, S. 90 - 91.

Zur Sicherstellung der Wirksamkeit muss nach PATZAK die empirische und formale Richtigkeit, eine hohe Produktivität sowie eine gute Handhabbarkeit der Modelle bei geringem Aufwand gegeben sein.[615] Dabei strebt ein empirisch richtiges Modell die bestmögliche Übereinstimmung mit der abzubildenden Realität an.[616] Zur Gewährleistung der empirischen Richtigkeit erfolgte die Entwicklung der Methodik zur Strukturplanung sowie der enthaltenen Teilmodelle unter enger Einbindung eines interdisziplinären Expertenkreises auf Grundlage der Ergebnisse einer strukturierten Literaturrecherche. Auf diese Weise flossen die in der Theorie und Praxis angewandten und bewährten Ansätze sowie die Expertenerfahrungen im Kontext der Montageplanung in die Entwicklung und Überprüfung der Teilmodelle ein. Die Ergebnisse der ersten und zweiten These der durchgeführten Vertiefungsstudie zeigen, dass die Kombination der bereits in Projekten bewährten Modullandkarte und des Set-basierten, simultanen Entwicklungsansatzes im Integrationsmodell den Bedarfen der Strukturplanung entspricht. Darüber hinaus wurde das redundanzfreie Kriterienset im Anforderungsmodell sowie die Klassifikation auf Basis der identifizierten Ansätze und den Erfordernissen der Praxis entsprechend mit dem Expertenkreis an realen Anwendungsfällen entwickelt. In Bezug auf das Priorisierungsmodell unterstreichen die vierte und fünfte These, dass die Flexibilitätsbetrachtung im Rahmen des applizierten Set-basierten, simultanen Entwicklungsansatzes die Entscheidungssituation im Praxiskontext abbildet. Dabei erfolgte die Identifikation und Formalisierung der Wirkbeziehungen unter Einbindung des Expertenkreises anhand realer Anwendungsfälle. Folglich ist die emprirische Richtigkeit der Methodik und Modelle anzunehmen.

Neben der empirischen ist auch die formale Richtigkeit von zentraler Bedeutung, wonach die Modelle widerspruchs- und formal einwandfrei sein müssen.[617] Die gezielte Entwicklung der Methodik zur Strukturplanung unterstützt die formale Richtigkeit anhand der Strukturierung von Teilmodellen mit definierten Funktionen und geleitet durch die formulierten Anforderungen aus der Sicht der Theorie und Praxis. Darüber hinaus leistet die Erfüllung der methodischen Strenge durch die konsequente Anwendung angemessener Methoden ebenfalls einen wichtigen Beitrag. Die Ergebnisse der siebten These bestätigen die Vollständigkeit und Nachvollziehbarkeit der entwickelten Methodik, sodass diese insgesamt als formal richtig und einwandfrei zu betrachten ist.

Die Methodik und Modelle müssen ferner produktiv sein, sodass diese in Summe zweckbezogene Antworten auf die spezifische Fragestellung erzeugen.[618] Die geforderte Lösung bezweckt die effiziente und anforderungsgeleitete Bestimmung der für einen Anwendungsfall im Hinblick auf Flexibilität geeigneten flussorientierten Montagestrukturen. Die Experteneinschätzung in der fünften These bestätigt die Erfüllung dieses Zwecks durch den auf Planungsdaten basierenden Flexibilitätsabgleich zur Priorisierung der Konfigurationen. Außerdem ist die Methodik insgesamt als produktiv zu bewerten, da das aus der Praxis identifizierte Ziel der Verbesserung von Effizienz und Effektivität in der Strukturplanung flussorientierter Montagestrukturen gemäß der Befragungsergebnisse der neunten These erfüllt ist.

---

[615] vgl. Patzak (1982) Systemtechnik, S. 309 - 310.

[616] vgl. Patzak (1982) Systemtechnik, S. 309.

[617] vgl. Patzak (1982) Systemtechnik, S. 310.

[618] vgl. Patzak (1982) Systemtechnik, S. 310.

Die formalen Anforderungen an eine gute Handhabbarkeit sowie ein geringer Aufwand der Modellanwendung stehen in einem Zielkonflikt zu den zuvor genannten und daher galt es während der Entwicklung den Kompromiss hinsichtlich der optimalen Wirksamkeit zu berücksichtigen. Die Modelle müssen mit möglichst geringem Aufwand einfach anwendbar sein und leicht zu interpretierende Ergebnisse erzeugen.[619] Die Verbesserung der Planungseffizienz ist ein zentrales Ziel der Methodik zur klassifikationsbasierten Strukturplanung und die Erfüllung ist direkt durch den Aufwand zur Verwendung der entwickelten Teilmodelle beeinflusst. Aus diesem Grund wurde während der Entwicklung besonderer Wert auf eine aufwandsarme Anwendung sowie einfache Erfassbarkeit der Modelle gelegt. Die Kernerkenntnis der Lösung und das Schlüsselelement zur Effizienzverbesserung ist die Klassifikation. Diese besitzt gemäß den Bewertungen der dritten These großen Einfluss auf die Reduktion des Aufwands zur Recherche und Strukturierung der Konfigurationen im Rahmen der Strukturplanung. Außerdem zeigen die Expertenanmerkungen der Vertiefungsstudie, dass die Klassifikation ohne Weiteres im Praxiskontext anwendbar ist und auf dieser Grundlage muss von ihrer guten Handhabbarkeit ausgegangen werden. In diesem Kontext wurde der festgelegte Detailgrad der Klassifikation als geeignet bewertet. Darüber hinaus ist durch die ausführliche Operationalisierung der Teilmodelle mittels Inkrementen im Planungsvorgehen und die Automatisierbarkeit der Datenauswertungen sowie Priorisierungsalgorithmen die Modellanwendung unter geringem Aufwand ermöglicht. Eine gute Handhabbarkeit und Praxistauglichkeit werden anhand der Ergebnisse der Bewertung der achten These durch den Expertenkreis gestützt. Aus den Experteneinschätzungen geht das Verbesserungspotenzial hervor, dass die Tauglichkeit der Methodik speziell für kleine und mittlere Unternehmen durch die Einbindung von Methoden zum aufwandsarmen Explorieren verschiedener Montagestrukturen verbessert werden kann.

Die formalen Anforderungen an die Methodik zur klassifikationsbasierten Strukturplanung und enthaltene Modelle wurden somit umfassend berücksichtigt und ein zufriedenstellender Erfüllungsgrad ist auf Grundlage der applizierten Methoden sowie den Ergebnissen der Vertiefungsstudie anzunehmen. Die Anforderungserfüllung unterstützt insgesamt eine hohe Modellwirksamkeit. Neben den formalen müssen zur Sicherstellung des Nutzens der Modellanwendung auch die inhaltlichen Anforderungen gemäß Kapitel 4.1.2 erfüllt sein. Diese wurden aus den identifizierten Herausforderungen der Strukturplanung flussorientierter Montagestrukturen in der Praxis sowie den untersuchten Ansätzen im Theoriekontext abgeleitet. Demnach muss die Strukturplanung anforderungsgeleitet, effizient, datenbasiert und integriert erfolgen. Die entwickelte Methodik wird im Folgenden anhand dieser inhaltlichen Anforderungen evaluiert.

Die anforderungsgeleitete Strukturplanung wird durch die anwenderunabhängige, quantitative Spezifizierung der Flexibilitätsbedarfe auf Grundlage von verfügbaren Planungsdaten erzielt. Die Flexibilitätsbedarfe eines Anwendungsfalls werden dabei durch definierte Flexibilitätskriterien, zugeordnete Datenmodelle und Auswertungsmethoden aus den Produktionsprogramm- sowie Prozesszeitdaten extrahiert und in Form statistischer Kennzahlen quantifiziert. Auf diese Weise wird eine anforderungsgeleitete Strukturplanung befähigt, sodass auf die Be-

[619] vgl. Patzak (1982) Systemtechnik, S. 310.

darfe abgestimmte Montagestrukturen erzeugt werden können. Es gilt die Limitation zu beachten, dass die Qualität der verwendeten Ausgangsdaten Voraussetzung zur Gewährleistung der Aussagekraft der in der Strukturplanung erzeugten Ergebnisse ist. Die Eignung der Produktionsprogramm- und Prozesszeitdaten zur Bedarfsspezifizierung wird neben den Erkenntnissen des Entwicklungsprozesses mit dem Expertenkreis durch die Ergebnisse der vierten These der Vertiefungsstudie bestärkt.

Durch die Verwendung der Klassifikation für flussorientierte Montagestrukturen wird die Erfüllung der Anforderung hinsichtlich einer effizienten Strukturplanung gewährleistet. Die Klassifikation organisiert die Strukturkonfigurationen einschließlich ihrer konstituierenden Ausprägungen in den entscheidenden Merkmalen und macht somit den Lösungsraum transparent erfassbar. Auf diese Weise entfallen die Rechercheaufwände zur Ermittlung der Entscheidungsalternativen und ihrer zentralen Eigenschaften während der Strukturplanung und Planungsressourcen werden auf die Generierung der Montagestrukturen fokussiert. Der besonders positive Einfluss der Klassifikation auf die Effizienz im Planungsprozess wurde durch die Experteneinschätzung in der dritten These bestätigt. Die Vorteilhaftigkeit der Klassifikation wurde von den Experten explizit in zahlreichen Rückmeldungen hervorgehoben, wonach diese allein bereits einen großen Nutzen und eine deutliche Effizienzverbesserung bewirkt. Darüber hinaus wurde das Verbesserungspotenzial identifiziert, dass die Klassifikation um die Implikationen der Flexibilitätslevels für angrenzende Gewerke der Montage, wie etwa die Logistik und Arbeitsvorbereitung, erweitert werden könne.

Die datenbasierte Strukturplanung wird durch die gezielte, auf der Auswertung von Planungsdaten beruhenden Entscheidungsunterstützung zur Generierung der Montagestrukturen erreicht. Die Priorisierung der Strukturkonfigurationen für einen Anwendungsfall erfolgt anhand eines Abgleichs des auf der Datenbasis spezifizierten Flexibilitätsbedarfs und dem Angebot der Entscheidungsalternativen gemäß der Klassifikation. Auf diese Weise werden die konkurrierenden Montagestrukturen systematisch und nachvollziehbar aus den Flexibilitätsbedarfen abgeleitet und somit die anforderungsgeleitete und datenbasierte Strukturplanung ermöglicht. Des Weiteren unterstützen die Validierungsergebnisse der fünften These insgesamt die Erfüllung der Anforderung hinsichtlich der datenbasierten Strukturplanung.

Die integrierte Strukturplanung wird durch die Operationalisierung in Form einer Methodik unter Betrachtung der relevanten Aspekte der Montagestruktur, des -prozesses sowie der PPS und der abschließenden Einbindung in ein ganzheitliches Montageplanungsvorgehen bewirkt. Die Operationalisierung der entwickelten Modelle mittels Inkrementen innerhalb des Moduls Montagestrukturplanung der Modullandkarte macht die gesammelten Erkenntnisse für die montageplanerische Praxis systematisch und leicht verständlich zugänglich. Durch die Kombination der Klassifikation mit dem datenbasierten Flexibilitätsabgleich wird die geforderte integrierte Betrachtung während der Strukturplanung sichergestellt. Die Auswertungsergebnisse der ersten, zweiten und sechsten These stützen die Anforderungserfüllung bezüglich der integrierten Strukturplanung.

Abschließend muss die entwickelte Lösung insgesamt die eingangs formulierte Zielsetzung dieser Arbeit erreichen, wonach durch die Anwendung der Methodik die Effizienz und Effektivität der Strukturplanung flussorientierter Montagestrukturen verbessert werden soll. Die Erfüllung der inhaltlichen Anforderungen bestätigt die Funktion der Lösungsbestandteile und die

Experteneinschätzungen zur neunten These attestieren der entwickelten Methodik in Summe einen hohen Nutzen im Hinblick auf die Verbesserung der Planungseffizienz und -ergebnisse. Dies wird durch die Verwendung der Klassifikation sowie des Flexibilitätsabgleichs in der systematischen Vorgehensweise der Methodik gewährleistet.

In Summe stimmen die befragten Experten den formulierten Thesen der kommunikativen Validierung in sehr hohem Maß zu. Anhand der Reflexion kann somit eine hohe Erfüllung der in Kapitel 4.1 identifizierten formalen und inhaltlichen Anforderungen an die Methodik zur klassifikationsbasierten Strukturplanung abgeleitet werden. Infolge der hohen Zustimmung hinsichtlich der Qualität und Gültigkeit der Entwicklung ist die Inhaltsvalidität der Teilmodelle und der Methodik insgesamt gegeben. Damit liefert die Validierung den angestrebten Nachweis der Anwendbarkeit und des Nutzens der entwickelten Methodik und Modelle zur Lösung der identifizierten Problemstellungen der Strukturplanung flussorientierter Montagestrukturen in der montageplanerischen Praxis.

7 Zusammenfassung und Ausblick

Die steigende Produktvarianz in der Montage stellt Hersteller vor die Herausforderung sinkender Effizienz. Infolge weitreichender Krisen sowie wachsender Unsicherheiten gewinnt Flexibilität stark an Bedeutung. Daher rücken flexible Matrixmontagen neben den konventionellen Linienmontagen in den Betrachtungsfokus der Strukturplanung. Montageplanende stehen vor der Frage, welche Konfiguration dieser flussorientierten Montagestrukturen für ihren Anwendungsfall von Vorteil ist. Diese Entscheidung muss eine systematische Flexibilitätsbewertung einschließen, da sonst Strukturkonfigurationen mit unzureichender Flexibilität verfolgt und Planungsressourcen verschwendet werden. Das Ziel dieser Arbeit war daher die Entwicklung einer integrierten Strukturplanungsmethodik für flussorientierte Montagestrukturen unter Einbindung einer Klassifikation sowie eines datenbasierten Flexibilitätsabgleichs zur Verbesserung der Planungseffizienz und -effektivität.

Vor diesem Hintergrund wurden zunächst die Charakteristika flussorientierter Montagestrukturen sowie die Grundlagen der Strukturplanung im Montageplanungsprozess untersucht. Auf dieser Basis und anhand der Analyse eines realen Planungsprojekts wurden die zentralen Herausforderungen der Strukturplanung flussorientierter Montagestrukturen in der montageplanerischen Praxis identifiziert. Zentrale Erkenntnis ist, dass Flexibilität nicht systematisch betrachtet wird und daher im Strukturplanungsprozess unterrepräsentiert ist. Des Weiteren ist die Planungskomplexität aufgrund der gleichzeitigen Betrachtung einer Vielzahl von flussorientierten Strukturen und Wechselwirkungen deutlich gewachsen. Aus diesem Grund wurden Ansätze zur Flexibilitätsbewertung sowie zur Gestaltung und Klassifizierung von flussorientierten Montagestrukturen bestimmt und näher analysiert. Dabei wurden die zentralen Handlungsbedarfe der Strukturplanung flussorientierter Montagestrukturen sowie die daraus hervorgehenden Anforderungen an die Lösung abgeleitet. Diese bildeten den Ausgangspunkt zur anschließenden Konzeptionierung und Entwicklung der integrierten Methodik zur klassifikationsbasierten Strukturplanung mittels eines datenbasierten Flexibilitätsabgleichs.

Zunächst wurde das für flussorientierte Montagestrukturen entscheidende Flexibilitätskriterienset ermittelt und die Datenmodelle einschließlich der Auswertungsmethoden zur Spezifizierung des Flexibilitätsbedarfs entwickelt. Die Klassifikation für flussorientierte Montagestrukturen schlüsselte die Konfigurationen und ihre konstituierenden Ausprägungen auf. Dadurch wurden die Entscheidungsalternativen für eine effiziente Strukturplanung granular aufbereitet. Die Wirkbeziehungen zwischen den Flexibilitätsbedarfen und den Merkmalen in der Klassifikation wurden anschließend systematisch identifiziert und mittels Algorithmen zur Priorisierung der Strukturkonfigurationen im Flexibilitätsabgleich formalisiert. Abschließend erfolgte die Operationalisierung der entwickelten Teilmodelle in der klassifikationsbasierten Strukturplanungsmethodik und ihre Integration in ein ganzheitliches Montageplanungsvorgehen. Auf diese Weise wurden die gesammelten Erkenntnisse der Strukturplanung flussorientierter Montagestrukturen der montageplanerischen Praxis strukturiert zugänglich gemacht. In der Validierung wurde eine gute Praxistauglichkeit und einfache Handhabbarkeit der entwickelten Methodik durch einen ausgewählten Kreis von Montageplanungsexperten bestätigt. Demnach weist die integrierte Strukturplanungsmethodik insgesamt ein hohes Nutzenpotenzial zur Verbesserung der Planungseffizienz und -effektivität gemäß der Zielsetzung dieser Arbeit auf.

Während der Entwicklung und Validierung der Methodik konnten weitere nutzenstiftende Verwendungsmöglichkeiten der erzielten Ergebnisse über den Fokus dieser Arbeit hinaus identifiziert werden. Zunächst bietet die Strukturplanungsmethodik das Potenzial, neben der Montage auf verkettete Fertigungsprozesse bzw. flussorientierte Fertigungsstrukturen transferiert zu werden und in diesem Kontext ebenfalls die Planungseffizienz und -effektivität zu verbessern. Des Weiteren kann der Set-basierte, simultane Entwicklungsansatz bis einschließlich der Layoutplanung erweitert werden, um auf diese Weise konkurrierende Layouts je Montagestruktur und zugrundeliegender Segmentierung zu betrachten. Das Anforderungsmodell kann neben der Spezifizierung des Flexibilitätsbedarfs als Ausgangspunkt der Austaktung einer Linienstruktur sowie zur Bewertung ihrer Güte verwendet werden. Darüber hinaus kann mittels der Auswertungen innerhalb des Anforderungsmodells die Flexibilität verschiedener Montagesysteme zum Zweck eines kapazitäts- und kostenunabhängigen Flexibilitätsbenchmarks verglichen werden. Die entwickelte Klassifikation erlaubt die Einordnung des Status Quos einer Montage und die Definition von Ziellevels in Abhängigkeit von definierten Veränderungsauslösern, wie etwa einer Stückzahlsteigerung oder Produktmixänderung. Auf diese Weise kann für sich dynamisch verändernde Anwendungsfälle eine Roadmap mit definierten Erweiterungsstadien der Montagestruktur festgelegt werden.

Neben den weiteren Verwendungsmöglichkeiten wurden potentielle, an diese Arbeit anknüpfende Forschungstätigkeiten identifiziert. Angesichts des fortschreitenden Klimawandels wächst der Druck auf Unternehmen, die Transformation zu einer nachhaltigeren Kreislaufwirtschaft zu vollziehen. In diesem Kontext kann durch das industrielle Aufarbeiten, Reparieren oder Aufwerten benutzter Produkte wirtschaftlich an ihrer Weiter- und Wiederverwendung partizipiert werden. Die Vielfalt der Prozesse zur teilweisen Demontage, Aufarbeitung und Remontage von Produkten verschiedener Generationen steigert zusätzlich den Flexibilitätsbedarf in Montagen. Es resultiert die Fragestellung, wie sich eine Mixed-Model-Montagestruktur für Neu- und Altprodukte ab dem Anlauf der Kreislaufprozesse während wachsender Stückzahlen und dem Ein- sowie Ausphasen von Produktgenerationen entwickelt. Dabei sind insbesondere Strategien zur Entwicklung der Strukturkonfiguration in Abhängigkeit von Veränderungsauslösern von großem Interesse. Ein weiterer Anknüpfungspunkt für Forschungstätigkeiten besteht in der Möglichkeit, die Datenmodelle für eine Aufnahme und Analyse von Ist-Zeiten aus der Dokumentation des Ressourcenplanungsprogramms anstelle von Planzeiten auszubauen. Dadurch können die tatsächlichen Prozesszeiten in der Auswertung granular erfasst werden. Insgesamt bieten die Datenmodelle vielfältige Möglichkeiten für Erweiterungen zur vertiefenden Analyse im Hinblick auf die Montagestruktur- und Kapazitätsplanung. Dazu gilt es zunächst den Aufwand der komplexeren Programmierung der Auswertung sowie zur manuellen Aufbereitung der Datenqualität am Nutzen der gewonnenen Genauigkeit abzuwägen.

Nach Abschluss der Entwicklung der Methodik zur klassifikationsbasierten Strukturplanung gilt es diese in der montageplanerischen Praxis anzuwenden. Gemäß dem Verständnis der dieser Arbeit zugrundeliegenden Forschungskonzeption ist der Erkenntnisprozess damit nicht endgültig abgeschlossen, sondern lediglich ein erster Forschungszyklus mit einer hinreichenden Lösung ausgeführt. Die Anwendung in der Praxis ist demnach Ausgangspunkt der kontinuierlichen Verbesserung der Methodik und Teil des weiteren Erkenntnisprozesses.

8 Anhang

8.1 Heuristischer Bezugsrahmen

Abbildung 8-1 zeigt den heuristischen Bezugsrahmen dieser Arbeit mit allen Kernbegriffen.

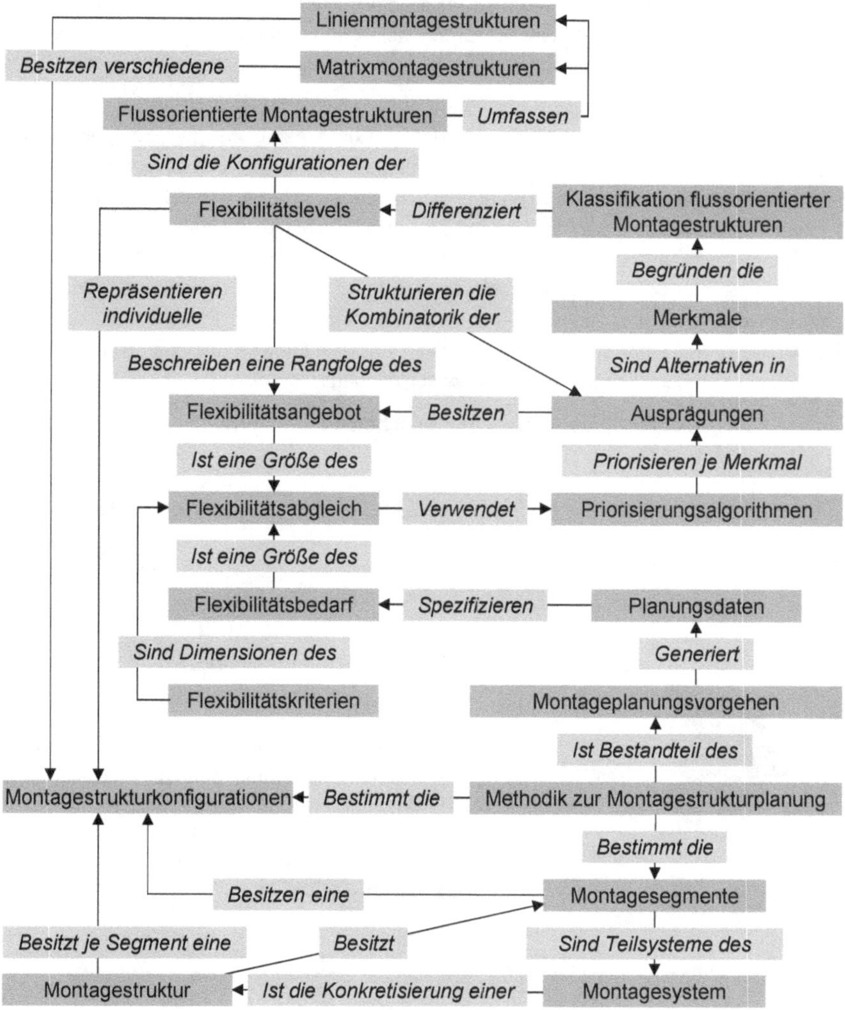

Abbildung 8-1: Heuristischer Bezugsrahmen der klassifikationsbasierten Strukturplanung

8.2 Ergebnisse der empirisch-induktiven Primärstudie

Der Autor dieser Arbeit hat eine empirisch-induktive Primärstudie zu den Einflussfaktoren der Flexibilität während der Strukturplanung flussorientierter Montagestrukturen durchgeführt. Die Studie hatte zum Ziel, die aus der Grundlagenbetrachtung hervorgehenden sowie die durch den Autor in der montageplanerischen Praxis beobachteten Herausforderungen (vgl. Kapitel 2.2.3) zu evaluieren und die Potenziale der abgeleiteten Lösungsbausteine zu bewerten. Dadurch sollte das formulierte Praxisdefizit untermauert und die anschließende Lösungsentwicklung durch die Einbindung der Experteneinschätzungen gezielt unterstützt werden. Dieses Kapitel dient der ausführlichen Darstellung der Studie sowie der resultierenden Ergebnisse.

In der Primärstudie wurde ein interdisziplinärer Expertenkreis aus 16 Montageplanenden mittels eines Fragebogens anonym bzw. ohne eine Erhebung personenbezogener Daten befragt. Zur Charakterisierung der Zusammensetzung der durch die Befragungsteilnehmenden gebildeten Stichprobe wurden die Branche sowie die Beschäftigtenanzahl der repräsentierten Unternehmen erhoben (vgl. Abbildung 8-2). Demnach entstammten die Experten produzierenden Unternehmen des Maschinen- und Anlagenbaus, der Automobilzulieferer-, Automobil- und Elektroindustrie, der Automatisierungstechnik, Anbietern von Planungssoftware sowie Dienstleistern der Fabrik- und Montageplanung. Das breite Expertenspektrum erlaubte die Betrachtung der Fragestellungen aus vielen verschiedenen Perspektiven.

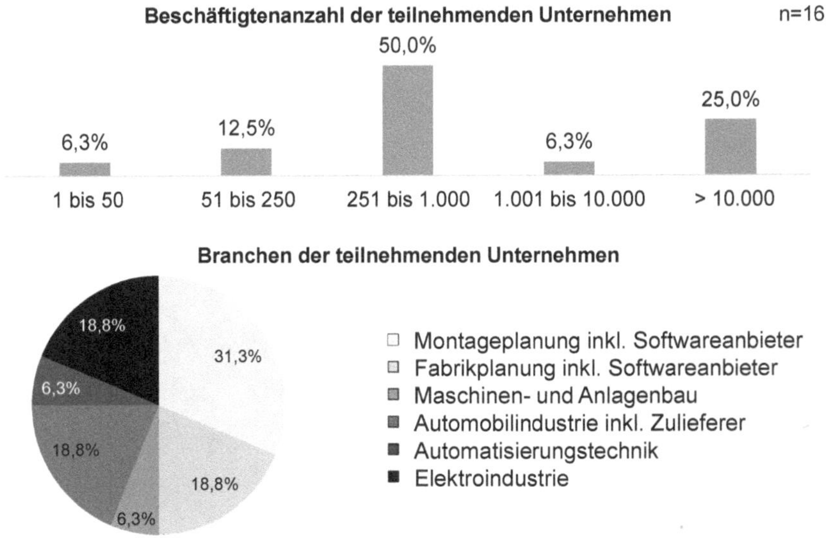

Abbildung 8-2: Beschäftigtenanzahl und Branche der Unternehmen in der Stichprobe

Die Datenerhebung erfolgte mittels eines strukturierten Fragebogens mit insgesamt 22 Fragen und vorgegebenen Antwortoptionen. Zusätzlich hatten die Befragten die Möglichkeit, konkretisierende Kommentare in Textform anzugeben. Die Fragen waren in vier thematische Abschnitte unterteilt, deren Befragungsergebnisse im Folgenden dargestellt werden. Im ersten

Abschnitt wurde die Spezifizierung des Flexibilitätsbedarfs eines Montageanwendungsfalls fokussiert (vgl. Kapitel 8.2.1). Der zweite Abschnitt beleuchtete die Gestaltungsoptionen der Strukturplanung flussorientierter Montagestrukturen (vgl. Kapitel 8.2.2). Anschließend wurden im dritten Abschnitt die Potenziale einer Klassifikation für flussorientierte Montagestrukturen behandelt (vgl. Kapitel 8.2.3). Im letzten Abschnitt erfolgte die Betrachtung der Komplexität der Flexibilitätsbewertung in der Strukturplanungsphase (vgl. Kapitel 8.2.4).

8.2.1 Spezifizierung des Flexibilitätsbedarfs

Der erste Abschnitt der Studie beleuchtete die Berücksichtigung von Flexibilität in der Phase der Montagestrukturplanung. Zunächst wurde die Komplexität der Auslegung einer Montage auf die passende Flexibilität untersucht (vgl. Abbildung 8-3). Von den Befragten bewerteten 75 % diese als sehr hoch und weitere 18,8 % ordneten die Komplexität als eher hoch ein. Damit unterstrichen die Experten insgesamt die hohe Komplexität der Flexibilitätsberücksichtigung.

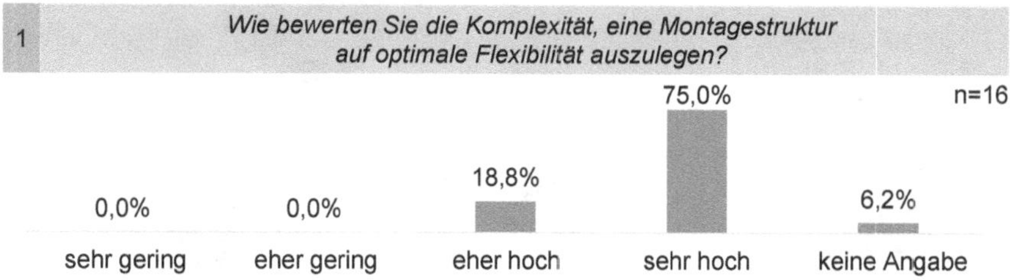

Abbildung 8-3: Komplexität der Auslegung einer Montage bezüglich Flexibilität

Weiterhin wurde die Komplexität der Quantifizierung von Flexibilität in frühen Planungsphasen analysiert (vgl. Abbildung 8-4). Unter den Befragten wurde die quantitative Spezifizierung der Flexibilitätsbedarfe von 75 % als eher schwer und weiteren 12,5 % als sehr schwer bewertet. Eine Minderheit von 12,5 % evaluierte diese als eher leicht.

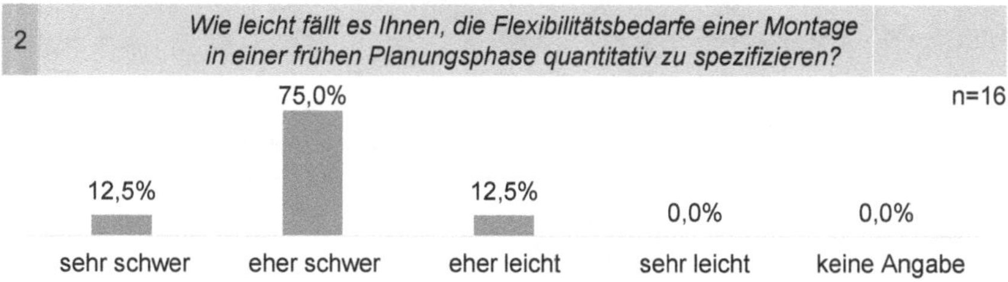

Abbildung 8-4: Komplexität der quantitativen Spezifizierung der Flexibilitätsbedarfe

Nachdem die Herausforderung der quantitativen Spezifizierung von Flexibilität während der Montagestrukturplanung untersucht wurde, erfolgte die Evaluation der entwickelten Flexibilitätskriterien (vgl. Anhang 8.4). Diese diente der abschließenden Bestätigung des Kriteriensets durch die beteiligten Experten. Dazu wurde die Eignung der sechs Kriterien sowie des kombinierten Sets bewertet (vgl. Abbildung 8-5). Das Kriterienset wurde von einer deutlichen Mehrheit von 68,8 % als gut geeignet und von weiteren 25 % als geeignet erachtet. Das erste Kriterium, die Produktflexibilität, wurde von 87,6 % als geeignet bzw. gut geeignet empfunden und stellte damit das am besten bewertete Einzelkriterium dar. Die Produktmixflexibilität wurde von 81,3 % der Teilnehmenden mit geeignet bzw. gut geeignet evaluiert. Die Neuproduktflexibilität erreichte bei 75,1 % der Befragten eine Bewertung mit geeignet bzw. gut geeignet. Ebenso verhielten sich die Ergebnisse der Volumenflexibilität. Die Expansionsflexibilität wurde von je 37,5 % mit geeignet bzw. gut geeignet bewertet. Die Experten bewerteten die Ressourcenflexibilität in Summe zu 75,1 % als geeignet bzw. gut geeignet.

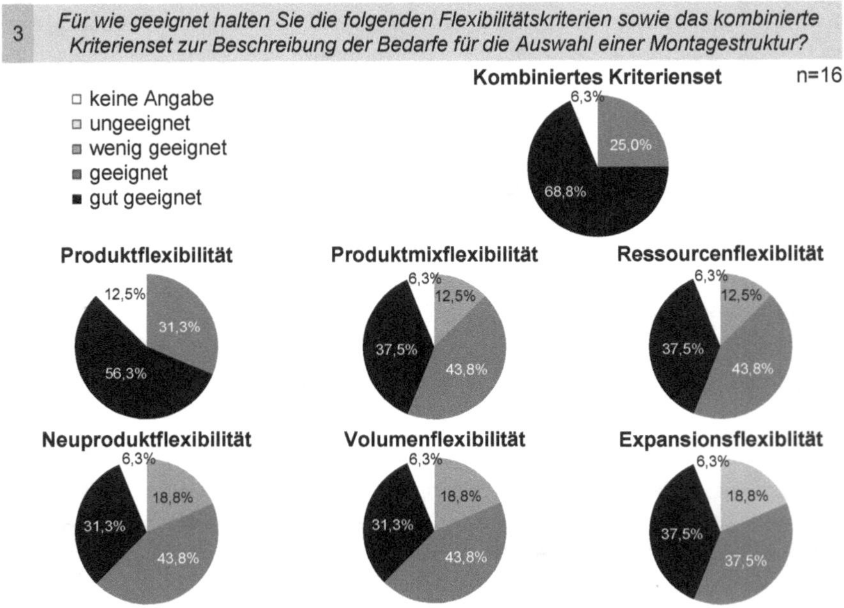

Abbildung 8-5: Eignung der Flexibilitätskriterien

Zur Absicherung des Kriteriensets wurde die offene Frage gestellt, welche Kriterien hinsichtlich Flexibilitätsbedarfen in den Augen der Befragten für die Auswahl einer Montagestruktur fehlen bzw. zu ergänzen waren (vgl. Abbildung 8-6). Anhand der Rückmeldungen wurde geprüft, inwiefern die genannten Aspekte einen Einfluss auf die Strukturplanung entfalten. Restriktionen eines Brownfield-Anwendungsfalls können flexibel in der konzeptfestlegenden Phase berücksichtigt werden und die Betrachtung von Kosten sowie Personalstrukturen erfolgt im Rahmen der Kapazitätsplanung. Somit kann das Kriterienset insgesamt als vollständig betrachtet werden.

4	*Falls Kriterien fehlen: Welche Flexibilitätskriterien fehlen zur vollständigen Beschreibung der flexibilitätsbezogenen Bedarfe für die Auswahl einer Montagestruktur ?*

- *"Weitere Restriktionen eines Brownfield-Anwendungsfalls wären interessant"*
- *"Kosten und Personalstruktur"*

Abbildung 8-6: Ergänzungspotenziale der Flexibilitätskriterien

Weiterhin wurde der Mehrwert quantifiziert, den das erarbeitete Set an Flexibilitätskriterien im Vergleich zu individuell recherchierten Kriterien für die Spezifizierung der Flexibilitätsbedarfe bietet (vgl. Abbildung 8-7). Von den Teilnehmenden bewerteten 75 % den Mehrwert des Sets aus Flexibilitätskriterien mit hoch bzw. sehr hoch.

5	*Wie beurteilen Sie den Mehrwert eines fundierten Sets aus Flexibilitätskriterien gegenüber individuell recherchierten Kriterien für die Spezifizierung der Flexibilitätsbedarfe?*

Abbildung 8-7: Mehrwert eines Flexibilitätskriteriensets

Schließlich wurde die Eignung von Prozess- und Produktionsprogrammdaten zur Spezifizierung von Flexibilitätsbedarfen analysiert (vgl. Abbildung 8-8). Der These, diese seien geeignet, stimmten 43,8 % der Befragungsteilnehmenden zu und weitere 37,5 % eher zu. Damit lag insgesamt eine deutliche Zustimmung der Experten zur Eignung vor.

6	*Prozess- und Produktionsprogrammdaten sind dazu geeignet, die Flexibilitätsbedarfe im Rahmen der Strukturplanung zu spezifizieren.*

Abbildung 8-8: Eignung der Planungsdaten zur Spezifizierung der Fllexibilitätsbedarfe

Zusammenfassend kann festgehalten werden, dass die Komplexität der Auslegung einer Montage mit dem Anwendungsfall angemessener Flexibilität als sehr hoch empfunden wurde und insbesondere die quantitative Bedarfsspezifizierung schwierig erschien. Die Ergebnisse deuteten darauf hin, dass das entwickelte Kriterienset für die Flexibilitätsbedarfe eine geeignete Lösung für die Phase der Strukturplanung sei. Es zeichnete sich gemäß den Experteneinschätzungen ab, dass das Kriterienset für Flexibilität gegenüber individuell recherchierten Kriterien einen deutlichen Mehrwert bei der Spezifizierung der Flexibilitätsbedarfe biete.

8.2.2 Gestaltungsoptionen der Strukturplanung

Im zweiten Abschnitt der Studie wurden die Gestaltungsoptionen der Strukturplanung flussorientierter Montagestrukturen analysiert. Zunächst wurde die im beispielhaften Planungsprojekt (vgl. Kapitel 2.2.3) beobachtete Intransparenz der Gestaltungsoptionen flussorientierter Montagestrukturen im Rahmen der Strukturplanung durch den Expertenkreis bewertet (vgl. Abbildung 8-9). Von den Befragten gaben 56,3 % an, dass die Intransparenz der Gestaltungsoptionen flussorientierter Montagestrukturen eher hoch bzw. sehr hoch sei, wohingegen 31,3 % diese als eher gering evaluierten.

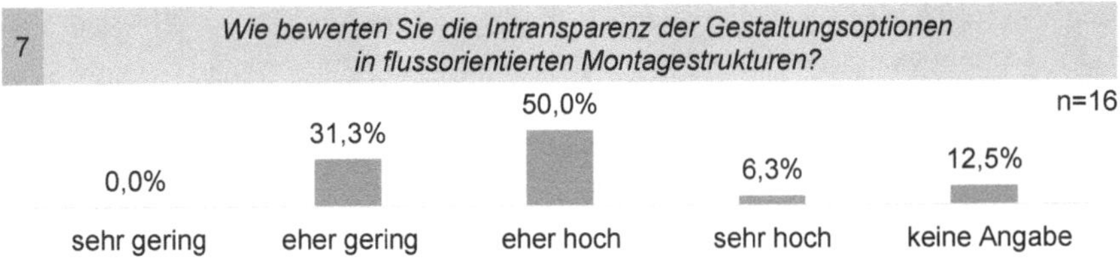

Abbildung 8-9: Intransparenz der Gestaltungsoptionen flussorientierter Montagestrukturen

Anschließend wurde die Intransparenz der Wirkbeziehungen zwischen den verschiedenen Gestaltungsoptionen näher betrachtet (vgl. Abbildung 8-10). 50 % der Experten bewerteten diese als eher hoch und weitere 18,8 % als sehr hoch, was einer deutlichen Mehrheit der Befragten entsprach.

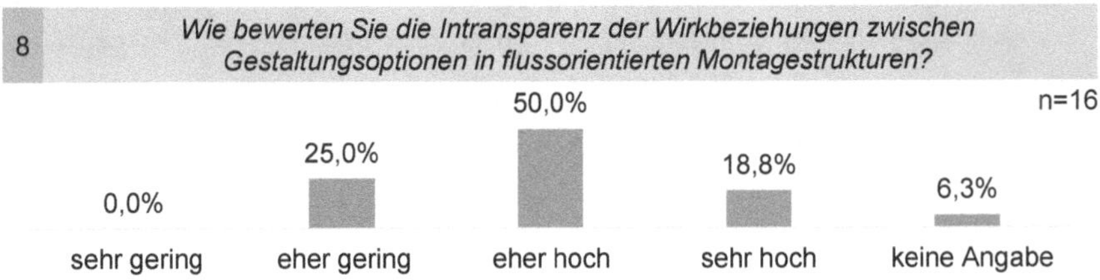

Abbildung 8-10: Intransparenz der Wirkbeziehungen flussorientierter Montagestrukturen

Nachdem die Intransparenz der Gestaltungsoptionen und Wirkbeziehungen flussorientierter Montagestrukturen separat analysiert wurden, erfolgte die Untersuchung des Aufwands zur gleichzeitigen Berücksichtigung beider Themenkomplexe während der Strukturplanung (vgl. Abbildung 8-11). Diese Aufwände bewerteten 68,8 % der Teilnehmenden mit sehr hoch und weitere 25 % mit hoch.

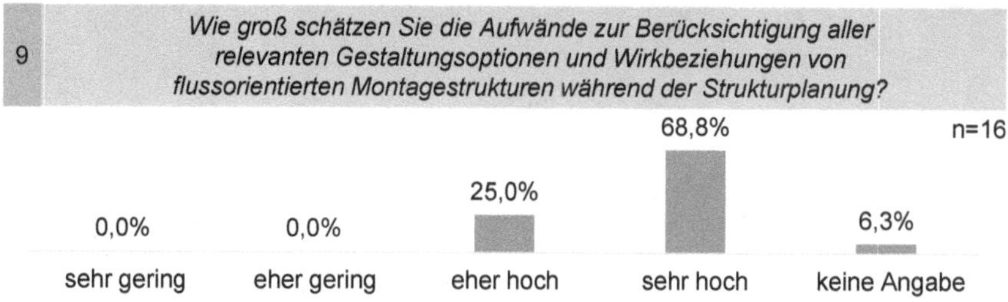

Abbildung 8-11: Aufwand zur Erfassung des Lösungsraums der Strukturplanung

Zusammenfassend schätzten die befragten Experten die Intransparenz sowohl der Gestaltungsoptionen als auch ihrer Wirkbeziehungen während der Strukturplanung flussorientierter Montagestrukturen als hoch ein. Insgesamt deuteten die Ergebnisse darauf hin, dass die Berücksichtigung aller relevanten Optionen und ihrer Kombinatorik in der Strukturplanung mit hohem Aufwand einhergehe und sich komplex gestalte.

8.2.3 Klassifikation für Montagestrukturen

Im dritten Abschnitt der Studie stand eine Klassifikation für flussorientierte Montagestrukturen im Fokus. Diese bietet die Möglichkeit, die relevanten Gestaltungsoptionen einschließlich ihrer Wirkbeziehungen aufzuschlüsseln und gemäß steigender Flexibilität zu ordnen. Auf diese Weise kann eine Klassifikation die Bestimmung der Montagestruktur in der Strukturplanung unterstützen. Zunächst wurde die grundsätzliche Vorteilhaftigkeit einer Klassifikation der relevanten Gestaltungsoptionen und Wirkbeziehungen für die Strukturplanung evaluiert (vgl. Abbildung 8-12). 87,6 % der befragten Experten bewerteten die Vorteilhaftigkeit als eher hoch bis sehr hoch und unterstützten damit insgesamt die Verwendung einer Klassifiaktion für die Strukturplanung.

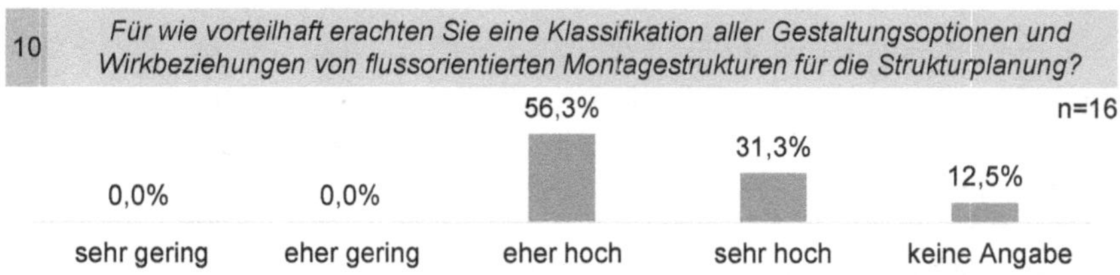

Abbildung 8-12: Vorteilhaftigkeit einer Klassifikation für die Strukturplanung

Weiterhin wurde das Potenzial analysiert, inwiefern eine Klassifikation der Gestaltungsoptionen die Effizienz in der Strukturplanung von flussorientierten Montagestrukturen steigern kann (vgl. Abbildung 8-13). Dabei gaben 37,5 % der Befragten an, dass die entsprechende These zutreffe und weitere 43,8 % diese treffe eher zu.

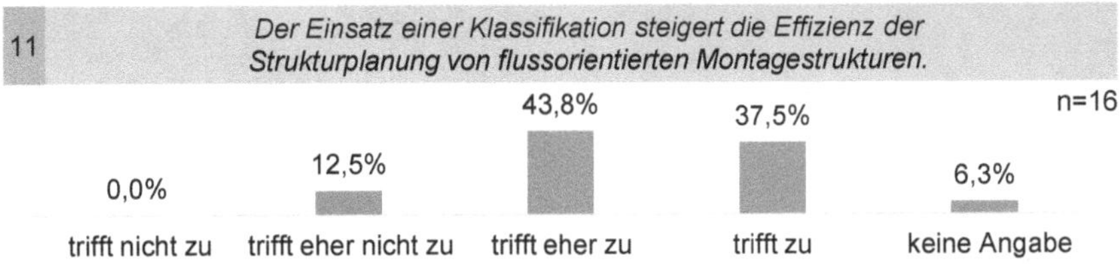

Abbildung 8-13: Einfluss einer Klassifikation auf die Effizienz der Strukturplanung

Schließlich wurde der Einfluss einer Klassifikation der Gestaltungsoptionen und Wirkbeziehungen auf die Transparenz der Strukturplanung analysiert (vgl. Abbildung 8-14). Dabei gaben 56,3 % der Teilnehmenden an, dass die These bezüglich der Transparenz zutreffe und weitere 37,5 % die Aussage treffe eher zu.

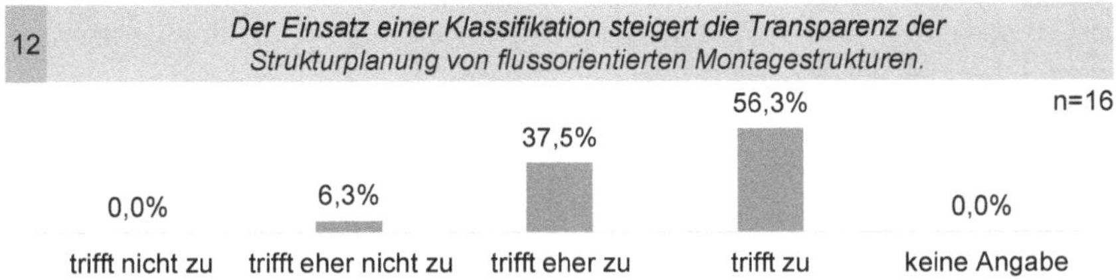

Abbildung 8-14: Einfluss einer Klassifikation auf die Transparenz der Strukturplanung

Zusammenfassend wurde eine Klassifikation der Gestaltungsoptionen als vorteilhaft für die Montagestrukturplanung eingeordnet. Ein Mehrwert sahen die Befragten durch eine gesteigerte Effizienz bei der Strukturplanung. Demnach verbessere die Klassifikation außerdem die Transparenz der Strukturplanung flussorientierter Montagestrukturen.

8.2.4 Bewertungsmethodik für Flexibilität

Der vierte Studienabschnitt beleuchtete eine Bewertungsmethodik, die der Quantifizierung der Flexibilität von Montagestrukturen dient. Zunächst wurde die Komplexität der quantitativen Bewertung der Flexibilität von Montagestrukturen untersucht (vgl. Abbildung 8-15). Dabei gaben 50 % der Befragten an, dass die Komplexität der Flexibilitätsbewertung einer Montagestruktur sehr hoch sei und weitere 37,5 % bewerteten diese als eher hoch.

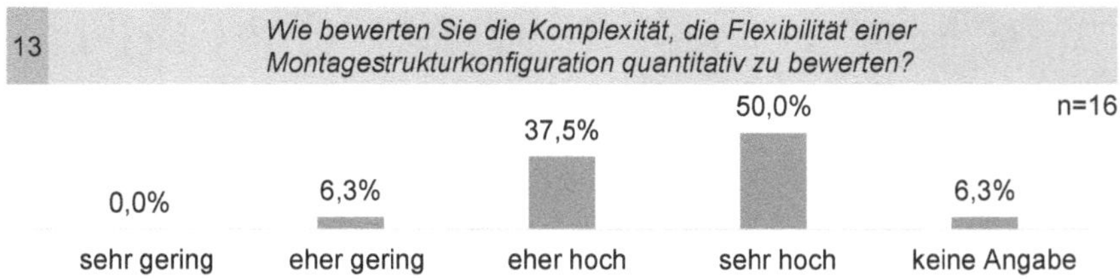

Abbildung 8-15: Komplexität der quantitativen Flexibilitätsbewertung

Im Anschluss wurde erfragt, wie die Experten die Komplexität der Auswahl einer Montagestruktur anhand der Zielgröße Flexibilität einschätzen (vgl. Abbildung 8-16). 56,3 % der Teilnehmenden bewerteten diese als sehr hoch.

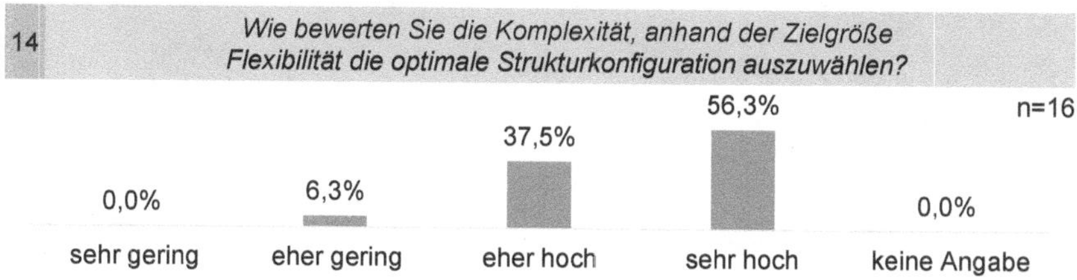

Abbildung 8-16: Komplexität der Strukturauswahl anhand von Flexibilität

Die Vorteilhaftigkeit einer Bewertungsmethodik für Flexibilität, mit der Montagestrukturkonfigurationen anhand von Prozess- und Produktionsprogrammdaten priorisiert werden, wurde anschließend evaluiert (vgl. Abbildung 8-17). Dabei gaben 43,8 % der Befragungsteilnehmden an, die Vorteilhaftigkeit sei eher hoch und gemäß weiteren 25 % sei diese sehr hoch.

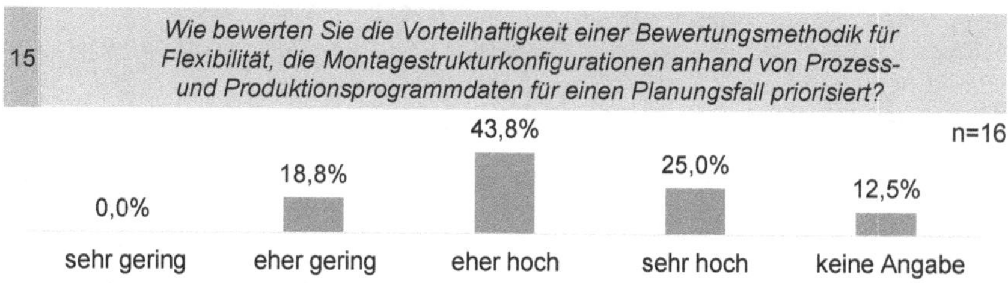

Abbildung 8-17: Vorteilhaftigkeit einer datenbasierten Bewertungsmethodik für Flexibilität

Anschließend wurde die erwartete Ergebnisverbesserung in der Strukturplanung durch die Verwendung von Prozess- und Produktionsprogrammdaten zur Spezifizierung der Flexibilitätsbedarfe erfasst (vgl. Abbildung 8-18). Der entsprechenden These, dass eine Ergebnisverbesserung eintrete, stimmten 50 % der Teilnehmenden eher zu und weitere 37,5 % voll zu.

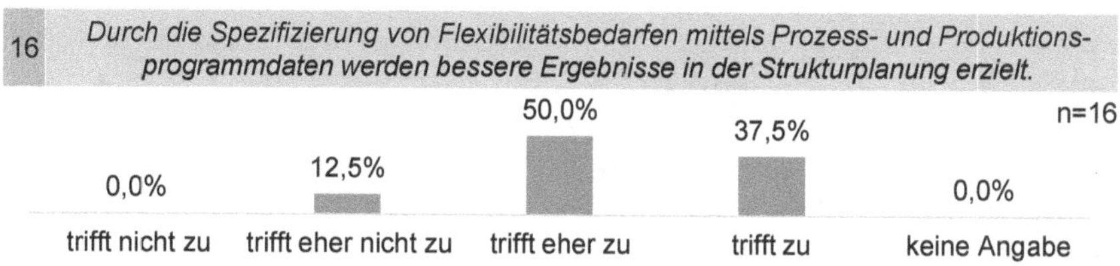

Abbildung 8-18: Einfluss der Spezifizierung von Flexibilitätsbedarfen auf die Ergebnisse

Schließlich wurde durch die Experten das Potenzial einer datenbasierten Bewertungsmethodik für Flexibilität zur Auswahl der Montagestruktur eingeschätzt (vgl. Abbildung 8-19). Dieses Potenzial wurde durch 50 % der Experten als sehr hoch bewertet und weitere 31,3 % stuften es als eher hoch ein.

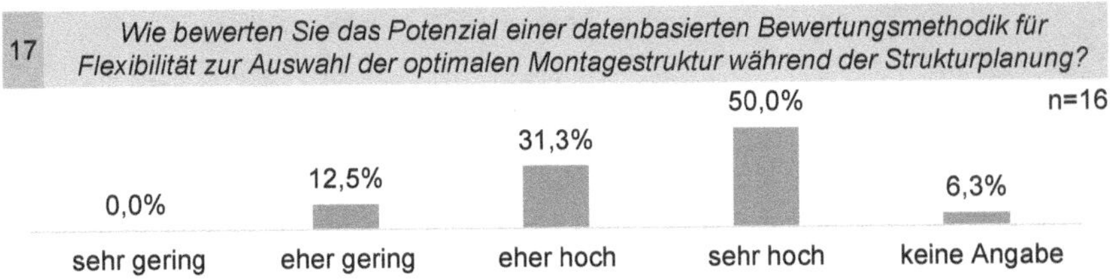

Abbildung 8-19: Potenzial der datenbasierten Flexibilitätsbewertung für die Strukturauswahl

Zusammenfassend wurde der quantitativen Bewertung von Flexibilität und der Auswahl einer Montagestrukturkonfiguration eine sehr hohe Komplexität beigemessen. Des Weiteren deuteten die Befragungsergebnisse darauf hin, dass eine Bewertungsmethodik für Flexibilität auf Grundlage von Prozess- und Produktionsprogrammdaten ein sehr hohes Potenzial für die Verbesserung der Ergebnisse bei der Auswahl einer Montagestruktur biete.

8.3 Ergebnisse der strukturierten Literaturrecherche

Im Rahmen des dieser Arbeit zugrundeliegenden Forschungsprozesses wurde eine strukturierte Literaturrecherche (SLR) durchgeführt, um die problemrelevanten Theorien und Ansätze gezielt zusammenzustellen. Eine Literaturrecherche dient dem Zweck, dass ein tiefgründiges Verständnis des Forschungsfelds durch die Erfassung bereits erfolgter Forschungsaktivitäten sowie offener Fragestellungen geschaffen wird.[620] Die durchgeführte SLR zielte auf die Erfassung der zentralen Forschungsergebnisse zu der Flexibilitätsbewertung in der Phase der Strukturplanung und Ansätzen zur Gestaltung sowie Klassifizierung flexibler, flussorientierter Montagestrukturen. Die Rechercheergebnisse bildeten die Grundlage zur Untersuchung der drei zentralen Themenkomplexe, die in den Kapiteln 3.1-3.3 ausführlich zusammengefasst sind.

Die SLR dieser Arbeit wurde gemäß der methodischen Vorgehensweise für Literaturrecherchen nach VOM BROCKE ET AL. durchgeführt. Die Methodik umfasst die Schritte der *Definition des Prüfumfangs*, der *Konzeptionalisierung des Themas*, der *Literatursuche*, der *Literaturanalyse und -synthese* sowie der *Ableitung der Forschungsagenda* (vgl. Abbildung 8-20).[621] Im Folgenden werden die applizierte Methodik, ergänzend eingesetzte Konzepte und die erzielten Ergebnisse dargestellt.

[620] vgl. Hart (1998) Doing a literature review, S. 13.

[621] vgl. vom Brocke et al. (2009) Reconstructing the giant, S. 2211 - 2212.

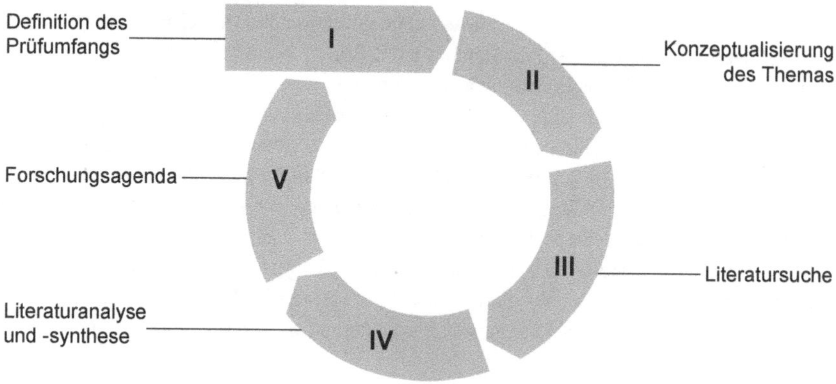

Abbildung 8-20: Ablauf der Literaturrecherche nach VOM BROCKE ET AL.[622]

Zunächst galt es im ersten Schritt der Methodik den Prüfumfang der SLR zu definieren. Zu diesem Zweck wurde der Rechercheumfang und die -strategie unter Anwendung der Taxonomie für Literaturrecherchen nach COOPER[623] bestimmt (vgl. Tabelle 8-1). Demnach lag der Forschungsschwerpunkt auf Forschungsergebnissen und Anwendungen mit dem Ziel der Wissensintegration aus einer neutralen Perspektive. Die konzeptionell angelegte Recherche war als repräsentativ eingestuft und richtete sich an spezialisierte Wissenschaftler sowie Praktiker im Kontext der Montageplanung.

Tabelle 8-1: Einordnung der SLR in die Taxonomie nach COOPER[624]

Fokus	**Forschungsergebnisse**	Forschungsmethoden	Theorien	**Anwendungen**
Ziel	**Integration**	Kritik	Identifikation zentraler Themen	
Perspektive	**Neutrale Darstellung**		Vertreten der eigenen Position	
Stichprobe	Umfassend	Umfassend mit selektiver Zitation	**Repräsentativ**	Zentral
Organisation	Historisch	**Konzeptionell**		Methodisch
Zielgruppe	**Spezialisierte Wissenschaftler**	Allgemeine Wissenschaftler	**Praktiker und Politiker**	Allgemeine Öffentlichkeit

Neben der Einordnung des Rechercheumfangs und der -strategie galt es im Rahmen der Konzeptualisierung die SLR zur Sicherstellung der wissenschaftlichen Qualität und Reproduzierbarkeit der Ergebnisse ausführlich zu dokumentieren. Dadurch wird die Recherche für Interessierte im Forschungsfeld besser bewertbar, sodass die Ergebnisse für weiterführende

---

622 vgl. vom Brocke et al. (2009) Reconstructing the giant, S. 2212.

623 vgl. Cooper (1988) Organizing knowledge syntheses, S. 108 - 112.

624 vgl. Cooper (1988) Organizing knowledge syntheses, S. 109.

Forschungsaktivitäten erneut genutzt werden können. Zur detaillierten Einordnung der durchgeführten SLR fand das STARLITE-Schema nach BOOTH Anwendung (vgl. Tabelle 8-2).[625] Demnach wurde eine zweckgerichtete Literatursuche durchgeführt, die Publikationen im Forschungsfeld der Montagestrukturplanung bzw. in der weiteren Montageplanung identifizieren sollte. Das Vorgehen umfasste eine Datenbanksuche mittels eines iterativ entwickelten Suchstrings sowie eine manuelle Vorwärts- und Rückwärtssuche. Dabei wurden die zulässigen Ergebnisse auf zitierfähige Publikationen in deutscher und englischer Sprache mit wissenschaftlicher Qualitätsprüfung beschränkt. Der betrachtete Veröffentlichungszeitraum entsprach den Jahren 2001 bis 2021 und umfasste damit die letzten 20 Jahre zum Zeitpunkt der Durchführung der Literatursuche. Die gelisteten elektronischen Datenbanken wurden aufgrund ihrer thematischen Eignung für das Themenfeld Produktion sowie der gegebenen Exportfunktion der Suchergebnisse verwendet.

Tabelle 8-2: Einordnung der SLR gemäß dem STARLITE-Schema[626]

S: Sampling strategy	Zweckgerichtete Suche mit Schwerpunkt auf Publikationen zur Verwendung im Kontext der Montageplanung
T: Type of studies	Beschränkung auf zitierfähige Publikationen mit wissenschaftlicher Qualitätsprüfung
A: Approaches	Suche mittels eines Suchstrings auf Basis von iterativ identifizierten Stichworten sowie ergänzende, manuelle Rückwärts- und Vorwärtssuche in ausgewählten elektronischen Datenbanken
R: Range of years	Berücksichtigter Publikationszeitraum: 2001-2021
L: Limits	Berücksichtigung nur von deutsch- und englischsprachigen Publikationen in Datenbanken mit Exportfunktion
I: Inclusion and exclusions	Keine den Themenumfang einschränkenden Bedingungen
T: Terms used	Suchstring: (flexib* OR agil* OR matrix) AND („assembly line“ OR „assembly system“ OR „mixed-model assembly“ OR Montagelinie OR Linienmontage* OR Montagesystem* OR Montagestruktur* OR „Mixed-model Montage“)
E: Electronic sources	Datenbanken mit passendem thematischen Schwerpunkt: Scopus, IEEE Xplore, Web of Science, TEMA und EBSCO

Der zweite Schritt des methodischen Vorgehens beinhaltete die Konzeptualisierung des Themas. Zu diesem Zweck wurde mittels iterativen Kombinierens und Testens verschiedener Suchwörter in den genannten Datenbanken der in Tabelle 8-2 aufgeführte Suchstring unter Verwendung von Booleschen Operatoren und Wildcards ermitttelt. Dieser bildete in der ersten Klammer die Flexibilisierung einschließlich synonym verwendeter Begriffe und in der zweiten die Domäne der Montage ab. Bei dem iterativen Testen wurde festgestellt, dass die Suchwörter in der zweiten Klammer den Begriff *Assembly* bzw. *Montage* nicht alleinstehend beinhalten

625 vgl. Booth (2006) Brimful of STARLITE, S. 424.

626 vgl. Booth (2006) Brimful of STARLITE, S. 424.

durfte, da sonst eine große Anzahl themenfremder Ergebnisse, wie insbesondere aus der Biologie, eingeschlossen waren.

Im dritten Schritt der Methodik erfolgte die Literatursuche. Dazu wurde eine Schlagwortsuche mit dem konzeptualisierten Suchstring in den elektronischen Datenbanken Scopus, IEEE Xplore, Web of Science, TEMA und EBSCO auf die Titel, Schlagwörter und Kurzfassungen der Publikationen durchgeführt. Die Suchergebnisse wurden als Metadaten der Publikationen exportiert. Insgesamt resultierten 2.822 Publikationen aus der datenbankbasierten Literatursuche, welche später um manuell ermittelte erweitert wurden.

Der vierte Schritt diente der Literaturanalyse und -synthese und wurde durch die PRISMA-Methodik nach MOHER ET AL.[627] ergänzt (vgl. Abbildung 8-21). Demnach wurden in der formalen Prüfung der Publikationen zunächst 989 Duplikate entfernt. Es zeigte sich, dass die Anzahl an Duplikaten insbesondere aus einer Schnittmenge zwischen den Datenbanken Scopus und Web of Science resultierte. Des Weiteren waren 102 Publikationen formal ungeeignet. Damit wurden 1.731 Publikationen einer inhaltlichen Prüfung der Eignung vor dem Hintergrund der formulierten Zielsetzung der SLR unterzogen. Dazu erfolgte in einer ersten Stufe eine Filterung anhand von Titeln sowie Schlagwörtern. Anschließend wurden die verbliebenen Publikationen anhand einer Untersuchung der Kurzfassungen geprüft. Nach Abschluss der Prüfung resultierten 44 problemrelevante Publikationen aus der Datenbanksuche. Mit diesen wurde eine ergänzende Rückwärts- und Vorwärtssuche nach LEVY UND ELLIS anhand einer Autoren- und Zitationssuche durchgeführt, woraus weitere 45 inhaltlich relevante Quellen hervorgingen.[628] Damit resultierten insgesamt 89 problemrelevante Publikationen aus der durchgeführten SLR für die Synthese.

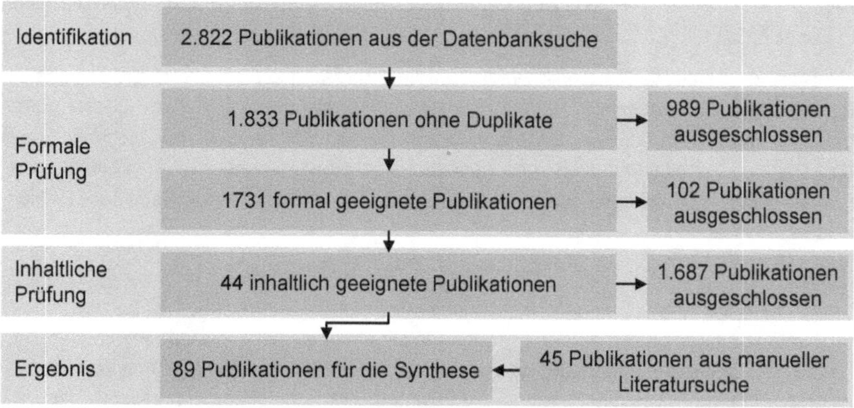

Abbildung 8-21: Stufenweise Filterung der Publikationen gemäß der PRISMA-Methodik[629]

[627] vgl. Moher et al. (2009) Reporting items for systematic reviews, S. 266.

[628] vgl. Levy et al. (2006) Conduct an effective literature review, S. 190 - 192.

[629] vgl. Moher et al. (2009) Reporting items for systematic reviews, S. 266.

Die Metadaten der resultierenden Publikationen wurden hinsichtlich der Verteilung der Veröffentlichungszeitpunkte analysiert. Diese deutete aufgrund einer wachsenden Veröffentlichungsdichte auf eine steigende Bedeutung des in dieser Arbeit betrachteten Forschungsfeldes der Flexibilisierung der Montage hin.

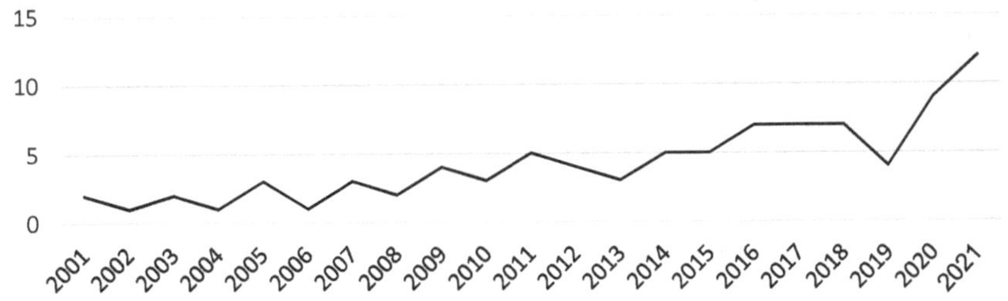

Abbildung 8-22: Zeitliche Verteilung der relevanten Publikationen

In der Literatursynthese erfolgte die qualitative Volltextanalyse der relevanten Publikationen mit dem Ziel, die im Hinblick auf die zentrale Fragestellung wesentlichen Informationen zu extrahieren und auf eine Weise zu einem Ganzen zusammenzusetzen, dass ein höherer Informationsgehalt als aus der Summe der Einzelteile entsteht.[630] Die Forschungsergebnisse der Publikationen wurden in den drei für diese Arbeit zentralen Themenkomplexen der Flexibilitätsbewertung in der Phase der Strukturplanung und Ansätzen zur Gestaltung sowie Klassifizierung flexibler, flussorientierter Montagestrukturen eingeordnet und zu den Inhalten der Kapitel 3.1-3.3 synthetisiert. Damit bildeten diese die Grundlage zur Entwicklung der Lösung in dieser Arbeit.

Im letzten Schritt der Methodik wurde die Forschungsagenda auf Grundlage der gesammelten Erkenntnisse abgeleitet. Dieser Prozess wurde in den Kapiteln 2-4 schrittweise durchgeführt und detailliert erläutert. Zunächst wurden die Handlungsbedarfe aus Sicht der Praxis und Theorie abgeleitet und die Forschungsfragen sowie Anforderungen an die Lösung identifiziert. Auf dieser Grundlage wurde die Lösung konzeptioniert und anschließend ausdetailliert.

8.4 Entwicklung des Flexibilitätskriteriensets

Den Kern des Anforderungsmodells bildet das Flexibilitätskriterienset. Die Identifikation der relevanten Kriterien basiert auf den Ergebnissen der strukturierten Literaturrecherche (vgl. Anhang 8.3). Für die in der Literatur meistgenannten Flexibilitätskriterien (vgl. Analyse von VAN DE GINSTE[631]) wurde vor dem Hintergrund der zentralen Entscheidungsgrößen der Strukturplanung (vgl. Kapitel 5.1.2) die Zustimmung der Teilnehmenden des Expertenkreises je Kriterium erhoben (vgl. Abbildung 8-23). Auf Grundlage der Befragungsergebnisse wurde die Kriterienauswahl in einer Expertendiskussion auf die *Produktmix-*, *Volumen-*, *Produkt-*, *Expansions-Neuprodukt-*, *Werker-* und *Maschinenflexibilität* fokussiert. Dabei wurde festgelegt, dass *Produktmixflexibilität* granular in der allgemeinen, kurz- und langfristigen Betrachtung zerlegt sein

---

[630] vgl. Levy et al. (2006) Conduct an effective literature review, S. 200.

[631] vgl. van de Ginste et al. (2019) Defining flexibility of assembly workstations, S. 977.

muss. Außerdem werden Werker- und Maschinenflexibilität zusammengefasst als Ressourcenflexibilität betrachtet.

Flexibilitätskriterien	Nennung durch Experte															Anzahl
	1	2	3	4	5	6	7	8	9	10	11	12	13	14	15	
Produktmixflexibilität	x	x	x	x	x	x	x	x	x	x	x	x	x	x	x	15
Volumenflexibilität	x	x	x	x	x	x	x	x	x		x	x	x	x	x	14
Produktflexibilität	x	x	x	x	x	x		x	x	x	x	x	x	x	x	14
Expansionsflexibilität	x	x	x		x	x	x	x	x		x	x	x	x	x	13
Neuproduktflexibilität	x	x		x	x	x	x	x	x	x	x	x	x		x	13
Werkerflexibilität	x			x		x	x	x	x	x		x	x	x	x	11
Maschinenflexibilität	x		x	x		x	x	x	x		x		x	x		10
Betriebsflexibilität		x		x		x	x				x	x		x		7
Modifikationsflexibilität				x	x		x		x		x			x		6
Materialflussflexibilität			x	x					x		x		x		x	6
Prozessflexibilität		x		x						x					x	4
Materialhandhabungsflexibilität										x					x	2

Abbildung 8-23: Zustimmung der Experten zu Flexibilitätskriterien

8.5 Planungsdaten zur Verwendung in der Strukturplanung

8.5.1 Übersicht der zur Strukturplanung verfügbaren Planungsdaten

Die folgende Auflistung umfasst sämtliche zum Beginn der Strukturplanung verfügbaren Planungsdaten gemäß der Modullandkarte des Aachener Fabrikplanungsvorgehens geordnet nach Modulen[632]:

- Modul Produktanalyse:
    - Produkteigenschaften
    - Produktgruppen
    - Merkmalbaum
    - Produktprogramm
    - Referenzprodukte
    - Stücklisten
- Modul Prozessplanung:
    - Ist-Wertstrom (inkl. Prozesszeiten)
    - Ressourcenliste Fertigungsmittel
    - Ressourcenliste Personal

[632] vgl. Nöcker (2012) Zustandsbasierte Fabrikplanung, S. 144 - 163; Fölling (2022) Hybride Montageplanung, S. 231 - 272.

- Modul Produktionsprogrammanalyse:
    - Stückzahlszenarien
    - Zulieferbedarf
    - Kundentakt
    - Produktionsprogramm
    - Lieferzeit
- Modul Arbeitsvorbereitung:
    - Arbeitsplan
    - Herstellkosten
    - Übergangszeiten
    - Vorranggraph
- Modul Technologieplanung:
    - Soll-Technologien je Produkt (Wertstrom)

8.5.2 Erforderliche Daten zur klassifikationsbasierten Strukturplanung

Die folgende Auflistung umfasst den für die uneingeschränkte Verwendung der klassifikationsbasierten Montagestrukturplanung erforderlichen Informationsgehalt in den Ausgangsinformationen der Modullandkarte. Bei unvollständigen Planungsdaten ist eine eingeschränkte Verwendung der Methodik möglich. Die Angaben entsprechen einem möglichen Aufbau tabellarischer Datenreihen.

Modul *Prozessplanung* – Ausgangsinformation *Ist-Wertstrom (inkl. Prozesszeiten)*:

- Prozesszeiten der Produktmodelle:
    - Spalten entsprechen Produktmodellen
    - Zeilen entsprechen Prozessschritten
    - Zellen enthalten Prozesszeiten
- Prozesszeiten der Neuproduktmodelle:
    - Spalten entsprechen Neuproduktmodellen
    - Zeilen entsprechen Prozessschritten
    - Zellen enthalten Prozesszeiten
- Prozesszeiten der Produktvarianten:
    - Spalten entsprechen Produktvarianten
    - Zeilen entsprechen Prozessschritte
    - Zellen enthalten Differenzen zwischen der Prozesszeit der Produktmodelle und -varianten in Form von Aufschlagbeträgen

Modul *Prozessplanung* – Ausgangsinformation *Ressourcenliste Personal/ Betriebsmittel*:

- Qualifikationsgrad von Montagepersonal bzw. Betriebsmitteln:
    - Erfahrungswert zum durchschnittlichen Anteil der beherrschten Prozessschritte des Personals $\overline{s_P}$ bzw. der Betriebsmittel $\overline{s_B}$ an der Gesamtheit der Prozessschritte

Modul *Produktionsprogrammanalyse* – Ausgangsinformation *Produktionsprogramm*:

- Produktionsprogramm der Produktmodelle:
    - Spalten entsprechen Produktmodellen
    - Zeilen entsprechen Modellmixszenarien
    - Zellen enthalten Modellanteile im Mixszenario
- Produktionsprogramm der Produktvarianten:
    - Spalten entsprechen Produktmixszenarien (je Modellmixszenario)
    - Zeilen entsprechen Variantenkombinationen
    - Zellen enthalten Variantenanteile im Mixszenario
- Relationen der kurzfristigen Produktmixszenarien:
    - Paare aus zu vergleichenden Produktmixszenarien
- Relationen der langfristigen Produktmixszenarien:
    - Sequenzen aus zu vergleichenden Produktmixszenarien

Modul *Produktionsprogrammanalyse* – Ausgangsinformation *Stückzahlszenarien*:

- Szenarien der kurzfristigen Stückzahlanpassung:
    - Spalten entsprechen Perioden
    - Zeilen entsprechen kurzfristigen Stückzahlszenarien (Wertepaare)
    - Zellen enthalten Ausbringungsstückzahlen
- Szenarien der langfristigen Stückzahlentwicklung:
    - Spalten entsprechen Perioden
    - Zeilen entsprechen langfristigen Stückzahlszenarien (Wertesequenzen)
    - Zellen enthalten Ausbringungsstückzahlen

Modul *Arbeitsvorbereitung* – Ausgangsinformation *Vorranggraph*:

- Vorranggraph:
    - Alle zu berücksichtigenden Montageablaufalternativen in Form von Pfaden im Vorranggraph

8.6 Formalisierung der Wirkbeziehungen im Priorisierungsmodell

8.6.1 Charakterisierung der Wirkbeziehungen in der Wirkmatrix

In der Wirkmatrix der Flexibilitätskriterien und Merkmale der flussorientierten Montagestrukturen (vgl. Tabelle 8-4) sind die mit den Experten bewerteten Intensitäten zusammengefasst. Die dabei Anwendung findende Skala ist in Tabelle 8-3 definiert.

Tabelle 8-3: Skala zur Bewertung der Wirkintensitäten[633]

Wert	Definition
0	Bei einer Veränderung des Bedarfs tritt keine bzw. eine äußerst geringe Wirkung auf die Auswahl der Merkmalsausprägung auf.
1	Bei einer Veränderung des Bedarfs tritt eine geringe Wirkung auf die Auswahl der Merkmalsausprägung auf.
2	Bei einer Veränderung des Bedarfs tritt eine starke Wirkung auf die Auswahl der Merkmalsausprägung auf.
3	Bei einer Veränderung des Bedarfs tritt eine sehr starke Wirkung auf die Auswahl der Merkmalsausprägung auf.

Tabelle 8-4: Wirkmatrix der Flexibilitätskriterien und Merkmale

3: sehr starke Intensität 2: starke Intensität 1: geringe Intensität 0: keine bis äußerst geringe Intensität		...auf die Auswahl der Ausprägung der...		
		Dimension der Objektrouten	Synchronisationsprinzip der Zeit	Mobilität der Produktionsressourcen
Wirkung von...	Produktflexibilität	-	2	1
	Neuproduktflexibilität	-	2	-
	Allgemeine Produktmixflexibilität	1	3	1
	Kurzfristige Produktmixflexibilität	-	3	-
	Langfristige Produktmixflexibilität	-	3	-
	Volumenflexibilität	3	1	2
	Expansionsflexibilität	2	1	-
	Ressourcenflexibilität	-	1	3

[633] vgl. Vester (2019) Die Kunst vernetzt zu denken, S. 227.

8.6.2 Betrachtete Anwendungsfälle und Expertenbewertungen

Dieses Kapitel dient der Charakterisierung ausgewählter Anwendungsfälle der montageplanerischen Praxis, die zur Entwicklung und Parametrisierung der Teilmodelle der Strukturplanungsmethodik genutzt wurden. Es handelt sich um reale Anwendungsfälle, die für die Verwendung in dieser Arbeit anonymisiert wurden. Diese bilden ein breites Spektrum an Anforderungen bzw. Flexibilitätsbedarfen im Kontext der Serien- und Massenmontage ab und unterstützen so die Universalität der entwickelten Lösung. Auf Grundlage der Auswertung der zugeordneten Datensätze mittels der Anwendung des Anforderungsmodells (vgl. Kapitel 5.1) und den durch den Expertenkreis abgegebenen Priorisierungen der Ausprägungen wurde die Parametrisierung des Priorisierungsmodells (vgl. Kapitel 8.6.3) durchgeführt. Im Folgenden werden die Anwendungsfälle anhand ihrer zentralen Eigenschaften dargestellt.

Endmontage von Elektrosportwagen

Ein Anwendungsfall entstammte einem Automobilhersteller und fokussierte die Endmontage eines elektrisch angetriebenen Sportwagens. Dieser besaß ein Modell mit drei Karosserievarianten, die individuell mit zahlreichen optionalen und montagezeitsensiblen Sonderausstattungen konfiguriert werden konnten. Der Anwendungsfall sah als Neuprodukt eine weitere Variante vor, die in wenigen Stationen infolge einer geänderten Innenausstattung von den anderen Produktvarianten in geringem Umfang zu längeren Prozesszeiten abwich. Insgesamt umfasste der betrachtete Montageprozess 91 Schritte mit einer durchschnittlichen Dauer von je 4,06 Minuten bei einer geringen Streuung. Produktmixszenarien beeinflussten die Prozesszeiten insbesondere durch größere Ausstattungsumfänge, die sich zunehmend in Richtung einer Vollausstattung der Fahrzeuge bewegten. Die wöchentliche Ausbringungsstückzahl betrug durchschnittlich 750 Fahrzeuge und kurzfristige Schwankungen traten nur in einem geringen Intervall auf. Die langfristig zu berücksichtigende Stückzahlentwicklung orientierte sich am Produktlebenszyklus und musste demnach zunächst eine Steigerung der Jahresausbringung abbilden bis gegen Ende des Zyklus eine Reduktion eintrat.

Der Expertenkreis bewertete auf Grundlage der Auswertung der Flexibilitätsbedarfe mittels des Anforderungsmodells dieser Arbeit eine eindimensionale Objektroute mit einheitlicher Taktzeit und stationären Produktionsressourcen als die zu priorisierende Strukturkonfiguration. Der in dem Anwendungsfall betrachtete Hersteller setzte in der Realität ebenfalls eine Montagelinie mit einheitlicher Taktzeit und stationären Produktionsressourcen ein, sodass die Experten die gewählte Strukturkonfiguration durch ihre Einschätzung bestätigten.

Montage von Kettensägen mit konventionellem und elektrischem Antrieb

Ein weiterer Anwendungsfall betraf einen Hersteller von Kettensägen mit konventionellem Verbrennerantrieb sowie mit batterieelektrischem Antrieb. Die beiden Antriebsarten stellten dabei die zu unterscheidenden Produktmodelle dar. Insgesamt lagen 45 Produktvarianten vor, die hauptsächlich gemäß der Antriebsleistung in kleine, mittlere und große Sägen unterteilt zusammengefasst werden konnten. Darüber hinaus existierten keine Produktindividualisierungen. Der Montageprozess umfasste 15 Prozessschritte mit einer durchschnittlichen Dauer von je 51,2 Sekunden bei einer moderaten Streuung infolge der unterschiedlichen Antriebe. Der Produktmix war allgemein gekennzeichnet durch vorwiegend kleine Sägen mit Elektroantrieb für Privatkunden und große Produkte mit Verbrennungsantrieb für professionelle Nutzer. Mittlere Sägen wurden je Antrieb von beiden Kundengruppen nachgefragt. Langfristig war eine Produktmixentwicklung durch die Verschiebung des Schwerpunkts von Verbrennungsantrieben zu elektrischen Antrieben prognostiziert. Die Ausbringungsstückzahl variierte quartalsweise infolge eines ausgeprägten Saisongeschäfts und die langfristige Jahresausbringung war als konstant anzunehmen. Die wöchentliche Ausbringung der betrachteten Montage betrug im Jahresdurchschnitt 1.400 Sägen. Das Montagepersonal beherrschte durchschnittlich fünf Prozessschritte und der Umfang von WIP im Montageprozess war unkritisch.

Auf Grundlage der Auswertung der Flexibilitätsbedarfe mittels des Anforderungsmodells dieser Arbeit und der ausführlichen Diskussion der Ergebnisse anhand vergleichbarer Anwendungsfälle priorisierten die Experten eine eindimensionale Montagelinie mit durchschnittlich einzuhaltender Taktzeit und stationären Ressourcen. Im Anwendungsfall begünstige demnach die moderate Streuung der Prozesszeiten und die Nutzung von zusätzlichem WIP zwischen den Prozessschritten die Verwendung der genannten Ausprägungen.

Montage von Mobilkranauslegern

Ein Anwendungsfall fokussierte einen Hersteller von LKW-Turmdrehkranen. Ein solcher Kran bestand aus einem fahrbaren LKW-Unterbau und einem Kranaufbau, der sich wiederum aus einem Drehkranz, einem Ausleger sowie einem Führerhaus zusammensetzte. Fokus des betrachteten Anwendungsfalls war die Montage des faltbaren Kranauslegers. Es existierten drei Produktmodelle unterschiedlicher Größe bzw. Hebeleistung. Darüber hinaus wurde ein Neuproduktmodell in Übergröße beleuchtet. Im Anwendungsfall lagen keine Produktvarianten vor, sondern es wurden häufig auftretende Kombinationen von optionalen Zusatzausstattungen betrachtet. Demnach war je Produktmodell eine Basiskonfiguration sowie eine mit 80 % der Ausstattungsoptionen versehene Konfiguration zu differenzieren. Der Montageprozess umfasste 11 Schritte mit einer durchschnittlichen Dauer von je 458 Minuten bei einer ausgeprägten Prozesszeitspreizung von 12 bis 103 Minuten um den Mittelwert. Der Produktmix entwickelte sich langfristig in der Tendenz zu mehr großen Kranen und umfangreicheren Ausstattungen. Kurzfristige Produktmixwechsel konnten infolge von Großbauprojekten auftreten, aus denen zusammenhängende Produktionslose mit Schwerpunkt auf Basiskonfigurationen resultierten. Diese standen im Wechsel mit vielen Bestellungen von kleinen Kranbetrieben, die tendenziell viel Ausstattung bei kleiner Losgröße orderten. Daraus resultierten in Summe hohe Flexibilitätsbedarfe aus den Produktmixszenarien. Kurzfristige Stückzahlschwankungen waren moderat und folgten den Urlaubsperioden des Personals. Die langfristige Stückzahlentwicklung war als nahezu konstant prognostiziert. Die Mehrheit des Montagepersonals besaß die Fähigkeiten zur Montage eines gesamten Auslegers unter Zuhilfenahme der Montageunterlagen. Die Montageprozesse wurden als robust und planbar eingestuft. Der zulässige WIP war aufgrund der Produktgröße sowie der zur Verfügung stehenden Montagefläche in gewissen Grenzen limitiert.

Die Montage der Ausleger fand bei dem Hersteller in einem Montagebereich statt, in dem Stationen in einem 2x4-Raster angeordnet waren. Die Anzahl der eingesetzten Montageteams war geringer als die Anzahl der Montagestationen bzw. des WIP und der Vorarbeiter plante die Teams flexibel an den Stationen ein. Die Montageobjekte wurden mit dem Deckenkran nach Bedarf durch den Montagebereich transportiert. Die beschriebene Montage konnte als eine zweidimensionale Struktur aufgrund der flexiblen Objektroute interpretiert werden. Ferner stellte der Vorarbeiter durch die vorab durchgeführte Planung die Synchronisation im Planungshorizont auf Grundlage erwarteter Prozesszeiten sicher.

Der Expertenkreis bewertete eine zweidimensionale Objektroute und Synchronisation anhand von Planung auf Grundlage erwarteter Prozesszeiten als geeignete Strukturkonfiguration für den genannten Anwendungsfall. Die ausgeprägte Streuung der Prozesszeiten bei gleichzeitig langer Dauer und guter Robustheit unterstütze die Verwendung einer ausgeprägten Planung. Die Experten wählten mit einer zweidimensionalen Objektroute und Planung mittels erwarteter Prozesszeiten die gleiche Strukturkonfiguration wie die in der Realität anzutreffende.

Montage von Dieselaggregaten der Leistungsklassen 500-2.500 kW

Eine Montage von Dieselmotoren für Schiffsantriebe und Generatorapplikationen stellte einen weiteren Anwendungsfall dar. Für diese beiden Produktmodelle existierten jeweils fünf Varianten mit 8 bis 16 Zylindern. Alle Produktvarianten waren bis zum Kundenentkopplungspunkt mit Ausnahme der Zylinderanzahl in ihren Prozesszeiten über die Montageschritte identisch. Ab diesem Punkt unterschieden sich die Produktmodelle stark in ihren Baugruppen, wie etwa durch Turbolader und Seewasserkühlungen. Des Weiteren kamen in diesem Bereich optionale Sonderausstattungen, wie etwa zusätzliche Sensorik oder redundate Anbauten, in stark gespreizten Prozesszeiten zum Tragen. Neuprodukte waren im Anwendungsfall in Form von 18- und 20-Zylindermotoren zu berücksichtigen. Die Dauer der insgesamt 32 Prozessschritte betrug im Durchschnitt je 30,41 Minuten mit einer Standardabweichung von durchschnittlich 8,83 Minuten. Nach dem zentralen Kundenentkopplungspunkt fiel die Durchschnittsdauer der Prozessschritte auf 23,7 Minuten und die Standardabweichung stieg auf 10,3 Minuten signifikant an. Die Planbarkeit der Prozesszeiten konnte nicht für alle Kombinationen von Produktvarianten und zusätzlichen Ausstattungen aufgrund gegenseitiger Abhängigkeiten gewährleistet werden. Der Produktmix war stark saisonal geprägt, da im Herbst und Winter hauptsächlich Schiffsmotoren für die in den Werften befindlichen Schiffe nachgefragt wurden. Demnach musste in der Frist einer Woche das Variantenverhältnis von 20 % Schiffs- bzw. 80 % Generatormotoren auf 80 % bzw. 20 % angepasst werden können. Das Ausbringungsvolumen musste zwischen 5 und 10 Motoren pro Woche variiert werden können. Langfristig war eine Entwicklung der Ausbringungsmenge von 1.500 Stück pro Jahr auf bis zu 2.000 sowie eine Reduktion auf 1.000 erforderlich. Das Montagepersonal war im Durchschnitt für die Durchführung von vier Prozessschritten befähigt und die Betriebsmittel waren aufgrund sehr hohen Gewichts nicht mobil.

Der Expertenkreis priorisierte anhand der Auswertungsergebnisse der Flexibilitätsbedarfe mittels des Anforderungsmodells eine zweidimensionale Montagestruktur mit Reaktion auf den Montagefortschritt und stationären Ressourcen aufgrund der massiven Streuung der Prozesszeiten ab dem mittig im Prozess verorteten Kundenentkopplungspunkt. Demnach sei das Synchronisationsprinzip mit hohem Flexibilitätsangebot angesichts der großen Prozesszeitspreizung und mangels Planbarkeit der Prozessdauer erforderlich.

Auf Grundlage der Ergebnisse des Anforderungsmodells diskutierten die Experten eine vertikale Segmentierung der Montagestruktur, um die nivellierten Montageprozesse mit geringen

Prozesszeitstreuungen von der hohen Varianz nach dem Kundenentkopplungspunkt zu separieren. Demnach wählten die Experten für das erste Segment mit geringem Flexibilitätsbedarf eine Strukturkonfiguration mit eindimensionaler Objektroute und einer durchschnittlich einzuhaltenden Taktzeit bei stationären Produktionsressourcen. Ab dem Kundenentkopplungspunkt lag hoher Flexibilitätsbedarf vor, sodass eine zweidimensionale Objektroute mit einer Synchronisation mittels einer Reaktion auf den Montagefortschritt priorisiert wurde.

Montage von Industriepumpen einschließlich Antrieb

Ein weiterer Anwendungsfall war die Montage eines Herstellers von angetriebenen Industriepumpen für flüssige Medien. Es existierten vier Produktmodelle und die Varianz wurde vereinfacht durch insgesamt neun Produktvarianten unterschiedlicher Förder- bzw. Motorleistung beschrieben. Als Neuprodukt musste ein weiteres Produktmodell berücksichtigt werden. Der Montageprozess umfasste sechs Schritte mit einer durchschnittlichen Dauer von je 15,42 Minuten und einer Spreizung von 0 bis 45 Minuten je nach Pumpengröße und -konfiguration. Die Prozesse waren robust und gut planbar. Das Fördervolumen jeder Pumpe wurde durch eine spanende Bearbeitung des Pumpenrads individuell eingestellt, wodurch jede zu einem Unikat wurde und nur auftragsspezifisch montiert werden konnte. Kurzfristige Produktmixwechsel lagen in Form von verschiedenen Kombinationen von kleinen, mittleren bzw. großen Pumpen vor. Außerdem waren langfristige Produktmixentwicklungen mit einer Schwerpunktverlagerung zu den neueren Produktmodellen vorzusehen. Alte Produktmodelle mussten langfristig als Ersatzteile in niedrigem Anteil montierbar sein. Die wöchentliche Ausbringungsmenge musste im Intervall 570 bis 870 Stück anpassbar sein. Des Weiteren war eine langfristige Skalierbarkeit in verschiedenen Entwicklungsszenarien zwischen 25.000 und 40.000 Pumpen pro Jahr erforderlich. Das Montagepersonal besaß grundsätzlich die Fähigkeiten, eine Pumpe vollständig zu montieren. Ein hoher WIP war für diesen Anwendungsfall nicht kritisch.

Die durch die Experten auf Grundlage der Auswertung der Flexibilitätsbedarfe vorgesehene Priorisierung entsprach einer zweidimensionalen Objektroute mit einem Synchronisationsprinzip, das eine Planung auf Grundlage erwarteter Prozesszeiten und Reaktion auf den Montagefortschritt kombinierte. Diese Ausprägung sei aufgrund der sehr starken Prozesszeitspreizung innerhalb der Prozessschritte sowie über die Schritte hinweg erforderlich und werde durch die gute Planbarkeit der Montagedauer begünstigt.

8.6.3 Parametrisierung der Intervalle des Flexibilitätsangebots

Die mit dem Expertenkreis anhand der Auswertung der in Anhang 8.6.2 aufgeführten Anwendungsfälle ermittelten Intervallgrenzen G des Flexibilitätsangebots der Ausprägungen im Merkmal *Synchronisationsprinzip der Zeit* sind in Tabelle 8-5 zusammengefasst. Der kritische Wert für die Störanfälligkeit der Prozessschritte gemessen an der relativen Abweichung der Prozesszeit wurde im Expertenkreis mit $\Delta t_{rel,krit} = 10\ \%$ bestimmt. Die Robustheit der Prozesszeiten ist gegeben, sofern $\Delta t_{rel} < \Delta t_{rel,krit}$ erfüllt ist.

Tabelle 8-5: Intervallgrenzen des Flexibilitätsangebots

	Ausprägungen des Synchronisationsprinzips der Zeit				
	Einheitliche Taktzeit	Durch-schnittliche Taktzeit	Erwartete Prozess-zeiten	Reaktion auf Montagefortschritt	Erwartete Prozesszeiten und Reaktion auf Montagefortschritt
Intervalle I_z	$I_1 = [0, g_1]$	$I_2 = (g_1, g_2]$	$I_3 = (g_2, g_3]$	$I_4 = (g_3, g_4]$	$I_5 = (g_4, \infty[$
Intervallgrenzen G	$g_1 = 0{,}19$	$g_2 = 0{,}26$	$g_3 = 0{,}32$	$g_4 = 0{,}69$	-

Des Weiteren sind die Intervalle der Skalierungsfaktoren für Volumenflexibilität in Tabelle 8-6 sowie für Expansionsflexibilität in Tabelle 8-7 aufgeführt.

Tabelle 8-6: Intervalle der Skalierungsfaktoren für Volumenflexibilität

	Volumenflexibilität		
	$K_1 =$	$K_2 =$	$sonst. =$
$b_d \in$	$(0{,}4\,,0{,}6] \cup (0{,}8\,,1{,}2]$	$(0{,}6\,,0{,}8] \cup (1{,}2\,,2{,}2]$	$[0\,,0{,}4] \cup (2{,}2\,,\infty[$

Tabelle 8-7: Intervalle der Skalierungsfaktoren für Expansionsflexibilität

	Expansionsflexibilität		
	$L_1 =$	$L_2 =$	$sonst. =$
c_{fe} bzw. $c_f \in$	$(0{,}4\,,0{,}6] \cup (0{,}8\,,1{,}2] \cup (1{,}8\,,2{,}2]$	$(0{,}6\,,0{,}8] \cup (1{,}2\,,1{,}8] \cup (2{,}2\,,\infty[$	$[0\,,0{,}4]$

9 Literaturverzeichnis

AUDI AG (2017)
Dialoge Smart Factory - Ausgabe 2017, 2017.

Barbazza, L.; Faccio, M.; Oscari, F.; Rosati, G. (2017)
Agility in assembly systems: A comparison model. In: Assembly Automation, Nr. 4, 37. Jg., 2017, S. 411 - 421.

Bargende, M.; Reuss, H.-C.; Wiedemann, J. (2015)
15. Internationales Stuttgarter Symposium, Springer Fachmedien Wiesbaden, Wiesbaden, 2015.

Bauernhansl, T. (2015)
Automotive industry without conveyer belt and cycle – research campus ARENA2036. In: Bargende, M./Reuss, H.-C./et al. (Hrsg.): 15. Internationales Stuttgarter Symposium, Springer Fachmedien Wiesbaden, Wiesbaden, 2015, S. 1145 - 1154.

Bauernhansl, T. (2020)
Fabrikbetriebslehre 1 - Management in der Produktion, Springer Berlin Heidelberg, Berlin, Heidelberg, 2020.

Bauernhansl, T.; Fechter, M.; Dietz, T. (2020)
Entwicklung, Aufbau und Demonstration einer wandlungsfähigen (Fahrzeug-) Forschungsproduktion, Springer Berlin Heidelberg, Berlin, Heidelberg, 2020.

Bäumers, Y. (2016)
Wirtschaftlicher Detaillierungsgrad der Montageablaufplanung, Dissertation, RWTH Aachen, 2016.

Bertling, M. (2021)
Agile Fabrikplanung durch das Minimum Viable Production System, Dissertation, RWTH Aachen, 2021.

Binder, V. A.; Kantowsky, J. (1996)
Technologiepotentiale - Neuausrichtung der Gestaltungsfelder des Strategischen Technologiemanagements, Deutscher Universitätsverlag, Wiesbaden, 1996.

Bochmann, L. (2018)
Entwicklung und Bewertung eines flexiblen und dezentral gesteuerten Fertigungssystems für variantenreiche Produkte, Dissertation, ETH Zurich, 2018.

Bochmann, L.; Gehrke, L.; Böckenkamp, A.; Weichert, F.; Abersmann, R.; Prasse, C.; Mertens, C.; Motta, M.; Wegener, K. (2015)
Towards decentralized production: A novel method to identify flexibility potentials in production sequences based on flexibility graphs, Nr. 3, 9. Jg., 2015, S. 270 - 282.

Bochmann, L.; Gehrke, L.; Gehrke, N.; Mertens, C.; Seiss, O. (2016)
Innovative Konzepte einer sich selbstorganisierenden Fahrzeugmontage am Beispiel des Forschungsprojekts SMART FACE. In: Roth, A. (Hrsg.): Einführung und Umsetzung von Industrie 4.0 - Grundlagen, Vorgehensmodell und Use Cases aus der Praxis, Springer Berlin Heidelberg, Berlin, Heidelberg, 2016

Booth, A. (2006)
Brimful of STARLITE: Toward standards for reporting literature searches. In: J Med Libr Assoc, Nr. 4, 94. Jg., 2006, S. 421 - 430.

Borchani, M.; Hammadi, M.; Yahia, N.; Choley, J.-Y. (2019)
Integrating model-based system engineering with set-based concurrent engineering principles for reliability and manufacturability analysis of mechatronic products. In: Concurrent Engineering, Nr. 1, 27. Jg., 2019, S. 80 - 94.

Bouschery, S.; Blazevic, V.; Piller, F. (2023)
Augmenting human innovation teams with artificial intelligence: Exploring transformer-based language models. In: Journal of Product Innovation Management, Nr. 2, 40. Jg., 2023, S. 139 - 153.

Boysen, N. (2005)
Variantenfließfertigung, Deutscher Universitäts-Verlag, Wiesbaden, 2005.

Brecher, C. (2011)
Integrative Produktionstechnik für Hochlohnländer, Springer Berlin Heidelberg, Berlin, Heidelberg, 2011.

Browne, J.; Dubois, D.; Sethi, S.; Stecke, K. (1984)
Classification of flexible manufacturing systems. In: The FMS Magazine, 2. Jg., 1984, S. 114 - 117.

Bruns, M. (1991)
Systemtechnik - Ingenieurwissenschaftliche Methodik zur interdisziplinären Systementwicklung, Springer, Berlin, 1991.

Buckhorst, A.; Hüttemann, G.; Grahn, L.; Schmitt, R. (2019)
Assignment, sequencing and location planning in line-less mobile assembly systems. In: Schüppstuhl, T./Tracht, K./et al. (Hrsg.): Tagungsband des 4. Kongresses Montage Handhabung Industrieroboter, Springer Berlin Heidelberg, Berlin, Heidelberg, 2019, S. 227 - 238.

Buckhorst, A.; Schmitt, R. (2020)
Multi-staged, multi-objective optimization for operation management in line-less mobile assembly systems (LMAS). In: Procedia CIRP, 93. Jg., 2020, S. 1121 - 1126.

Bullinger, H. J.; Rieth, D.; Euler, H. P. (1993)
Planung entkoppelter Montagesysteme - Puffer in der Montage, B.G. Teubner Verlag, Stuttgart, 1993.

Bullinger, H.-J. (1995)
Arbeitsgestaltung - Personalorientierte Gestaltung marktgerechter Arbeitssysteme, Vieweg+Teubner Verlag, Wiesbaden, 1995.

Burggräf, P. (2012)
Wertorientierte Fabrikplanung, Apprimus Verlag, Aachen, 2012.

Burggräf, P.; Adlon, T.; Müller, K.; Föhlisch, N.; Dackweiler, J.; Fölling, C. (2021)
Adaptive remanufacturing – Methodology towards an intelligent maintenance strategy for production resources. In: Procedia CIRP, 98. Jg., 2021, S. 330 - 335.

Burggräf, P.; Adlon, T.; Schupp, S.; Fölling, C.; Dannapfel, M. (2021)
Die Modullandkarte des Aachener Fabrikplanungsvorgehens - Ganzheitliche, informatorische Vernetzung als Grundlage spezifischer Projektkonfigurationen. In: Zeitschrift für wirtschaftlichen Fabrikbetrieb, Nr. 12, 116. Jg., 2021, S. 866 - 871.

Burggräf, P.; Dannapfel, M.; Adlon, T.; Fölling, C. (2020)
Hybrid approach to agile assembly planning – Empirical evaluation of the industrial practice. In: Procedia CIRP, 93. Jg., 2020, S. 1170 - 1175.

Burggräf, P.; Dannapfel, M.; Adlon, T.; Kahmann, H.; Schukat, E.; Holtwiesche, L. (2020)
Multiagentensysteme in der Agilen Montage - Echtzeitfähige Ablaufplanung flexibler Operationsfolgen. In: wt Werkstatttechnik online, Nr. 4, 110. Jg., 2020, S. 170 - 176.

Burggräf, P.; Dannapfel, M.; Adlon, T.; Kahmann, H.; Schukat, E.; Keens, J. (2020)
Capability-based assembly design: An approach for planning an agile assembly system in automotive industry. In: Procedia CIRP, 93. Jg., 2020, S. 1206 - 1211.

Burggräf, P.; Dannapfel, M.; Adlon, T.; Riegauf, A.; Schukat, E.; Schuster, F. (2020)
Optimization approach for the combined planning and control of an agile assembly system for electric vehicles. In: Nyhuis, P./Herberg, D./et al. (Hrsg.): Proceedings of the Conference on Production Systems and Logistics: CPSL 2020, publish-Ing., Hannover, 2020, S. 137 - 146.

Burggräf, P.; Dannapfel, M., Adlon, T.; Schukat, E.; Kahmann, H.; Holtwiesche, L. (2020)
Modeling and evaluating agile assembly systems using mixed-integer linear programming. In: Procedia CIRP, 93. Jg., 2020, S. 1073 - 1078.

Burggräf, P.; Schuh, G. (2021)
Fabrikplanung - Handbuch Produktion und Management 4, Springer Berlin Heidelberg, Berlin, Heidelberg, 2021.

Chao, Y.; Sun, W. (2016)
Improve assembly line balancing by changing cycle time. In: IEEE (Hrsg.): 2016 IEEE International Conference on Mechatronics and Automation, IEEE, 2016, S. 100 - 105.

Cooper, H. (1988)
Organizing knowledge syntheses - A taxonomy of literature reviews. In: Knowledge in Society, Nr. 1, 1. Jg., 1988, S. 104 - 126.

Cramer, E.; Kamps, U. (2008)
Grundlagen der Wahrscheinlichkeitsrechnung und Statistik - Ein Skript für Studierende der Informatik, der Ingenieur- und Wirtschaftswissenschaften, Springer Berlin Heidelberg, Berlin, Heidelberg, 2008.

Dickmann, P. (2009)
Schlanker Materialfluss - mit Lean Production, Kanban und Innivationen, Springer Berlin Heidelberg, Berlin, Heidelberg, 2009.

Döring, N.; Bortz, J. (2016)
Forschungsmethoden und Evaluation in den Sozial- und Humanwissenschaften, Springer Berlin Heidelberg, Berlin, Heidelberg, 2016.

ElMaraghy, H.; ElMaraghy, W. (2016)
Smart adaptable assembly systems. In: Procedia CIRP, 44. Jg., 2016, S. 4 - 13.

ElMaraghy, H.; Monostori, L.; Schuh, G.; ElMaraghy, W. (2021)
Evolution and future of manufacturing systems. In: CIRP Annals, Nr. 2, 70. Jg., 2021, S. 635 - 658.

Erlach, K. (2020)
Wertstromdesign - Der Weg zur schlanken Fabrik, Springer Berlin Heidelberg, Berlin, Heidelberg, 2020.

Eversheim, W. (1989)
Organisation in der Produktionstechnik 4 - Fertigung und Montage, VDI-Verl., Düsseldorf, 1989.

Eversheim, W. (1996)
Organisation in der Produktionstechnik 1 - Grundlagen, VDI-Verl., Düsseldorf, 1996.

Eversheim, W. (2002)
Organisation in der Produktionstechnik 3 - Arbeitsvorbereitung, Springer, Berlin, Heidelberg, 2002.

Fisel, J.; Lanza, G. (2016)
Wandlungsfähigkeit in der Endmontage - Vorgehen zur Identifikation des Anpassungsbedarfs in der Automobilendmontage. In: wt Werkstatttechnik online, Nr. 4, 106. Jg., 2016, S. 243 - 248.

Föhlisch, N.; Burggräf, P.; Adlon, T.; Kapella, C. (2023)
Flexibility-driven planning of flow-based mixed-model assembly structures. In: Herberger, D./Hübner, M./et al. (Hrsg.): Proceedings of the Conference on Production Systems and Logistics: CPSL 2023-1, publish-Ing., Hannover, 2023, S. 544 - 553.

Föhlisch, N.; Burggräf, P.; Adlon, T.; Meier, V. (2023)
Classification of flow-based assembly structures for the planning of flexible mixed-model Assembly. In: Herberger, D./Hübner, M. (Hrsg.): Proceedings of the Conference on Production Systems and Logistics: CPSL 2023-2, publish-Ing., Hannover, 2023, S. 129 - 138.

Foith-Förster, P.; Bauernhansl, T. (2016)
Changeable assembly systems through flexibly linked process modules. In: Procedia CIRP, 41. Jg., 2016, S. 230 - 235.

Foith-Förster, P.; Elsing, J.-H.; Bauernhansl, T. (2017)
Effiziente Montagesysteme ohne Band und Takt - Sind modulare Produktionsstrukturen eine konkurrenzfähige Alternative zur abgetakteten Linie. In: wt Werkstatttechnik online, Nr. 3, 107. Jg., 2017, S. 169 - 175.

Fölling, C. (2022)
Komplexitätsbeherrschung durch hybride Montageplanung, Apprimus Verlag, Aachen, 2022.

Fölling, C.; Burggräf, P.; Wang, S.; Adlon, T. (2022)
A systematic approach towards mastering complexity through hybrid assembly planning. In: CIRP Journal of Manufacturing Science and Technology, 38. Jg., 2022, S. 159 - 171.

Frei, R.; Di Serugendo, G. (2011)
Self-organizing assembly systems. In: IEEE Transactions on Systems, Man, and Cybernetics, Part C (Applications and Reviews), Nr. 6, 41. Jg., 2011, S. 885 - 897.

Fries, C.; Wiendahl, H.-H.; Foith-Förster, P. (2020)
Planung zukünftiger Automobilproduktionen. In: Bauernhansl, T./Fechter, M./et al. (Hrsg.): Entwicklung, Aufbau und Demonstration einer wandlungsfähigen (Fahrzeug-) Forschungsproduktion, Springer Berlin Heidelberg, Berlin, Heidelberg, 2020, S. 19 - 43.

Frohm, J.; Lindström, V.; Stahre, J.; Winroth, M. (2008)
Levels of automation in manufacturing. In: Ergonomia - International Journal of Ergonomics and Human Factors, Nr. 3, 30. Jg., 2008, S. 1 - 28.

Gaal, A.; Hofer, K.; Ryback, T.; Lingitz, L.; Sihn, W. (2020)
An agent-based approach to planning and controlling adaptable cell-oriented assembly systems. In: Procedia CIRP, 93. Jg., 2020, S. 1158 - 1163.

Gans, J. (2008)
Neu- und Anpassungsplanung der Struktur von getakteten Fließproduktionssystemen für variantenreiche Serienprodukte in der Montage, Dissertation, Universität Paderborn, 2008.

Gartzen, T. (2012)
Diskrete Migration als Anlaufstrategie für Montagesysteme, Apprimus-Verl., Aachen, 2012.

Göppert, A. (2022)
Artificial intelligence in online scheduling of dynamically interconnected assembly systems, Dissertation, RWTH Aachen University, 2022.

Göppert, A.; Grunert, D.; Pöhler, S.; Hüttemann, G.; Schmitt, R. (2018)
Mobile Roboter zur freien Verkettung von Montagestationen. In: wt Werkstatttechnik online, Nr. 9, 108. Jg., 2018, S. 580 - 585.

Göppert, A.; Hüttemann, G.; Jung, S.; Grunert, D.; Schmitt, R. (2018)
Frei verkettete Montagesysteme - Ein Ausblick. In: Zeitschrift für wirtschaftlichen Fabrikbetrieb, Nr. 3, 113. Jg., 2018, S. 151 - 155.

Göppert, A.; Lettmann, P.; Jung, S.; Grunert, D.; Hüttemann, G.; Schmitt, R. (2019)
Planung und Steuerung von frei verketteten Montagesystemen - Zuordnung von Aufträgen zu Montageressourcen in der Planung und im Betrieb. In: wt Werkstatttechnik online, Nr. 9, 109. Jg., 2019, S. 618 - 621.

Göppert, A.; Rachner, J.; Schmitt, R. (2020)
Automated scenario analysis of reinforcement learning controlled line-less assembly systems. In: Procedia CIRP, 93. Jg., 2020, S. 1091 - 1096.

Göppert, A.; Schukat, E.; Burggräf, P.; Schmitt, R. (2021)
Agile hybrid assembly systems: Bridging the gap between line and matrix configurations. In: Weißgraeber, P./Heieck, F./et al. (Hrsg.): Advances in automotive production technology – Theory and application, Springer Berlin Heidelberg, Berlin, Heidelberg, 2021, S. 3 - 11.

Gottschalk, S. (2006)
Dedicated flexibility - Komplexitätsoptimale Gestaltung manueller Serienmontage, Dissertation, RWTH Aachen, 2006.

Greschke, P. (2015)
Matrix-Produktion als Konzept einer taktunabhängigen Fließfertigung, Dissertation, Technische Universität Braunschweig, 2015.

Greschke, P.; Hermann, C. (2014)
Das Humanpotenzial einer taktunabhängigen Montage - ein Konzept zur vereinbarung gesteigerter Wirtschaftlichkeit mit besseren Arbeitsbedingungen. In: Zeitschrift für wirtschftlichen Fabrikbetrieb, Nr. 10, 109. Jg., 2014, S. 687 - 690.

Greschke, P.; Schönemann, M.; Thiede, S.; Herrmann, C. (2014)
Matrix structures for high volumes and flexibility in production systems. In: Procedia CIRP, 17. Jg., 2014, S. 160 - 165.

Grundig, C.-G. (2021)
Fabrikplanung - Planungssystematik - Methoden - Anwendungen, Hanser, München, 2021.

Haller, M. (1999)
Bewertung der Flexibilität automatisierter Materialflußsysteme der variantenreichen Großserienproduktion, Utz Wiss, München, 1999.

Hambach, J.; Albrecht, F. (2014)
Methoden der Szenariotechnik in der Fabrikplanung - Vorschlag für einen Gliederungsansatz zur Auswahl der passenden Technik. In: Zeitschrift für wirtschaftlichen Fabrikbetrieb, Nr. 3, 109. Jg., 2014, S. 117 - 120.

Hankammer, S.; Nielsen, K.; Piller, F.; Schuh, G.; Wang, N. (2018)
Customization 4.0, Springer International Publishing, Cham, 2018.

Harari, N. (2015)
Design process of flexible assembly systems, Dissertation, Mälardalen University, 2015.

Harari, N.; Fundin, A.; Carlsson, A.-L. (2018)
Components of the design process of flexible and reconfigurable assembly systems. In: Procedia Manufacturing, 25. Jg., 2018, S. 549 - 556.

Harari, N.; Fundin, A.; Carlsson, A.-L. (2020)
A participatory research approach for studying the design process of flexible assembly systems. In: Procedia CIRP, 93. Jg., 2020, S. 1043 - 1048.

Hart, C. (1998)
Doing a literature review - Releasing the social science research imagination, SAGE, London, 1998.

Hees, F.; Müller-Abdelrazeq, S.; Langer, T.; Voss, M.; Schmitt, R.; Hüttemann, G. (2019)
Projektatlas Kompetenz Montage - Kollaborativ und wandlungsfähig, RWTH Aachen University Lehrstuhl für Informationsmanagement im Maschinenbau, Aachen, 2019.

Herberger, D.; Hübner, M. (2022)
Proceedings of the Conference on Production Systems and Logistics: CPSL 2022, publish-Ing., Hannover, 2022.

Herberger, D.; Hübner, M. (2023)
Proceedings of the Conference on Production Systems and Logistics: CPSL 2023-2, publish-Ing., Hannover, 2023.

Herberger, D.; Hübner, M.; Stich, V. (2023)
Proceedings of the Conference on Production Systems and Logistics: CPSL 2023-1, publish-Ing., Hannover, 2023.

Hoeschen, R.-D. (1978)
Planung von Montagesystemen im Rahmen der technischen Investitionsplanung. - Ein Beitr. z. Montageplanung für Unternehmen mit Einzel- und Serienfertigung., RWTH Aachen, 1978.

Hofmann, C. (2021)
Vorausschauende und reaktive Mehrzieloptimierung für die Produktionssteuerung einer Matrixproduktion, Dissertation, Karlsruhe; Shaker Verlag, 2021.

Hofmann, M. (2016)
Montage- und Logistik-FTF für die Automobilproduktion ohne Band und Takt. In: Logistics Journal: Proceedings, 2016

Hoßfeld, M.; Ackermann, C. (2020)
Der Forschungscampus ARENA2036. In: Bauernhansl, T./Fechter, M./et al. (Hrsg.): Entwicklung, Aufbau und Demonstration einer wandlungsfähigen (Fahrzeug-) Forschungsproduktion, Springer Berlin Heidelberg, Berlin, Heidelberg, 2020, S. 1 - 3.

Hottenrott, A.; Grunow, M. (2019)
Flexible layouts for the mixed-model assembly of heterogeneous vehicles. In: OR Spectrum, Nr. 4, 41. Jg., 2019, S. 943 - 979.

Huber, W. (2016)
Industrie 4.0 in der Automobilproduktion - Ein Praxisbuch, Springer Fachmedien Wiesbaden, Wiesbaden, 2016.

Huchzermeier, A.; Mönch, T.; Bebersdorf, P. (2020)
Case—The Fendt VarioTakt: Revolutionizing mixed-model assembly line production. In: INFORMS Transactions on Education, Nr. 3, 20. Jg., 2020, S. 141 - 153.

Hüttemann, G. (2021)
Model-based a priori analysis of line-less mobile assembly systems, Dissertation, RWTH Aachen; Apprimus Verlag, 2021.

Hüttemann, G.; Buckhorst, A.; Schmitt, R. (2019)
Modelling and assessing line-less mobile assembly systems. In: Procedia CIRP, 81. Jg., 2019, S. 724 - 729.

Hüttemann, G.; Göppert, A.; Grunert, D.; Jung, S.; Rook-Weiler, K.; Lettmann, P. (2019)
Die Organisationsform der frei verketteten Montage. In: Hees, F./Müller-Abdelrazeq, S./et al. (Hrsg.): Projektatlas Kompetenz Montage - Kollaborativ und wandlungsfähig, RWTH Aachen University Lehrstuhl für Informationsmanagement im Maschinenbau, Aachen, 2019, S. 26 - 29.

IEEE (2016)
2016 IEEE International Conference on Mechatronics and Automation, 2016 IEEE International Conference on Mechatronics and Automation, 07.08.2016 - 10.08.2016. IEEE (2016)

IEEE (2019)
2019 IEEE 17th International Conference on Industrial Informatics (INDIN), 2019 IEEE 17th International Conference on Industrial Informatics (INDIN), 2019. IEEE (2019)

IPCR (2017)
24th International Conference on Production research (ICPR 2017) - Posnan, Poland, July 30-August 3, 2017, DEStech Publications, Lancaster, 2017.

Kampker, A.; Burggräf, P.; Krunke, M.; Kreisköther, K.; Voet, H.; Backs, M. (2014)
Das Aachener Fabrikplanungsvorgehen. In: wt Werkstatttechnik online, Nr. 4, 104. Jg., 2014, S. 192 - 196.

Kampker, A.; Kawollek, S.; Fluchs, S.; Marquardt, F. (2019)
Einfluss der Variantenvielfalt auf die automobile Endmontage. In: Zeitschrift für wirtschaftlichen Fabrikbetrieb, Nr. 7-8, 114. Jg., 2019, S. 474 - 479.

Kampker, A./Kreisköther, K./Burggräf, P. et al. (2017)
Agile Low-Cost Montage, Agile Low-Cost Montage, 2017.

Kampker, A.; Meckelnborg, A.; Burggräf, P.; Welter, T. (2012)
Integrative factory design by efficient interaction models. In: Proceedings of the 23rd Annual Conference of the Production and Operations Management Society (POMS), 2012, S. 1 - 19.

Kaven, L.; Rachner, J.; Schmid, T.; Göppert, A.; Schmitt, R. (2022)
Reactive online scheduling of mobile resources for adaptive layout evolution in line-less assembly system. In: Procedia CIRP, 107. Jg., 2022, S. 270 - 275.

Keckl, S.; Kern, W.; Abou-Haydar, A.; Westkämper, E. (2016)
An analytical framework for handling production time variety at workstations of mixed-model assembly lines. In: Procedia CIRP, 41. Jg., 2016, S. 201 - 206.

Kern, W. (2021)
Modulare Produktion - Methodik zur Gestaltung eines modularen Montagesystems für die variantenreiche Serienmontage im Automobilbau, Dissertation, Universität Stuttgart, 2021.

Kern, W.; Bauernhansel, T. (2017)
Types and usage of assembly priority charts in a modular assembly system. In: IPCR (Hrsg.): 24th International Conference on Production research (ICPR 2017) - Posnan, Poland, July 30-August 3, 2017, DEStech Publications, Lancaster, 2017, S. 411 - 416.

Kern, W.; Lämmermann, H.; Bauernhansl, T. (2017)
An integrated logistics concept for a modular assembly system. In: Procedia Manufacturing, 11. Jg., 2017, S. 957 - 964.

Kern, W.; Rusitschka, F.; Bauernhansl, T. (2016)
Planning of workstations in a modular automotive assembly system. In: Procedia CIRP, 57. Jg., 2016, S. 327 - 332.

Kern, W.; Rusitschka, F.; Kopytynski, W.; Keckl, S.; Bauernhansl, T. (2015)
Alternatives to assembly line production in the automotive industry. In: The 23rd International Conference on Production Research, 2015

Kluge, S. (2000)
Empirisch begründete Typenbildung in der qualitativen Sozialforschung. In: Forum Qualitative Sozialforschung, Nr. 1, 1. Jg., 2000

Kluge, S. (2011)
Methodik zur fähigkeitsbasierten Planung modularer Montagesysteme, Dissertation, Universität Stuttgart, 2011.

Koether, R. (1986)
Verfahren zur Verringerung von Modell-Mix-Verlusten in Fließmontagen, Springer Berlin Heidelberg, Berlin, Heidelberg, 1986.

Komesker, S.; Motsch, W.; Popper, J.; Sidorenko, A.; Wagner, A.; Ruskowski, M. (2022)
Enabling a multi-agent system for resilient production flow in modular production systems. In: Procedia CIRP, 107. Jg., 2022, S. 991 - 998.

Konold, P.; Reger, H. (2009)
Praxis der Montagetechnik - Produktdesign, Planung, Systemgestaltung, Vieweg, Wiesbaden, 2009.

Koren, Y.; Gu, X.; Guo, W. (2018)
Reconfigurable manufacturing systems: Principles, design, and future trends. In: Frontiers of Mechanical Engineering, Nr. 2, 13. Jg., 2018, S. 121 - 136.

Koste, L.; Malhotra, M. (1999)
A theoretical framework for analyzing the dimensions of manufacturing flexibility. In: Journal of Operations Management, Nr. 1, 18. Jg., 1999, S. 75 - 93.

Koste, L.; Malhotra, M.; Sharma, S. (2004)
Measuring dimensions of manufacturing flexibility. In: Journal of Operations Management, Nr. 2, 22. Jg., 2004, S. 171 - 196.

Krunke, M. (2017)
Reifegradmanagement in der Fabrikplanung, Dissertation, RWTH Aachen, 2017.

Kruse, C.; Duisberg, M.; Burgert, F.; Kranz, M.; Latos, B.; Venhuis, S.; Becks, D.; Yavari, A.; Steube-Schwier, O.; Geuting, M.; Mütze-Niewöhner, S. (2022)
Digitale Unterstützung für eine partizipative und simulationsbasierte Montageplanung in kleinen und mittleren Unternehmen. In: Nitsch, V./Brandl, C./et al. (Hrsg.): Digitalisierung der Arbeitswelt im Mittelstand 2, Springer Berlin Heidelberg, Berlin, Heidelberg, 2022, S. 31 - 70.

Küber, C. (2017)
Methode zur Planung modularer, produktflexibler Montagekonfigurationen in der variantenreichen Serienmontage, Dissertation, Universität Stuttgart, 2017.

Kubicek, H. (1977)
Heuristische Bezugsrahmen und heuristisch angelegte Forschungsdesigns als Elemente einer Konstruktionsstrategie empirischer Forschung. In: Empirische und handlungstheoretische Forschungskonzeptionen in der Betriebswirtschaftslehre, 1977, S. 3 - 36.

Kuhlen, R.; Seeger, T.; Strauch, D. (2004)
Grundlagen der praktischen Information und Dokumentation - Band 1: Handbuch zur Einführung in die Informationswissenschaft und -praxis, DE GRUYTER SAUR, 2004.

Küpper, D.; Sieben, C.; Kuhlmann, K.; Lim, Y.; Ahmad, J. (2018)
Will flexible-cell manufacturing revolutionize carmaking?, 2018

Lafou, M.; Mathieu, L.; Pois, S.; Alochet, M. (2015)
Manufacturing system configuration: Flexibility analysis for automotive mixed-model assembly Lines. In: IFAC-PapersOnLine, Nr. 3, 48. Jg., 2015, S. 94 - 99.

Lanza, G.; Nyhuis, P.; Fisel, J.; Jacob, A.; Nielsen, L.; Schmidt, M.; Stricker, N. (2018)
Wandlungsfähige, menschzentrierte Strukturen in Fabriken und Netzwerken der Industrie 4.0, Herbt utz Verlage, München, 2018.

Lanza, G.; Rühl, J.; Peters, S. (2009)
Bewertung von Stückzahl- und Variantenflexibilität in der Produktion - Produktionskosten und Risiken abhängig von Varianten und Stückzahlen. In: Zeitschrift für wirtschaftlichen Fabrikbetrieb, Nr. 11, 104. Jg., 2009, S. 1039 - 1044.

Latos, B.; Holtkötter, C.; Brinkjans, J.; Kalantar, P.; Przybysz, P.; Mütze-Niewöhner, S. (2018)
Partizipatives und simulationsgestütztes Vorgehen zur Konzeption einer flexiblen und demografierobusten Montagelinie. In: Zeitschrift für Arbeitswissenschaft, Nr. 1, 72. Jg., 2018, S. 90 - 98.

Lettmann, P.; Hüttemann, G.; Schmitt, R. (2019)
Produktrouten in frei verketteten Montagesystemen - Ermittlung und Bewertung von Produktrouten mittels Merkmalsklassifizierung. In: Zeitschrift für wirtschaftlichen Fabrikbetrieb, Nr. 9, 114. Jg., 2019, S. 517 - 520.

Levy, Y.; J. Ellis, T. (2006)
A systems approach to conduct an effective literature review in support of information systems research. In: Informing Science: The International Journal of an Emerging Transdiscipline, 9. Jg., 2006, S. 181 - 212.

Lödding, H. (2016)
Verfahren der Fertigungssteuerung, Springer Berlin Heidelberg, Berlin, Heidelberg, 2016.

Lotter, B. (1992)
Wirtschaftliche Montage - Ein Handbuch für Elektrogerätebau und Feinwerktechnik, VDI-Verlag, Düsseldorf, 1992.

Lotter, B.; Wiendahl, H.-P. (2012)
Montage in der industriellen Produktion, Springer Berlin Heidelberg, Berlin, Heidelberg, 2012.

Luft, N.; Besenfelder, C. (2014)
Flexibility based assessment of production system robustness. In: Procedia CIRP, 19. Jg., 2014, S. 81 - 86.

Manecke, H.-J. (2004)
Klassifikation, Klassieren. In: Kuhlen, R./Seeger, T./et al. (Hrsg.): Grundlagen der praktischen Information und Dokumentation - Band 1: Handbuch zur Einführung in die Informationswissenschaft und -praxis, DE GRUYTER SAUR, 2004, S. 127 - 140.

Mathews, J.; Rachner, J.; Kaven, L.; Grunert, D.; Göppert, A.; Schmitt, R. (2023)
Industrial applications of a modular software architecture for line-less assembly systems based on interoperable digital twins. In: Frontiers of Mechanical Engineering, 9. Jg., 2023

Matsuura, S.; Matsuura, H.; Asada, A. (2017)
Making a mixed-model line more efficient and flexible by introducing a bypass line. In: Wu, F./Zhou, P. (Hrsg.): Advances in energy science and environment engineering - Proceedings of the 2017 International Workshop on Advances in Energy Science and Environment Engineering (AESEE 2017), AIP Publishing, Melville, New York, 2017, S. 1 - 20.

May, M.; Kiefer, L.; Kuhnle, A.; Stricker, N.; Lanza, G. (2021)
Decentralized multi-agent production control through economic model bidding for matrix production systems. In: Procedia CIRP, 96. Jg., 2021, S. 3 - 8.

Mayer, G.; Pöge, C.; Spieckermann, S.; Wenzel, S. (2020)
Ablaufsimulation in der Automobilindustrie, Springer Berlin Heidelberg, Berlin, Heidelberg, 2020.

Mayer, S.; Höhme, N.; Gankin, D.; Endisch, C. (2019)
Adaptive production control in a modular assembly system - Towards an agent-based approach. In: IEEE (Hrsg.): 2019 IEEE 17th International Conference on Industrial Informatics (INDIN), IEEE, 2019, S. 45 - 52.

Mayring, P. (2001)
Kombination und Integration qualitativer und quantitativer Analyse. In: Forum Qualitative Sozialforschung, Nr. 1, 2. Jg., 2001

Meckelnborg, A. (2015)
Integrative Fabrikplanung durch effiziente Koordinationsmodelle, RWTH Aachen, 2015.

Melnychuk, O.; Rachner, J.; Kaven, L.; Göppert, A.; Schmitt, R.; Tolio, T. (2022)
Evaluation of material shortage effect on assembly systems considering flexibility levels. In: Procedia CIRP, 107. Jg., 2022, S. 966 - 971.

Meuser, M.; Nagel, U. (1991)
ExpertInneninterviews - vielfach erprobt, wenig bedacht: ein Beitrag zur qualitativen Methodendiskussion. In: Qualitativ-empirische Sozialforschung: Konzepte Methoden, Analysen, 1991, S. 441 - 471.

Miese, M. (1976)
Systematische Montageplanung in Unternehmen mit Kleinserienproduktion, Girardet, Essen, 1976.

Minguillon, F. (2020)
Prädiktiv-reaktives Scheduling zur Steigerung der Robustheit in der Matrix-Produktion, Dissertation, Karlsruher Institut für Technologie, 2020.

Minguillon, F.; Lanza, G. (2019)
Coupling of centralized and decentralized scheduling for robust production in agile production systems. In: Procedia CIRP, 79. Jg., 2019, S. 385 - 390.

Minguillon, F.; Stricker, N. (2020)
Robust predictive–reactive scheduling and its effect on machine disturbance mitigation. In: CIRP Annals, Nr. 1, 69. Jg., 2020, S. 401 - 404.

Moher, D.; Liberati, A.; Tetzlaff, J.; Altman, D. (2009)
Preferred reporting items for systematic reviews and meta-analyses: The PRISMA Statement. In: Annals of Internal Medicine, Nr. 4, 151. Jg., 2009, S. 264 - 269.

Müller, D.; Schmitt, T. (2020)
Production planning in autonomous and matrix-structured assembly systems: Effects of similarity of precedence graphs on order release sequencing. In: Procedia CIRP, 93. Jg., 2020, S. 1358 - 1363.

Müller, H. (2020)
Wer hat Angst vorm grünen Schwan? - Corona und die Folgen. URL: https://www.manager-magazin.de/finanzen/boerse/gruener-schwan-coronavirus-leitet-zeit-der-grosskrisen-ein-a-1307041.html, zuletzt geprüft am 18.11.2023.

Nebl, T. (2011)
Produktionswirtschaft, Oldenbourg, München, 2011.

Neuhausen, J. (2001)
Methodik zur Gestaltung modularer Produktionssysteme für Unternehmen der Serienproduktion, Dissertation, RWTH Aachen, 2001.

Nitsch, V.; Brandl, C.; Häußling, R.; Roth, P.; Gries, T.; Schmenk, B. (2022)
Digitalisierung der Arbeitswelt im Mittelstand 2, Springer Berlin Heidelberg, Berlin, Heidelberg, 2022.

Nöcker, J. (2012)
Zustandsbasierte Fabrikplanung, Dissertation, RWTH Aachen, 2012.

Nyhuis, P.; Herberg, D.; Hübner, M. (2020)
Proceedings of the Conference on Production Systems and Logistics: CPSL 2020, publish-Ing., Hannover, 2020.

Pan, G. (2014)
A quantitative analysis of cellular manufacturing in apparel industry by using simulation. In: Journal of Industrial Engineering and Management, Nr. 5, 7. Jg., 2014, S. 1385 - 1396.

Patzak, G. (1982)
Systemtechnik - Planung komplexer innovativer Systeme - Grundlagen, Methoden, Techniken, Springer, Berlin, 1982.

Petersen, T. (2005)
Organisationsformen der Montage - Theoretische Grundlagen, Organisationsprinzipien und Gestaltungsansatz, Shaker, Aachen, 2005.

Plattform Industrie 4.0 (2022)
Umsetzung von cyber-physischen Matrixproduktionssystemen - Expertise des Forschungsbeirats der Plattform Industrie 4.0, acatech – Deutsche Akademie der Technikwissenschaften, München, 2022.

Polasek, W. (1988)
Explorative Daten-Analyse - Einführung in die deskriptive Statistik, Springer Berlin Heidelberg, Berlin, Heidelberg, 1988.

Presley, A.; Liles, D. (1995)
The use of IDEF0 for the design and specification of methodologies. In: Schmeiser, B./Uzsoy, R. (Hrsg.): 4th Industrial Engineering Research Conference proceedings - Nashville, Tennessee, May 24-25, 1995, Institute of Industrial Engineers, Norcross, GA, 1995

Probst, G. J. B.; Gomez, P. (1991)
Vernetztes Denken - Ganzheitliches Führen in der Praxis, Gabler, Wiesbaden, 1991.

Production, E. (2023)
Empower Green Production. Conference proceedings, Fraunhofer-Gesellschaft, 2023.

Rachner, J.; Kaven, L.; Voet, F.; Göppert, A.; Schmitt, R. (2023)
Simulation-based potential analysis of line-less assembly systems in the automotive industry. In: Schüppstuhl, T./Tracht, K./et al. (Hrsg.): Annals of Scientific Society for Assembly, Handling and Industrial Robotics 2022, Springer International Publishing, Cham, 2023, S. 41 - 51.

Rachner, J.; Wang, S.; Mathews, J.; Kaven, L.; Adlon, T.; Göppert, A.; Schmitt, R. (2023)
Agile, frei verkettete Montage real erleben. In: wt Werkstatttechnik online, Nr. 4, 113. Jg., 2023, S. 165 - 170.

Rauch, E.; Spena, P.; Matt, D. (2019)
Axiomatic design guidelines for the design of flexible and agile manufacturing and assembly systems for SMEs. In: International Journal on Interactive Design and Manufacturing (IJIDeM), Nr. 1, 13. Jg., 2019, S. 1 - 22.

Raudberget, D. (2010)
Practical applications of set-based concurrent engineering in industry. In: Journal of Mechanical Engineering, Nr. 11, 56. Jg., 2010, S. 685 - 695.

Reinhart, G.; Pröpster, M. (2012)
Handlungsfelder der dynamischen Austaktung - Ein Prozess zur Reaktion auf Nachfrageschwankungen im Nutzfahrzeugbau. In: Zeitschrift für wirtschaftlichen Fabrikbetrieb, Nr. 6, 107. Jg., 2012, S. 404 - 408.

Rogalski, S. (2009)
Entwicklung einer Methodik zur Flexibilitätsbewertung von Produktionssystemen - Messung von Mengen-, Mix- und Erweiterungsflexibilität zur Bewältigung von Planungsunsicherheiten in der Produktion, Dissertation, Universität Karlsruhe (TH), 2009.

Rogalski, S.; Ovtcharova, J. (2009)
Flexibilitätsbewertung von Produktionssystemen - ecoFLEX - eine branchenübergreifende Methodik. In: Zeitschrift für wirtschaftlichen Fabrikbetrieb, Nr. 1, 104. Jg., 2009, S. 64 - 70.

Ropohl, G. (2012)
Allgemeine Systemtheorie - Einführung in transdisziplinäres Denken, Edition Sigma, Berlin, 2012.

Roscher, J. (2007)
Bewertung von Flexibilitätsstrategien für die Endmontage in der Automobilindustrie, Dissertation, Universität Stuttgart, 2007.

Ross, D.; Schoman, K. (1977)
Structured analysis for requirements definition. In: IEEE Transactions on Software Engineering, Nr. 1, SE-3, 1977, S. 6 - 15.

Roth, A. (2016)
Einführung und Umsetzung von Industrie 4.0 - Grundlagen, Vorgehensmodell und Use Cases aus der Praxis, Springer Berlin Heidelberg, Berlin, Heidelberg, 2016.

Rother, M.; Shook, J. (2009)
Learning to see - Value-stream mapping to create value and eliminate muda, Version 1.4; Lean Enterprise Inst, Cambridge, Mass., 2009.

SAE International (2021)
Driving automation systems, SAE International J3016, 2021.

Schlick, C.; Bruder, R.; Luczak, H. (2018)
Arbeitswissenschaft, Springer Berlin Heidelberg, Berlin, Heidelberg, 2018.

Schmeiser, B.; Uzsoy, R. (1995)
4th Industrial Engineering Research Conference proceedings - Nashville, Tennessee, May 24-25, 1995, Institute of Industrial Engineers, Norcross, GA, 1995.

Schmidt, K. (2002)
Methodik zur integrierten Grobplanung von Abläufen und Strukturen mit digitalen Fabrikmodellen, Dissertation, RWTH Aachen, 2002.

Schmitt, R.; Hüttemann, G.; Münker, S. (2021)
A priori performance assessment of line-less mobile assembly systems. In: CIRP Annals, Nr. 1, 70. Jg., 2021, S. 389 - 392.

Schuh, G. (2007)
Produktionsplanung und -steuerung - Grundlagen, Gestaltung Und Konzepte, Springer, Dordrecht, 2007.

Schuh, G.; Behr, M.; Brecher, C.; Bührig-Polaczek, A.; Michaeli, W.; Arnoscht, J.; Bohl, A.; Buchbinder, D.; Bültmann, J.; Diatlov, A.; Elgeti, S.; Herfs, W.; Hinke, C.; Karlberger, A.; Kupke, D.; Lenders, M.; Nußbaum, C.; Probst, M.; Queu-deville, Y.; Quick, J.; Schleifenbaum, H.; Vorspel-Rüter M.; Windeck, C. (2011)
Individualisierte Produktion. In: Brecher, C. (Hrsg.): Integrative Produktionstechnik für Hochlohnländer, Springer Berlin Heidelberg, Berlin, Heidelberg, 2011, S. 83 - 255.

Schuh, G.; Franzkoch, B.; Burggräf, P.; Nöcker, J.; Wesch-Potente, C. (2009)
Frei konfigurierbare Planungsprozesse in der Fabrikplanung. In: wt Werkstatttechnik online, Nr. 4, 99. Jg., 2009, S. 193 - 198.

Schuh, G.; Gulden, A.; Wemhöner, N.; Kampker, A. (2004)
Bewertung der Flexibilität von Produktionssystemen - Kennzahlen zur Bewertung der Stückzahl-, Varianten- und Produktänderungsflexibilität auf Linienebene. In: wt Werkstatttechnik online, Nr. 6, 94. Jg., 2004, S. 299 - 304.

Schuh, G.; Kampker, A.; Wesch-Potente, C. (2011)
Condition based factory planning. In: Production Engineering, Nr. 1, 5. Jg., 2011, S. 89 - 94.

Schuh, G.; Mauß, W.; Potente, T.; Schmitz, S.; Adlon, T.; Maetschke, J.; Neumann, H.; Salzwedel, J.; Kozielski, S.; Luckert, M.; Reuter, C.; Schmidhuber, M.; Witthöft, J. (2023)
Grüne Re-Montage Upgrade-Fabrik. In: Production, E. (Hrsg.): Empower Green Production. Conference proceedings, Fraunhofer-Gesellschaft, 2023

Schuh, G.; Riesener, M.; Jank, M.-H. (2018)
Managing customized and profitable product portfolios using advanced analytics. In: Hankammer, S./Nielsen, K./et al. (Hrsg.): Customization 4.0, Springer International Publishing, Cham, 2018, S. 203 - 216.

Schuh, G.; Stölzle, W.; Straube, F. (2008)
Anlaufmanagement, Springer Berlin Heidelberg, Berlin, Heidelberg, 2008.

Schukat, E.; Rachner, J.; Maidl, A.; Göppert, A.; Adlon, T.; Burggräf, P.; Schmitt, R. (2022)
Agent-based order release in matrix-structured assembly systems. In: Herberger, D./Hübner, M. (Hrsg.): Proceedings of the Conference on Production Systems and Logistics: CPSL 2022, publish-Ing., Hannover, 2022, S. 652 - 661.

Schüppstuhl, T.; Tracht, K.; Fleischer, J. (2023)
Annals of Scientific Society for Assembly, Handling and Industrial Robotics 2022, Springer International Publishing, Cham, 2023.

Schüppstuhl, T.; Tracht, K.; Roßmann, J. (2019)
Tagungsband des 4. Kongresses Montage Handhabung Industrieroboter, Springer Berlin Heidelberg, Berlin, Heidelberg, 2019.

Schurig, M.; Rabitsch, C.; Ramsauer, C. (2014)
Agile Produktion - Ein Produktionskonzept für volatile Zeiten. In: Zeitschrift für wirtschaftlichen Fabrikbetrieb, Nr. 12, 109. Jg., 2014, S. 956 - 959.

Seebacher, G. (2013)
Ansätze zur Beurteilung der produktionswirtschaftlichen Flexibilität, Dissertation, Alpen-Adria-Universität Klagenfurt, 2013.

Sethi, A.; Sethi, S. (1990)
Flexibility in manufacturing: A survey. In: International Journal of Flexible Manufacturing Systems, Nr. 1, 18. Jg., 1990, S. 289 - 328.

Slama, S. (2004)
Effizienzsteigerung in der Montage durch marktorientierte Montagestrukturen und erweiterte Mitarbeiterkompetenz, Dissertation, Friedrich-Alexander-Universität Erlangen-Nürnberg, 2004.

Spena, P.; Holzner, P.; Rauch, E.; Vidoni, R.; Matt, D. (2016)
Requirements for the design of flexible and changeable manufacturing and assembly systems: A SME-survey. In: Procedia CIRP, 41. Jg., 2016, S. 207 - 212.

Stachowiak, H. (1973)
Allgemeine Modelltheorie, Springer, Wien, 1973.

Steland, A. (2013)
Basiswissen Statistik - Kompaktkurs für Anwender aus Wirtschaft, Informatik und Technik, Springer Spektrum, Berlin, Heidelberg, 2013.

Stricker, N.; Kuhnle, A.; Hofmann, C.; Deininger, P. (2021)
Self-adjusting multi-objective scheduling based on Monte Carlo Tree Search for matrix production assembly systems. In: CIRP Annals, Nr. 1, 70. Jg., 2021, S. 381 - 384.

Taleb, N. N. (2007)
The black swan - The impact of the highly improbable, Allen Lane, London, 2007.

Terkaj, W.; Tolio, T.; Valente, A. (2009)
A review on manufacturing flexibility. In: Tolio, T. (Hrsg.): Design of flexible production systems, Springer Berlin Heidelberg, Berlin, Heidelberg, 2009, S. 41 - 61.

Tolio, T. (2009)
Design of flexible production systems, Springer Berlin Heidelberg, Berlin, Heidelberg, 2009.

Tomczak, T. (1992)
Forschungsmethoden in der Marketingwissenschaft - Ein Plädoyer für den qualitativen Forschungsansatz. In: Journal of Research and Management, Nr. 2, 14. Jg., 1992, S. 77 - 87.

Tönnes, W.; Hegel, J.; Westkämper, E. (2016)
Analytical approach for the examination of the feasibility of rework in flow assembly lines. In: Procedia CIRP, 57. Jg., 2016, S. 492 - 497.

Trattner, A.; Hvam, L.; Forza, C.; Herbert-Hansen, Z. (2019)
Product complexity and operational performance: A systematic literature review. In: CIRP Journal of Manufacturing Science and Technology, 25. Jg., 2019, S. 69 - 83.

Tukey, J. W. (1977)
Exploratory data analysis, Addison-Wesley, Reading, Mass., 1977.

Ulrich, H. (1984)
Management, Haupt, Bern, Stuttgart, 1984.

Ulrich, P.; Hill, W. (1976)
Wissenschaftstheoretische Grundlagen der Betriebswirtschaftslehre (Teil I). In: WiSt Wirtschaftswissenschaftliches Studium, Nr. 7, 5. Jg., 1976, S. 304 - 309.

Ulrich, P.; Hill, W. (1976)
Wissenschaftstheoretische Grundlagen der Betriebswirtschaftslehre (Teil II). In: WiSt Wirtschaftswissenschaftliches Studium, Nr. 8, 5. Jg., 1976, S. 345 - 350.

van de Ginste, L.; Goos, J.; Schamp, M.; Claeys, A.; Hoedt, S.; Bauters, K.; Biondi, A.; Aghezzaf, E.-H.; Cottyn, J. (2019)
Defining flexibility of assembly workstations through the underlying dimensions and impacting drivers. In: Procedia Manufacturing, 39. Jg., 2019, S. 974 - 982.

Vester, F. (2019)
Die Kunst vernetzt zu denken - Ideen und Werkzeuge für einen neuen Umgang mit Komplexität; ein Bericht an den Club of Rome, Pantheon, München, 2019.

vom Brocke, J.; Simons, A.; Niehaves, B.; Reimer, K.; Plattfaut, R.; Cleven A. (2009)
Reconstructing the giant - On the importance of rigour in documenting the literature search process. In: Proceedings of the European Conference on Information Systems ECIS, 2009, S. 2206 - 2217.

Warnecke, H.-J. (1984)
Der Produktionsbetrieb - Eine Industriebetriebslehre für Ingenieure, Springer Berlin Heidelberg, Berlin, Heidelberg, 1984.

Warnecke, H.-J. (1995)
Der Produktionsbetrieb 2 - Produktion, Produktionssicherung, Dritte, unveränderte Auflage; Springer Berlin Heidelberg, Berlin, Heidelberg, 1995.

Weckenborg, C.; Schumacher, P.; Thies, C.; Spengler, T. (2023)
Flexibility in manufacturing system design: A review of recent approaches from Operations Research. In: European Journal of Operational Research, 2023

Weißgraeber, P.; Heieck, F.; Ackermann, C. (2021)
Advances in automotive production technology – Theory and application, Springer Berlin Heidelberg, Berlin, Heidelberg, 2021.

Welo, T.; Lycke, A.; Ringen, G. (2019)
Investigating the use of set-based concurrent engineering in product manufacturing companies. In: Procedia CIRP, 84. Jg., 2019, S. 43 - 48.

Wentz, R.-C. (2012)
The innovation machine - How the world's best companies manage innovation, Createspace, Charleston, 2012.

Westkämper, E. (2006)
Einführung in die Organisation der Produktion, Springer, Berlin, Heidelberg, 2006.

Westkämper, E.; Zahn, E.; Balve, P.; Tilebein, M. (2000)
Ansätze zur Wandlungsfähigkeit von Produktionsunternehmen - Ein Bezugsrahmen für die Unternehmensentwicklung im turbulenten Umfeld. In: wt Werkstatttechnik online, Nr. 1/2, 90. Jg., 2000, S. 22 - 26.

Wiendahl, H.-P.; ElMaraghy, H.; Nyhuis, P.; Zäh, M.; Wiendahl, H.-H.; Duffie, N.; Brieke, M. (2007)
Changeable manufacturing - classification, design and operation. In: CIRP Annals, Nr. 2, 56. Jg., 2007, S. 783 - 809.

Wilbert, F.; Eickemeyer, S. (2019)
Produktivitätserhöhung in der Automobilfertigung - Simulationsbasierte Optimierung der Produktivität bei gleichzeitig erhöhter Flexibilität einer Montagelinie der Automobilindustrie. In: Zeitschrift für wirtschaftlichen Fabrikbetrieb, Nr. 11, 114. Jg., 2019, S. 740 - 743.

Wu, F.; Zhou, P. (2017)
Advances in energy science and environment engineering - Proceedings of the 2017 International Workshop on Advances in Energy Science and Environment Engineering (AESEE 2017), ADVANCES IN ENERGY SCIENCE AND ENVIRONMENT ENGINEERING: Proceedings of the 2017 International Workshop on Advances in Energy Science and Environment Engineering (AESEE 2017), 7–9 April 2017. AIP Publishing, Melville, New York (2017)

Zeile, U. (1995)
Montagestrukturplanung für variantenreiche Serienprodukte, Springer Berlin Heidelberg, Berlin, Heidelberg, 1995.

Zündorf, L. (2008)
Das Weltsystem des Erdöls - Entstehungszusammenhang, Funktionsweise, Wandlungstendenzen, VS Verlag für Sozialwissenschaften, Wiesbaden, 2008.

Zwicky, F. (1967)
The morphological approach to discovery, invention, research and construction. In: Zwicky, F./Wilson, A. G. (Hrsg.): New methods of thought and procedure, Springer Berlin Heidelberg, Berlin, Heidelberg, 1967, S. 273 - 297.

Zwicky, F. (1989)
Entdecken, Erfinden, Forschen im morphologischen Weltbild, Baeschlin, Glarus, 1989.

Zwicky, F.; Wilson, A. (1967)
New methods of thought and procedure, Springer Berlin Heidelberg, Berlin, Heidelberg, 1967.

Der Autor dieser Arbeit betreute im Rahmen seiner Forschungstätigkeiten als wissenschaftlicher Mitarbeiter am Werkzeugmaschinenlabor WZL der RWTH Aachen eine Reihe von studentischen Abschlussarbeiten im Forschungsfeld. Diese entstanden in enger Zusammenarbeit mit der Forschung des Autors und Erkenntnisse sowie Ergebnisse flossen in Teilen in die Entwicklung der vorliegenden Arbeit und gemeinsamer Veröffentlichungen ein. Die beitragenden Personen und Abschlussarbeiten sind der folgenden Aufzählung in chronologischer Reihenfolge zu entnehmen. Der Autor möchte seinen aufrichtigen Dank für das bemerkenswerte Engagement seiner Studierenden aussprechen.

- Frau Verena Meier hat mit ihrer Masterarbeit „Entwicklung einer Klassifizierungslogik zur Abgrenzung agiler Montagesysteme“ zur Entwicklung der Klassifikation für flussorientierter Montagestrukturen beigetragen, welche in Kapitel 5.2.2 dargelegt und erläutert wurde.
- Herr Christopher Thomas Kapella hat mit seiner Masterarbeit „Bewertungssystematik zur anforderungsgerechten Konzeptionierung agiler Montagesysteme“ bei der Entwicklung des Anforderungs- und Priorisierungsmodells, welche in Kapitel 5.1.2 und 5.3.2 erläutert wurden, unterstützt.
- Herr Simon Kurney hat mit seiner Bachelorarbeit „Entwicklung einer Methodik zur Strukturplanung flussbasierter Montagesysteme“ an der Entwicklung des Integrationsmodells der Strukturplanung, welches in Kapitel 5.4.2 vorgestellt wurde, mitgewirkt.

9.1 Publikationen des Autors zu dieser Dissertation

Das Literaturverzeichnis enthält die folgenden Publikationen des Autors, die Vorveröffentlichungen von Teilen dieser Dissertation umfassen und in seiner Zeit am Lehrstuhl für Produktionssystematik am Werkzeugmaschinenlabor WZL der RWTH Aachen entstanden sind:

Föhlisch, N.; Burggräf, P.; Adlon, T.; Meier, V. (2023)
Classification of flow-based assembly structures for the planning of flexible mixed-model Assembly. In: Herberger, D.; Hübner, M. (Hrsg.): Proceedings of the Conference on Production Systems and Logistics: CPSL 2023-2, publish-Ing., Hannover, 2023, S. 129 - 138.

Föhlisch, N.; Burggräf, P.; Adlon, T.; Kapella, C. (2023)
Flexibility-driven planning of flow-based mixed-model assembly structures. In: Herberger, D.; Hübner, M.; et al. (Hrsg.): Proceedings of the Conference on Production Systems and Logistics: CPSL 2023-1, publish-Ing., Hannover, 2023, S. 544 - 553.

9.2 Weitere wissenschaftliche Publikationen des Autors

Burggräf, P.; Dannapfel, M.; Wagner, J.; Heinbach, B.; Föhlisch, N.; Dackweiler, J. (2023)
"ReLIFE": Business Models for Data-Based Remanufacturing. In: Trauth, D.; Bergs, T.; et al. (Hrsg.): The Monetization of Technical Data, Springer Berlin Heidelberg, Berlin, Heidelberg, 2023, S. 507 - 520.

Burggräf, P.; Dannapfel, M.; Wagner, J.; Heinbach, B.; Föhlisch, N.; Dackweiler, J. (2021)
„ReLIFE“: Geschäftsmodelle zum datenbasierten Remanufacturing. In: Trauth, D.; Bergs, T.; et al. (Hrsg.): Monetarisierung von technischen Daten, Springer Berlin Heidelberg, Berlin, Heidelberg, 2021, S. 559 - 573.

Burggräf, P.; Adlon, T.; Müller, K.; Föhlisch, N.; Dackweiler, J.; Fölling, C. (2021)
Adaptive Remanufacturing – Methodology towards an intelligent maintenance strategy for production resources. In: Procedia CIRP, 98. Jg., 2021, S. 330 - 335.

Burggräf, P.; Dannapfel, M.; Adlon, T.; Föhlisch, N. (2021)
Adaptive assembly systems for enabling agile assembly – Empirical analysis focusing on cognitive worker assistance. In: Procedia CIRP, 97. Jg., 2021, S. 319 - 324.

Burggräf, P.; Wagner, J.; Dannapfel, M.; Adlon, T.; Saßmannshausen, T.; Fölling, C.; Föhlisch, N.; Ohrndorf, D.; Minderjahn, R. (2020)
Adaptive remanufacturing for lifecycle optimization of connected production resources – A literature review. In: Procedia CIRP, 90. Jg., 2020, S. 61 - 66.

In der Reihe **Ergebnisse aus der Produktionstechnik** zuletzt erschienen:

Föhlisch, Nils:
Klassifikationsbasierte Planung flexibler, flussorientierter Mixed-Model-Montagestrukturen
ISBN: 978-3-98555-231-3
Erscheinungsdatum: 16.09.2024

Kessler, Niklas:
Transformation zur digital vernetzten Wertschöpfung im Werkzeugbau
ISBN: 978-3-98555- 232-0
Erscheinungsdatum: 02.09.2024

Spierling, Robert:
Abbildung thermo-elastischer Fehler von Fräsmaschinen auf Basis des photoelektrischen Effekts und eines lernenden Modells
ISBN: 978-3-98555-208-5
Erscheinungsdatum: 12.08.2024

Hähnel, Sebastian:
Das variationskraftgeregelte, schwingungsunterstützte Schleifen von gekrümmten Werkzeugstahloberflächen mit gummigebundenen Schleifstiften
ISBN: 978-3-98555-225-2
Erscheinungsdatum: 22.07.2024

Lender, Benjamin:
Datenbasierte Identifikation von Heuristiken für das Entwicklungsmanagement
ISBN: 978-3-98555-219-1
Erscheinungsdatum: 16.07.2024

Löffler, Bernd:
Additiv gefertigte Kunststoffwerkzeuge für das Tiefziehen von Feinblech
ISBN: 978-3-98555-211-5
Erscheinungsdatum: 27.05.2024

Keuper, Alexander:
Kompetenzbasierter Ressourceneinsatz in Multientwicklungsprojekt-umgebungen
ISBN: 978-3-98555- 236-8
Erscheinungsdatum: 09.09.2024

Rodemann, Niklas:
Resiliente Produktionsnetzwerke durch datenbasierte Früherkennung
ISBN: 978-3-98555-228-3
Erscheinungsdatum: 12.08.2024

Eckel, Hans-Martin:
Kinematische Analyse von Spindellagern unter statischen und dynamischen Kräften
ISBN: 978-3-98555-226-9
Erscheinungsdatum: 01.08.2024

Kosel, Maximilian:
Prozess- und Maschinenentwicklung für das kontinuierliche, variotherme Heißprägen
ISBN: 978-3-98555-223-8
Erscheinungsdatum: 16.07.2024

Lukas, Gerret:
Gestaltungsmodell zur thermischen Auslegung additiver Prototypen-werkzeuge aus Kunststoff
ISBN: 978-3-98555-209-2
Erscheinungsdatum: 03.06.2024

Dackweiler, Jonas:
Planungseffizienz und -effektivität durch Plattformbasierte Fabrikplanung
ISBN: 978-3-98555-220-7
Erscheinungsdatum: 27.05.2024

Edition Wissenschaft
Apprimus

Schopen, Marco:
Datenbasierte hybride Analyse und Gestaltung von Geschäftsprozessen
ISBN: 978-3-98555-217-7
Erscheinungsdatum: 22.05.2024

Scholzen, Philipp:
Auslegung geräuschoptimierter pulvermetallurgischer Stirnradverzahnungen
ISBN: 978-3-98555-216-0
Erscheinungsdatum: 21.05.2024

Seelbach, Tobias:
Prädiktion der Maßhaltigkeit beim Räumen von Profilnuten
ISBN: 978-3-98555-213-9
Erscheinungsdatum: 21.05.2024

Fiedler, Falko:
Produkt- und prozessseitige Auslegung von bauteilintegrierten Vorrichtungsfunktionen
ISBN: 978-3-98555-206-1
Erscheinungsdatum: 02.04.2024

Theling, Julian:
Auslegung von Planetengetrieben im elastischen Verzahnungsumfeld unter Berücksichtigung der Wechselwirkungen des Mehrfacheingriffes
ISBN: 978-3-98555-205-4
Erscheinungsdatum: 26.03.2024

Hohenstein, Steffen:
Multidirektionaler Aufbau in der additiven Fertigung von Kunststoffen
ISBN: 978-3-98555-203-0
Erscheinungsdatum: 05.03.2024

Schukat, Esben:
Kapazitätsorientierte Auftragsfreigabe in matrixstrukturierten Montagesystemen
ISBN: 978-3-98555-189-9
Erscheinungsdatum: 20.02.2024

Ochel, Janis:
Datengetriebene Strukturierung von NC-Zerspanprozessen
ISBN: 978-3-98555-204-7
Erscheinungsdatum: 14.02.2024

Metzmacher, Amelie Isabel:
Beschäftigungsfähigkeit im produzierenden Sektor – Entwicklung des Predictive Model of Industrial Employability
ISBN: 978-3-98555-201-6
Erscheinungsdatum: 13.02.2024

Schulz, Malena:
Digital Twin Methodology for the Automated Fiber Placement with In-situ Consolidation of Thermoplastic Tape
ISBN: 978-3-98555-195-8
Erscheinungsdatum: 30.01.2024

Edition Wissenschaft
Apprimus

FSC
www.fsc.org
MIX
Papier | Fördert
gute Waldnutzung
FSC® C083411

Zeitfracht Medien GmbH
Ferdinand-Jühlke-Straße 7
99095 Erfurt, Deutschland
produktsicherheit@kolibri360.de